冶金工业出版社

冶金专业教材和工具书经典传承国际传播工程
Project of the Inheritance and International Dissemination of Classical Metallurgical Textbooks & Reference Books

高职高专“十四五”规划教材

电机调速技术

主　编　赵云伟　刘元永
副主编　韩晓冬　王　震

扫码输入刮刮卡密码
查看数字资源

北　京
冶　金　工　业　出　版　社
2025

内容提要

本书以西门子 G120、V90 和国产步进系统为载体，选取离心机、水泵、传送带、丝杠、转盘典型控制对象，系统介绍了 G120 变频器、V90 伺服和国产步进系统结构、原理、功能、应用和操作。书中 5 个典型项目全面囊括新知识和新技术，包括变频器面板调速控制、端子调速控制、模拟量调速控制、PID 控制及 MODBUS 和 PROFINET 通信控制，V90 PTI、V90 PN 伺服速度和定位控制，步进脉冲和通信控制。学习内容按照任务驱动“导入”→“分析”→“准备”→“实施”→“评价”方式编排，内容全面、过程翔实、操作性强。

本书可作为职业院校自动化类专业的电机调速、运动控制、变频器与伺服驱动等课程的教材，也可作为相关工程技术人员的培训教材和参考用书。

图书在版编目（CIP）数据

电机调速技术 / 赵云伟，刘元永主编. -- 北京 ：冶金工业出版社，2025. 8. --（高职高专“十四五”规划教材）. -- ISBN 978-7-5240-0296-3

Ⅰ. TM301. 2

中国国家版本馆 CIP 数据核字第 2025UE8733 号

电机调速技术

出版发行 冶金工业出版社　**电　　话** (010)64027926
地　　址 北京市东城区嵩祝院北巷 39 号　**邮　　编** 100009
网　　址 www. mip1953. com　**电子信箱** service@ mip1953. com

策划编辑 杜婷婷　责任编辑 杜婷婷　王　颖　美术编辑 彭子赫
版式设计 郑小利　责任校对 石　静　责任印制 范天娇
三河市双峰印刷装订有限公司印刷
2025 年 8 月第 1 版，2025 年 8 月第 1 次印刷
787mm×1092mm 1/16；19. 75 印张；437 千字；299 页
定价 58. 00 元

投稿电话 (010)64027932 投稿信箱 tougao@cnmip. com. cn
营销中心电话 (010)64044283
冶金工业出版社天猫旗舰店 yjgycbs. tmall. com
(本书如有印装质量问题，本社营销中心负责退换)

冶金专业教材和工具书
经典传承国际传播工程
总　　序

钢铁工业是国民经济的重要基础产业，为我国经济的持续快速增长和国防现代化建设提供了重要支撑，做出了卓越贡献。当前，新一轮科技革命和产业变革深入发展，中国经济已进入高质量发展新时代，中国钢铁工业也进入了高质量发展的新时代。

高质量发展关键在科技创新，科技创新离不开高素质人才。党的二十大报告指出："教育、科技、人才是全面建设社会主义现代化国家的基础性、战略性支撑。必须坚持科技是第一生产力、人才是第一资源、创新是第一动力，深入实施科教兴国战略、人才强国战略、创新驱动发展战略，开辟发展新领域新赛道，不断塑造发展新动能新优势。"加强人才队伍建设，培养和造就一大批高素质、高水平人才是钢铁行业未来发展的一项重要任务。

随着社会的发展和时代的进步，钢铁技术创新和产业变革的步伐也一直在加速，不断推出的新产品、新技术、新流程、新业态已经彻底改变了钢铁业的面貌。钢铁行业必须加强对科技进步、教育发展及人才成长的趋势研判、规律认识和需求把握，深化人才培养体制机制改革，进一步完善相应的条件支撑，持续增强"第一资源"的保障能力。中国钢铁工业协会《"十四五"钢铁行业人力资源规划指导意见》提出，要重视创新型、复合型人才培养，重视企业家培养，重视钢铁上下游复合型人才培养。同时要科学管理，丰富绩效体系，进一步优化人才成长环境，造就一支能够支撑未来钢铁行业高质量发展的人才队伍。

高素质人才来源于高水平的教育和培训，并在丰富多彩的创新实践中历练成长。以科技创新为第一动力的发展模式，需要科技人才保持知识的更新频率，站在钢铁发展新前沿去思考未来，系统性地将基础理论学习和应用实践学习体系相结合。要深入推进职普融通、产教融合、科教融汇，建立高等教育+职业教育+继续教育和培训一体化行业人才培养体制机制，及时把钢铁科技创新成果转化为钢铁从业人员的知识和技能。

一流的专业教材是高水平教育培训的基础，做好专业知识的传承传播是当代中国钢铁人的使命。20世纪80年代，冶金工业出版社在原冶金工业部的领导支持下，组织出版了一批优秀的专业教材和工具书，代表了当时冶金科技的水平，形成了比较完备的知识体系，成为一个时代的经典。但是，由于多方面的原因，这些专业教材和工具书没能及时修订，导致内容陈旧，跟不上新时代的要求。反映钢铁科技最新进展和教育教学最新要求的新经典教材的缺失，已经成为当前钢铁专业人才培养最明显的短板和痛点。

为总结、提炼、传播最新冶金科技成果，完成行业知识传承传播的历史任务，推动钢铁强国、教育强国、人才强国建设，中国钢铁工业协会、中国金属学会、冶金工业出版社于2022年7月发起了“冶金专业教材和工具书经典传承国际传播工程”（简称“经典工程”），组织相关高校、钢铁企业、科研单位参加，计划用5年左右时间，分批次完成约300种教材和工具书的修订再版和新编，以及部分教材和工具书的对外翻译出版工作。2022年11月15日在东北大学召开了工程启动会，率先启动了高等教育和职业教育教材部分工作。

“经典工程”得到了东北大学、北京科技大学、河北工业职业技术大学、山东工业职业学院等高校，中国宝武钢铁集团有限公司、鞍钢集团有限公司、首钢集团有限公司、河钢集团有限公司、江苏沙钢集团有限公司、中信泰富特钢集团股份有限公司、湖南钢铁集团有限公司、包头钢铁（集团）有限责任公司、安阳钢铁集团有限责任公司、中国五矿集团公司、北京建龙重工集团有限公司、福建省三钢（集团）有限责任公司、陕西钢铁集团有限公司、酒泉钢铁（集团）有限责任公司、中冶赛迪集团有限公司、连平县昕隆实业有限公司等单位的大力支持和资助。在各冶金院校和相关钢铁企业积极参与支持下，工程相关工作正在稳步推进。

征程万里，重任千钧。做好专业科技图书的传承传播，正是钢铁行业落实习近平总书记给北京科技大学老教授回信的重要指示精神，培养更多钢筋铁骨高素质人才，铸就科技强国、制造强国钢铁脊梁的一项重要举措，既是我国钢铁产业国际化发展的内在要求，也有助于我国国际传播能力建设、打造文化软实力。

让我们以党的二十大精神为指引，以党的二十大精神为强大动力，善始善终，慎终如始，做好工程相关工作，完成行业知识传承传播的使命任务，支撑中国钢铁工业高质量发展，为世界钢铁工业发展做出应有的贡献。

中国钢铁工业协会党委书记、执行会长

2023 年 11 月

前　言

SINAMICS 是西门子推出的应用范围宽广的驱动系列产品，它将逐步取代现有的 MasterDrives 系列驱动产品，其中 SINAMICS G120 变频器和 SINAMICS V90 伺服驱动器是该系列产品的典型代表，它们功能强大，具有较高的市场占有率。因此，本书以 G120 变频器和 V90 伺服驱动器为对象，介绍它们的结构、原理、功能、应用和运行操作方法，并提供了 S7-1200 PLC 与驱动任务解决方案的典型案例。

本书邀请山东济钢众电智能科技有限公司、海尔集团卡奥斯物联科技股份有限公司的技术人员对教材调研、编写予以指导，并提供大量素材。校企双方将电气自动化技术人员工作岗位内容、“可编程控制系统集成及应用职业技能等级标准”、“智能运动控制系统集成与应用职业技能等级标准”、全国职业院校技能大赛工业网络智能控制与维护技能大赛内容、课程知识点和技能点进行解构和重构，并将工匠精神等思政元素一并融入本书。本书以项目为单位组织教学内容，选取电气调速控制典型的控制对象，主要包括离心机的变频器手动调速，水泵的 HMI、PLC、变频器模拟量调速，传送带的 PLC、变频器通信调速，丝杠的步进运动控制，转盘的伺服运动控制等 5 个项目。每个项目按照工作过程，分为若干典型任务，每个任务按照任务导入、任务分析、知识链接、任务实施组织教材内容，有机融入思政元素，循序渐进、步步深入，让学生在实践中学习知识，习得技能，体验成功，不断成长。

本书入选中国钢铁工业协会、中国金属学会和冶金工业出版社组织的“冶金专业教材和工具书经典传承国际传播工程”第一批立项教材。

本书配有电子课件、知识点视频、技能点视频、习题及答案、相关样例程序等数字资源。

本书由山东工业职业学院赵云伟、刘元永任主编，负责全书项目选取、设计、编写、资源制作和统稿工作；山东工业职业学院韩晓冬、王震任副主编，负责部分章节的编写和资源制作；全国劳动模范、山东济钢众电智能科技有限公司高级技师姜和信参编，负责企业调研、案例提供、编写指导、技术支持等。

本书在编写过程中，参考了有关资料和文献，在此向相关作者表示衷心感谢。

由于作者水平所限，书中不妥之处，敬请广大读者批评指正。

编 者

2025 年 1 月

目　录

项目 1　离心机的变频器手动调速

项目概述

项目导入与分析

在生产实践中，机械设备常常需要改变运行速度，从而满足不同的生产需求，如离心机、风机、输送机、卷扬机、破碎机等。变频器可以通过改变输入电源的频率和电压来控制电机的转速，从而满足生产工艺的需求，它的控制精度高、响应速度快、能耗低，适应不同的工作负载，提高生产效率和品质。工业离心机是化工行业主要设备之一，图 1-1 所示为某化工企业离心机，它主要通过离心作用将固液分离，由一台三相交流电动机带动高速旋转。离心机运行前，先添加物料进入离心机内，离心机在外部电机的带动下转动，并逐渐加速到额定转速，依靠强大的离心力将物料通过滤布或滤网进行分离。不同物料的性质，离心机运行的速度也不同。变频器利用电力电子器件的通断作用，调整输出电源的电压和频率，进而达到调速和节能的目的。本项目拟通过变频器面板操控的方式实现离心机的启动、停止及速度设定。

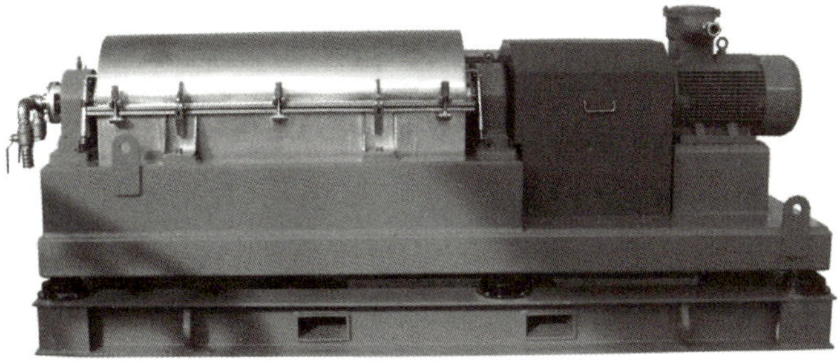

图 1-1　工业离心机

拓展阅读

随着国家对节能降耗的鼓励政策，变频器作为提升电机效率的关键技术，有助于推动工业离心机向更加高效、环保的方向发展。同时变频器的应用大大提高节能效果、生产效率和精确度，有助于推动制造业的转型升级，符合智能制造国家战略规划的目标。现在国产离心机已经逐渐走向高端市场：一方面，不断提高技术水平和生产工艺，优化生产环节，提高生产效率和产品质量；另一方面，拓展市场渠道和提升品牌形象，增强售后服务意识，满足客户需求。国产离心机将在未来市场竞争中逐步具备更强的竞争力。

学习导航

主要内容	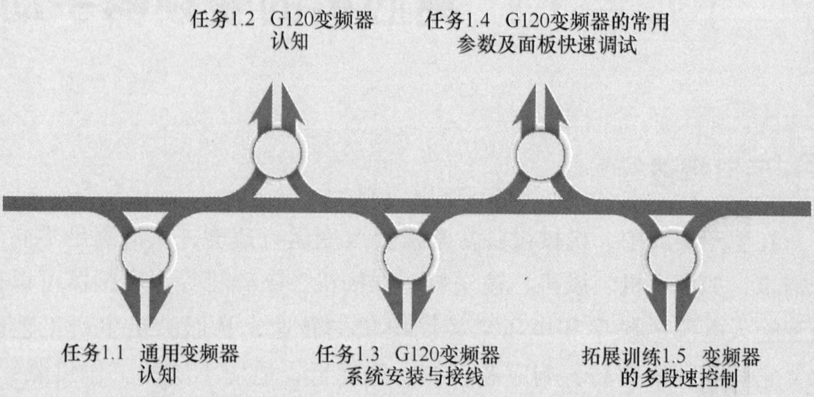
学习目标	（1）了解变频器的结构和工作原理； （2）能进行变频器及其外围电器的选型； （3）能进行 G120 变频器功率模块和控制单元的安装与接线； （4）能设计 G120 变频器面板控制所需参数； （5）了解 G120 变频器的 BICO 和宏； （6）能用 BOP/IOP 面板设置 G120 变频器参数、控制变频器启停和加减速； （7）能进行 G120 变频器多段速控制； （8）培养学生工匠精神、技能报国精神。
重点	（1）G120 变频器面板控制参数设计； （2）G120 变频器面板控制变频器启停和加减速； （3）G120 变频器多段速控制。
难点	G120 变频器 BOP/IOP 面板控制、多段速控制参数设计。
推荐教学方法	任务驱动教学法、小组教学法、现场演示教学法。
建议学时	8~10 学时。
推荐学习方法	动手实现变频器组装、调试，加深理解 G120 变频器结构和常用参数，在实训装备上加强 G120 变频器面板控制、多段速控制实践。
主要训练设备与工具	控制单元 CU250S-2PN1 个、功率模块 PM240-2 1 个、三相异步电动机 1 台、开关和按钮若干、通用电工工具 1 套。
参考手册与相关标准	《SINAMICS G120 变频器操作说明》、《SINAMICS G120 变频器，配备控制单元 CU250S-2 和编码器检测的内置模块操作说明》、《调速电气传动系统 第 7-301 部分：电气传动系统的通用接口和使用规范 1 型规范对应至网络技术》（GB/T 12668.7301—2019）、《低压电气装置 第5-52 部分：电气设备的选择和安装、布线系统》（GB/T 16895.6—2014）、《电气简图用图形符号 第 2 部分：符号要素、限定符号和其他常用符号》（GB/T 4728.2—2018）。

任务 1.1　通用变频器认知

任务导入

变频器能根据电动机实际需要提供所需的电压和频率，达到节能、调速的目的，从而在电机调速领域中得到广泛的应用。一般的变频器具有面板、端子、通信等多种控制方式，可以实现对电动机启停、正反转、速度、转矩和 PID 等多种控制功能。利用变频器可以很方便控制离心机启停、调速。本任务主要学习通用变频器的定义、结构组成及工作原理。

拓展阅读

习近平新时代中国特色社会主义思想和党的二十大精神中强调要形成绿色低碳的生产方式，加强能源高效利用，优化升级传统产业，推动能源利用效率的提升，积极稳妥推进碳达峰碳中和。其中变频器在推动绿色低碳的生产方式中扮演着至关重要的角色。

节能降耗：变频器可以根据实际需求调整电机的运行速度，从而减少能源消耗。例如，在风机、泵类负载中，通过变频调速可以显著降低能耗，节电率可达 20%~60%。

优化生产过程：变频器能够改善生产工艺流程，提高生产效率和产品质量，同时减少生产过程中的能源浪费。

软启动和软停止：变频器能够实现电机的平滑启动和停止，减少设备的机械冲击和磨损，延长设备使用寿命，同时也降低了启动过程中的能耗。

功率因数补偿：部分变频器内置滤波电容，可以提高系统功率因数，减少无功功率的损耗，增加电网的有功功率，从而削减用电成本。

促进产业升级：随着技术的不断进步，变频器在智能化、定制化、集成化、节能化方面不断发展，为工业领域提供更高效、更绿色的解决方案，助力工业领域实现“双碳”目标。

推动技术创新：变频器技术的发展和应用，促进了相关产业的技术进步和产品创新，推动了整个工业控制系统向更高效、更环保的方向发展。

总之，变频器不仅有助于减少工业生产中的能源消耗和环境污染，还促进了工业生产的绿色转型和可持续发展。

任务分析

认识 G120 变频器是项目实施的起点。为进一步深入理解并掌握 G120 变频器的组成结构、安装、接线等，我们需要从了解通用变频器的定义开始，逐步深入了解通用变频器的组成、原理、分类等基础知识，然后进行 G120 变频器的学习。

知识链接

变频技术的诞生背景是交流电动机无级调速的广泛需求。1968 年，以丹佛斯为代表的高技术企业开始批量化生产变频器，开启了变频器工业化的新时代。20 世纪 80 年代中后期，美国、日本、德国、英国等发达国家的 VVVF 变频器技术实用化，商品投入市场，得到了广泛应用。近二十年，国产变频器逐步崛起，现已逐渐抢占高端市场。

自 20 世纪 90 年代以来，随着工业生产对自动化需求程度的提高和社会节能环保意识的加强，变频调速器的应用越来越普及。其广泛应用于：石油化工、冶金等大型生产线；电力机车、塔吊、机床、纺织机械、印刷等装备制造业；商用空调、电梯、供水、家电、健身器材等民用行业。

1.1.1 变频器定义和作用

变频器（Variable Frequency Drives，VFD）是一种电能控制装置，它利用电力半导体器件的通断作用，将电压和频率固定不变的交流电变换成电压和频率可变的交流电。几款常用的变频器外形如图 1-2 所示。

西门子MM420变频器

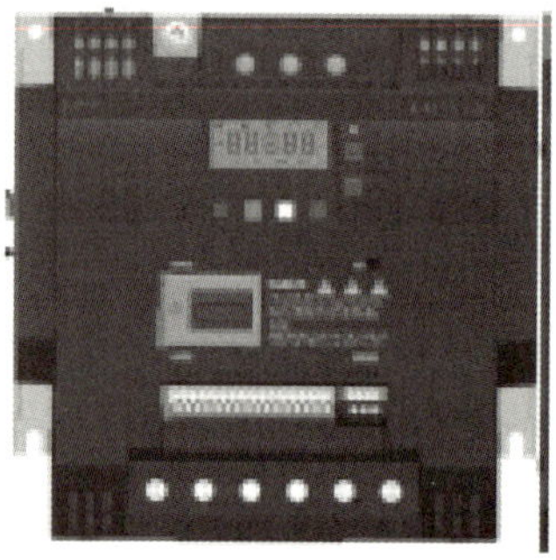

西门子V20变频器

西门子G120变频器

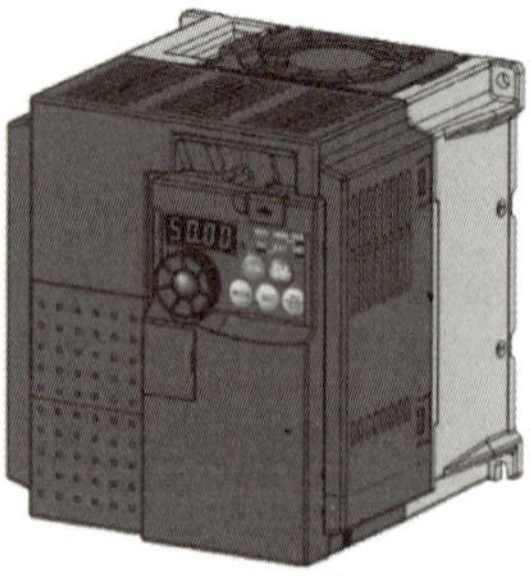

三菱E740变频器

汇川MD200变频器

图 1-2 变频器实物图

变频器的主要作用是通过改变电动机的供电频率，从而调节负载转速，实现工艺要求，减少能源损耗，延长设备使用寿命等。同时，还起到提高生产设备的自动化程度的作用。

1.1.2 通用变频器组成与工作原理

1.1.2.1 通用变频器的主电路与工作原理

通用变频器的基本结构与工作原理

“交-直-交”变频器的内部电路结构如图 1-3 所示，它具有结构简单、功率因数高、应用广泛等优点。图 1-3 中上面部分的整流电路、滤波电路、逆变电路构成主电路，“交-直-交”通用变频器主电路原理如图 1-4 所示。西门子 G120 变频器将其单独做成一个模块，称为功率模块；图 1-3 中下面部分是实现各种不同功能的控制电路，西门子 G120 变频器将其单独做成一个模块，称为控制单元。

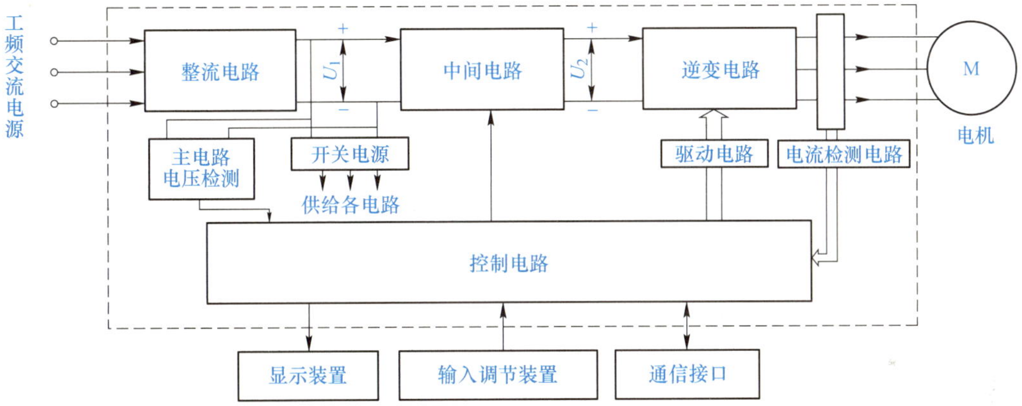

图 1-3 变频器内部结构框图

A 整流电路

连接输入电源的整流电路的作用是把三相（或单相）交流电整流成直流电。在图 1-4 中，VD1～VD6 六个大功率二极管组成全桥整流电路（单相电源只需要 4 个功率二极管即可）。输入的交流电经过整流电路后变为脉动直流电。

实践经验

变频器对输入电源的相序没有要求，因为经过整流后均变为直流。

B 滤波和制动电路

a 滤波电路

前述整流电路输出中含有很多谐波，如果不经过滤波，则逆变后的交流电也存在纹波，对电动机不利。因此，必须对整流电路的输出进行滤波，以减少电压或电流的波动。滤波的器件主要有电容和电感，下面以应用较多的电容为例阐述电路及其工作原理。

通常，用大容量电容对整流电路输出电压进行滤波。由于电容量比较大，一般采用电

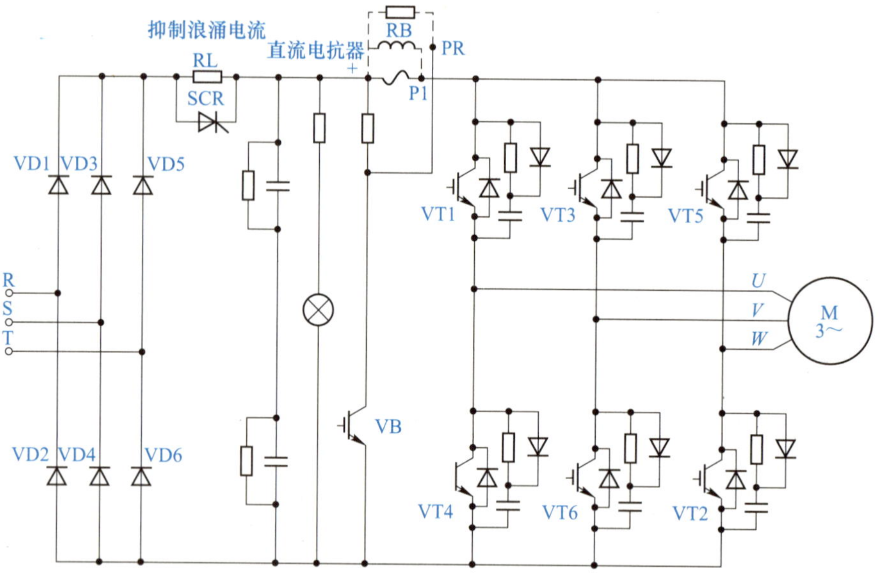

图 1-4　变频器主电路原理图

解电容。实际使用的变频器的电解电容两侧还会并联小电容量的电容，主要是为了吸收短时间的干扰电压。

经过全桥滤波后直流电压 U 的峰值为 $380\sqrt{2}$ V = 537 V，又因我国的电压许可范围是 ±20%，所以 U 的峰值实际最高可达 645 V，而电解电容的耐压常不超过 500 V，所以在滤波电路中，要将两个电容器串联起来，但又由于电容器的电容量有误差，所以每个电容器并联一个电阻，这两个电阻称为均压电阻，如图 1-4 所示。两个电阻的阻值相等，能保证两个电容的电压基本相等。

实践经验

变频器通电后，其滤波器件会储存大量能量。以电容滤波为例，电容器的容量较大，输入三相交流 380 V 经整流滤波后的直流电可达 550 V，当主电路断电后，电容器上还存储电能，而电容器没有快速放电回路，其放电时间往往长达数分钟。因此即使主电路断电，人体也不能立即触碰变频器的导体部分，以免触电。一般变频器上设置了指示灯、用于显示的数码管或 LCD 液晶屏，它们具有指示变频器是否带电的功能，即使变频器断电，它们没有熄灭，表示电荷没有释放完成，此时严禁对变频器的主电路进行接线等操作。要等指示灯熄灭后方可接线等操作，根据不同变频器手册的要求，一般等指示灯熄灭 5～10 min 后方可接线操作。

整流电路的二极管在电源接通时，滤波电容中将流过较大的充电电流（也称浪涌电流），有可能烧坏二极管，必须采取相应抑制浪涌电流的措施。在图 1-4 中，变频器接通电源瞬间，SCR 截止，电流经限流电阻 RL 对电容器充电；电容器充满电后，电流减小，SCR 导通，将电阻 RL 短路，达到减少能耗、节约电能的目的。

采用大电容滤波后再送给逆变器，这样可使加于负载上的电压值不受负载变动的影响，基本保持恒定。作为电源变换装置类似于电压源，因而称为电压型变频器。电压型变频器逆变电压的波形为方波，而电流的波形经负载电动机绕组后接近于正弦波。

b 制动电路

变频调速系统中通过降低变频器的输出频率实现减速及停车。在减速瞬间，电动机的同步转速可随频率快速下降，但转子转速由于机械惯性并未马上下降。当同步转速小于转子速度时，电动机从电动状态变为发电状态。产生的电流经逆变电路返回到直流侧被滤波电容器吸收，形成电容器侧“泵升电压”，使直流母线电压升高，对变频器形成危害。变频器的制动也就是对电动机再生能量的处理，主要有以下 3 种方式。

(1) 能耗制动。在图 1-4 中，当检测到直流母线电压升高时，VB 导通将再生能量消耗在与 VB 连接的制动电阻 RB 上。小容量变频器采用内接制动电阻，大容量变频器采用端子外接制动电阻。外接制动电阻，要选择低电感结构，连线要短，并使用双绞线。

(2) 直流制动。制动时，通过逆变电路给异步电动机其中一相绕组通入直流电，转子切割直流电产生的固定磁场，产生与转速方向相反的力矩，即制动力矩，实现电动机的制动。这种制动可以用于要求准确停车的情况或启动前制止电动机由外界因素引起的不规则旋转（如风机负载叶片的旋转），制动方式不能频繁使用。

(3) 回馈制动。通过回馈单元把回馈到中间直流回路的制动能量回馈到电网。回馈制动的最大优点是节能效果好，能连续长时间制动，但控制复杂，成本高。只有电网稳定、不易发生故障的场合才采用。在高性能的变频器中已经得到应用。

C 逆变电路

逆变电路也简称为逆变器，它将直流电逆变为交流电。最常见的结构形式是图 1-4 中，利用 6 个电力电子开关器件 VT1～VT6 组成的三相桥式逆变电路（图中 VT 符号代表任意一种电力电子开关器件，目前应用较多的是绝缘栅双极型晶体管 IGBT）。有规律地控制图 1-4 中 VT1～VT6 的通与断，可以输出频率可变的三相交流电。

逆变电路的结构和原理比较复杂，本书以单相逆变电路（图 1-5 的左图）为例说明逆变原理，电路中输入直流电压 E，负载是电阻 R。当将开关 S1、S4 闭合，S2、S3 断开时，电阻上得到左正右负的电压，假设电压为正值，在图 1-5 的右图电压时序波形图中，位于 t 轴上方；间隔一段时间后将开关 S1、S4 打开，S2、S3 闭合，电阻上得到右正左负的反向电压。通过改变开关导通时间改变输出电压的频率；通过改变开关导通顺序改变输出电压的相序，可以得到如图 1-5 右图所示的电压时序图。

这种方式控制简单，但是输出电压的谐波分量太大；电动机谐波损耗增加，发热严重甚至烧毁电动机；转矩脉动较大，低速运行时影响转速的平稳。采用 PWM 可以较好地解决这个问题。

PWM(Pulse Width Modulation) 脉冲宽度调制简称脉宽调制，是利用微处理器的数字输出来对模拟电路进行控制的一种非常有效的技术。最早用于无线电领域，现在广泛应用在测量、通信、功率控制与变换等其他众多领域。如直流电动机调速、阀门控制。

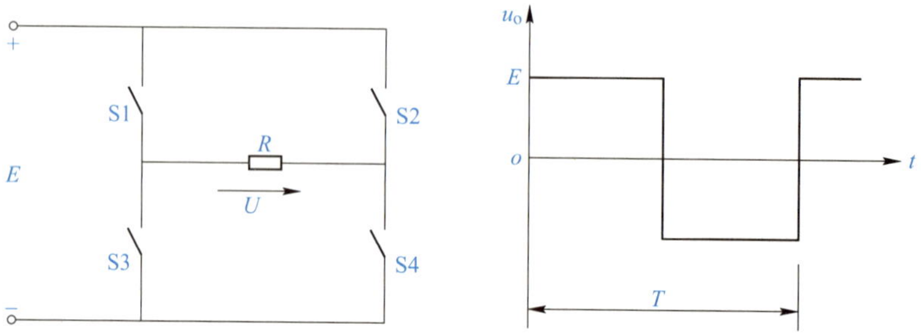

图 1-5 逆变器工作原理

对变频器的输出电压而言，PWM 实际就是将每半个周期分割成许多个脉冲，通过调节脉冲宽度和脉冲周期的“占空比”来调节平均电压。脉冲占空比越大，平均电压越大。占空比就是在一串脉冲周期序列中（如方波），脉冲的持续时间与脉冲总周期的比值。占空比公式如下：

$$D = \frac{T_{on}}{T_{total}} \times 100\% \tag{1-1}$$

式中，T_{on}为高电平（或有效信号）持续时间；T_{total}为信号周期总时间。

在 PWM 基础上改进调制脉宽方式，脉冲宽度时间占空比按正弦规律排列，这样输出波形经过适当的滤波就可以正弦波输出，这就是正弦脉宽调制（SPWM）。图 1-6 的上图为正弦波，下图为正弦脉宽调制波，正弦波与时间轴围成的面积和正弦脉宽调制波与时间轴围成的面积相等，也就是正弦脉宽调制波等效于正弦波。

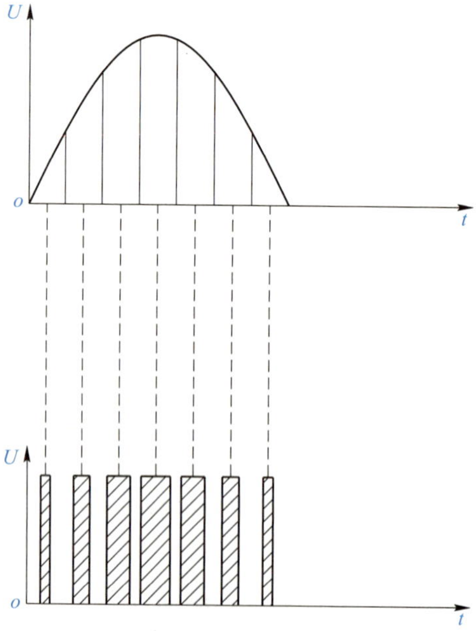

图 1-6 正弦脉宽调制波形图

1.1.2.2 通用变频器控制电路及其工作原理

变频器控制电路主要由电源电路、运算控制电路、I/O 电路、通信电路、检测电路、保护电路和驱动电路等构成，如图 1-3 所示。

A 电源电路

采用高频开关稳压电源，为控制电路不同部分提供相应等级的电压。一般变频器是从主电路的输入经过降压、整流、滤波、稳压后获得。电源电路主要用途如下：

（1）为 PWM 发生器供电；

（2）为运算控制电路的 CPU 提供 5 V 电源；

（3）为外部数字量 I/O 电路提供 24 V 直流电源；

（4）为外部频率给定电路提供 10 V 或 15 V 直流电源；

（5）为 IGBT 的驱动电路供电。

B 运算控制电路

以微控制器（MCU）或数字信号处理器（DSP）为核心进行全数字化控制，主要实现电流、电压、温度采样，六路 PWM 输出，故障报警输入，电压电流频率设定信号输入，电动机控制算法的运算等功能。

C I/O 电路

变频器的输入输出电路主要有：

（1）数字量输入电路用于启动、停止、正反转、复位等；

（2）数字量输出电路包括继电器输出、晶体管输出等，用于报警和状态信息的输出；

（3）模拟量输入电路处理电流或电压信号，通常是频率给定或反馈信号；

（4）模拟量输出电路输出与被测物理量（如输出频率、输出电压等）成正比的电流或电压信号。

D 通信电路

通信电路包括与其他上位机控制器的通信接口和与面板的通信接口等。与上位机的通信接口，多采用 RS-485 串口特别是早期变频器，例如：西门子 MM420、西门子 V20、三菱 E740、汇川 MD200，西门子 G120 控制单元 CU2＊＊＊-2 是基于 RS-485 的 USS/MODBUS RTU 通信接口，西门子 G120 控制单元 CU2＊＊＊-2DP 是 PROFIBUS DP 通信接口；现在新型变频器已经采用网口通信，如西门子 G120 控制单元 CU2＊＊＊-2PN 是 PROFINET 通信接口。

E 检测电路

包括主电路中直流电路电压检测、主电路输出电流检测和逆变功率模块的温度检测等。

F 保护电路

主要对逆变器和电动机的保护，例如当检测电路的电压或电流升高，超过设定值时，CPU 控制报警系统报警，对变频器保护。

G 驱动电路

运算控制电路输出的控制信号不能够直接驱动逆变电路的 IGBT，需要通过驱动电路放大后驱动逆变电路的 IGBT。

1.1.3 变频器的分类及应用现状

1.1.3.1 变频器的分类

下面介绍变频器几种常见的分类。

A 按照变换环节分类

根据变换环节分为“交-直-交”变频器和“交-交”变频器。

（1）“交-直-交”变频器。这种变频器主要由整流器、滤波系统和逆变器组成，工作原理是先把工频交流通过整流器变成直流，然后再把直流变换成频率和电压可调的交流。其又被称为间接式变频器，它在工业自动化领域和不间断电源领域应用广泛。

（2）“交-交”变频器。这种变频器把工频交流直接变换成频率、电压可调的交流，采用晶闸管自然换流方式，工作稳定、可靠，又被称为直接式变频器。最高输出频率是电网频率的 1/3~1/2，在大功率低频范围有很大的优势。由于没有直流环节，变频效率高、主回路简单、不含直流电路及滤波部分、与电源之间无功功率处理以及有功功率回馈容易，在传统大功率电动机调速系统中应用较多。

B 按照主电路供电电源分类

根据主电路供电电源可分为高压变频器和低压变频器。

一般来说，电压 3.3 kV、6 kV、10 kV 及以上是高压变频器；220 V、380 V、480 V、660 V 电压等级为低压变频器。

C 按照工作原理分类

根据工作原理可分为 U/f 控制、转差频率控制和矢量控制变频器。

（1）U/f 控制。U/f 控制也称为 V/f 控制，保证输出电压跟频率成正比。这样可以使电动机的磁通保持一定，避免弱磁和磁饱和现象的产生，多用于风机、泵类节能。

（2）转差频率控制。转差调速即改变异步电动机的滑差来调速，滑差越大速度越慢。转差频率控制技术的采用，使变频调速系统在一定程度上改善了系统的静态和动态性能，同时它又比矢量控制方法简便，具有结构简单、容易实现、控制精度高等特点。

（3）矢量控制。根据直流电动机调速控制的特点，将异步电动机定子绕组电流按矢量变换的方法分解并形成类似于直流电动机的磁场电流分量和转矩电流分量，只要控制异步电动机定子绕组电流的大小和相位，就可以控制励磁电流和转矩电流，得到良好的调速控制效果。

它的主要特点是低速转矩大、动态响应快、控制灵活，一般应用在恶劣的工作环境、要求高速响应和高精度的电力拖动系统等。

D 按照负载要求分类

变频器可分为通用型和专用型，一般的机械负载和要求高过载的情况，选择通用型变频器。专用型变频器又可分为风泵专用型、电梯专用型、张力控制专用型等，应根据应用场景加以选择。

a 流体类负载

离心机、风机和水泵等属于典型的流体类负载。这类负载的流量与转速的一次方成正比，转矩（扬程、压头）与速度的二次方成反比，功率与速度的三次方成正比。若选择普通功能型变频器，只要变频器容量等于电动机容量即可。目前，已有为此类负载配套的专用变频器可供选用。

b 恒转矩负载

如挤压机、搅拌机、传送带、厂内运输电车、起重机的平移机构和起重机构等都属于恒转矩负载，其负载转矩与转速无关。为了实现恒转矩调速，常采用具有转矩控制功能的高性能型变频器。

对不均性负载（负载有时轻，有时重）应按照重负载的情况来选择变频器容量，例如轧钢机械、粉碎机械、搅拌机等。

对于大惯性负载，如冲床、水泥厂的旋转窑等，应该选用容量稍大的变频器来加快启动，避免振荡，并需配有制动单元消除回馈电能。

c 恒功率负载

恒功率负载的特点是需求转矩与转速大体成反比，转矩与转速乘积即功率近似保持不变，如机床的主轴、造纸机、薄膜生产线中的卷取机、开卷机等。

选择时尽量缩小恒功率范围（以满足生产工艺为前提），以减小电动机和变频器的容量，降低成本。当电动机的恒转矩和恒功率调速的范围与负载的恒转矩和恒功率范围相一致，即所谓“匹配”，电动机容量和变频器的容量均最小。

恒功率负载在启动过程中往往表现为恒转矩，随着速度提高，到达电动机最大功率后表现为恒功率。

1.1.3.2 变频器应用现状

A 节能与调速优势显著

通过调节电机频率实现节能降耗（风机、水泵负载节电 20%～30%）和连续调速功能，广泛应用于纺织、印刷等需要工艺控制的领域。

B 工业领域渗透率提升

在冶金、化工等行业替代传统直流调速系统，提升设备可靠性；汽车制造、机床加工等自动化生产线依赖变频技术提高加工精度。

C 新兴应用场景拓展

a 建筑领域

电梯控制、中央空调系统（占建筑能耗 40%以上）普遍采用变频技术。

b 交通能源

轨道交通牵引系统、电厂锅炉设备等通过变频控制优化能耗。

c 特种需求

机器人精密运动控制、航空航天特种电源等新兴领域应用逐步深化。

拓展阅读

作为工业自动化的关键设备，变频器在提升制造业的智能化和自动化水平方面发挥着重要作用。变频器技术的发展需要持续的创新和研发投入。国产变频器凭借其独特的市场定位和不断积累的技术实力，逐渐崭露头角。它们不仅在性价比上占据了显著优势，更以出色的本土化服务赢得了客户的信赖，并通过引入人工智能（AI）和物联网技术，朝着智能与集成、绿色节能的方向快速发展。其中，汇川、英威腾等行业领军企业凭借其强大的研发实力和创新能力，成功突破了矢量控制算法的瓶颈，并在新能源车电控领域占据了显著的市场份额。汇川、英威腾等知名品牌推出了智能工厂解决方案，实现了更加高效、智能的生产过程。汇川、合康等积极向冶金、化工等外资长期占据的领域进行渗透，逐步缩小与外资品牌的技术差距，实现高端市场的逐步替代。

1.1.4 变频器的选型

1.1.4.1 选择变频器的规格

通用变频器的选型

A 按照标称功率选择

一般而言，按照标称功率选择只适合作为初步投资估算依据，在不清楚电动机额定电流时使用。

对恒转矩负载，可以放大一级估算。例如，90 kW 电动机可以选择 110 kW 变频器。对经常过载的负载，可以放大一倍来估算。例如，90 kW 电动机可选择 185 kW 变频器。

对流体类负载，一般不允许过载，可以直接按照标称功率作为最终选择依据，并且不必放大。

B 按照电动机额定电流选择

对于多数的恒转矩负载新设计的项目，可以按照公式（1-2）选择变频器规格。

$$I_{evf} \geqslant K_1 I_{ed} \tag{1-2}$$

式中，I_{evf}为变频器额定电流；I_{ed}为电动机额定电流；K_1为电流裕量系数，可取1.05~1.15，一般情况下可取最小值，启动、停止频繁的系统可取最大值。

C 按照电动机实际运行电流选择

这种方式适用于改造工程，对于原来电动机已经处于大马拉小车的情况，可以选择功率比较合适的变频器以节省投资。可以按照公式（1-3）选择变频器规格。

$$I_{evf} \geqslant K_2 I_d \tag{1-3}$$

式中，K_2为电流裕量系数，可取1.1~1.2，在频繁起停时应该取最大值；I_d为电动机实测运行电流，指的是稳态运行电流，实测时应该针对不同工况作多次测量，取其中最大值。

D 按照转矩过载能力选择

变频器的电流过载能力通常比电动机的转矩过载能力低，因此，按照常规配备变频器时，电动机转矩过载能力不能充分发挥作用。

采用变频器对异步电动机进行调速时，在异步电动机确定后，通常根据异步电动机的额定电流来选择变频器，或者根据异步电动机实际运行中的电流值（最大值）来选择变频器。

1.1.4.2 选择变频器的品牌

变频器是变频调速系统的核心设备，它的质量品质对于系统的可靠性影响很大。选择品牌时，与可靠性相关的质量品质，是重点要考虑方面。

变频器的售后服务也是选择品牌的关键，进口品牌质量可靠、价格高、售后服务好，但是过了保修期，维修的价格非常高。国产品牌质量良莠不齐，质量好的已和进口品牌不相上下。国产变频器售后服务好，即使过了保修期，维修价格也算比较合理。

如果对调速性能要求不高的应用场景，国产变频器性价比高，是较优的选择方案。如果对调速性能要求较高的应用场景，或者高压变频器，可以考虑选择国外品牌。

随着节约环保型社会发展模式的提出，人们开始更多地关注生活的环境品质。节能型、低噪声变频器，是今后发展的趋势之一。

拓展阅读

随着改革开放的不断深入推进，工业自动化的要求逐渐升高，变频器在工业领域的应用上发挥了极大的作用。20 世纪 80 年代，中国的变频器技术远远不及西方发达国家。90 年代初，华为成立了电气能源子公司莫贝克，其中变频器技术的研发就是该公司的主要研发技术之一。朱兴明作为变频器技术研发负责人，仅仅两年就带领项目组成功研发出了变频器。但是，莫贝克公司没能逃过 2000 年的互联网经济泡沫，被卖给了美国艾默生。莫贝克的工程师们却没有放弃自己的志向，坚定地开启了自己的创业之路。后来朱兴明联系了一众志同道合的前同事，成立了深圳汇川技术有限公司，开启了自主研发变频器技术之路。汇川先从低压变频器产品入手，然后将变频器与电梯主板控制器整合，发明了电梯一体化控制器，改变了电梯行业的产业链，大大缩短了电梯维护的时间。该产品一经推出立即受到市场热捧，汇川公司也一举成名，打响行业名号。后来，更多的中国企业也纷纷加入到了变频器领域的研发创新中。如今国产变频器已经崛起，逐渐抢占高端市场，上海、深圳都成为了国产变频器研发的前沿阵地，国内变频器企业仍然保持着高昂的进军态势！经过多年的努力发展，现在中国变频器在部分领域已经跃然居于世界首位！

任务实施

（1）分组讨论变频器主电路和控制电路构成及作用，并做好记录。

____

____

____

____

（2）分组讨论变频器应用，并做好记录。

任务 1.2 G120 变频器认知

任务导入

SINAMICS 是西门子公司推出的新一代驱动系列产品，并将逐渐取代现有的 MasterDrives 系列驱动产品，可为几乎所有的驱动任务提供解决方案。SINAMICS 包括 V 系列、G 系列、S 系列产品，其中 G 系列属于通用型变频器产品，适用于对控制的动态响应要求不高的场合：SINAMICS G 系列主要包括 G110、G110D、G120、G120P、G120C、G120D、G120L、G130 和 G150 等。其中，G120 系列变频器可实现对异步电动机进行低成本、高精度的转速/转矩控制。按结构形式的不同，主要分为内置式变频器（如 G120、G120P、G120L）、紧凑型变频器（如 G120C）和分布式变频器（如 G120D）。本任务主要认识 G120 变频器的系统构成、控制单元、功率模块、铭牌。

任务分析

G120 变频器采用模块化设计方案，控制单元和功率单元是其构成的必要部分。在调速系统设计中，控制单元和功率模块兼容性是必须考虑的因素。我们需要了解控制单元和功率单元各自的型号与参数，然后才能进行 G120 变频器的安装和接线。

知识链接

1.2.1 变频器的系统构成

G120 内置式变频器由多种单元、模块组成，其中一种型号的控制单元（Control Unit，CU）和功率模块（Power Module，PM）如图 1-7 所示。在控制单元正面的铭牌和功率模块侧面的铭牌上标有型号、订货号和版本等信息，PM 模块的铭牌上还标有电压和电流等技术参数。

G120变频器的认知

G120 变频器的控制单元可以控制、监控功率模块以及与它相连的电动机。控制模式有多种，可按需选择。控制单元可以本地或中央式的方式控制变频器。

功率模块由控制单元内的微处理器进行控制；该模块采用了先进的 IGBT 技术和脉宽调制功能，从而确保电动机可靠、灵活地运行。

如图 1-7 所示，操作面板的类型包括基本操作面板（BOP-2）和智能操作面板

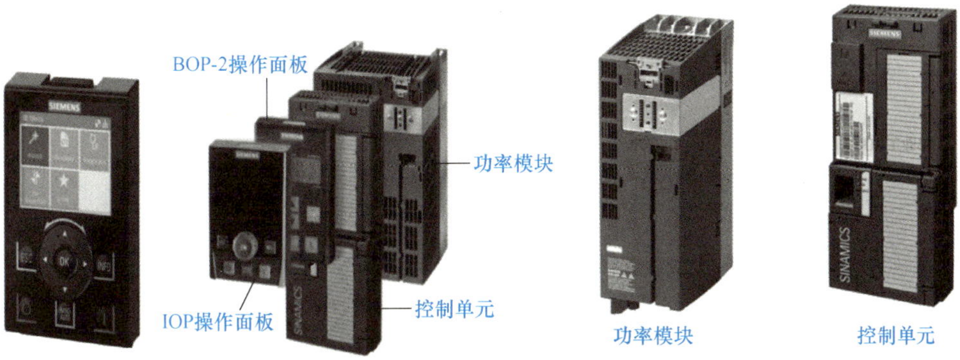

图 1-7　G120 变频器的构成

(IOP)，用操作面板可以很方便地对变频器进行本地操作和监控，G120 变频器的 BOP-2 和 IOP 是可选件。

1.2.2 控制单元

变频器控制单元型号含义如图 1-8 所示。

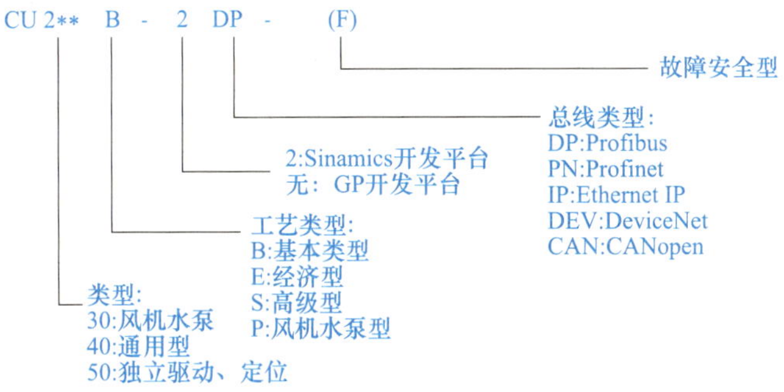

图 1-8　变频器控制单元型号含义

1.2.2.1　CU230 控制单元

CU230 控制单元专门用于泵、风机和压缩机的 G120P 变频器和 C120P 变频调速柜，具体参数见表 1-1。

表 1-1　CU230P-2 控制单元参数表

型　号	通信类型	故障安全功能	I/O 接口种类和数量
CU230P-2HVAV	USS、MODBUS RTU、BACnet、MS/TCP	无	6DI（数字量输入） 3DO（数字量输出） 4AI（模拟量输入） 2AO（模拟量输出）
CU230P-2DP	PROFIBUS-DP	无	
CU230P-2PN	PROFINET	无	
CU230P-2CAN	CANoPen	无	

1.2.2.2 CU240控制单元

CU240控制单元为变频器提供了开环和闭环控制功能，适用于普通机械制造领域的各种设备，例如输送带、混料机和挤出机，具体参数见表1-2。

表1-2 CU240控制单元参数表

<table>
<tr><th>型 号</th><th>通信类型</th><th>故障安全功能</th><th>I/O接口种类和数量</th></tr>
<tr><td>CU240B-2</td><td>USS、MODBUS RTU</td><td>无</td><td rowspan="2">4DI、1DO、1AI、1AO</td></tr>
<tr><td>CU240B-2DP</td><td>PROFIBUS-DP</td><td>无</td></tr>
<tr><td>CU240E</td><td>USS、MODBUS RTU</td><td>STO</td><td rowspan="3">6DI、3DO、2AI、2AO、1F-DI（故障安全输入）</td></tr>
<tr><td>CU240E-2DP</td><td>PROFIBUS-DP</td><td>STO</td></tr>
<tr><td>CU240E-2PN</td><td>PROFINET</td><td>STO</td></tr>
<tr><td>CU240E-2F</td><td>USS、MODBUS RTU</td><td>STO、SSI、SLS、SDI</td><td rowspan="3">6DI、3DO、2AI、2AO、3F-DI</td></tr>
<tr><td>CU240E-2DP-F</td><td>PROFIBUS-DP</td><td rowspan="2">STO、SSI、SLS、SSM、SDI</td></tr>
<tr><td>CU240E-2PN-F</td><td>PROFINET</td></tr>
</table>

变频器故障安全功能说明如下：

（1）STO——安全转矩关闭。防止驱动意外启动，驱动可安全切换至无转矩状态。

（2）SSI——安全停止。快速、安全地在监控下停车，尤其是对于转动惯量大的应用，无需编码器。

（3）SBC——安全抱闸控制。安全控制抱闸可在无电流状态下激活，防止悬挂/牵引负载下落，SBC功能需要安全制动继电器。

（4）SLS——安全限速。降低驱动速度并持续监控，该功能可在设备运行时投入使用，无需编码器。

（5）SSM——安全转速监控。当驱动速度低于特定限值时，该功能将会发出一个安全输出信号。

（6）SDI——安全转向。该功能可确保驱动仅在选定方向上转动。

1.2.2.3 CU250控制单元

CU250控制单元为变频器提供了开环和闭环控制功能，适用于对转速控制有高要求的独立驱动以及定位任务。CU250控制单元具体参数见表1-3。

表1-3 CU250控制单元参数表

<table>
<tr><th>型 号</th><th>通信类型</th><th>故障安全功能</th><th>I/O接口种类和数量</th></tr>
<tr><td>CU250S-2</td><td>USS、MODBUS RTU</td><td rowspan="4">STO、SSI、SLS、SSM、SDI</td><td rowspan="4">11DI、3DO、4DI/4DO、2AI、2AO、3F-DI、1F-DO</td></tr>
<tr><td>CU250S-2DP</td><td>PROFIBUS-DP</td></tr>
<tr><td>CU250S-2PN</td><td>PROFINET</td></tr>
<tr><td>CU250S-2CAN</td><td>CANOPen</td></tr>
</table>

1.2.3 功率模块

G120 的功率模块用于对电动机供电，由控制单元的微处理器进行控制，从而对需要调速的交流电动机进行驱动。G120 变频器系列产品涵盖了 0.37~250 kW 的功率范围。外形尺寸有 FSA、FSB、FSC、FSD、FSE、FSF 和 FSGX 等规格。FS 表示“Frame Size”，即模块尺寸，A~F 代表功率大小（依次递增）。G120 变频器有以下四类可选的功率模块作为变频器的基本单元。

1.2.3.1 PM230 功率模块

PM230 功率模块是风机、泵类和压缩机专用模块，其功率因数高、谐波小。这类模块不能进行再生能量回馈，其制动产生的再生能量通过外接制动电阻转换成热量消耗。

1.2.3.2 PM240 功率模块

PM240 功率模块不能进行再生能量回馈，其制动产生的再生能量通过外接制动电阻转换成热量消耗。

1.2.3.3 PM240-2 功率模块

PM240-2 功率模块不能进行再生能量回馈，其制动产生的再生能量通过外接制动电阻转换成热量消耗。PM240-2 功率模块允许穿墙式安装。

1.2.3.4 PM250 功率模块

PM250 功率模块能进行再生能量回馈，其制动产生的再生能量通过外接制动电阻转换成热量消耗，也可以回馈电网，达到节能的目的。

在变频器选型时，控制单元和功率模块的兼容性是必须要考虑的因素，控制单元和功率模块兼容性见表 1-4。

表 1-4 控制单元和功率模块兼容性一览表

控制单元	功率模块			
	PM230	PM240	PM240-2	PM250
CU230P-2	√	√	√	√
CU240B-2	√	√	√	√
CU240E-2	√	√	√	√
CU250S-2	×	√	√	√

注：√表示兼容；×表示不兼容。

1.2.4 操作面板 BOP/IOP

G120 变频器的操作面板可以很方便地实现对变频器进行本地操作和监控。操作面板的类型包括基本操作面板（BOP-2）和智能操作面板（IOP），如图 1-9 所示。

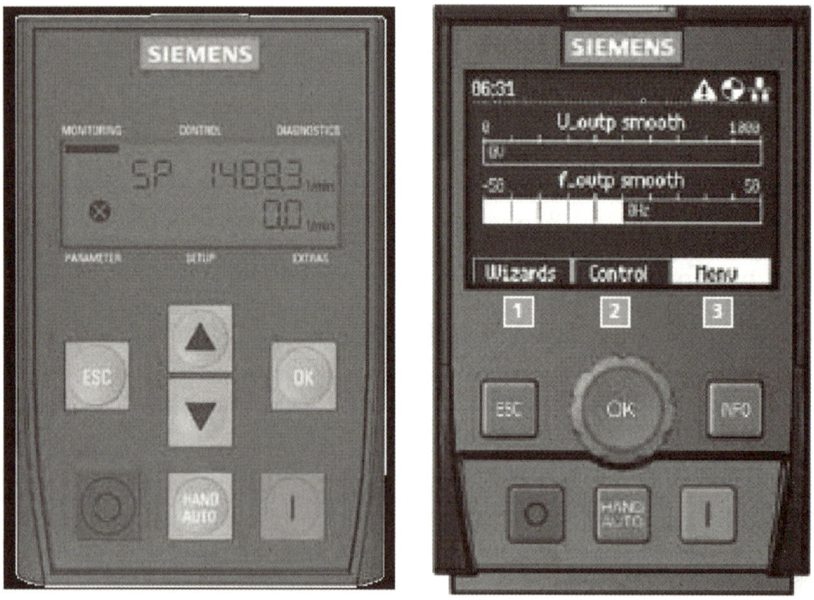

(a)　　(b)

图 1-9　变频器 G120 操作面板

（a）基本操作面板（BOP-2）；（b）智能操作面板（IOP）

1.2.4.1　基本操作面板（BOP-2）

基本操作面板（BOP-2）采用两行文本显示屏，文本中最多可带有两个过程值。通过基本操作面板上的导航键，可以方便地对变频器进行本地控制。该操作面板可同时显示参数和参数值，方便直观，可提供菜单提示式诊断。变频器的参数可以复制上载到操作面板，在必要的时候下载到相同类型的变频器中。

基本操作面板（BOP-2），可直接安装在控制单元上，也可以通过柜门安装套件安装在开关柜的柜门上（防护等级可达 IP54/UL 12）。

1.2.4.2　智能操作面板（IOP）

智能操作面板（IOP）采用较大的纯文本显示、菜单提示和应用向导，使标准型变频的调试十分便捷。由于 IOP 是以纯文本、说明性帮助文本以及参数过滤器显示参数，故无须查看操作手册，即可完成基本调试。如果变频器发生故障，IOP 会以纯文本显示故障和报警，能够十分友好的帮助排除故障。IOP 使用 INFO 键可显示说明性帮助文本，该操作面板的状态显示屏最多可以显示 4 个图形或数字式过程值，还可以显示过程值的单位。

智能操作面板可以直接安装在控制单元上，或通过安装套件安装在柜门上（防护等级可达 IP54/UL 12），还提供手持规格，方便地实现手持现场调试。

1.2.5 变频器系统其他部件

为使变频器适用于不同的使用场合和环境条件，G120 变频器还有很多可选部件，例如屏蔽连接套件、DIN 导轨安装适配器、进线滤波器、电源电抗器、输出电抗器、正弦滤波器、制动电阻和制动继电器等。正确选择变频器的外围电器的主要目的有：保证变频器系统的正常工作；提高对电动机和变频器的保护；减小对其他设备的影响。

1.2.5.1 屏蔽连接套件和 DIN 导轨安装适配器

屏蔽连接套件为电源电缆和电动机电缆提供了理想的屏蔽和保护，它由屏蔽板、齿形卡圈和螺钉组成，其安装示意如图 1-10 所示。

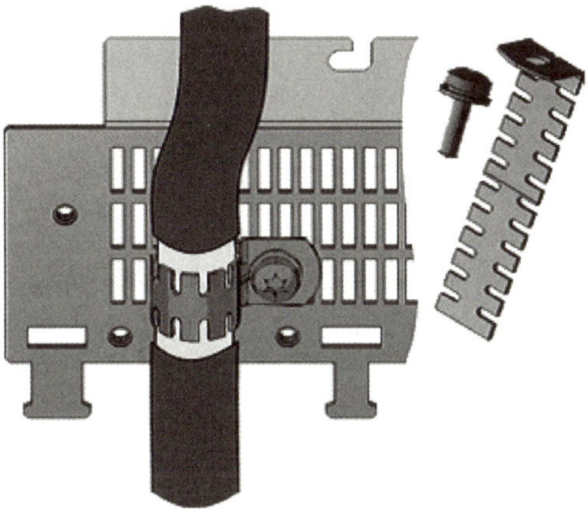

图 1-10 屏蔽连接套件及其安装

需要注意的是，并不是所有功率模块都配有屏蔽连接套件。PM240-2 功率模块本身配有屏蔽连接套件，其他功率模块的屏蔽套件是选装部件，需要单独订购。

DIN 导轨安装适配器用于将功率模块安装在间隔只有 100 mm 的两个导轨之间。

1.2.5.2 进线侧电源组件

进线滤波器、进线电抗器、熔断器和断路器为可用于 G120 变频器基本单元的进线侧电源组件。

A 进线滤波器

加装附加的进线滤波器的功率模块可以提高抗射频干扰的等级。进线滤波器实物外观如图 1-11 和图 1-12 所示，分别适用于 FSA 尺寸的 PM240 和 FSGX 尺寸的 PM240。带有集成电源滤波器的变频器无须外部滤波器。

B 进线电抗器

进线电抗器可提供过电压保护，抑制电网谐波，并减少整流电路换相时产生的电压缺陷。当系统的故障率高时，需要加装进线电抗器以保护变频器不受过大的谐波电流的干扰，从而防止过载，并将进线谐波限制在允许的值内。进线电抗器能明显改善功率因数和实现变频器驱动系统与电源之间的匹配。输入交流电抗器为选购件，在以下情况下可考虑接入交流电抗器。

图 1-11 用于 PM240 FSA 的进线滤波器

图 1-12 用于 PM240 FSGX 的进线滤波器

（1）变频器所接的电源容量与变频器容量之比为 10：1 以上。

（2）同一电源上接有晶闸管变流器负载或在电源端带有开关控制调整功率因数的电容器。

（3）三相电源的电压不平衡度较大（不小于 3%）。

（4）变频器的输入电流中含有许多高次谐波成分，这些高次谐波电流都是无功电流，使变频调速系统的功率因数降到 0.75 以下。

（5）变频器的功率大于 30 kW。

接入的交流电抗器应满足以下要求：

（1）电抗器自身分布电容小；

（2）自身的谐振点要避开抑制频率范围；

（3）保证工频压降在 2%以下，功率要小。

进线电抗器的规格选择取决于所使用的功率模块。进线电抗器的型号规定：ALC-□，其中，□为所用变频器的功率千瓦数，如 132 kW 的变频器应该选择 ALC-132 型电抗器。

适用于 FSA 尺寸的 PM240-2 和适用于 FSGX 尺寸的 PM240 进线电抗器实物外观如图 1-13 和图 1-14 所示，而机座尺寸为 FSD/FSE/FSF 的 PM240-2 功率模块中集成了一个直线母线电抗器，不需要进线电抗器。

实践经验

在某些功率模块型号和主电源上，如果不使用电源电抗器，可能会损坏变频器以及系统中的其他组件。另外，要符合 IEC 标准，还必须考虑加装进线侧部件，如熔断器和断路器等。

图 1-13　适用于 PM240-2 FSA 的进线电抗器

图 1-14　适用于 PM240 FSGX 的进线电抗器

1.2.5.3　直流母线部件

G120 变频器可以选择制动电阻、制动模块和制动继电器作为直流母线部件。

A　制动电阻

制动电阻用于消耗直流母线的多余能量，可以使大转动惯量的负载迅速制动。功率模块可以通过集成的制动削波器来控制制动电阻。

由于功率模块 PM240 和 PM240-2 集成了制动斩波器，且不具备将再生能量回馈至供电系统的能力，因此需要搭配使用制动电阻。适用于 FSD 尺寸规格的 PM240-2 的制动电阻和适用于 FSGX 尺寸规格的 PM240 的制动电阻实物外观，如图 1-15 和图 1-16 所示。对于再生式运行，例如制动转动惯量较大的设备，必须连接制动电阻，从而将电能转化为热能。制动电阻的规格选择取决于所使用的功率模块。

图 1-15　适用于 PM240-2 FSD 的制动电阻

图 1-16　适用于 PM240 FSGX 的制动电阻

B　制动模块

为了在掉电时实现电动机的可控停车（如紧急回退或急停类别 1），以及在短暂的再生式运行中限制直流母线电压，需要使用制动模块，并为其搭配外部电阻。制动模块独立于变频器控制而自主工作，运行期间，直流母线中的多余电能由外部制动电阻转换为热量。制动模块实物外观，如图 1-17 所示。

C 制动继电器

制动继电器有一个用于控制电动机抱闸线圈的开关触点（常开触点），西门子订货号为 6SL3252-0BB00-0AA0 的制动继电器实物外观，如图 1-18 所示。

图 1-17 制动模块

图 1-18 制动继电器

1.2.5.4 输出侧电源组件

G120 变频器的输出侧电源组件包括输出电抗器、正弦波滤波器等。

A 输出电抗器

由于 G120 变频器内部快速接通的 IGBT 会产生很高的电压急升，使用较长的电动机电缆时，逆变器中的每个换向操作都会对电缆电容进行快速充电。这样，逆变器就会承受巨大的附加电流尖峰。

使用输出电抗器，可以通过电抗器的电感对电缆电容进行缓慢充电，降低附加电流尖峰的高度。即输出电抗器用于降低电压上升率和电流尖峰值，允许连接更长的电动机电缆。PM240 FSGX 的输出电抗器实物如图 1-19 所示，其与进线电抗器外形相似，参数不同。

B 正弦滤波器

位于变频器输出端的正弦滤波器既能限制电动机绕组上的电压上升率，也能限制峰值电压，可为电动机提供接近正弦波的电压，因此无须特殊电缆，即可连接标准电动机。正弦滤波器不用于 PM230 和 PM240-2 功率模块。适用于 FSGX 尺寸规格功率模块 PM240 FSGX 的正弦波滤波器，如图 1-20 所示。

正弦滤波器与输出电抗器一样，允许连接更长的电动机电缆，最大电动机电缆长度最大可增加到 300 m。此外，由于轴承电流显著降低，故可以在 G120 变频器上运行带标准绝缘或不带标准绝缘轴承的电动机。

正弦滤波器在电磁兼容性方面也起到积极作用，因而从电磁兼容的角度，当电动机电缆较短时，不再绝对强制要求使用屏蔽型电动机电缆。

应用正弦滤波器，电动机上由变频器造成的额外损耗和噪声也都明显降低，噪声等级与电动机直接在电网上运行时差不多。

图 1-19 PM240 FSGX 的输出电抗器

图 1-20 适用 PM240 FSGX 的正弦滤波器

使用正弦滤波器时必须注意以下几点：运行时脉冲频率只允许为 4~8 kHz，而功率在 110 kW 以上的功率模块只允许 4 kHz 的脉冲频率；使用正弦滤波器，变频器功率降低 5%；变频器的电源电压位于 380~480 V 时，最大输出频率为 150 Hz；正弦滤波器不可以空载，连接了电动机后方可运行和调试；使用正弦滤波器，无须再用输出电抗器。

1.2.6 变频器的铭牌认知

铭牌是选择和使用变频器的重要依据和参考，其内容一般包括厂商的产品型号、编号或标识码、基本参数、电压级别和可适配电动机功率等。G120 系列变频器的铭牌在变频器的侧面，某型号 G120 变频器的铭牌内容如图 1-21 所示。

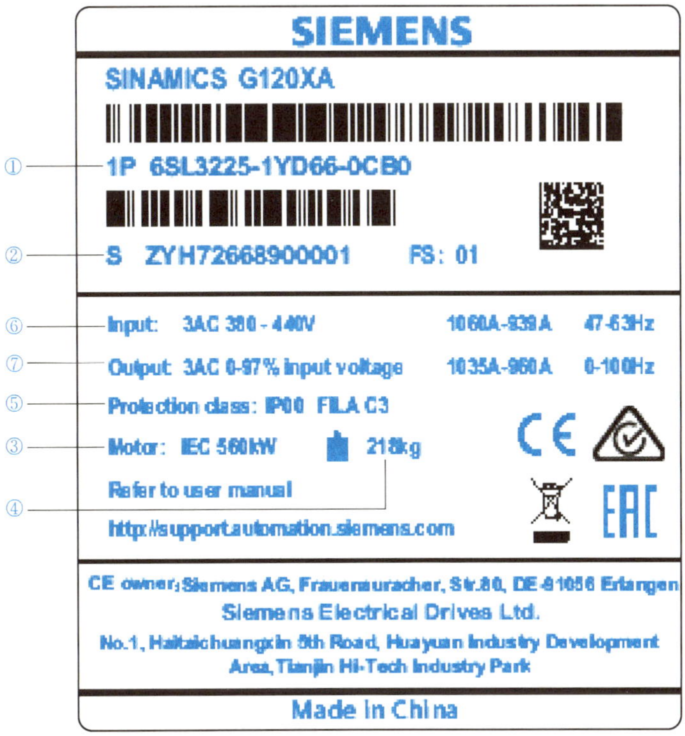

图 1-21 G120 变频器铭牌示意图

①—订货号；②—产品序号；③—电动机功率；④—重量；⑤—防护等级；
⑥—输入电源电压范围、电流范围、频率范围；⑦—输出电压范围、电流范围、频率范围

G120 系列变频器铭牌上分别标注了符合 UL 认证的（适配电动机功率单位为 HP 马力）参数和符合我国标准（适配电动机功率单位为 kW）的参数，识读要注意。G120 系列变频器有两种输入电源规格：三相和单相，这两种变频器外形似，要通过仔细查看铭牌的输入电压来区分。

任务实施

观察实训室 G120 变频器实物，认识控制单元和功率模块，查阅 G120 的铭牌，完成表 1-5。

表 1-5 变频器 G120 铭牌参数

参数	参数数据			
	相数	电压	电流	频率
输入				
输出				
电动机功率				
防护等级				
订货号				

任务 1.3 G120 变频器系统安装与接线

任务导入

G120 变频器的功率模块设计安装在控制柜中，合理选择安装位置及布线是变频器安装的重要环节。变频器工作在容易产生高电磁干扰的工业环境中，在实际应用中，为了对变频器进行电磁干扰（EMI）的防范，变频器还需要和许多外接的组件配合才能保证变频器安全、可靠、正常地运行。

任务分析

G120 变频器系统安装与接线主要包括功率模块的安装与接线和控制单元的安装与接线。

知识链接

1.3.1 变频器的安装要求

1.3.1.1 安装环境

变频器应安装在干燥、无尘、无腐蚀性气体的环境中，需要在安装时给设备周围留有足够的空间，确保能够方便地打开和维护设备门和面板。如果计划进行定期检查或维护，请确保有足够的空间来容纳工具和设备。

G120变频器安装与接线

此外，为了确保良好的散热效果，应将变频器安装在通风良好的区域。

1.3.1.2　接地

变频器的接地应符合制造商的要求。接地是为了保护设备和人员安全，确保正确地接地。

1.3.1.3　机械安装

对于标准型变频器，在安装之前需要检查所需的变频器组件是否齐全，安装所需的工具和组件及零部件是否齐全，然后按照以下步骤进行安装。

（1）依据安装说明安装功率模块的附件（电抗器、滤波器或制动电阻）。

（2）安装功率模块。

（3）安装控制单元和操作面板。

标准型变频器安装完毕示意图如图 1-22 所示。

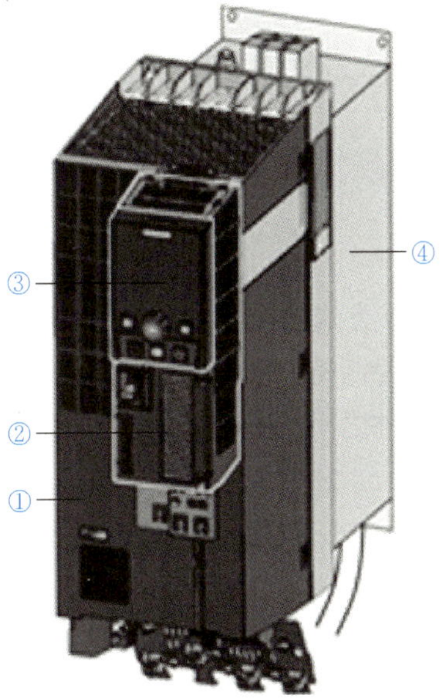

图 1-22　标准型变频器安装完毕示意图

①—功率模块；②—控制单元；③—操作面板；④—功率模块附件

1.3.1.4　电缆夹和保护罩

为了防止电缆损坏和外部干扰，建议使用电缆夹和保护罩来保护变频器周围的电缆。这样可以确保信号的稳定传输并防止意外损坏。

1.3.2　功率模块附件的安装

安装功率模块的附件时，可以按照功率模块的外形尺寸，进行底部安装和侧面安装。对于功率模块 PM240 和 PM250，外形尺寸 FSA、FSB 和 FSC，电抗器、滤波器和制动电阻为底座型部件。也可以将底座型部件安装在功率模块旁边，如图 1-23 所示。

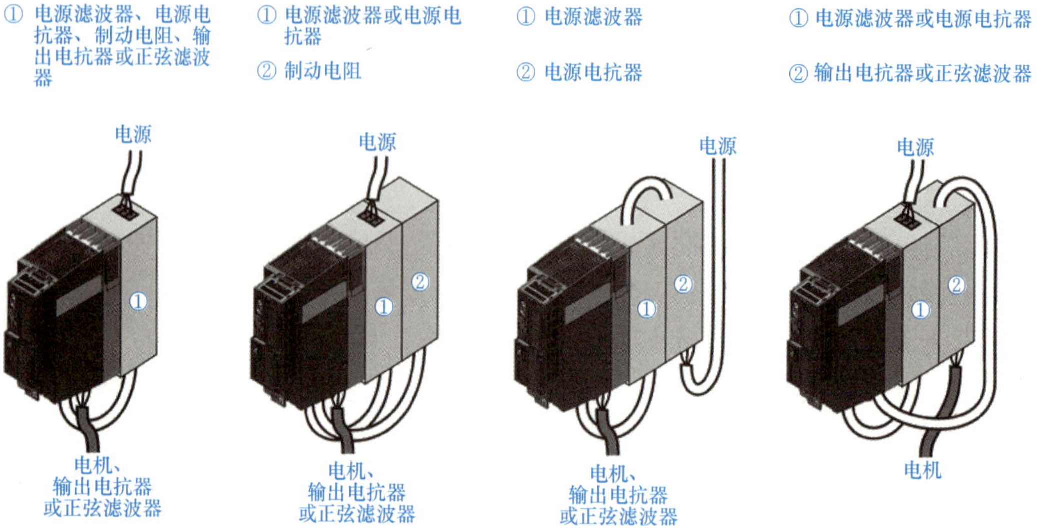

图 1-23　功率模块附件的安装示意图

1.3.3 功率模块的安装与接线

1.3.3.1 功率模块安装

功率模块的安装需要按照以下方式进行，如图 1-24 所示。

（1）将功率模块垂直安装在控制柜中，电源和电机端子朝下。

（2）保持与控制柜中其他组件之间的最小间距。

（3）垂直安装功率模块。

（4）将功率模块放置在控制柜中，以便根据端子配置连接电动机电缆和电源电缆。

（5）使用紧固件按照要求的紧固扭矩（3 N · m）对功率模块进行固定和安装。

图 1-24　功率模块的安装示意图

实践经验

注意：如果安装穿墙式功率模块，则在将穿墙式设备装入控制柜内时，需要使用一块安装框架。西门子安装框架配有必要的密封件和外框，可保证安装达到防护等级 IP54。另外，为满足电磁兼容要求，必须将变频器安装在没有喷漆的金属表面上。

1.3.3.2 PM240-2 功率模块接线

功率模块主要与强电部分连接，PM240 功率模块接线如图 1-25 所示。L1、L2 和 L3 是交流电接入端子。U2、V2 和 W2 是交流电输出端子，一般与电动机连接。R1 和 R2 是连接外部制动电阻的端子，没有制动要求时，此端子空置不用。A 和 B 是连接抱闸继电器的端子，用于抱闸电动机的制动，非抱闸电动机此端子空置不用。

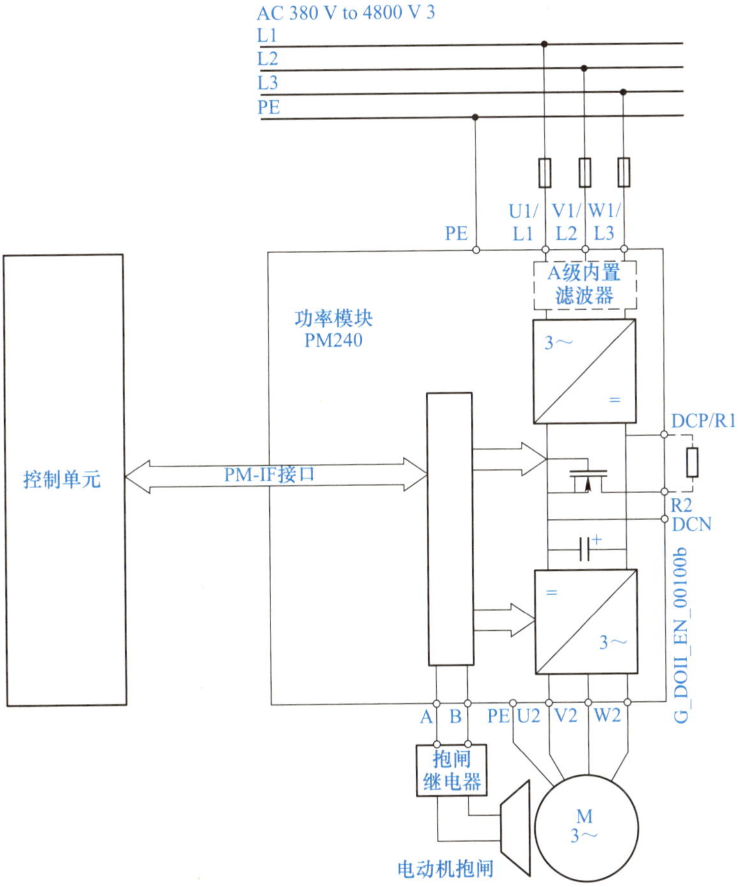

图 1-25 PM240 功率模块接线

A 连接和接口

（1）PM-IF 接口，所有功率模块均配备了图 1-26 所示的连接和接口，用于将功率模块连接至控制单元。功率模块通过集成的电源组件向控制单元供电。

（2）尺寸为 FSA~FSC 的功率模块 PM240-2 的端子如图 1-27 所示，功率模块上有易拆式和可交换端子。接线时为了拔出连接器，必须通过按压红色解扣杆解锁连接器。将电源电缆连接到功率模块端子 L1、L2 和 L3 上，将电源的保护接地线连接到变频器功率模块的 PE 端子上。电动机电缆连接到变频器功率模块端子的 U2、V2、W2 和 PE 上。

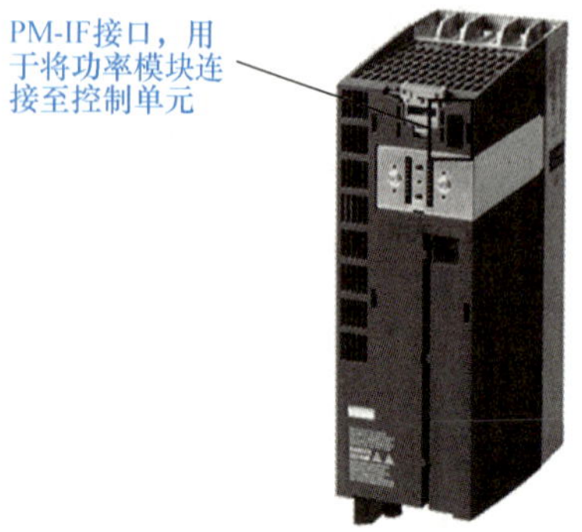

图 1-26 PM240-2 功率模块 PM-IF 接口

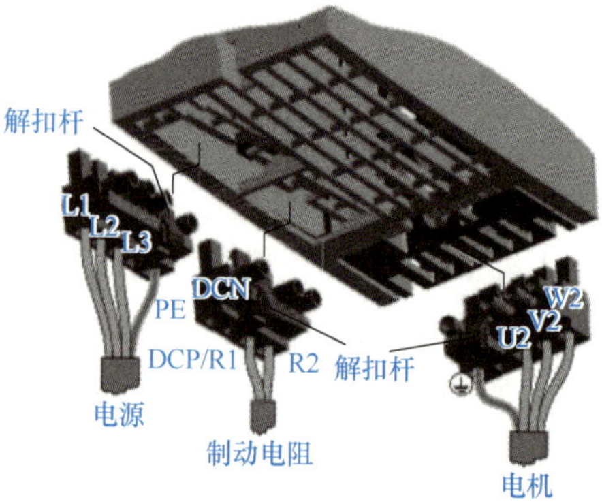

图 1-27 PM240-2 功率模块端子分布图

（3）两个 PE/保护接地线接口。变频器必须在电源侧和电动机侧接地，否则会出现异常的危险情况，有时甚至会发生人身事故。

B PM240-2 模块配备的特殊接口

（1）针对外形尺寸 FSA～FSF 的变频器，DCP/R1 和 R2 端子用于连接外部电阻。将制动电阻的温度监控端子（T1 和 T2）连接至变频器上空闲的数字量输入端子上，可监控制动电阻的温度。此时需将数字量输入的功能定义为输出外部故障。例如，对于数字量输入 DI3，设置 p2106＝722.3。

FSGX 型变频器需要通过一个插接式的外部制动单元来连接制动电阻。

（2）制动继电器的控制系统用于控制电动机制动。通过产品自带的预制电缆将制动继电器和功率模块连在一起，如图 1-28 所示。将电动机抱闸线圈连到制动继电器的接线端子上。

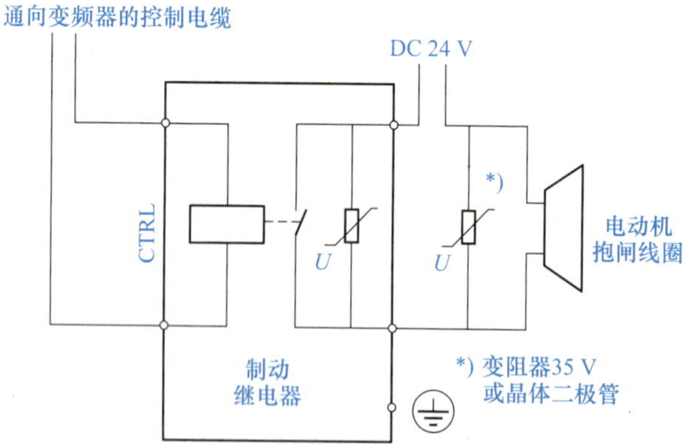

图 1-28 PM240-2 功率模块抱闸接线图

1.3.3.3 功率模块的连接组件

将尺寸为 FSA～FSC，工作电源为交流电源的功率模块连接到电动机和电源的接线方法如图 1-29 所示。其他尺寸和单相工作电源的连接可参考 G120 变频器手册。

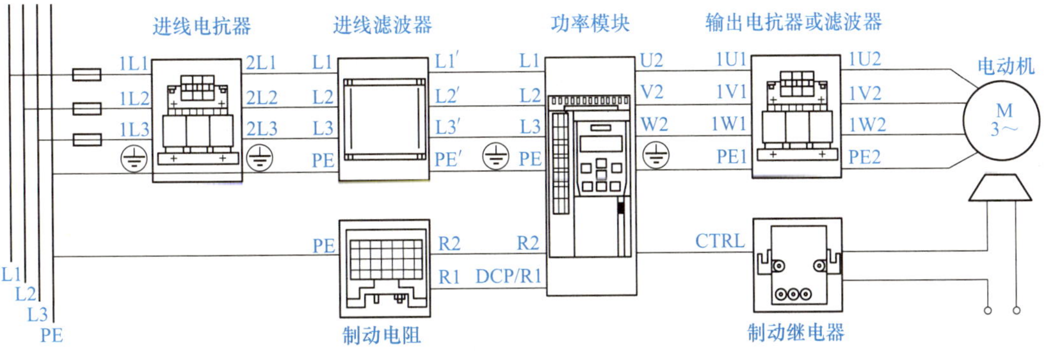

图 1-29　功率模块 PM240-2 外围配置接线图

（1）进线电抗器：可以抑制高次谐波对电网的干扰，提高功率因数并削弱输入电路中的浪涌电压、电流对变频器的冲击，削弱电源电压不平衡的影响。

（2）进线滤波器：减少和抑制变频器产生的电磁干扰。这里选用 A 级滤波器，它用在第二类场合即工业场合，满足 EN50011A 级标准。

（3）制动电阻：用于使大转动惯量的负载迅速制动。它能限制泵升电压，消耗回馈制动时产生的电能。

（4）输出电抗器：可以减少电机线圈的电压负载，可以有效抑制变频器的 IGBT 开关产生的瞬间高电压，减少此电压对电缆绝缘和电动机的不良影响，同时降低电动机长电缆运行时耦合电容的充放电影响，避免变频器过电流。当电动机电缆超出 50 m（屏蔽电缆）或超出 100 m（非屏蔽电缆）时，必须使用输出电抗器。

（5）输出滤波器：可限制电压增长速率以及电动机绕组的峰值电压。允许的最大电动机电缆长度因此增加到 300 m。

（6）制动继电器：有一个用于控制电动机抱闸线圈的开关触点（常开触点），用来控制电动机抱闸并监控制动控制是否出现短路或断相。

1.3.4　控制单元的安装与接线

1.3.4.1　控制单元安装

功率模块具有一个控制单元支架和一个解锁装置。不同的功率模块具有不同的解锁装置。

A　安装控制单元步骤

（1）将控制单元的两个套钩装入功率模块上对应的槽中。

（2）将控制单元插入功率模块，直到听到卡扣卡紧的声音。

如图 1-30 所示，控制单元便插在功率模块上。取下控制单元只需按压解锁装置，从功率模块上取出控制单元。

图 1-30 安装控制单元

B 安装 BOP-2 面板/IOP 智能面板

插入、取出 BOP-2 面板/IOP 智能面板如图 1-31 和图 1-32 所示。

按照如下步骤安装 BOP-2 面板/IOP 智能面板：

（1）将 BOP-2/IOP 智能面板下边缘插入控制单元对应的凹槽中；

（2）推入 BOP-2/IOP 智能面板，直到听到卡扣卡紧的声音。

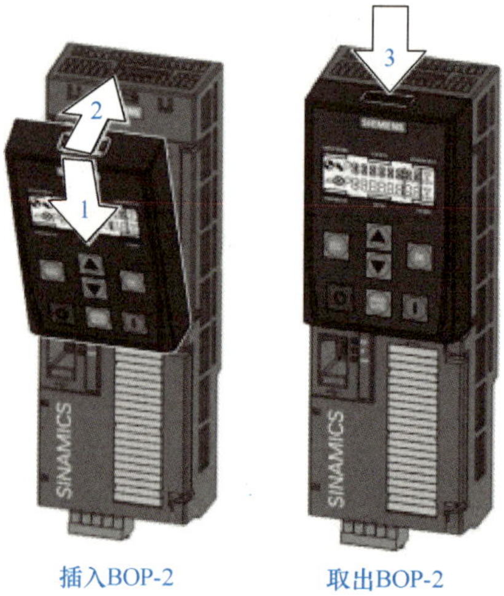

图 1-31 安装 BOP-2

IOP 供电：

IOP 没有内部电源，它是通过 RS-232 接口从变频器控制单元直接供电的；

IOP 也可以连接到 PC，并通过 USB 连接获得供电。

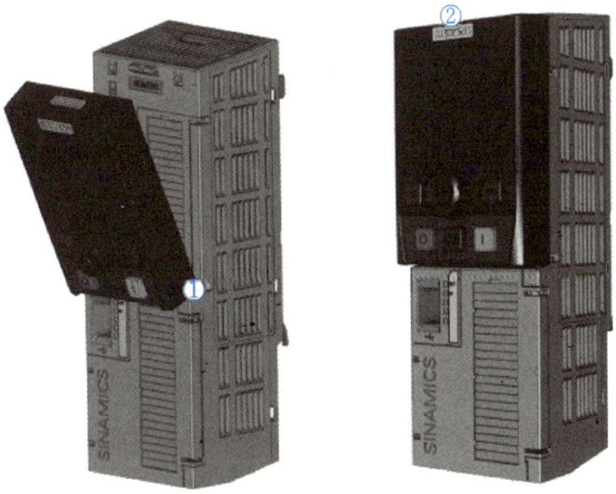

图 1-32　安装 IOP

1.3.4.2　控制单元的接线

A　控制单元正面的接口

必须拆下操作面板并打开正面门盖才可以操作控制单元正面接口，如图 1-33 所示。

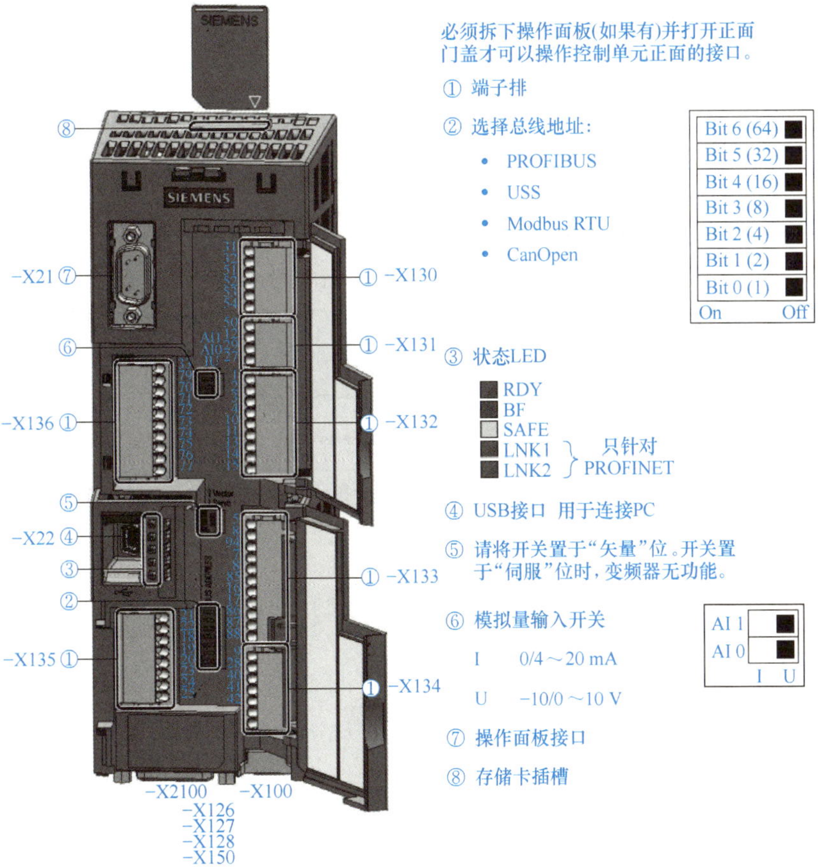

图 1-33　控制单元的正面接口

图 1-33 中 LED 灯信号状态见表 1-6~表 1-8。

表 1-6 G120 变频器的 LED 状态

LED		说　明
RDY	BF	
绿色，常亮	—	当前无故障
绿色，缓慢闪烁	—	正在调试或恢复出厂设置
红色，缓慢闪烁	—	当前存在一个故障
红色，快速闪烁	—	错误的存储卡

表 1-7 G120 变频器的诊断

RS-485 通信诊断		PROFINET 通信诊断		PROFINET DP 通信诊断	
BF	说明	LNK	说明	BF	说明
绿色，常亮	接收过程数据	绿色，常亮	PROFINET 通信成功建立	熄灭	周期性数据交换（或不使用 PROFIBUS，p2030=0）
红色，缓慢闪烁	总线活动中，没有过程数据	绿色，缓慢闪烁	设备正在建立通信	红色，缓慢闪烁	总线故障，配置错误
红色，快速闪烁	没有总线活动	熄灭	无 PROFINET 通信	红色，快速闪烁	总线故障，没有数据交换；搜索波特率；没有连接

表 1-8 G120 变频器安全功能诊断

SAFE	含　义
黄色，常亮	使能了一个或多个安全功能，但是安全功能不在执行中
黄色，缓慢闪烁	当前有一个或多个安全功能生效，安全功能正常
黄色，快速闪烁	变频器发现一处安全功能异常，触发了 STOP 响应

B 顶部正面保护盖后面的端子排

顶部正面保护盖后面的端子排及使用外部 24 V 电源的数字量输入的连接示例如图 1-34 所示。

C 底部正面保护盖后面的端子排

底部正面保护盖后面的端子排及使用外部 24 V 电源的数字量输入的连接示例如图 1-35 所示。

D 背面的现场总线和编码器接口

背面的现场总线和编码器接口及其定义如图 1-36 所示。

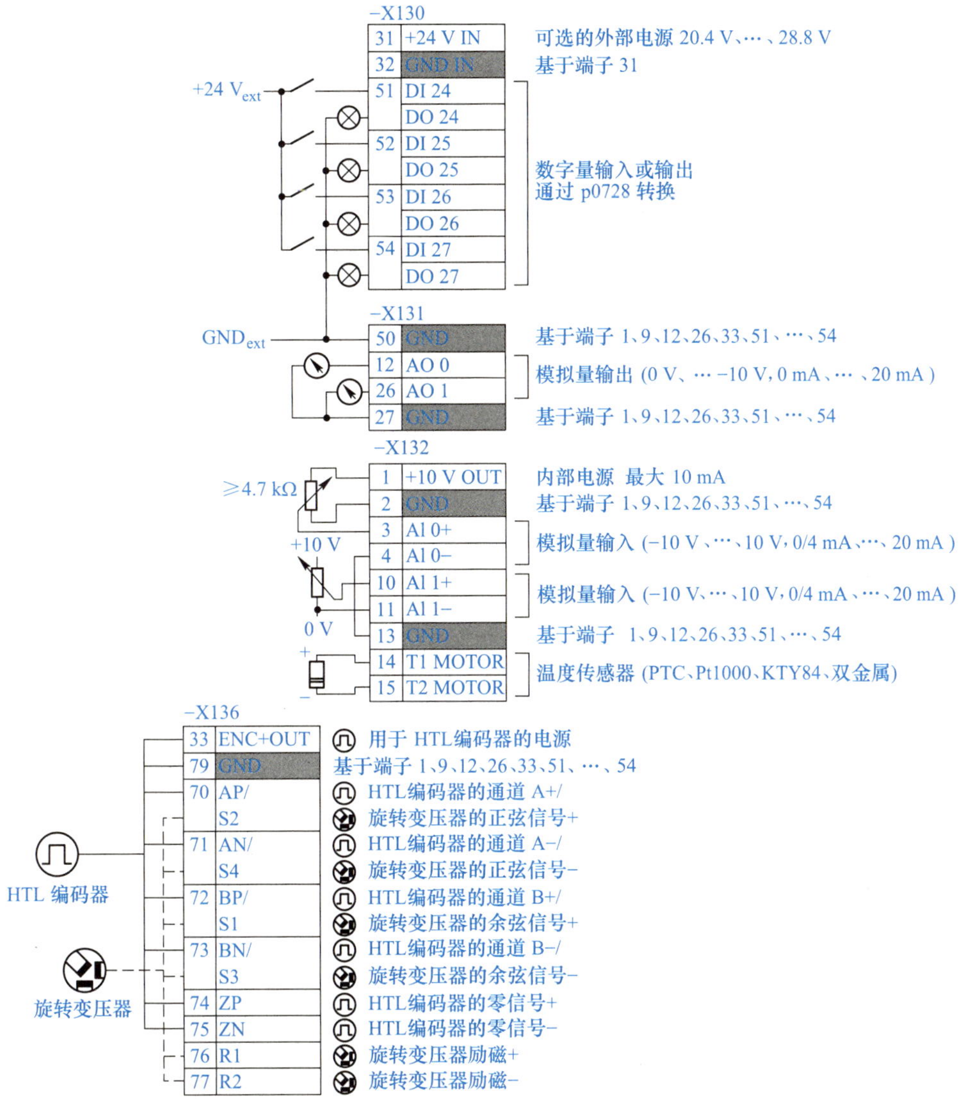

图 1-34　顶部正面保护盖后面的端子排接口及连接示例

实践经验

变频器接线注意事项。

（1）电源接线。G120 变频器的电源接线需要将电源接入变频器的相应端子，确保电源电压与变频器额定电压一致。在接线前，先确认电源电压和变频器额定电压是否匹配，避免因电压不匹配而导致设备损坏或运行异常。

（2）电机接线。G120 变频器的电机接线需要将电机接入变频器的相应端子。在接线前，需要先确认电机的转向和变频器设置的方向是否一致，避免因转向不一致而导致设备损坏或运行异常。

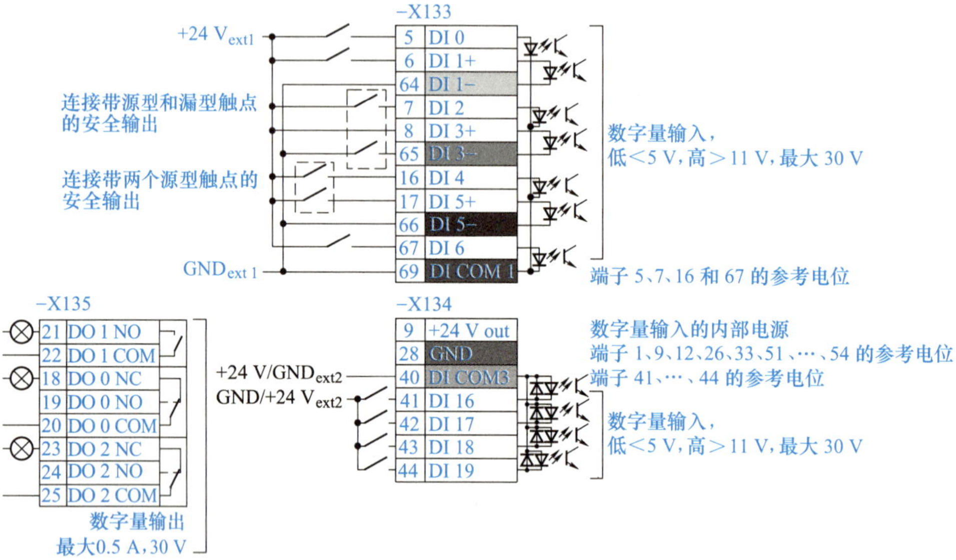

图 1-35 底部正面保护盖后面的端子排接口及连接示例

（3）控制信号接线。G120 变频器的控制信号接线需要根据控制要求，将控制信号接入变频器的相应端子，如启动、停止、速度给定等。在接线前，需要先了解控制要求，确认控制信号的接线方式和参数设置是否正确，避免因接线错误而导致设备损坏或运行异常。

（4）保护接地。G120 变频器的保护接地需要将变频器的保护地线接入机柜或设备的保护地线上，确保设备的安全运行。在接线前，需要先确认机柜或设备的保护地线是否可靠，避免因保护接地不良而导致设备损坏或运行异常。

需要注意的是，接线前应先仔细阅读变频器的说明书，了解变频器的接线方式、参数设置等，避免因接线错误导致设备损坏或运行异常。同时，接线时应遵循电气安全规范，确保接线正确、牢固、可靠。如有需要，建议咨询相关技术人员或参考设备说明书。

任务实施

（1）离心机变频器调速系统电气接线图设计。参照前述功率模块的接线图和功率模块外围配置接线图，绘制离心机变频器调速系统电气接线图。

（2）离心机变频器调速系统电路安装。按照设计的电气接线图进行功率模块、控制单元及外围组件的安装与电路连接。

（3）电路检查与调试前准备。按照电气接线图，小组自查电路安装与连接，然后小组互查电路安装与连接，并通过电机铭牌搜集电机数据。

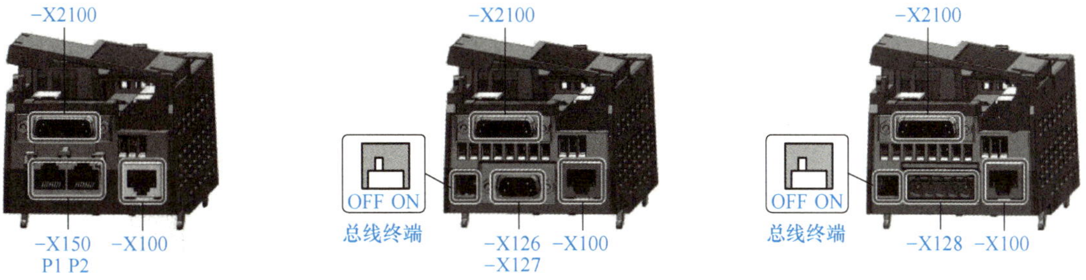

-X150 P1　-X150 P2　PROFINET（8…1）

1 RX+ 接收数据+
2 RX- 接收数据-
3 TX+ 发送数据+
4 …
5 …
6 TX- 发送数据-
7 …
8 …

-X126　CAN（9 6 / 5 1）

1 …
2 CAN_L CAN 信号 (dominant low)
3 CAN_GND, CAN 接地
4 …
5 (CAN_SHLD), 可选屏蔽
6 (GND), 可选接地
7 CAN_H, CAN 信号 (dominant high)
8 …
9 …

-X127　PROFIBUS（6 9 / 1 5）

1 …
2 M, P24_Serv 的参考电位
3 RxD/TxD-P, 接收和发送 (B/B′)
4 CNTR-P 控制信号
5 数据的GND参考电位 (C/C′)
6 +5V电源
7 P24_Serv
8 RxD/TxD-N 接收和发送 (A/A′)
9 …

-X128　RS485（1 5）

1 0 V, 参考电位
2 RS485P, 接收和发送(+)
3 RS485N, 接收和发送(-)
4 电缆屏蔽层
5 …

-X2100　编码器（9 15 / 1 8）

	KTY84、Pt1000、PTC或温度开关	HTL	TTL	SSI (RS422标准)
1 电机温度检测+	Temp+	…	…	…
2 SSI时钟	…	…	…	Clock+
3 反向SSI时钟	…	…	…	Clock-
4 编码器电源[1]	…	24 V	5 V	24 V
5 编码器电源[1]	…	24 V	5 V	24 V
6 编码器的传感信号	…	…	Sense+	…
7 编码器电源的基准	…	0 V	0 V	0 V
8 电机温度检测-	Temp-	…	…	…
9 传感信号的基准	…	…	Sense-	…
10 零信号+	…	R+	R+	…
11 零信号-	…	R-	R-	…
12 通道 B-	…	B-	B-	…
13 通道 B+	…	B+	B+	…
14 通道 A-/SSI 数据	…	A-	A-	Data-
15 通道 A+/SSI 数据	…	A+	A+	Data+

[1] 引脚4或5上可选的电源接口

-X100　DRIVE-CLiQ 编码器（1…8，A B）

带DRIVE-CLiQ 接口的编码器或通过传感器模块的编码器

1 发送数据+
2 发送数据-
3 接收数据+
4 …
5 …
6 接收数据-
7 …
8 …
A +24 V电源
B 0 V, 电源的基准

图 1-36　背面的现场总线和编码器接口及其定义

任务 1.4　G120 变频器的常用参数及面板快速调试

任务导入

G120 变频器在使用之前，需要使用操作面板或软件对其进行基本调试和参数设置，否则变频器是不能正常工作的。本任务介绍G120变频器最基本的参数，实现离心机面板启停控制及速度的设定。

任务分析

G120变频器的参数较多，限于篇幅，本书只介绍常用的几十个参数的部分功能，完整版本的参数表可参考G120变频器的参数手册。G120变频器的参数设置可以通过面板进行，也可以通过调试软件Startdrive进行。

知识链接

1.4.1 G120参数基础知识

1.4.1.1 参数号

对变频器进行调试和设置，需要了解变频器的参数。G120变频器的所有参数分成命令参数组（CDS）以及与电动机、负载相关的驱动参数组（DDS）两大类。其中CDS和DDS参数又分为几组，在BOP面板、IOP智能面板或调试软件上分别用下标区别，默认状态下使用的是第0组参数。

变频器的参数包括参数号和参数值。参数号由一个前置的“p”或者“r”、参数号和可选用的下标或位数组组成。其中“p”表示可调参数（可读写），“r”表示显示参数（只读）。对变频器的参数进行设置就是将参数值赋值给参数号。

例如，参数列表中的参数写法如下：

- p... 可调参数(可读写)
- r... 显示参数(只读)
- p0918　　可调参数918
- p2051[0...13]　　可调参数2051,下标0到13
- p1001[0...n]　　可调参数1001,下标0到n(n=可配置)
- r0944　　显示参数944
- r2129.0...15　　显示参数2129,数组从位0(最低位)到位15(最高位)
- p1070[1]　　设置参数1070,下标1
- p2098[1].3　　设置参数2098,下标1,位3
- p795.4　　可调参数795,位4

对于可调参数，出厂交货时的参数值在“出厂设置”项下列出，方括号内为参数单位，参数值可以在通过“最小值”和“最大值”确定的范围内。

1.4.1.2 参数数据类型

变频器数据类型有 Integer8、Integer16、Integer32、Unsigned8、Unsigned16、Unsigned32、FloatingPoint32 等。其缩写和说明见表 1-9。

表 1-9 数据类型

数据类型	缩 写	说 明
Integer8	I8	8 位整数
Integer16	I16	16 位整数
Integer32	I32	32 位整数
Unsigned8	U8	8 位，无符号位
Unsigned16	U16	16 位，无符号位
Unsigned32	U32	32 位，无符号位
FloatingPoint32	浮点	32 位浮点数

1.4.1.3 参数号段

G120 变频器的参数范围是 r0000~p61000，参数根据不同的机型而有所不同，不同参数号段功能见表 1-10。

表 1-10 G120 变频器的参数范围

参数范围	功 能 说 明	参数范围	功 能 说 明
0000~0099	显示与操作	2010~2099	通信（现场总线）
0100~0199	调试	2100~2139	故障和报警
0200~0299	功率单元	2140~2199	信号和监控
0300~0399	电机	2200~2359	工艺控制器
0400~0499	编码器	2360~2399	预备、休眠
0500~0599	工艺和单位，电机专用数据等	2500~2699	位置闭环控制（LR）和简单定位（EPOS）
0600~0699	热监控、最大电流、电机数据等	2700~2719	基准值显示
0700~0799	控制单元端子、测量插口	2720~2729	负载齿轮箱
0800~0839	CDS 数据组、DDS 数据组、电机转接	2800~2819	逻辑运算
0840~0879	顺序控制（如 ON/OFF1 的信号源）	2900~2930	固定值（如百分比，转矩）
0880~0899	ESR，驻留功能，控制字和状态字	3000~3099	电机识别结果
0900~0999	PROFIBUS/PROFIdrive	3100~3109	实时钟（RTC）
1000~1199	设定值通道（如斜坡函数发生器）	3110~3199	故障和报警
1200~1299	功能（如电机抱闸）	3200~3299	信号和监控
1300~1399	V/f 控制	3400~3659	供电闭环控制
1400~1799	控制器	3660~3699	电压监控模块（VSM），内部制动模块
1800~1899	选通单元	3700~3779	高级定位控制（APC）
1900~1999	功率部件与电机识别	3780~3819	同步

续表 1-10

参数范围	功 能 说 明	参数范围	功 能 说 明
2000~2009	基准值	3820~3849	摩擦特性曲线
3850~3899	功能（如长定子）	7840~8399	系统内部参数
3900~3999	管理	8400~8449	实时钟（RTC）
4000~4599	终端板，终端模块（如 TB30、TM31）	8500~8599	数据管理和宏管理
4600~4699	编码器模块	8600~8799	CAN 总线
4700~4799	跟踪	8800~8899	以太网通信板（CBE），PROFIdrive
4800~4849	函数发生器	8900~8999	工业以太网，PROFINET，CBE20
4950~4999	OA 应用	9000~9299	拓扑结构
5000~5169	主轴诊断	9300~9399	安全集成
5200~5230	电流设定值滤波器 5-10（r0108.21）	9400~9499	参数一致性和参数保存
5400~5499	系统下垂控制（如波发生器）	9500~9899	安全集成
5500~5599	动态电网支持（太阳能）	9900~9949	拓扑结构
5600~5614	PROFIenergy	9950~9999	内部诊断
5900~6999	SINAMICS GM/SM/GL/SL	10000~10199	安全集成
7000~7499	功率单元的并联	11000~11299	自由工艺控制器 0、1、2
7500~7599	SINAMICS SM120	20000~20999	自由功能块（FBLOCKS）
7700~7729	外部信息	21000~25999	DCC：驱动控制图
7770~7789	NVRAM，系统参数	50000~53999	SINAMICS DC MASTER（直流闭环控制）
7800~7839	EEPROM 可读可写参数	61000~61001	PROFINET

1.4.1.4 常用参数介绍

G120 变频器常用参数及功能说明见表 1-11。

表 1-11 G120 变频器常用参数及功能说明

序号	参数	说 明	
1	p0003	存取权限级别	3：专家 4：维修
2	p0010	驱动调试参数筛选（备注：1. p0010＝1 时，设置电动机相关参数和 p0015；2. p0010＝0 时，设置其他参数和运行）	0：就绪 1：快速调试 2：功率单元调试 3：电动机调试
3	p0015	宏文件驱动设备	执行相应的宏文件
4	r0018	控制单元固件版本	
5	p0100	电动机标准 IEC/NEMA	0：欧洲 50（Hz） 1：NEMA 电动机（60 Hz，US 单位） 2：NEMA 电动机（60 Hz，SI 单位）

续表 1-11

<table>
<tr><th>序号</th><th>参数</th><th colspan="4">说　明</th></tr>
<tr><td>6</td><td>p0304</td><td colspan="4">电动机额定电压（V）</td></tr>
<tr><td>7</td><td>p0305</td><td colspan="4">电动机额定电流（A）</td></tr>
<tr><td>8</td><td>p0307</td><td colspan="4">电动机额定功率（kW 或 hP）</td></tr>
<tr><td>9</td><td>p0310</td><td colspan="4">电动机额定频率（Hz）</td></tr>
<tr><td>10</td><td>p0311</td><td colspan="4">电机额定转速（r/min）</td></tr>
<tr><td rowspan="3">11</td><td rowspan="3">p0601</td><td colspan="4">电动机温度传感器类型</td></tr>
<tr><td>端子 14</td><td>T1 电动机（+）</td><td colspan="2" rowspan="2">0：无传感器（出厂设置）
1：PTC（→p0604）
2：KTY84（→p0604）
4：双金属</td></tr>
<tr><td>端子 15</td><td>T1 电动机（-）</td></tr>
<tr><td>12</td><td>p0625</td><td colspan="4">调试期间的电动机环境温度（摄氏度）</td></tr>
<tr><td>13</td><td>p0640</td><td colspan="4">电流限值（A）</td></tr>
<tr><td rowspan="10">14</td><td rowspan="10">r0722</td><td colspan="4">数字量输入的状态</td></tr>
<tr><td>.0</td><td>端子 5</td><td>DI0</td><td rowspan="9">选择允许的设置：
p0840 ON/OFF（OFF1）
p0844 无惯性停车（OFF2）
p0848 无快速停机（OFF3）
p0855 强制打开抱闸
p1020 转速固定设定值选择，位 0
p1021 转速固定设定值选择，位 1
p1022 转速固定设定值选择，位 2
p1023 转速固定设定值选择，位 3
p1035 电动电位器设定值升高
p1036 电动电位器设定值降低
p2103 应答故障
p1055 JOG，位 0
p1056 JOG，位 1
p1110 禁止负向
p1111 禁止正向
p1113 设定值取反
p1122 跨接斜坡函数发生器
p1140 使能/禁用斜坡函数发生器
p1141 激活/冻结斜坡函数发生器
p1142 使能/禁用设定值
p1230 激活直流制动
p2103 应答故障
p2106 外部故障 1
p2112 外部报警 1
p2200 使能工艺控制器</td></tr>
<tr><td>.1</td><td>端子 6、64</td><td>DI1</td></tr>
<tr><td>.2</td><td>端子 7</td><td>DI2</td></tr>
<tr><td>.3</td><td>端子 8、65</td><td>DI3</td></tr>
<tr><td>.4</td><td>端子 16</td><td>DI4</td></tr>
<tr><td>.5</td><td>端子 17、66</td><td>DI5</td></tr>
<tr><td>.6</td><td>端子 67</td><td>DI6</td></tr>
<tr><td>.7</td><td>端子 3、4</td><td>AI0</td></tr>
<tr><td>.8</td><td>端子 10、11</td><td>AI1</td></tr>
</table>

续表 1-11

序号	参数	说明		
15	p730	端子 DO0 的信号源	选择允许的设置： 52. 0 接通就绪 52. 1 运行就绪	
		端子 19、20（常开触点） 端子 18、20（常闭触点）		
16	p0731	端子 DO1 的信号源		
		端子 21、22（常开触点）		
17	p0732	端子 DO21 的信号源		
		端子 24、24（常开触点） 端子 23、25（常闭触点）		
18	p0755	模拟量输入，当前值【%】		
		【0】	AI0	
		【1】	AI1	
19	p0756	模拟量输入类型	0 单极电压输入（0~10 V） 1 单极电压输入，受监控（2~10 V） 2 单极电流输入（0~20 mA） 3 单极电流输入，受监控（4~20 mA） 4 双极电压输入（-10~10 V）	
		【0】	端子 3、4	AI0
		【1】	端子 10、11	AI1
20	p0771	模拟量输入类型	选择允许的设置： 0 模拟量输出被封锁 21 转速实际值 24 经过滤波的输出频率 25 经过滤波的输出电压 26 经过滤波的直流母线电压 27 经过滤波的电流实际值绝对值	
		【0】	端子 12、13	AO0
		【1】	端子 26、27	AO1
21	p776	模拟量输入类型	0 电流输出（0~20 mA） 1 电压输出（0~10 V） 2 电流输出（4~20 mA）	
		【0】	端子 12、13	AO0
		【1】	端子 26、27	AO1
22	p840	设置指令“ON/OFF”的信号源	如设为 r722. 0，表示将 DI0 作为启动信号	

续表 1-11

序号	参数	说明	
23	p1000	转速设定值选择	0 无主设定值 1 电动电位计 2 模拟设定值 3 转速固定 6 现场总线
24	p1001	转速固定设定值 1	
25	p1002	转速固定设定值 2	
26	p1003	转速固定设定值 3	
27	p1004	转速固定设定值 4	
28	p1058	JOG1 转速固定设定值	
29	p1020	BI：转速固定设定值选择位 0。如设为 r722.2，表示将 DI2 作为固定值 1 的选择信号	
30	p1021	BI：转速固定设定值选择位 1。如设为 r722.3，表示将 DI3 作为固定值 2 的选择信号	
31	p1022	BI：转速固定设定值选择位 2。如设为 r722.4，表示将 DI4 作为固定值 3 的选择信号	
32	p1059	JOG 2 转速设定值	
33	p1070	主设定值	选择允许的设置： 0 主设定值=0 755【0】AI0 的值 1024 固定设定值 1050 电动电位器 2050【1】现场总线的 PZD 2
34	p1080	最小转速（r/min）	
35	p1082	最大转速（r/min）	
36	p1120	斜坡函数发生器的斜坡上升时间（s）	
	p1120	斜坡函数发生器的斜坡上升时间（s）	
37	p1300	开环/闭环运行方式	选择允许的设置： 0 采用线性特性曲线的 U/f 控制 1 采用线性特性曲线和 FCC 的 U/f 控制 2 采用抛物线特性曲线的 U/f 控制 20 无编码器转速控制 21 带编码器的转速控制 22 无编码器转矩控制 23 带编码器的转矩控制
38	p1310	恒定启动电流（针对 U/f 控制需升高电压）	
39	p1800	脉冲频率设定值	

续表 1-11

序号	参数	说 明	
40	p1900	电动机数据检测及旋转检测/电动机检测和转速测量	设置值： 0 禁用 1 静止电动机数据监测，旋转电动机数据监测 2 静止电动机数据检测 3 旋转电动机数据检测
41	p2030	现场总线接口的协议选择	选择允许的设置： 0 无协议 3 FROFIBUS 7 PROFINET

任务实施

1.4.2 BOP-2 基本操作面板及操作

1.4.2.1 BOP-2 基本操作面板按键和图标

G120变频器
BOP面板
基础认知

BOP-2 基本操作面板通过一个 RS-232 接口连接到变频器，它能自动识别 SINAMICS 系列 G120 的控制单元，包括 CU230P-2、CU240B-2 和 CU240E-2。BOP-2 基本操作面板的外形如图 1-37 所示，正面主要有一液晶显示屏和 7 个按键，背面贴有产品铭牌，并有 4 个用于安装于柜门或其他位置的螺孔，还有一个 RS-232 接口。BOP-2 可显示 5 位数字，可以显示参数的序号和数值、报警和故障信息，以及设定值和实际值，参数的信息不能用 BOP-2 存储。BOP-2 基本操作面板上按键的功能见表 1-12。

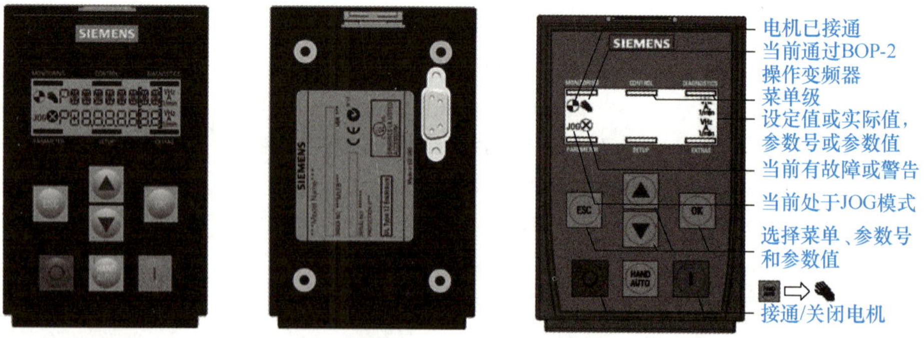

(1) 正面 (2) 背面

图 1-37 BOP-2 基本操作面板的外形

表 1-12　BOP-2 基本操作面板上按钮的功能

按钮	功能的说明
	菜单选择时，表示确认所选的菜单项 当参数选择时，表示确认所选的参数和参数值设置，并返回上一级画面 在故障诊断画面，使用该按钮可以清除故障信息
	在菜单选择时，表示返回上一级的画面 当参数修改时，表示改变参数号或参数值 在“HAND”模式的点动运行方式下，长时间同时按▲和○可以实现功能 ——若在正向运行状态下，则将切换反向状态 ——若在停止状态下，则将切换到运行状态
	在菜单选择时，表示进入下一级的画面 当参数修改时，表示改变参数号或参数值
	若按该按钮 2 s 以下，表示返回上一级菜单，或表示不保存所修改的参数值 若按该按钮 3 s 以上，将返回监控画面 注意，在参数修改模式下，此按钮表示不保存所修改的参数值，除非之前已经按过
	在“AUTO”模式下，该按钮不起作用 在“HAND”模式下，表示启动命令
	在“AUTO”模式下，该按钮不起作用 在“HAND”模式下，若连续按两次，将按照“OFF2”自由停车 在“HAND”模式下若按一次，将按照“OFF1”停车，即按 p1121 的下降时间停车
	BOP（HAND）与总线或端子（AUTO）的切换按钮 在“HAND”模式下，按下该键，切换到“AUTO”模式。I和○按键不起作用。若自动模式的启动命令在，变频器自动切换到“AUTO”模式下的速度给定值 在“AUTO”模式下，按下该键，切换到“HAND”模式。I和○按键将起作用。切换到“HAND”模式时，速度设定值保持不变 在电动机运行期间可以实现“HAND”和“AUTO”模式的切换

从手动模式切换至自动模式时，如果开机信号激活，新的设定值启用，模式切换后变频器自动将电动机更改为新设定值。从自动模式切换至手动模式时，变频器不会停止电动机运行，将以按下键之前的相同速度运行电动机，任何正在进行中的斜坡函数将停止。

为了防止误操作，同时按退出键和确认键 3 s 或以上，则锁定 BOP-2 键盘；同时按退出键和确认键 3 s 或以上，则解锁键盘。

BOP-2 基本操作面板在显示屏的左侧显示表示变频器当前状态的图标，这些图标的描述见表 1-13。

表 1-13 BOP-2 基本操作面板上图标的描述

图标	功能	状态	描　述
	控制源	手动模式	“HAND”模式下显示，“AUTO”模式下没有
	变频器状态	运行状态	表示变频器处于运行状态，该图标是精致的
JOG	“JOG”功能	点动功能激活	—
	故障和报警	静止表示报警 闪烁表示激活	故障状态下，会闪烁，变频器会自动停止。静止图标处于报警状态

1.4.2.2 BOP-2 面板基本操作

通过BOP面板设置参数对G120变频器进行基本调试

A BOP-2 面板菜单结构

BOP-2 面板的菜单结构如图 1-38 所示。BOP-2 面板是一个菜单驱动设备，主要有监控“MONITOR”、控制“CONTROL”、诊断“DIAGONS”、参数“PARAMS”、设置“SETUP”和附加“EXTRAS”6 个菜单，可以通过向下键浏览菜单，通过确认键选择进入该菜单。

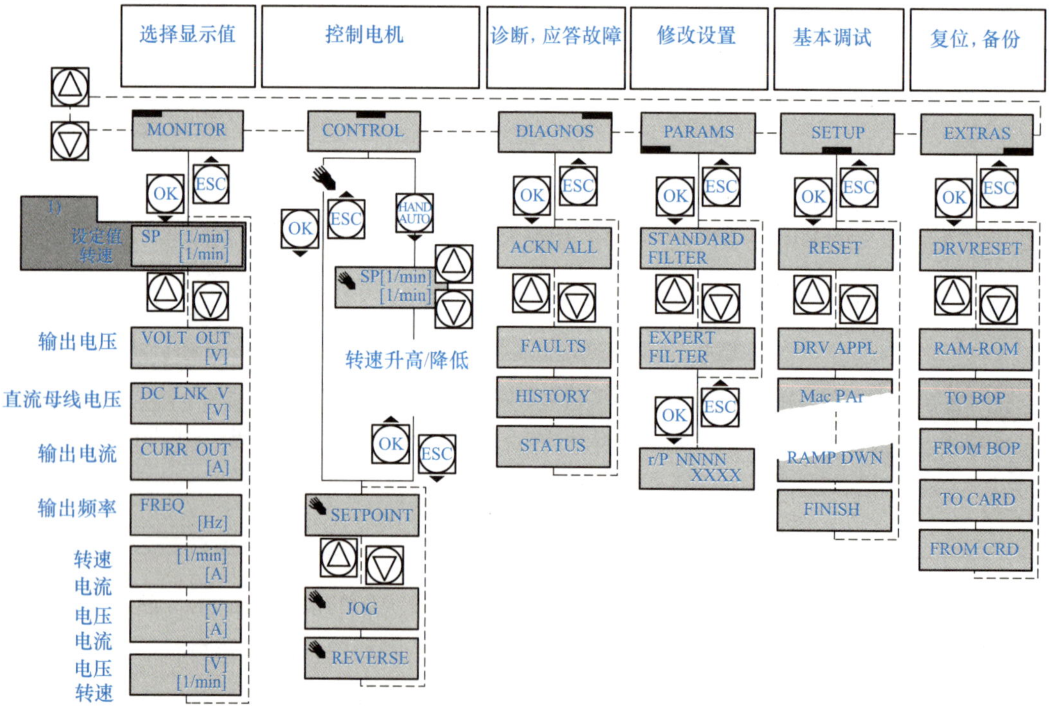

图 1-38 基本操作面板的菜单结构

a 监控“MONITOR”菜单

“MONITOR”菜单允许用户轻松访问各种显示变频器/电动机系统实际状态，例如电动机转速设定值、电动机转速实际值、变频器输出到电动机的实际输出电压、直流母线端子的实际直流电压、变频器输出到电动机的实际输出电流及电动机运行的实际频率等。通过使用向上键和向下键移动菜单栏至所需的菜单，按键确认选择并显示该菜单。在监控屏幕上显示的信息是只读信息，不能修改。

b　控制“CONTROL”菜单

“CONTROL”菜单运行用户访问变频器的设定值、点动和反向等功能。在访问任何功能前，变频器必须为手动模式。如果没有选择手动模式，屏幕会显示变频器未启动手动模式的信息。按手动/自动键选择手动模式。如果在变频器自动模式下按手动/自动键，则用户将直接进入设定值屏幕。

c　诊断“DIAGONS”菜单

“DIAGONS”菜单运行用户访问以下功能：确认所有故障、历史记录及状态。在此期间的任何时候按退出键超过 3 s，BOP-2 将返回到状态屏幕。短暂按退出键，BOP-2 将返回上一页。

d　参数“PARAMS”菜单

“PARAMS”菜单允许用户查看和更改变频器参数。第一次使用（当 BOP-2 被安装到控制单元并通电）时，显示的第一个参数是编号最低的参数，即 r0002 或安装有 BOP-2 的特定类型控制单元上编号最低的参数。下次再访问参数时，最后一次查看的参数将显示在屏幕上。

有两个过滤器可用于协助选择和搜索所有变频器参数，它们是标准过滤器和专家过滤器。标准过滤器可以访问安装有 BOP-2 的特定类型控制单元最常用的参数，而专家过滤器可以访问所有变频器参数。

访问参数的步骤如下：

（1）使用向上键和向下键导航到参数菜单。

（2）按确认键选择参数菜单。

（3）使用向上键和向下键选择所需的过滤器。

（4）按确认键确认参数过滤器的选择。

选择一个参数有两种方法：方法一，使用向上键和向下键在显示参数上滚动；方法二，长按确认键（超过 3 s），将允许用户输入所需的参数。使用任何一种方法，按一次确认键将显示所需的参数和参数的当前值。在此期间的任何时候按确认键 3 s 以上，BOP-2 将返回到顶层菜单；短暂按确认键将返回上一页，不会保存任何更改。

当选择一个参数后，就可以对它进行编辑。如果使用方法一选择参数，仅需要编辑参数当前值；如果使用方法二，则需要编辑参数编号和编辑参数当前值两部分。

编辑参数编号的步骤如下：

（1）按住确认键直至参数数字闪烁。

（2）使用向上键和向下键修改第一个数字值。

（3）按确认键接受修改值。

（4）编号中的下一个数字开始闪烁。

（5）按步骤（2）（3）的方法，完成参数编号所有数字的修改。

（6）最后按确认键，显示参数当前值或与输入参数值最接近的参数值。

然后按住确认键直至参数值闪烁，就可以对该参数的当前值进行编辑了。

编辑参数当前值的步骤如下：

（1）使用向上键或向下键在所需的参数值数字上滚动。

（2）按确认键接受修改值。

（3）参数值中的下一个数字开始闪烁。

（4）按照步骤（1）（2）完成参数值中所有数字的修改。

编辑参数时需要注意：在对参数编号或参数值输入时，按一次退出键，将返回到该参数编号或参数值第一位数字重新开始编辑。在参数编号或参数值编辑时按两次退出键，则退参数编号或参数值编辑模式。

e 设置“SETUP”菜单

“SETUP”菜单是按固定顺序显示屏幕，从而允许用户执行变频器的基本调试。一旦一个参数值被修改，就不可能取消基本调试过程。在这种情况下，必须完成基本调试过程。如果没有修改参数值，短暂按退出键返回上一页或长按退出键（超过 3 s）返回到顶层监菜单。

当一个参数值被修改，新的数据通过按确认键确认，之后将自动显示基本调试顺序中的下一个参数。

基本调试过程中要求输入与变频器相连的电动机的具体数据。连接电动机的相关数据可从电动机的铭牌上获取。由于电动机的最大转速将在电动机基本调试计算过程中自动计算，故在基本调试过程中不需要用户输入电动机的最大转速。如果用户想查看或编辑电动机的最高转速参数 p1082，仍可以通过“参数”菜单进入。

“设置”菜单包括复位、控制方式、电动机数据、电动机电压、电动机电流、电动机功率、电动机转速、电动机识别、命令源、主设定值、附加设定值、最低转速、加速时间、减速时间及结束等子菜单。

“复位”子菜单：按下确认键，将执行复位变频器操作。复位操作可确保在应用调试新参数值之前，将所有参数值设置为默认值。

“控制方式”子菜单：按下确认键，可设置变频器的开环和闭环控制模式。

“电动机数据”子菜单：设置电动机的区域设置，例如千瓦和赫兹。

“电动机电压”子菜单：设置电动机输入电压。电动机铭牌的输入电压必须与电动机的接线（星形/三角形）相符。

“电动机电流”子菜单：根据电动机铭牌上的信息设置电动机电流值（单位：A）。

“电动机功率”子菜单：根据电动机铭牌上的信息设置电动机功率值（单位：kW 或 hp）。

“电动机转速”子菜单：根据电动机铭牌上的信息设置电动机转速值（单位：r/min）。

“电动机识别”子菜单：设置电动机数据识别和速度控制器优化。

“命令源”子菜单：设置变频器命令源。对于不带现场总线通信的变频器，命令源默认为终端（2），如果带现场总线通信，则默认设置为现场总线（6）。

“主设定值”子菜单：设置变频器的设定值源。对于不带现场总线通信的变频器，命令源默认为终端（2）。如果带现场总线通信，则默认设置为现场总线（6）。

“附加设定值”子菜单：设置变频器的第二个设定值源。设置的默认值是 0，即没有二次设定值源。

“最低转速”子菜单：设置电动机不受频率设定值影响而运行的最低速度。

“加速时间”子菜单：设置电动机从静止加速到参数设置为 p1082 的最高转速所需的时间（单位：s）。

“减速时间”子菜单：设置电动机从最高转速（p1082）到静止所需的时间（单位：s）。

“结束”子菜单：确认调试过程结束。变频器将执行电动机计算，更改控制模块内的所有相关参数。

在更改变频器信息参数过程中，显示器显示“BUSY”。测试过程完成后 BOP-2 将显示“DONE”。如果发生问题或最后进程被中断，则 BOP-2 将显示“FAILURE”，此时，变频器被视为不稳定，必须查明失败原因并重新启动调试过程。

f　附加“EXTRAS”菜单

“EXTRAS”菜单主要有以下子菜单，允许用户执行以下功能。

（1）DRVRESET：变频器复位到出厂默认设置。

（2）RAM→ROM：从变频器随机存取内存复制数据到变频器光盘。

（3）TO BOP：从变频器内存写参数数据到 BOP-2 上。

（4）FROM BOP：从 BOP-2 读取参数数据到变频器内存中。

（5）TO CRD：从变频器内存写参数数据到记忆卡上。

（6）FROM CRD：从记忆卡读取参数数据到变频器内存中。

B　使用 BOP-2 修改参数

变频器设置是通过修改变频器中的参数值来修改的。变频器只允许更改可写参数，可写参数以“p”开头，如：p0045。只读参数的值不允许更改，只读参数以“r”开头，如：r0002。变频器会断电保存通过 BOP-2 所做的每次更改。具体修改步骤如图 1-39 所示。

（1）选择参数显示和更改菜单，按下“OK”键。

（2）使用箭头键选择参数筛选条件，按下“OK”键。

（3）STANDARD：变频器只显示重要参数。

（4）EXPERT：变频器显示所有参数。

（5）使用箭头键选择需要的可写参数号，按下“OK”键。

（6）使用箭头键设置可写参数值，按下“OK”键接受该值。

C　使用 BOP-2 更改带下标的参数

在带下标的参数上，一个参数号有多个参数值，每个参数值有一个单独的下标。通过 BOP-2 更改带下标的参数如图 1-40 所示。

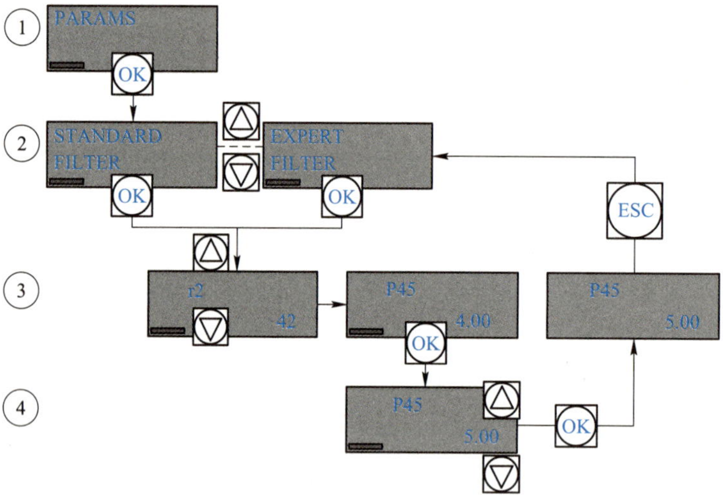

图 1-39 使用 BOP-2 更改参数值

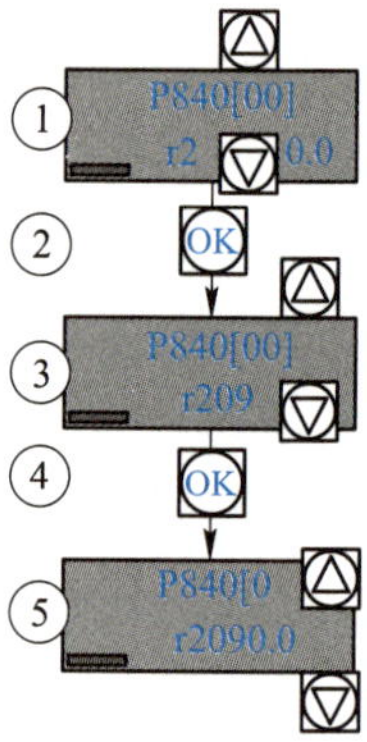

图 1-40 使用 BOP-2 更改带下标的参数值

（1）选择参数号。

（2）按下“OK”键。

（3）设置参数下标。

（4）按下“OK”键。

（5）为所选下标设置参数值。

D 直接输入参数号和参数值

BOP-2 中可逐个数位地设置参数号。其操作前提是 BOP-2 的显示屏上的参数号闪烁。具体操作步骤如图 1-41 所示。

（1）按下“OK”键，保持 5 s。

（2）逐个数位地更改参数号。按下“OK”键，BOP-2 跳至下一个数位。

（3）输入一个参数号的所有数位后，按下“OK”键。

BOP-2 中可逐个数位地设置参数值。其操作前提是 BOP-2 的显示屏上的参数值闪烁。具体操作步骤如图 1-42 所示。

（1）按下“OK”键，保持 5 s。

（2）逐个数位地更改参数值。按下“OK”键，BOP-2 跳至下一个数位。

（3）输入一个参数值的所有数位后，按下“OK”键。

用 BOP 修改参数的方法是选择参数号，如 p1000；再修改参数值，例如将 p1000 的数值修改成 1。

以下通过将参数 p1000 的第 0 组参数设置为 1，即令 p1000【0】= 1 的过程为例，讲解一个参数的设置方法。参数的设定方法见表 1-14。

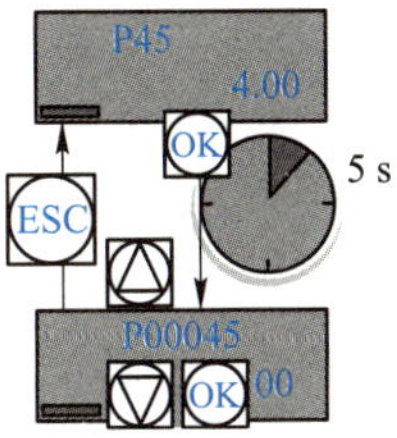

图 1-41　直接选择参数号

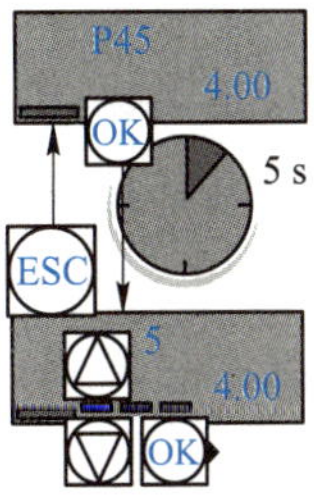

图 1-42　直接输入参数值

表 1-14　参数的设定方法

序号	操 作 步 骤	BOP-2 显示
1	按▲或者▼键将光标移到“PARAMS”	PARAMS
2	按键进入“PARAMS”菜单	STANDARD FILTER
3	按▲或者▼键将光标移到“EXPERT FILTER”	EXPERT FILTER
4	按OK键，面板显示 p 或者 r 参数，并且参数号不断闪烁，按▲或者▼键选择所需要的参数 p10	P10 [00] 0
5	按OK键，焦点移到参数值，参数值不断闪烁，按▲或者▼调整参数值的大小	P10 [00] 0
6	按OK键，保存设置的参数值	P10 [00] 1

实践经验

需要注意的警告事项：

任何时候都应特别注意遵守说明书中要求采取的安全措施和给予的警告。

需要注意的警告事项主要包括以下几点：

（1）SINAMICS G120 变频器是在高电压下运行。

（2）电气设备运行时，设备的某些部件上存在危险电压。

（3）变频器不运行时，电源、电动机及相关的端子仍可能带有危险电压。

（4）按照 EN60204 IEC204（VDE0113）的要求，“紧急停车设备”必须在控制设备的所有工作方式下都保持可控性。无论紧急停车设备是如何停止运转的，都不能导致电气设备不可控的或者未曾预料的再次启动。

（5）无论短路故障出现在控制设备的什么地方，都有可能导致重大的设备损坏，甚至是严重的人身伤害（即存在潜在的危险故障）。因此，还必须采取附加的外部预防措施或者另外安装用于确保安全运行的装置（如独立的限流开关、机械联锁等）。

（6）在输入电源故障并恢复后，一些参数设置可能会造成变频器的自动再启动。

（7）为了保证电动机的过载保护功能正确动作，电动机的参数必须准确地配置。

（8）本设备可按照 UL508C 标准在变频器内部提供电动机过载保护。电动机的过载保护功能也可以采用外部 PTC 或 KTY84 温度传感器来实现。

1.4.2.3 BOP-2 面板控制变频器运行

A BOP-2 操作面板调速的过程

BOP-2 面板上的手动/自动切换键可以改变变频器的手动/自动模式。在手动模式下，面板上会显示手动符号。手动模式有启停操作方式和点动操作方式两种操作方式。

（1）启停操作：按一下启动键启动变频器，并以“SETPOINT”（设置值）功能中设定的速度运行，按停止键停止变频器。

（2）点动操作：长按启动键，变频器按照点动速度运行，释放启动键，变频器停止运行，点动速度在参数 p1058 中设置。

在进行完快速调试后，可以进行正向运行、反向运行、点动运行及调速功能的调试，但在运行前需要激活相应的功能。

BOP 面板“CONTROL”菜单提供了以下 3 个功能。

（1）SETPOINT：设置变频器启停操作的运行速度。

（2）JOG：使能点动控制。

（3）REVERSE：设定值反向。

B SETPOINT 功能

在“CONTROL”菜单下，通过 SETPOINT 功能可以设置变频器启停操作的运行速度。具体操作如下：按键或键，选择“SETPOINT”功能，按键进入“SETPOINT”，按键或键可以修改“SP0.0”设定值，修改值立即生效。

C 激活点动（JOG）功能

（1）在“CONTROL”菜单下，按键或键，选择“JOG”功能。

（2）按键进入“JOG”功能。

（3）按键或键选择“ON”。

（4）按键使能点动操作，面板上会显示符号，电动功能被激活。

D 激活反转（REVERSE）功能

（1）在“CONTROL”菜单下，按键或键，选择“REVERSE”功能。

（2）按键进入“REVERSE”功能。

（3）按键或键选择“ON”。

（4）按键使能设定值反向。激活设定值反向后，变频器会把启停操作方法或点动操作方式的速度设定值反向。

实践经验

当变频器的功率与电动机功率相差较大时，电动机可能不运行，将 p1900（电动机识别）设置为 0，即禁用电动机识别，这个设置初学者容易忽略。

E　恢复参数至出厂设置

初学者在设置参数时，有时进行了错误的设置，但又不知道在什么参数的设置上出错，这种情况下可以对变频器进行复位，一般的变频器都有这个功能，复位后变频器的所有参数恢复成出厂的设定值，但工程中正在使用的变频器要谨慎使用此功能。西门子 G120 的复位步骤如下：

（1）按▲键或▼键将光标移动到“EXTRAS”菜单；

（2）按OK键进入“EXTRAS”菜单，按▲键或▼键找到“DRVRESET”功能；

（3）按OK键激活复位出厂设置，按OK键取消复位出厂设置；

（4）按OK键后开始恢复参数，BOP-2 上会显示“BUSY”，参数复位完成后，屏幕上显示“DONE”；

（5）按OK键或ESC键返回到“EXTRAS”菜单。

F　快速调试

进行快速调试时，需要在变频器中设置电动机数据，才能将变频器与所连的电动机相匹配。快速调试的步骤见表 1-15。

表 1-15　变频器 G120 快速调试及相关参数说明

序号	参数	说　明	
1	p0003	存取权限级别	3：专家 4：维修
2	p0010	驱动调试参数筛选 （备注：1. p0010=1 时，设置电动机相关参数和 p0015； 2. p0010=0 时，设置其他参数和运行）	0：就绪 1：快速调试 2：功率单元调试 3：电动机调试
3	p0096	选择“应用等级”：选择了应用等级时，变频器会为电动机控制匹配合适的默认设置。变频器根据功率模块选择应用等级 =0，专家 =1，标准驱动控制（Standard Drive Control，适用于电动机功率<45 kW，负载转矩增大但无负载冲击的应用） =2，动态驱动控制（Dynamic Drive Control，适用于电动机功率>11 kW，负载转矩增大时有负载冲击的应用）	

续表 1-15

<table>
<tr><th>序号</th><th>参数</th><th colspan="2">说　明</th></tr>
<tr><td>4</td><td>p0100</td><td>电动机标准 IEC/NEMA</td><td>0：欧洲 50（Hz）
1：NEMA 电动机（60 Hz，US 单位）
2：NEMA 电动机（60 Hz，SI 单位）</td></tr>
<tr><td>5</td><td>p0210</td><td colspan="2">设置“变频器的输入电压</td></tr>
<tr><td>6</td><td>p0300</td><td colspan="2">设置“电动机类型
=1，异步电动机
=2，同步电动机</td></tr>
<tr><td>7</td><td>p0301</td><td colspan="2">设置“电动机代码”：该参数用来从电动机参数列表中选择电动机。如果使用电动机代码选择了电动机类型，则现在必须输入该电动机代码。如果不知道电动机代码，则必须将电动机代码设为 0，并且从铭牌上的 p0304 开始输入电动机数据</td></tr>
<tr><td>8</td><td>87 Hz</td><td colspan="2">电动机以 87 Hz 运行。只有选择了 IEC 作为电动机标准（EUR/USA，p0100=1，50 Hz），BOP-2 才会显示该步骤</td></tr>
<tr><td rowspan="5">9</td><td>p0304</td><td colspan="2">电动机额定电压（V）</td></tr>
<tr><td>p0305</td><td colspan="2">电动机额定电流（A）</td></tr>
<tr><td>p0307</td><td colspan="2">电动机额定功率（kW 或 hP）</td></tr>
<tr><td>p0310</td><td colspan="2">电动机额定频率（Hz）</td></tr>
<tr><td>p0311</td><td colspan="2">电机额定转速（r/min）</td></tr>
<tr><td>10</td><td>p0335</td><td colspan="2">设置“电动机冷却方式”
=0，自冷却
=1，外部冷却=2，水冷
=128，无风扇</td></tr>
<tr><td rowspan="2">11</td><td>p0501</td><td colspan="2">选择“工艺应用（Standard DriveControl)
=0，恒定负载（线性特性曲线）
=1，转速可变负载（抛物线特性曲线）</td></tr>
<tr><td>p0502</td><td colspan="2">选择“工艺应用（Dynamic Drive Control)”
=0，标准驱动（如泵、风机）
=1，动态启动或换向
=5，重载启动（如挤出机、压缩机）</td></tr>
<tr><td>12</td><td>p1300</td><td colspan="2">选择“开环/闭环运行方式”：如果应用等级选择的是专家（p0096=0），则 BOP-2 操作面板会出现“CTRLMOD”字样，此时需要设置 p1300 参数，选择控制方式
0 采用线性特性曲线的 U/f 控制
1 采用线性特性曲线和 FCC 的 U/f 控制
2 采用抛物线特性曲线的 U/f 控制
20 无编码器转速控制
21 带编码器的转速控制
22 无编码器转矩控制
23 带编码器的转矩控制</td></tr>
</table>

续表 1-15

序号	参数	说　明
13	p0015	选择“驱动设备宏命令”：通过宏命令设置变频器的命令源和速度设定值源，选择与应用相适宜的变频器接口预设置
14	p1080	最小转速（r/min）
15	p1082	最大转速（r/min）
16	p1120	斜坡函数发生器的斜坡上升时间（s）
	p1121	斜坡函数发生器的斜坡下降时间（s）
17	p1135	设置“OFF3 斜坡下降时间”，西门子 G120 变频器有如下 3 种停车方式。 （1）ON/OFF1 停车方式：变频器按照 p1121 设定的斜坡下降时间减速，对应的参数是 p0840 （2）OFF2 停车方式：变频器封锁脉冲输出，电动机靠惯性自由旋转停车。如果使用抱闸功能，变频器立即关闭抱闸。对应的参数是 p0844 和 p0845 （3）OFF3 停车方式：变频器将按照 p1135 设定的斜坡下降时间减速，对应的参数是 p0848 和 p0849
18	p1900	电动机数据检测及旋转检测/电动机检测和转速测量 0 禁用 1 静止电动机数据监测，旋转电动机数据监测 2 静止电动机数据检测 3 旋转电动机数据检测
19	p3900	结束“快速调试”：快速调试（p0010=1）结束时，自动计算所有与快速调试中的输入相关的驱动数据组参数 =0：无快速设定 =1：参数复位后的快速设定 =2：快速设定 BICO 参数和电动机参数=3：只快速设定电动机参数

G　从变频器上传参数到 BOP-2

（1）按▲键或▼键将光标移动到“EXTRAS”菜单。

（2）按OK键进入“EXTRAS”菜单。

（3）按▲键或▼键选择“TO BOP”功能。

（4）按OK键进入“TO BOP”功能。

（5）按OK键开始上传参数，BOP-2 显示上传状态。

（6）BOP-2 将创建一个所有参数的 zip 压缩文件。

（7）在 BOP-2 上会显示备份过程，显示“CLONING”。

（8）备份完成后，会有“DONE”提示。然后按▲键或▼键返回到“EXTRAS”菜单。

H　从 BOP-2 下载参数到变频器

（1）按▲键或▼键选键将光标移动到“EXTRAS”菜单。

（2）按OK键进入“EXTRAS”菜单。

（3）按▲键或▼键选择“FROM BOP”菜单。

（4）按OK键进入“FROM BOP”功能。

（5）按OK键开始下载参数，BOP-2 显示下载状态，显示“CLONING”。

（6）BOP-2 解压数据文件。

（7）下载完成后，会有“DONE”提示，按OK键或ESC键返回到“EXTRAS”菜单。

在工程实践中，“从 BOP-2 下载参数到变频器”和“从变频器上传参数到 BOP-2”是很有用的，当一个项目有几台变频器参数设置都相同时，先设置一台变频器的参数，再“从变频器上传参数到 BOP-2”，接着再“从 BOP-2 下载参数到变频器”，明显可以提高工作效率。

1.4.3 IOP 智能操作面板及操作

1.4.3.1 IOP 智能操作面板介绍

G120变频器IOP面板基础认知

IOP 操作面板布局和功能介绍如下。

（1）屏幕图标，IOP 操作面板布局如图 1-43 所示。

IOP 操作使用一个滚轮和 5 个附加按钮。滚轮和按钮的具体功能见表 1-16。

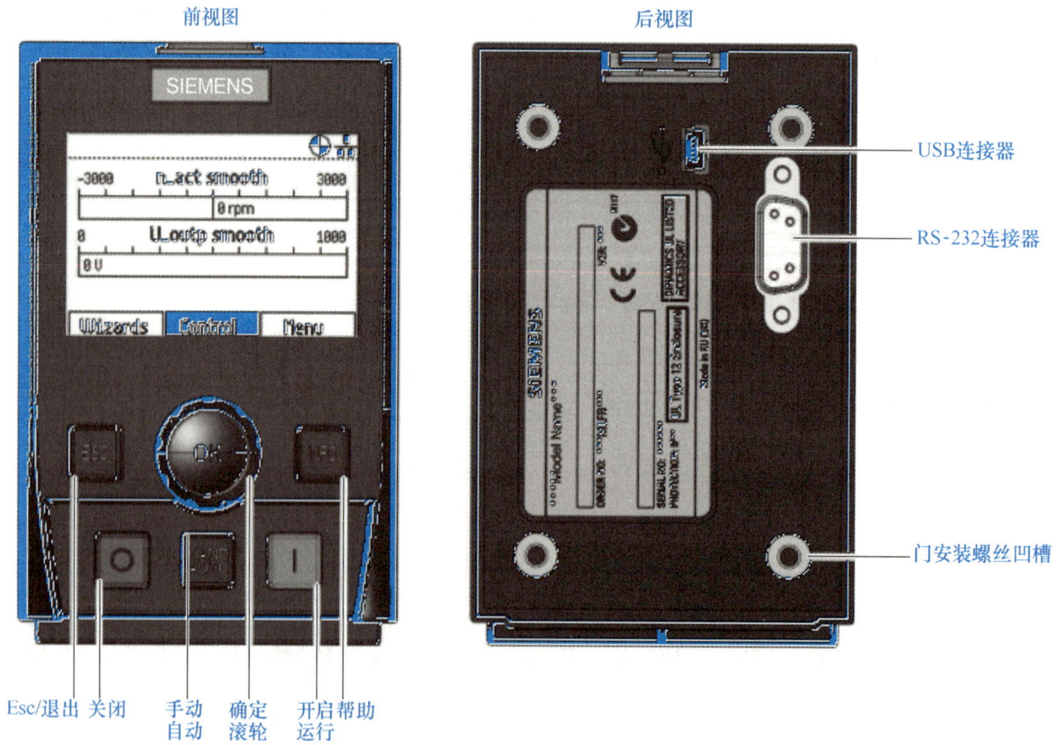

图 1-43 IOP 操作面板布局

表 1-16　IOP 操作面板按键的功能

键	功能的说明
	滚轮具有以下功能： • 在菜单中通过旋转滚轮改变选择。 • 当选择突出显示时，按压轮确认选择。 • 编辑一个参数时，旋转滚轮改变显示值；顺时针增加值和逆时针减小显示值。 • 编辑参数或搜索值时，可以选择编辑单个数字或整个值。 长按滚轮（>3 s），在两个不同的值编辑模式之间切换
	开机键具有以下功能： • 在 AUTO 模式下，屏幕显示为一个信息屏幕，说明该命令源为 AUTO，可通过按 HAND/AUTO 键改变。 • 在 HAND 模式下启动变频器 - 变频器状态图标开始转动。 注意： 对于固件版本低于 4.0 的控制单元： 在 AUTO 模式下运行时，无法选择 HAND 模式，除非变频器停止。 对于固件版本为 4.0 或更高的控制单元： 在 AUTO 模式下运行时，可以选择 HAND 模式，电机将继续以最后选择的设定速度运行。 如果变频器在 HAND 模式下运行，切换至 AUTO 模式时电机停止
	关机键具有以下功能： • 如果按下时间超过 3 s，变频器将执行 OFF2 命令；电机将关闭停机。注意： 在 3 s 内按 2 次 OFF 键也将执行 OFF2 命令。 • 如果按下时间不超过 3 s，变频器将执行以下操作： 在 AUTO 模式下，屏幕显示为一个信息屏幕，说明该命令源为 AUTO，可使用 HAND/AUTO 键改变。 变频器不会停止。 如果在 HAND 模式下，变频器将执行 OFF1 命令；电机将以参数设置为 p1121 的减速时间停机
	退出键具有以下功能： • 如果按下时间不超过 3 s，则 IOP 返回到上一页，或者如果正在编辑数值，新数值不会被保存。 • 如果按下时间超过 3 s，则 IOP 返回到状态屏幕。 在参数编辑模式下使用退出键时，除非先按确认键，否则数据不能被保存
	INFO 键具有以下功能： • 显示当前选定项的额外信息。 • 再次按下 INFO 键会显示上一页。 • 在 IOP 启动时按下 INFO 键，会使 IOP 进入 DEMO 模式。重启 IOP 即可退出 DEMO 模式
	HAND/AUTO 键切换 HAND 和 AUTO 模式之间的命令源。 • HAND 设置到 IOP 的命令源。 • AUTO 设置到外部数据源的命令源，例如，现场总线

1）DEMO 模式。在 IOP 启动时，长按 ESC 或 INFO 键便可进入 DEMO 模式。重启 IOP 即可退出 DEMO 模式。DEMO 模式可实现 IOP 演示且不影响相连的变频器。可进行菜单浏览和功能选择，但与变频器的所有通信都被封锁，以确保变频器不会对 IOP 发出的信号作出响应。

2）锁定和解锁键盘。只有在启动完成后才可锁定键盘。如果键盘在启动完成前处于锁定状态，IOP 则会进入 DEMO 模式。同时按 ESC 和 INFO 3 s 或以上锁定 IOP 键盘。同时按 ESC 和 INFO 3 s 或以上解锁键盘。

（2）IOP 操作面板屏幕图标。IOP 在显示屏的右上角边缘显示许多图标，表示变频器的各种状态或当前情况。

这些图标的解释见表 1-17 屏幕图标。

表 1-17 IOP 操作面板屏幕图标

功能	状态	符号	备　注
命令源	自动		—
	点动	JOG	点动功能激活时显示
	手动		—
变频器状态	就绪		—
	运行		电机运行时图标旋转
故障未决	故障		—
报警未决	报警		—
保存至 RAM	激活		表示所有数据目前已保存至 RAM。如果断电，所有数据将会丢失
PID 自动调整	激活		—
休眠模式	激活		—
写保护	激活		参数不可更改
专有技术保护	激活		参数不可浏览或更改
ESM	激活		基本服务模式

续表 1-17

功能	状态	符号	备　注
电池状态	完全充电		只有使用 IOP 手持套件时才显示电池状态
	3/4 充电	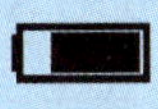	
	1/2 充电		
	1/4 充电	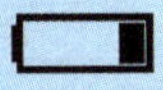	
	无充电	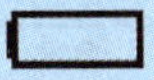	
	正在充电	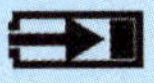	

1.4.3.2　IOP 智能操作面板基本操作

（1）IOP 是一个菜单驱动设备并具有以下菜单结构，如图 1-44 所示。

（2）IOP 面板初始设置，如图 1-45 所示。

IOP 安装并通电后会自动检测已安装的控制单元的类型和电源模块。

在首次使用时，IOP 会自动显示选择默认语言的选项，并允许设置日期和时间（如果安装 IOP 的控制单元配有实时时钟）。显示初始启动屏幕后，IOP 将显示控制单元类型和电源模块的详细信息，包括订单号码。

识别屏幕显示后，显示语言选择屏幕，如图 1-46 所示。

选择语言后显示向导菜单。从状态屏幕左下角的向导菜单访问向导，如图 1-47 所示。

IOP 向导是帮助用户设置各种功能和变频器应用的问题驱动式宏。

警告

变频器调试：变频器调试过程中必须确保该系统处于一个安全和稳定的状态，任何时候都应特别注意遵守说明书中要求采取的安全措施和给予的警告，因为有时调试有可能会启动电机。因此，重要的是要确保任何负载，并确保电机启动时不存在潜在的危险情况。

（1）G120 变频器是在高电压下运行。

（2）电气设备运行时，设备的某些部件上存在危险电压。

（3）变频器不运行时，电源、电动机及相关的端子仍可能带有危险电压。

（4）“紧急停车设备”必须在控制设备的所有工作方式下都保持可控性。无论紧急停车设备是如何停止运转的，都不能导致电气设备不可控的或者未曾预料的再次启动。

（5）必须采取附加的外部预防措施或者另外安装用于确保安全运行的装置（如独立的限流开关、机械联锁等），避免短路故障。

（6）在输入电源故障并恢复后，一些参数设置可能会造成变频器的自动再启动。

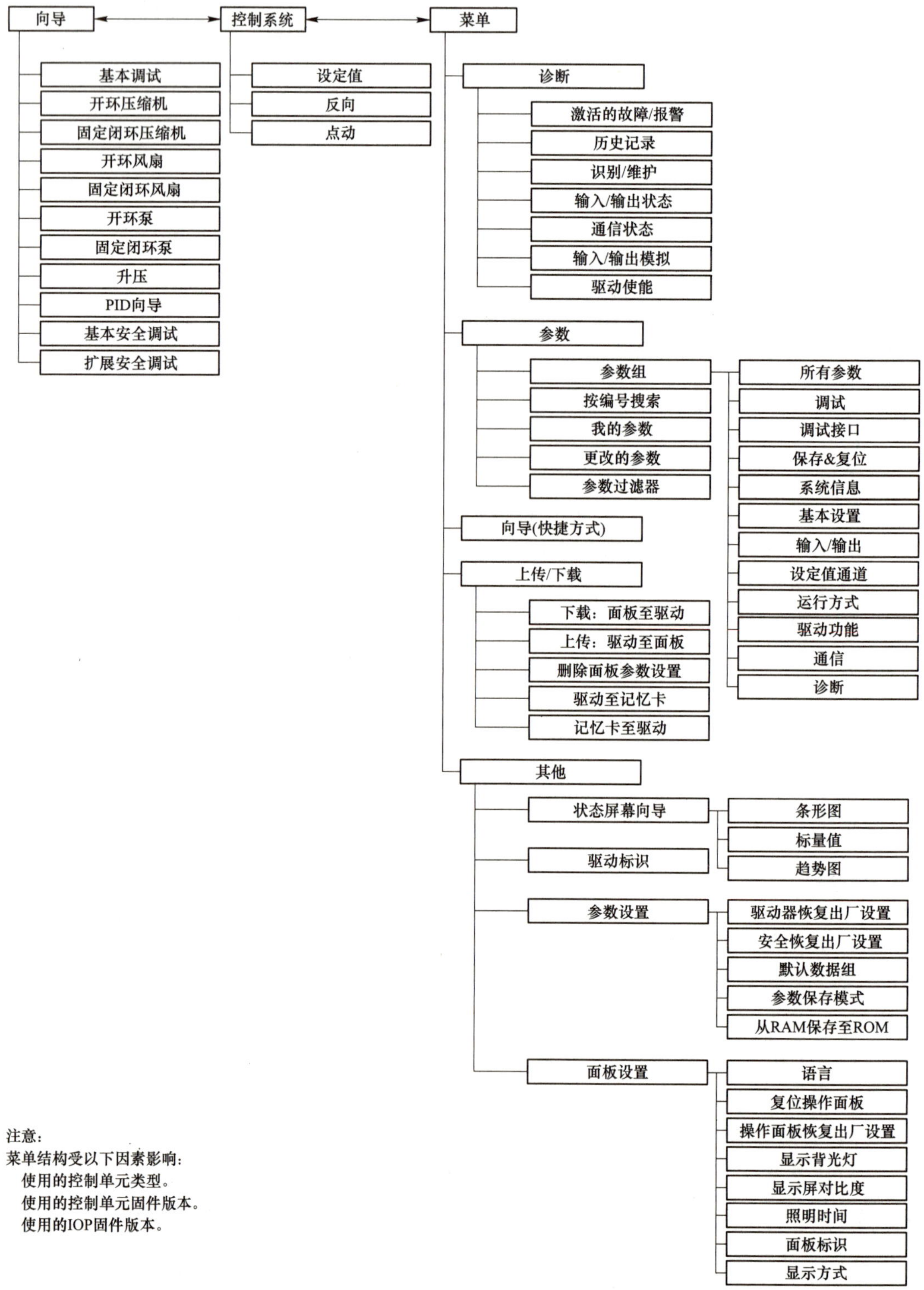

图 1-44 IOP 菜单结构

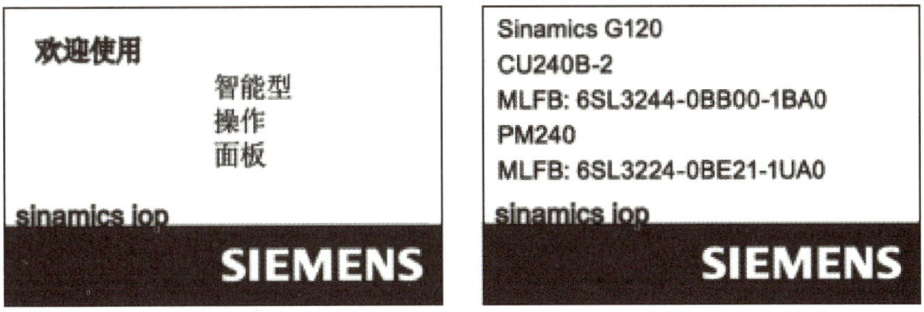

图 1-45　IOP 面板初始设置

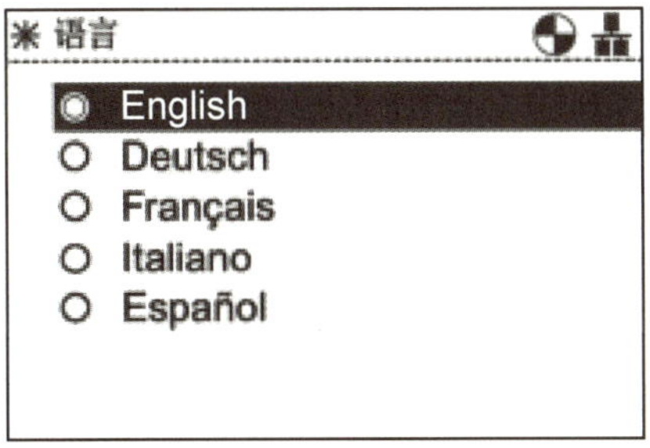

图 1-46　语言选择

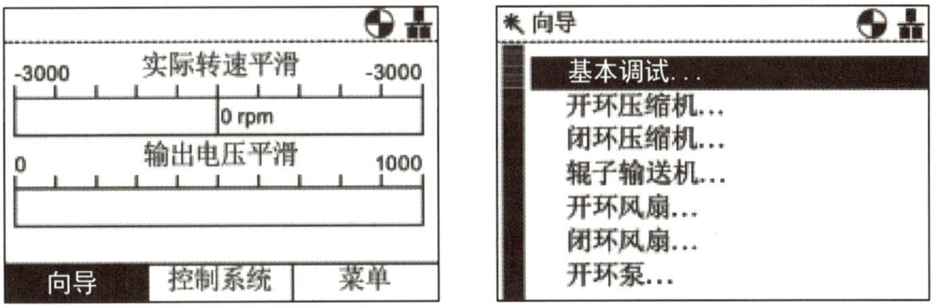

图 1-47　状态屏幕和突出显示的向导菜单

（7）为了保证电动机的过载保护功能正确动作，电动机的参数必须准确地配置。

（8）可按照 UL508C 标准在变频器内部提供电动机过载保护。电动机的过温保护功能也可以采用外部 PTC 或 KTY84 来实现。

数据组：向导使用默认驱动器数据集（DDS0 和 CDS0），如果默认数据集改变为其他可用数据集，向导可能无法正常工作。

如果不需要向导菜单，按〈Esc〉键返回到正常状态屏幕。

1.4.3.3　IOP 智能操作面板控制变频器运行

A　调试前的准备工作

在开始调试前，需要明确被控电动机和变频器的数据及工艺要求等信息。

（1）需要明确被控的电动机要在哪个地区使用，不同地区的供电频率和功率单位可能不同。

（2）需要记住电动机铭牌上的数据。对于西门子电动机，使用调试工具 Starter 软件调试变频器时，只需要选择该电动机的订货号。电动机铭牌数据示意图如图 1-48 所示。

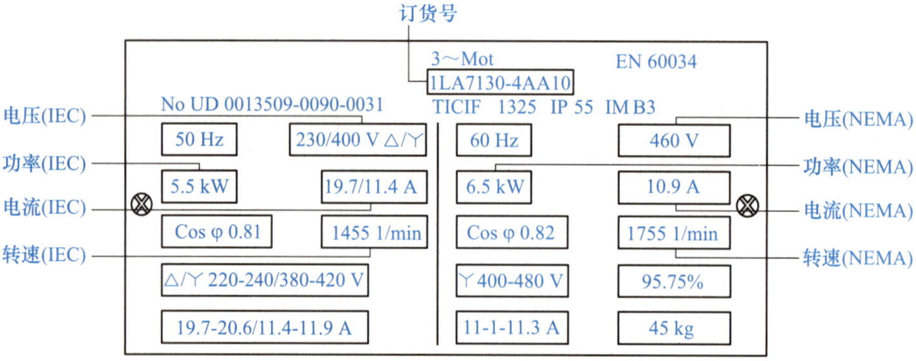

图 1-48 电动机铭牌数据示意图

（3）需要了解电动机运行所在地的温度。如果电动机实际环境温度与变频器出厂设置（20 ℃）不符，则需要修改。

（4）需要明确电动机的应用场合，根据电动机的应用场合，确定电动机的控制方式：V/F 控制和矢量控制。

（5）确定电动机应用的更多要求。例如，需要明确电动机最小转速、最大转速、加速时间和减速时间等。

B 基本调试

（1）从向导菜单选择“基本调试”，如图 1-49 所示。

（2）选择“是”或“否”恢复出厂设置。

在保存基本调试过程中所做的所有参数变更之前恢复出厂设置，如图 1-50 所示。

通过IOP面板设置参数对G120变频器进行基本调试

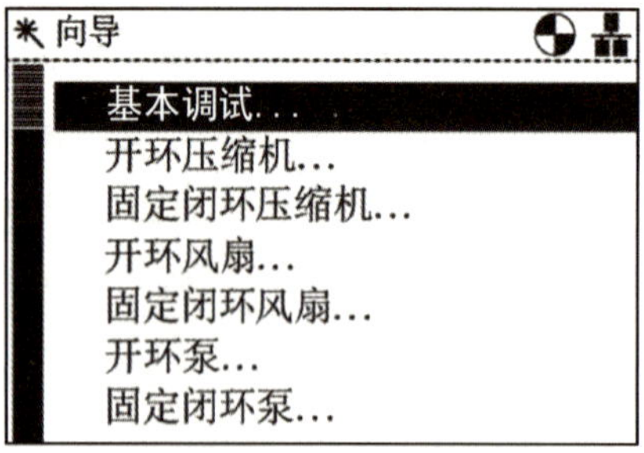

图 1-49 选择“基本调试”

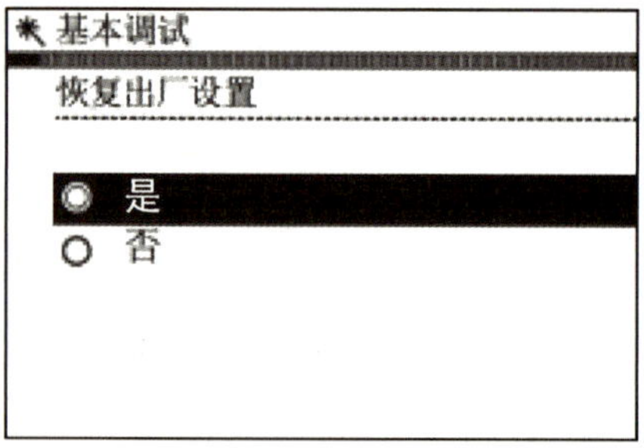

图 1-50 恢复出厂设置

注意

调试 CU250S-2 控制单元时，会立即执行恢复出厂设置。

（3）选择连接电机的控制模式，如图 1-51 所示。

（4）选择变频器和连接电机的正确电机数据，如图 1-52 所示。

该数据用于计算该应用的正确速度和显示值。

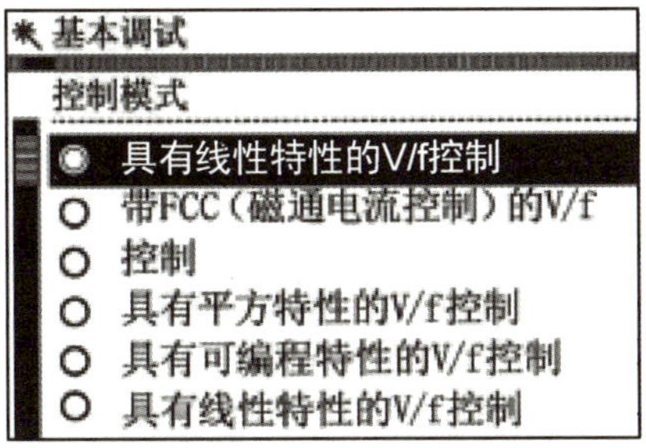

图 1-51 选择电机的控制模式

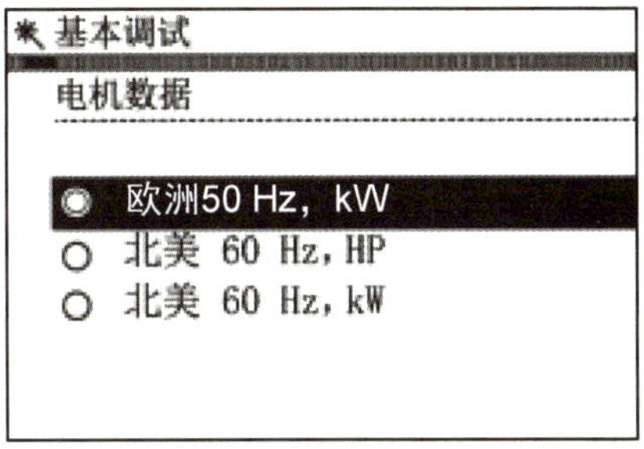

图 1-52 选择电机数据

（5）选择“输入电机数据”，手动输入电机铭牌上的电机数据。或者选择“输入电机代码”，输入电机铭牌上的电机代码。系统会自动输入所有相关电机数据，如图 1-53 所示。

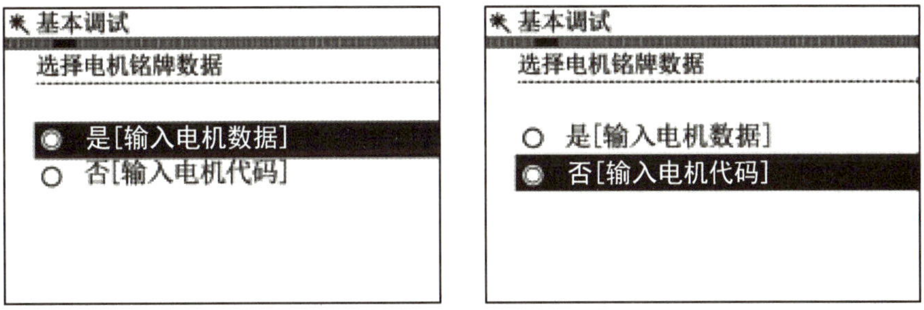

图 1-53 输入电机数据

（6）IOP 会显示步骤 5 的屏幕。在适当的输入栏中输入相关数据。将自动进入调试过程。输入电机数据后，系统会显示以下步骤，如图 1-54 所示。

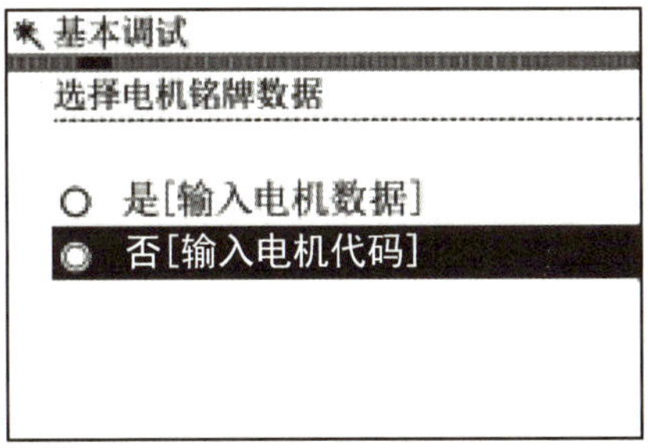

图 1-54 输入电机代码

（7）选择运行或禁用电机数据识别功能。激活此功能后，只有当变频器接收到首次运行命令后才会开始运行，如图 1-55 所示。

（8）选择带零脉冲或不带零脉冲的编码器。如果电机未安装编码器，则不显示该选项。

（9）输入编码器每转正确的脉冲。该信息通常印在编码器套管上，如图 1-56 所示。

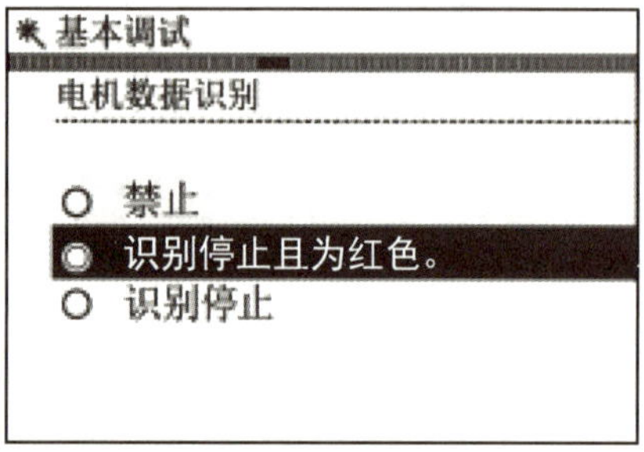

图 1-55 电机数据识别

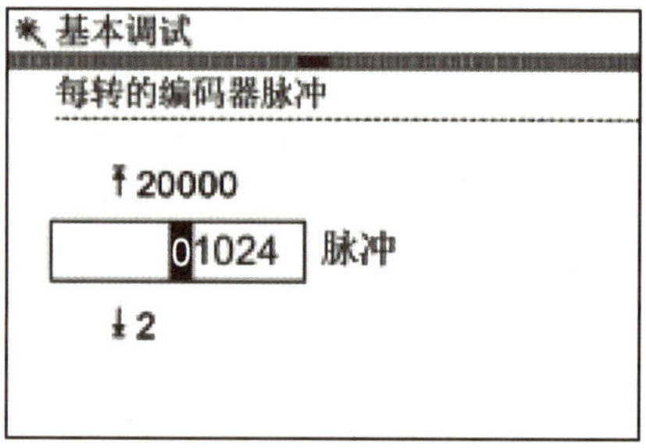

图 1-56 输入每转的编码器脉冲

（10）选择所需的宏源，如图 1-57 所示。

（11）设置连接电机应该运行的最低速度，如图 1-58 所示。

图 1-57 选择所需的宏源

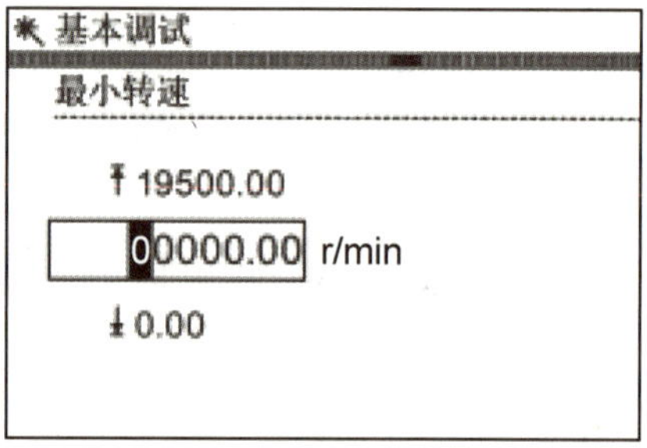

图 1-58 设置电机最低速度

（12）设置加速时间（单位：s）。这是电机达到所选转速的时间，如图 1-59 所示。

（13）设置减速时间（单位：s）。这是电机从接收到 OFF1 命令到停止的时间，如图 1-60 所示。

图 1-59 设置加速时间

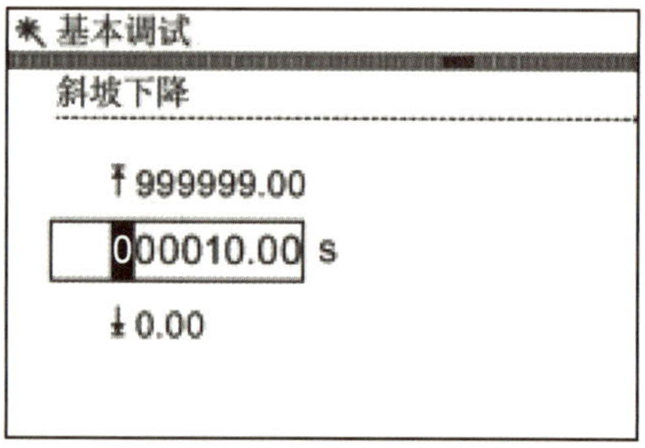

图 1-60 设置减速时间

（14）显示所有的设置概要。如果设置正确，选择继续，如图 1-61 所示。

（15）最后的屏幕有两种选项：保存设置和取消向导。

如果选择保存，恢复出厂设置并将设置保存到变频器内存。在“菜单”的“参数设置”中使用“参数保存模式”功能分配安全数据的位置，如图 1-62 所示。

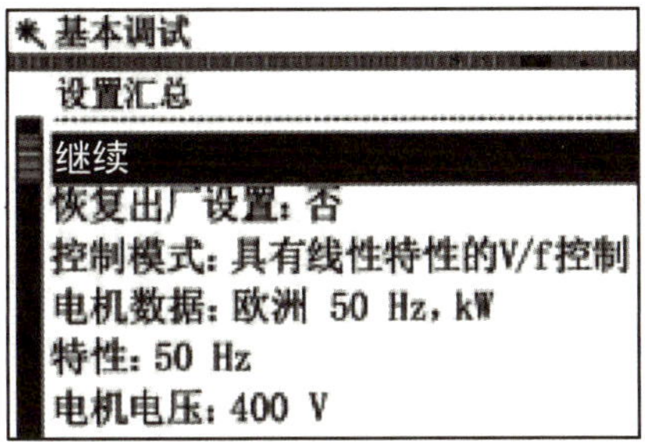

图 1-61 显示所有的设置概要

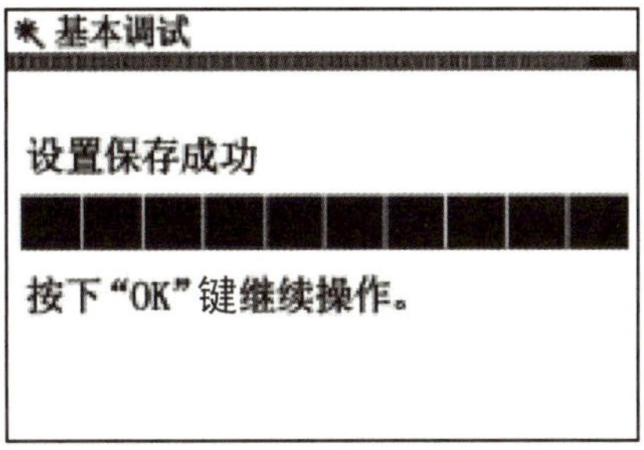

图 1-62 保存设置和取消向导

可在“菜单”的“参数设置”中使用“参数保存模式”功能分配安全数据的位置。这样就完成了 G120 变频器的基本调试。

拓展训练 1.5 变频器的多段速控制

项目导入

在工业生产中，很多生产机械在不同生产工艺要求下，需要电动机在不同速度下运行。针对这种情况，几乎所有的变频器都提供了多段速控制功能，通过变频器数字量输入端子的通断组合实现多段速。

某化工企业的一台离心机使用 G120 变频器驱动三相电动机，当接通开关 SA1，变频器启动；开关 SA2、SA3、SA4 不同的通断状态，组合出 0 到最大转速间 7 个固定频率。请设计变频器接线图并进行参数设计。

项目分析

改变变频器的输出频率就可以改变电动机的转速。要调节变频器的输出频率，变频器必须要提供改变频率的信号，这个信号就称为频率给定信号，所谓频率给定方式就是供给变频器给定信号的方式。变频器频率给定方式主要有：面板操作给定、外部端子给定（MOP 功能、多段速给定、模拟量信号给定）和通信方式给定等。这些给定方式各有优缺点，必须根据实际情况进行选择。给定方式的选择由信号端口和变频器参数设置完成。

G120 变频器具备多段速功能，可以实现通过外部按钮选择离心机的运行速度。多段速功能也称作固定转速。对于 G120 变频器来说，就是在设置参数 p1000 = 3 的条件下，用数字量端子选择固定设定值的组合，实现电动机多段速运行。那么，本任务首先要学习 G120 变频器数字量端子及接线，然后再学习多段速实现方式方法，最后进行实践。

知识链接

1.5.1 G120 变频器的双线/三线控制

1.5.1.1 双线/三线控制的概念

变频器通过端子控制变频器起停运行有两大类控制方式：一类控制方式是通过两个控制指令对变频器进行控制，称为 2 线制控制；另一类控制方式是通过 3 个控制指令对变频器进行控制，称为 3 线制控制。2/3 线制实质是指开关还是用按钮来进行正、反转控制。2 线制控制是一种开关触点，闭合/断开的起停方式。而 3 线制控制是一种脉冲上升沿触发的起停方式。

如果选择通过数字量输入端子控制变频器启停，需要通过参数 p0015 定义数字量输入端子如何控制电机启停、如何在正转和反转之间进行切换。

有 5 种方法可用于控制电机。其中，3 种方法通过两个控制指令进行控制，称为双线制控制。其他两种方法需要三个控制指令进行控制，称为三线制控制。

1.5.1.2 双线制控制方式

双线制控制方式又叫开关信号控制方式。双线制控制需要两个控制指令进行控制，需要控制信号为常开常闭模式。图 1-63 所示为一种双线制控制电机正反转，当使能信号接通时，电机正转；当使能信号和方向信号同时接通，电机反转。宏 12、宏 17 和宏 18 属于双线制控制方式。

	控制指令	对应宏
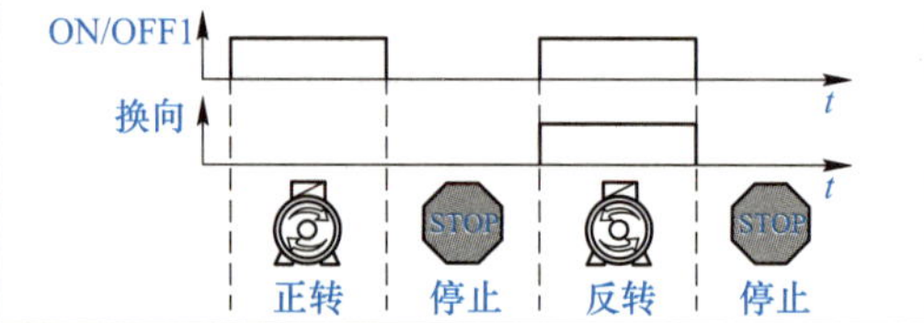	双线制控制，方法1 (1) 接通和关闭电机(ON/OFF1)。 (2) 切换电机旋转方向(反转)。	宏12
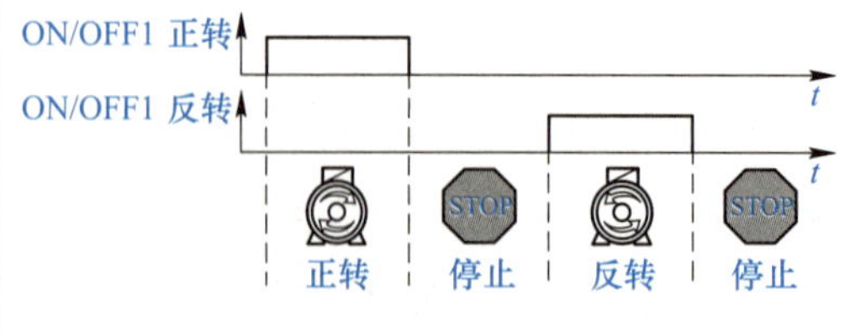	双线制控制，方法2和方法3 (1) 接通和关闭电机(ON/OFF1)，正转。 (2) 接通和关闭电机(ON/OFF1)，反转。	宏17 宏18

图 1-63 双线制控制方式

1.5.1.3 三线制控制方式

三线制控制方式又叫脉冲信号控制方式。三线制需要三个控制指令进行控制，图 1-64 所示为一种三线制控制电机正反转，当使能信号接通和正转脉冲信号时，电机正转；当使能信号接通和反转脉冲信号时，电机反转。宏 19 和宏 20 都属于三线制控制方式。

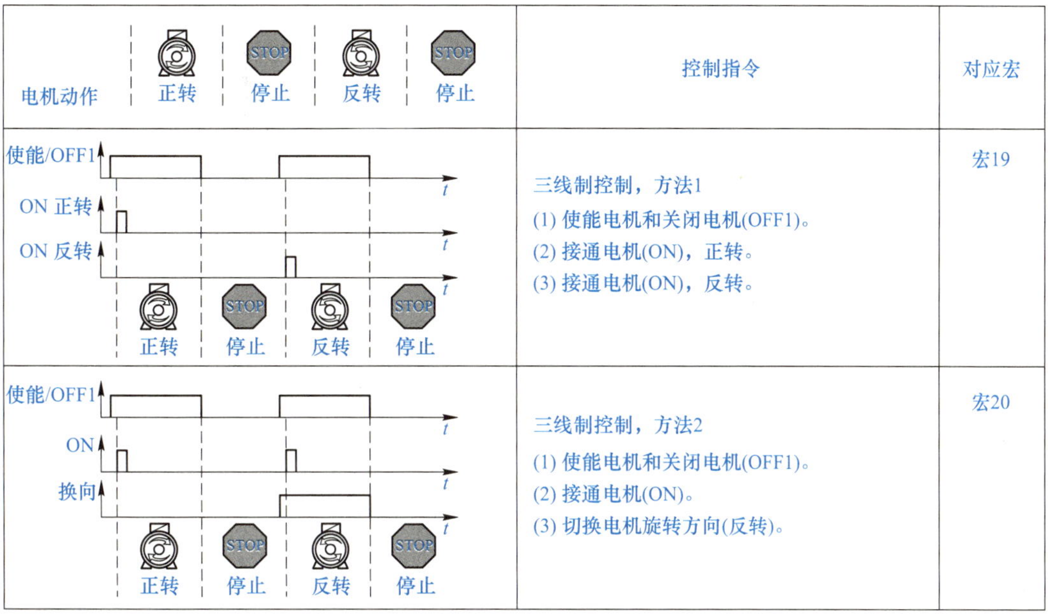

图 1-64　三线制控制方式

1.5.2　G120 变频器的 BICO

1.5.2.1　BICO 功能概念

BICO 功能即二进制/模拟量互联，是一种把变频器输入和输出功能联系在一起的设置方法，是西门子变频器的特有功能，可以根据实际工艺要求灵活定义端口。MM4 系列和 SINAMICS 系列变频器具有此功能。

1.5.2.2　BICO 参数

在 CU240E/B-2 的参数中有些参数名称的前面有字符“BI:”“BO:”“CI:”和“CO:”，这都是 BICO 参数，可以通过 BICO 参数确定功能块输入信号的来源，确定功能块是从哪个模拟量接口或二进制接口读取或者输入信号的，这样可以按照要求，互联各种功能块。BICO 功能示意图如图 1-65 所示。

BICO 参数的含义见表 1-18。

表 1-18　BICO 参数的含义

序号	参数	含　义
1	BI:	二进制互联输入，即参数作为某个功能的二进制输入接口，通常与参数“p 对应”
2	BO:	二进制互联输出，即参数作为某个功能的二进制输出接口，通常与参数“r”对应
3	CI:	模拟量互联输入，即参数作为某个功能的模拟量输入接口，通常与参数“p”对应
4	CO:	模拟量互联输出，即参数作为某个功能的模拟量输出接口，通常与参数“r”对应
5	CO/BO	模拟量/二进制互联输出，即多个二进制合并成一个“字”参数，该字中的每一位表示一个二进制互联输出信号，16 位合并在一起表示一个模拟量互联输出信号

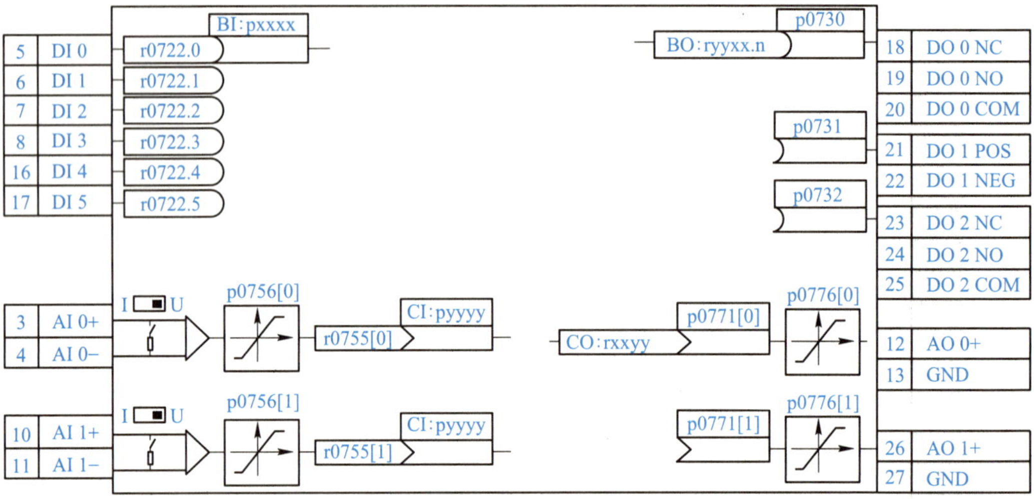

图 1-65 BICO 功能示意图

1.5.2.3 数字量输入端子功能的预设置

CU240B-2 提供了 4 路数字量输入端子（DI），CU240E-2 和 G120C 提供了 6 路数字量输入端子。数字量输入 DI 对应的状态见表 1-19。可以在 STARTER 中查看数字量输入状态。如打开一个 STARTER 项目，双击项目数中“Expert list”（专家列表），展开参数 r722。模拟量输入 AI 也可以作数字量输入使用。

表 1-19 数字量输入 DI 对应的状态（一）

数字输入编号	端子号	数字输入状态位	数字输入编号	端子号	数字输入状态位
数字输入 0，DI0	5	r722. 0	数字输入 3，DI3	8	r722. 3
数字输入 1，DI1	6	r722. 1	数字输入 4，DI4	16	r722. 4
数字输入 2，DI2	7	r722. 2	数字输入 5，DI5	17	r722. 5

CU250S-2 PN 提供 11 路数字量输入和 4 路可作为输入/输出的数字量端子。在有必要时，也可以将模拟量输入 AI 作为数字量输入使用。数字量输入 DI 对应的状态见表 1-20。可以在 STARTER 中查看数字量输入状态。如打开一个 STARTER 项目，双击项目数中“ExPert list”（专家列表），展开参数 r722。

表 1-20 数字量输入 DI 对应的状态（二）

数字输入编号	端子号	数字输入状态位	数字输入编号	端子号	数字输入状态位
数字输入 0，DI0	5	r722. 0	数字输入 17，DI17	42	r722. 17
数字输入 1，DI1	6	r722. 1	数字输入 18，DI18	43	r722. 18
数字输入 2，DI2	7	r722. 2	数字输入 19，DI19	44	r722. 19
数字输入 3，DI3	8	r722. 3	数字输入 24，DIDO24	51	r722. 24
数字输入 4，DI4	16	r722. 4	数字输入 25，DIDO25	52	r722. 25
数字输入 5，DI5	17	r722. 5	数字输入 26，DIDO26	53	r722. 26
数字输入 6，DI6	67	r722. 6	数字输入 27，DIDO27	54	r722. 27
数字输入 16，DI16	41	r722. 16			

如果需要修改数字量输入端子的功能，必须将数字量输入端子的状态参数与选中的二进制互连输入连接在一起，才可以修改端子的功能，如图 1-66 所示。常用的变频器输入 BI 见表 1-21。

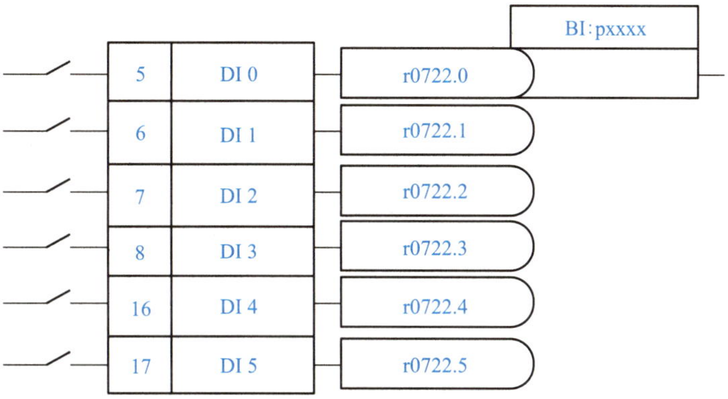

图 1-66 数字量输入功能

表 1-21 变频器常用数字量输入 BI（选项）

BI	含 义	BI	含 义
p0810	指令数据组选择 CDS 位 0	p1036	电动电位器设定值降低
p0840	ON/OFF1	p1055	JOG 位 0
p0844	OFF2	p1056	JOG 位 1
p0848	OFF3	p1113	设定值取反
p0852	使能运行	p1201	捕捉再启动使能的信号源
p0855	强制打开抱闸	p2103	应答故障
p0856	使能转速控制	p2106	外部故障 1
p0858	强制闭合抱闸	p2112	外部警告 I
p1020	固定转速设定值选择位 O	p2200	工艺控制器使能
p1021	固定转速设定值选择位 1	p3330	双线/三线控制器的控制指令 1
p1022	固定转速设定值选择位 2	p3331	双线/三线控制器的控制指令 2
p1023	固定转速设定值选择位 3	p3332	双线/三线控制器的控制指令 3
p1035	电动电位器设定值升高		

1.5.2.4 数字量输出端子功能设置

CU240B-2 提供了 1 路继电器数字量输出（DO），G120C 提供了 1 路继电器数字量输出和 1 路晶体管数字量输出，CU240E-2 提供了 2 路继电器数字量输出和 1 路晶体管数字量输出。

A 数字输出功能设置

G120 变频器数字量输出功能的参数设置见表 1-22。

表 1-22 G120 变频器数字量输出功能的参数设置

数字输出编号	端子号	对应参数号
数字输出 0，DO0	18、19、20	p0730
数字输出 1，DO1	21、22	p0731
数字输出 2，DO2	23、24、25	p0732

数字输出常用功能设置见表 1-23。

表 1-23 G120 变频器数字量输出功能的参数号对应的参数号

参数号	参数值	说 明
p0730	0	禁用数字量输出
	52.2	变频器进行
	52.3	变频器故障
	52.7	变频器报警
	52.14	变频器正向运行

注：p0731 和 p0732 参数值的含义与表 1-23 相同。

在方式故障时，变频器继电器输出端子的常闭触点，通常用于切断变频器控制回路的电源，从而达到保护变频器的作用。

B 数字量输出信号取反

将参数 p748 的状态（0 和 1）翻转，则对应的输出会取反。p748[0] 对应数字输出 0(DO0)，p748[1] 对应数字输出 1(DO1)，比较简单的做法是在 STARTER 软件中修改。

1.5.3 G120 命令源和设定值源

G120变频器指令源设定值源与二线/三线控制

通过预定的接口宏定义变频器用什么信号控制启动、用什么信号控制输出频率，通常是可以满足工程需求的，但在预定义接口宏不能完全满足要求时，必须根据 BICO 功能来调整命令源和设定值源。

1.5.3.1 命令源

命令源是指变频器接收到控制命令的接口。变频器的命令源主要指启动和停止变频器的命令来源，主要作用是控制变频器的启动和停止。变频器对命令源进行了定义，举例见表 1-24。

表 1-24 命令源举例

参数号	参数值	含 义
p0840	722.0	将数字输入端子 DI0 定义为启动命令
	2090.0	将总线控制字 1 的第 0 位定义为启动命令
p0844	722.1	将数字输入端子 DI1 定义为 OFF2 命令
	2090.1	将总线控制字 1 的第 1 位定义为 OFF2 命令
p2013	722.2	将数字输入端子 DI2 定义为故障应答命令
p2016	722.3	将数字输入端子 DI3 定义为故障命令
p1113	722.1	设定值取反（反转）

1.5.3.2 设定值源

给变频器发送启动命令后，变频器就会开始运行，尽管此时可能没有给定频率，但变频器已经在运行状态。命令源确保了变频器能够接收并执行外部或内部的启动指令。在外部信号输入类型中，设定值是指变频器接收到设定值的接口。在设置预定义的宏 p0015 时，变频器对设定值源进行了定义。主设定值 p1070 的常用设定值见表 1-25。

表 1-25 主设定值 p1070 的常用设定值

参数号	参数值	说明
p1070	1050	将电动电位器作为主设定值
	755.0	将模拟量 AI0 作为主设定值
	755.1	将模拟量 AI1 作为主设定值
	1024	将固定转速作为主设定值
	2050.1	将现场总线过程数据作为主设定值

1.5.4 G120 变频器的接口宏

G120 变频器为满足不同的接口定义，提供了多种预定义的宏，利用预定义的接口宏可以方便地设置变频器的命令源和设定值源。宏就是预定接线端子（如数字量、模拟量），宏编号设置在参数 p0015 中，完成特定功能（如多段调速）。可以通过参数 p0015 修改宏。

在工程实践中，如果预定义的其中一种接口宏完全符合现场应用，那么按照宏的接线方式设计原理图，在调试时，选择相应的宏功能，应用非常方便。

如果所有预定义的宏定义的接口方式都不完全符合现场应用，那么选择与实际布线比较接近的接口宏，然后根据需要调整输入/输出配置。

注意：修改参数 p0015 之前，必选将参数 p0015 修改为 1，然后再修改参数 p0015，变频器运行时，必须设置参数 p0010=0。

不同类型的控制单元有相应数量的宏，G120 的宏根据机型而不同，范围从 1~22。如 CU240B-2 有 8 个，CU240E-2 和 G120C PN 的 CU250S-2 有 18 个。

G120C PN 预定义接口宏见表 1-26。

表 1-26 G120C PN 预定义接口宏

宏编号	宏 功 能	CU240E-2	CU240E-2F	CU240E-2DP	CU240E-2DPF
1	双线制控制，两个固定转速	×	×	×	×
2	单方向两个固定转速，带安全功能	×	×	×	×
3	单方向 4 个固定转速	×	×	×	×
4	现场总线 PROFINET	—	—	×	×

续表 1-26

宏编号	宏 功 能	CU240E-2	CU240E-2F	CU240E-2DP	CU240E-2DPF
5	现场总线 PROFINET，带安全功能	—	—	×	×
7	现场总线 PROFINET 和点动之间的切换	—	—	—	×
8	电动电位器（MOP），带安全功能	—	—	×（默认）	×（默认）
9	电动电位器	×	×	×	×
12	双线制控制 1，模拟量调速	×	×	×	×
13	端子启动，模拟量给定，带安全功能	×	×	×	×
14	现场总线 PROFINET 和电动电位器切换	—	—	×	×
15	模拟量给定和电动电位器切换	×	×	×	×
17	双线制控制 2，模拟量调速	×	×	×	×
18	双线制控制 3，模拟量调速	×	×	×	×
19	三线制控制 1，模拟量调速	×	×	×	×
20	三线制控制 2，模拟量调速	×	×	×	×
21	现场总线 USS	×	×	—	—

注：×：支持 —：不支持。

1.5.5 G120 变频器固定转速

1.5.5.1 固定转速给定

固定转速给定调节变频器速度时，只需要将主设定值与固定转速互连，即设置参数 p1070=1024，如果设置 p1075=1024，则附加设定值与固定转速互连，如图 1-67 所示。通过变频器输入端子所接的开关的不同组合方式选择已经设置好的固定转速设定值，需要将转速固定设定值选择位参数 p1020~p1023 与数字量输入端子的状态参数 r722.0~r722.5 互连。

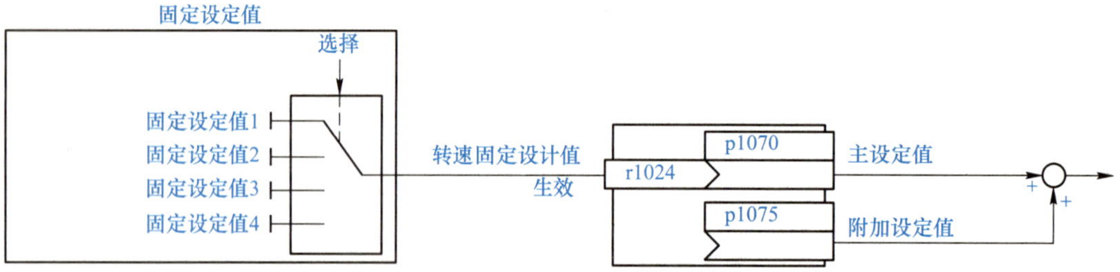

图 1-67 固定转速设为设定值源

G120 变频器提供了两种选择固定设定值的方法：一种是直接选择，另一种是二进制选择。

1.5.5.2 直接选择模式给定

一个数字量输入选择一个固定的设定值，如图 1-68 所示。多个数字输入量同时激活时，选定的设定值是对应固定设定值的叠加。最多可以设置 4 个数字输入信号。采用直接选择模式需要设置 p1016 = 1。直接选择模式时的相关参数设置见表 1-27。

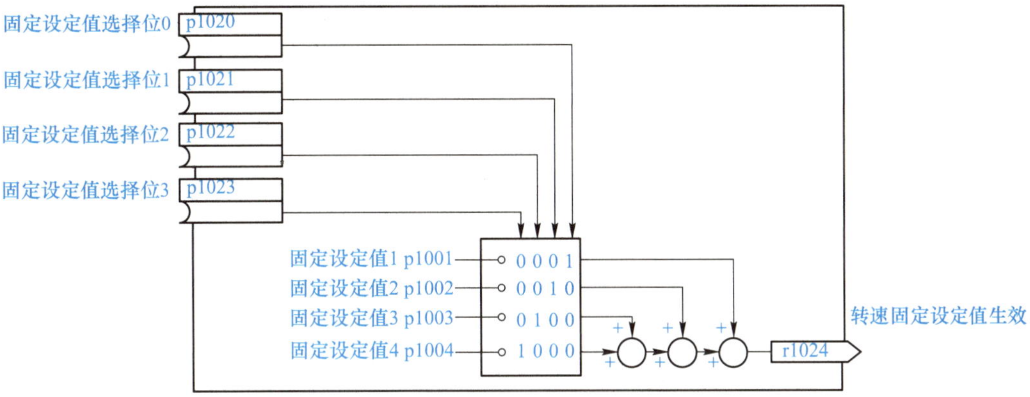

图 1-68 直接选择固定设定值的简易功能图

表 1-27 直接选择模式时的相关参数设置

参数号	含 义	参数号	含 义
p1020	固定设定值 1 的选择信号	p1001	固定设定值 1
p1021	固定设定值 2 的选择信号	p1002	固定设定值 2
p1022	固定设定值 3 的选择信号	p1003	固定设定值 3
p1023	固定设定值 4 的选择信号	p1004	固定设定值 4

1.5.5.3 二进制选择

4 个数字量输入通过二进制编码方式选择固定设定值，这 4 个选择位的不同组（p1020、p1021、p1022 和 p1023）最多可以选择 15 个固定转速，由 p1001 ~ p1015 指定多速中的某个固定设定值，如图 1-69 所示。数字量输入不同的状态对应的固定设定值见表 1-28。采用二进制选择模式需要设置 p1016 = 2。

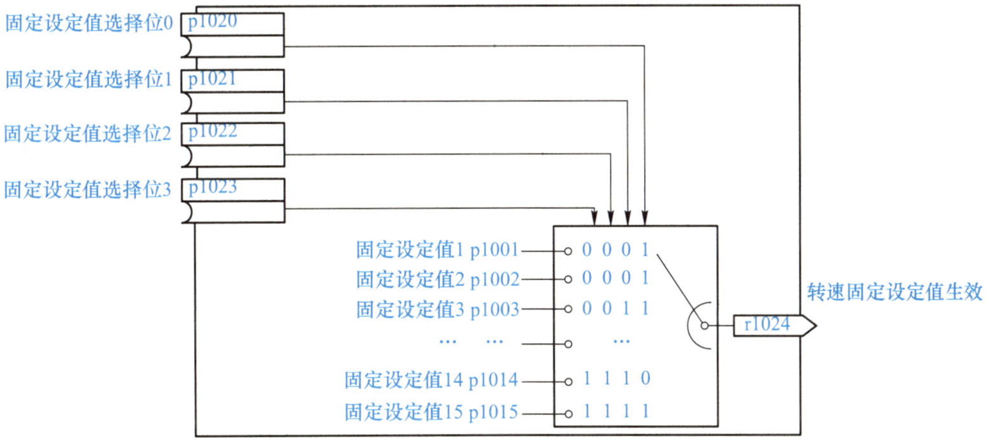

图 1-69 二进制选择固定设定值的简易功能图

表 1-28 15 段固定转速控制状态表

序号	p1023 选择的 DI 状态	p1022 选择的 DI 状态	p1021 选择的 DI 状态	p1020 选择的 DI 状态	对应转速参数	参数功能
1	0	0	0	1	p1001	设置固定转速 1
2	0	0	1	0	p1002	设置固定转速 2
3	0	0	1	1	p1003	设置固定转速 3
4	0	1	0	0	p1004	设置固定转速 4
5	0	1	0	1	p1005	设置固定转速 5
6	0	1	1	0	p1006	设置固定转速 6
7	0	1	1	1	p1007	设置固定转速 7
8	1	0	0	0	p1008	设置固定转速 8
9	1	0	0	1	p1009	设置固定转速 9
10	1	0	1	0	p10010	设置固定转速 10
11	1	0	1	1	p10011	设置固定转速 11
12	1	1	0	0	p10012	设置固定转速 12
13	1	1	0	1	p10013	设置固定转速 13
14	1	1	1	0	p10014	设置固定转速 14
15	1	1	1	1	p10015	设置固定转速 15

任务实施

请同学们根据任务和实训设备情况采用扑克牌分组法分组，完成表 1-29。

表 1-29 项目分工计划表

组名			小组 LOGO	
组训				
团队成员	学号	角色		职责

（1）电气接线原理图绘制。

根据任务要求和实训设备情况，绘制本任务的电气接线原理图，如图 1-70 所示。

（2）安装与接线。

根据绘制的电气接线原理图，结合实训设备，完成变频器的安装与线路连接。

（3）参数设计与设置。

根据任务要求，结合选用变频器和电动机的参数，设计通过端子控制 G120 变频器固定转速运行模式下的参数，见表 1-30。

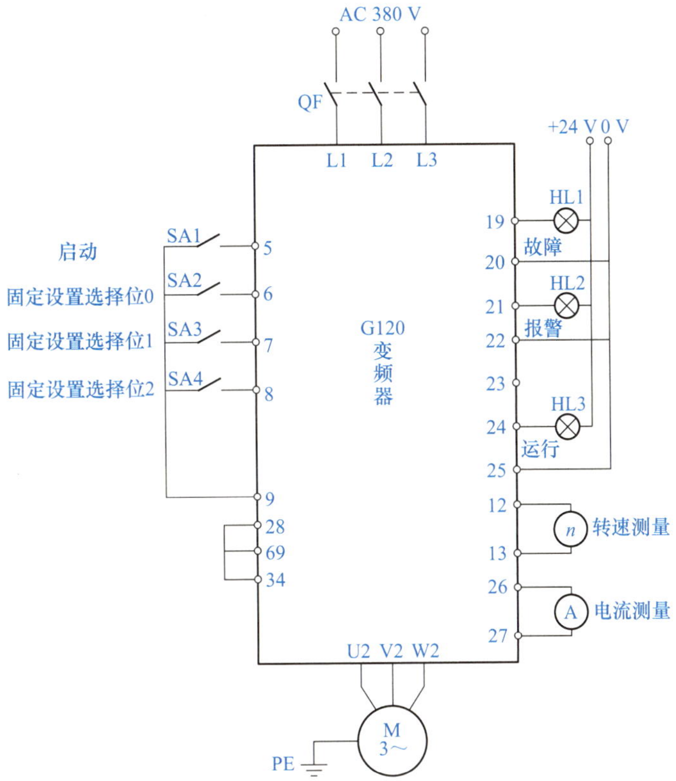

图 1-70　G120 变频器接固定转速运行电气接线原理图

表 1-30　变频器参数

变频器参数	参数名称	设定值	功能说明
p0015	宏命令	3	驱动设备宏指令，这里选择宏 3
p0840	ON/OFF（OFF1）	722.0	将端子 5（DI0）作为启动命令
p1020	转速固定设定值选择位 0	722.1	将端子 6（DI1）与固定值 1 互联
p1021	转速固定设定值选择位 1	722.2	将端子 7（DI2）与固定值 2 互联
p1022	转速固定设定值选择位 2	722.3	将端子 8（DI3）与固定值 3 互联
p1070	主设定值	1024	转速固定值作为主设定值
p1001～p1007	转速固定设定值 1～7	200、500、600、800、900、1200、1500	设置 p1001～p1007 分别等于 200 r/min、500 r/min、600 r/min、800 r/min、900 r/min、1200 r/min、1500 r/min
p1016	转速固定设定值选择模式	2	选择二进制选择模式值
p1000	转速设定值选择	3	选择转速固定设定值

7 段速设置见表 1-31。

表 1-31 7段速固定转速控制状态表

序号	端子8(SA4)	端子7(SA3)	端子6(SA2)	对应转速所设置的参数	固定转速/(r · min^{-1})
1	0	0	1	p1001	
2	0	1	0	p1002	
3	0	1	1	p1003	
4	1	0	0	p1004	
5	1	0	1	p1005	
6	1	1	0	p1006	
7	1	1	1	p1007	

（4）调试运行。

1）通过“设置菜单”设置好参数后，按M键2 s以上回到显示菜单，准备试机，可以监控输出频率等参数状态。

2）当G120变频器接通开关SA1，变频器启动；开关SA2、SA3、SA4不同的通断状态，组合出0到最大转速间200 r/min、500 r/min、600 r/min、800 r/min、900 r/min、1200 r/min、1500 r/min共7个固定频率。

思考与练习题

1-1 填空题

（1）变频器是一种__________装置，它利用电力半导体器件的__________作用，将__________和__________固定不变的交流电变换成__________和__________可变的交流电。

（2）按照变换环节分类，变频器分为__________变频器和__________变频器。

（3）根据工作原理分类，变频器可分为__________控制、__________控制和__________控制变频器。

（4）西门子G120变频器制作成相对独立的三个部分：________、________和________。

（5）连接输入电源的________的作用是把三相（或单相）交流电整流成直流电。

（6）通常，用大容量电容对整流电路输出电压进行滤波。由于电容量比较大，一般采用________。

（7）PWM实际就是将每半个周期分割成许多个脉冲，通过调节__________和__________的“占空比”来调节平均电压。

（8）变频器控制电路主要由__________、__________、__________、检测电路、保护电路和驱动电路等构成。

（9）G120变频器操作面板包括__________和__________。

（10）BOP-2面板“CONTROL”菜单提供了__________、__________和__________3个功能。

（11）BICO参数名称的前面有字符__________、__________、__________和__________，可以确定功能块输入信号的来源，确定功能块是从哪个模拟量接口或二进制接口读取或者输入信号的。

（12）BICO功能即__________互联，就是一种把变频器__________和__________功能联系在一起的设置方法，是西门子变频器的特有功能。

1-2 分析题

（1）简述变频器的概念。

（2）简述变频器的工作原理。

（3）简述 G120 变频器的系统构成。

（4）简述 BOP-2 基本操作面板的菜单结构。

（5）简述 G120 变频器参数恢复出厂设置的步骤。

（6）简述使用 BOP-2 面板快速调试步骤。

项目2　水泵的 HMI、PLC、变频器模拟量调速

项目概述

项目导入与分析

党的二十大报告指出：推动制造业高端化、智能化、绿色化发展。风机和泵类负载其力矩与转速的二次方成正比，称为二次型负载；其功率与转速的三次方成正比，对可调速风机和泵类设备通过变频器调速可节约大量的电能，有利于绿色低碳发展。例如：变频器恒压供水和变频空调。全国职业院校技能大赛“水处理技术”赛项，泵站系统人机界面（HMI）采用西门子 KTP700 触摸屏，触摸屏上设置启动、停止按钮和变频器频率设定和输出的 IO 域，1200 PLC 通过 I/O 控制 G120C 变频器的启、停和频率，调节水泵的转速，如图 2-1 所示。全国职业院校技能大赛“智能节水系统设计与安装”赛项，西门子 1200 PLC 通过 I/O 控制三菱变频器的启、停和频率，实现节能和节水的目的。

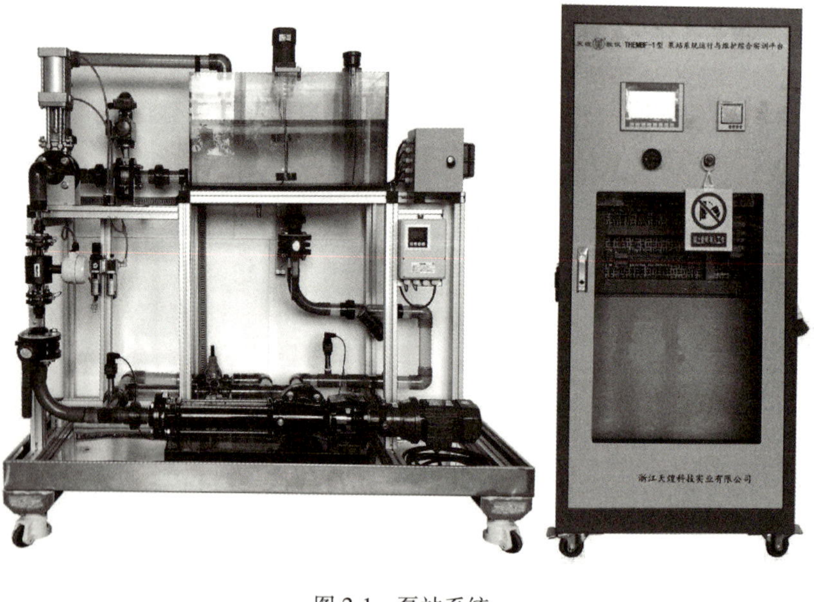

图 2-1　泵站系统

根据实践应用和技能大赛任务，提出本项目的要求。

（1）选择合适的电气设备，设计电气接线原理图，完成硬件电路安装。

（2）在西门子 TP700 触摸屏上组态启动、停止按钮和变频器频率设定和输出的 IO 域。

（3）编写 PLC 程序，实现 1200 PLC 通过开关量输出控制 G120C 变频器的启动和停止；1200 PLC 通过模拟量输出给定 G120C 变频器的频率，调节水泵的转速；1200 PLC 通过模拟量输入采集 G120C 变频器的模拟量输出，反映变频器的输出频率。

（4）设置变频器的参数实现前述控制要求。

学习导航

主要内容	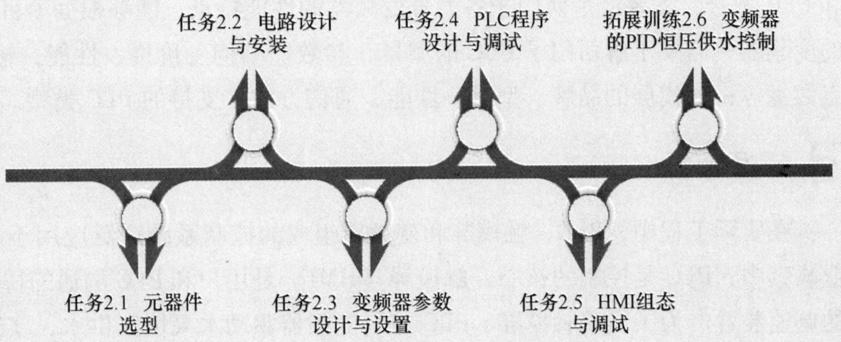
学习目标	（1）了解 PLC 和触摸屏的结构和工作原理； （2）能进行变频器 PLC、触摸屏的选型； （3）能进行 PLC 与变频器的电气接线及变频器参数设置； （4）会使用 PLC 控制变频器调速运行； （5）培养学生精益求精的工匠精神。
重点	（1）PLC 和触摸屏的选型； （2）PLC 控制变频器电路组装、调试。
难点	PLC 程序设计与调试。
推荐教学方法	任务驱动教学法、小组教学法、现场演示教学法。
建议学时	10~12 学时。
推荐学习方法	动手实现 PLC 控制变频器系统组装、调试，加深对变频器模拟量调速接线和参数设置；PLC 程序设计方法建议：理解例程，修改例程，动手编程。
主要训练设备与工具	G120C 变频器 1 台、S7-1200 PLC1 台、SM1234 模拟量扩展模块 1 台、HMI 各 1 台、三相异步电机 1 台、安装有 TIA Portal V18 和 Startdrive V18 软件的计算机 1 台、网线 1 根、通用电工工具 1 套。
参考手册与相关标准	《SINAMICS G120C 变频器操作说明书》、《调速电气传动系统　第 5-2 部分：安全要求功能》（12668. 502—2013）、《低压电气装置　第 5-52 部分：电气设备的选择和安装，布线系统》（GB/T 16895. 6—2014）、《电气简图用图形符号　第 2 部分：符号要素、限定符号和其他常用符号》（GB/T 4728. 2—2018）。

任务 2.1 元器件选型

任务导入

某公司要为业主设计一套触摸屏、PLC 控制变频器供水系统，要进行电气设备采购，业主要求选用西门子高性能产品。如果你是公司的一名技术人员，去选购变频器、触摸屏和 PLC 型号，需要清楚西门子各型号变频器的性能特点，能够根据项目要求选择合适型号的变频器；需要了解西门子 PLC 的型号、参数、结构、价格、性能，输入输出模块、I/O 点数量等；触摸屏的品牌、型号、性能、通信方式、支持的 PLC 类型。

任务分析

在实际工程中，PLC、触摸屏和变频器组成的控制系统广泛应用于工业控制的各行各业。其中，PLC 是控制的核心，触摸屏（HMI）是用户和 PLC 沟通的桥梁，变频器是重要的调速装置。为了实现触摸屏、PLC 控制变频器驱动水泵恒压供水，实现调速节能，首先要了解 PLC 的结构和原理，触摸屏的结构和原理，变频器的型号及其结构特点。根据实际情况，进行 PLC 和变频器的选型，进而进行电路设计、组装及调试。

知识链接

2.1.1 变频器选型

元器件选型——变频器、PLC选型

通过项目 1 的学习，知道 G120 变频器采用模块化设计，其控制单元和功率单元可以灵活组合，以满足不同的应用需求。但是，这种模块化产品价格较高，如果应用场景相对固定，例如：水泵、风机、传送带、搅拌机、挤出机、压缩机以及一些基本的物料处理机械，采用集成一体式 G120C 变频器，既可满足应用需求，又能节约投资避免浪费。G120C 变频器将控制单元和功率单元集成到一起，具有结构紧凑、高功率密度等优点。该变频器系列现有七种外形尺寸，功率范围从 0. 55 kW 到 132 kW，电压范围 3AC 380 V/480 V（-20%/+10%），频率 50/60 Hz±5，外形尺寸、功率范围见表 2-1。

表 2-1 G120C 变频器外形尺寸、功率范围

实物图				
外形尺寸	FSAA	FSA	FSB	FSC
功率范围/kW	0. 55~2. 2	3~4	5. 5~7. 5	11~18. 5

续表 2-1

实物图			
外形尺寸	FSD	FSE	FSF
功率范围/kW	22～45	55	75～132

G120C 变频器的控制模式有恒压频比和矢量控制（无传感器），有网口和串口两种通信接口，分别支持 PROFINET、EtherNet/IP 和 PROFIBUS、USS/MODBUS RTU 协议。G120C 变频器既可以使用 BOP-2、IOP-2 进行参数设置和监控，以及 SD 卡进行参数复制，实现简便的调试和操作；也可以使用集成了 SINAMICS Startdrive 的 TIA Portal 软件进行参数配置和系统诊断。

本项目采用 HMI 和 PLC 控制变频器驱动水泵，水泵属于二次型负载，转矩与速度的二次方成正比，功率与速度的三次方成正比，不允许超频工作。根据水泵功率选择变频器的功率，变频器的控制模式采用恒压频比即可满足项目要求。PLC 控制变频器既可以采用开关量和模拟量端子，也可以采用通信控制。实际生产中水泵控制的泵站系统，除变频器外还需要压力检测、流量检测、温度检测、阀门控制，这些仪表仪器目前采用模拟量的较多，本项目拟采用模拟量控制变频器调速。本书下面分析到 PLC 拟采用 S7-1200 PLC，S7-1200 PLC 的 CPU 自带网口没有串口通信接口，编程电脑用网线与 PLC 通信，所以，本项目宜选用具有网口的 G120C 变频器，可以用网络连接电脑和变频器，通过 TIA Portal 软件进行变频器参数配置和系统调试。

2.1.2 PLC 选型

可编程控制器（Programmable Logic Controller，PLC）作为工控领域重要且先进的设备之一，与变频器、触摸屏构成最佳搭档，构造出功能齐全、操作简单方便的自动控制系统。西门子 PLC 从书本型迷你控制器 LOGO！到基于 PC 的高性能控制器，组成了完整的产品系列，如图 2-2 所示。

西门子 LOGO 智能逻辑控制器适用于低端独立自动化系统中简单的开关控制；S7-200 SMART 紧凑型控制器是 S7-200 的替代产品，适合低端的离散自动化系统和独立自动化系统；SIMATIC S7-1200 小型控制器是 S7-200 的升级产品，覆盖了 S7-200 的全部功能和 S7-300 的部分功能，适合低端的离散自动化系统和独立自动化系统；SIMATIC S7-300 适合中

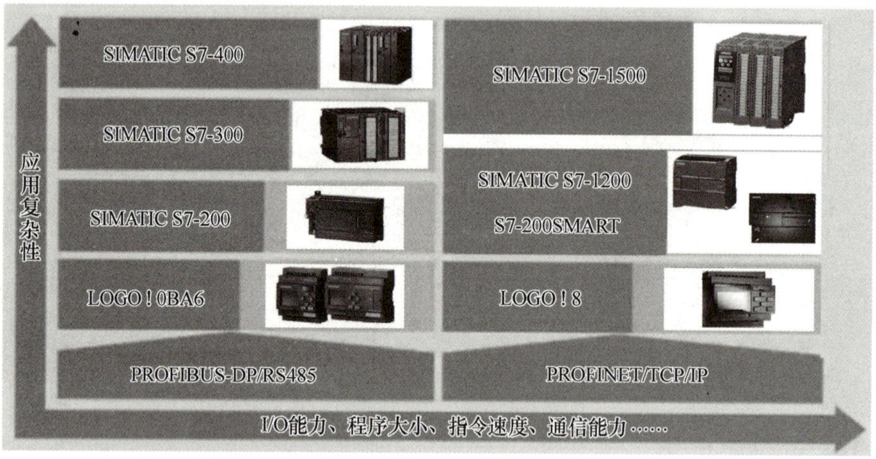

图 2-2 西门子 PLC 产品系列

端的离散自动化系统；SIMATIC S7-400 适合高端离散和过程自动化系统；SIMATIC S7-1500 覆盖了 S7-400 和 S7-300 的部分功能，是他们的升级替代产品。

2.1.2.1 PLC 的硬件结构及各部分的作用

目前市场上的PLC产品很多，其基本结构大致相同采用了典型的计算机结构，主要由基本单元、扩展单元、扩展模块及特殊功能模块等构成。西门子 1200 系列 PLC 主要由 CPU（西门子称基本单元为 CPU，与通常意义的 CPU 不同）、信号板、信号模块、通信模块组成，如图 2-3 所示。

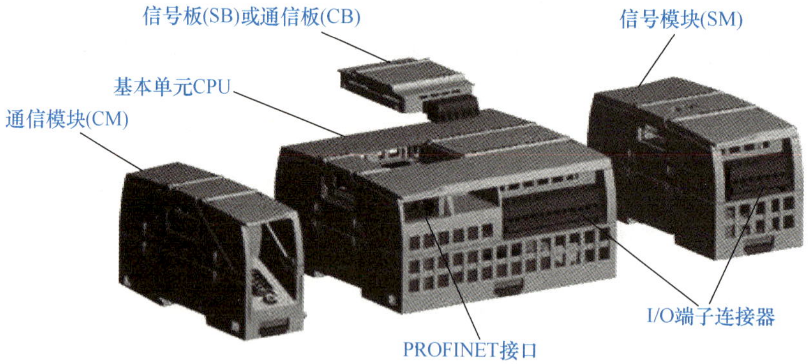

图 2-3 西门子 1200 系列 PLC 组成

A 基本单元 CPU

基本单元 CPU 包括中央处理器（CPU）、存储器、I/O 单元和电源，是 PLC 的主要部分，图 2-4 所示为基本单元的组成及其与外部设备的连接。S7-1200 PLC 目前有 5 种型号的 CPU 模块：1211C、1212C、1214C、1215C、12217C。“C”表示紧凑型，即把 CPU 模块、输入/输出（I/O）模块、寄存器、电源、以太网接口集成在一起。

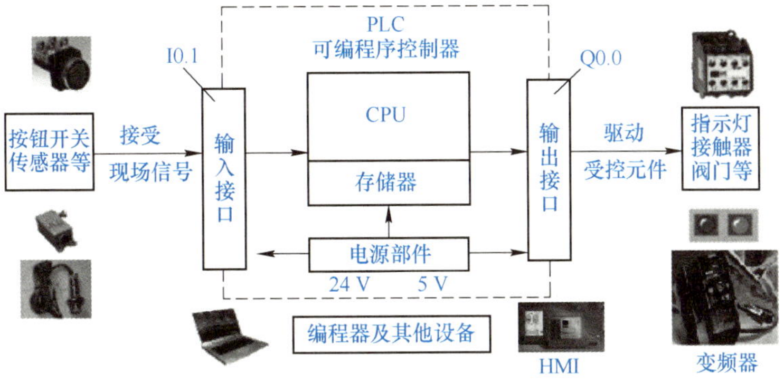

图 2-4 PLC 基本单元的组成

B 信号板 SB 和通信板 CB

S7-1200 PLC 信号板和通信板安装在 CPU 中央，安装后不改变 CPU 的外形和体积。信号板有：4 点数字量输入、4 点数字量输出、2 点数字量输入、2 点数字量输出、1 路模拟量输入和 1 路模拟量输出。通信板为 RS-485 串口，支持 USS 协议和 MODBUS 协议。

C 信号模块 SM

信号模块 SM 又简称 I/O 模块，包括数字量输入模块 DI 模块和数字量输出 DO 模块，模拟量输入 AI 模块和模拟量输出 AO 模块。

D 通信模块 CM

S7-1200 CPU 最多可以添加三块 RS-485 或 RS-232 串行通信模块，支持 PROFIBUS 主从站通信、USS 驱动协议和 MODBUS RTU 协议。

2.1.2.2 PLC 的内部软元件

元器件选型——PLC、HMI选型

在编写 PLC 程序时会用到 PLC 的元件，其功能与低压电器元件相似，如继电器、时间继电器，这些元件在 PLC 硬件存储器中通过助记符和编号占用地址，不是物理的，是虚拟的，称为编程元件或软元件。为了通俗、方便理解和记忆，也称为软继电器，如继电器、定时器、计数器。不同厂家的 PLC，其编程元件的功能相似，助记符和编号可能不同，PLC 编程元件的编号由字母和数字组成，输入继电器和输出继电器用八进制数字编号。在编写程序时，必须熟悉所用 PLC 的编程元件的功能和编号。

2.1.2.3 PLC 的工作原理

PLC 采用循环扫描的工作方式，工作过程包括内部处理与自诊断、与外部设备通信、输入采样、程序执行和输出刷新 5 个阶段。

PLC 有运行（RUN）和停止（STOP）两种基本的工作模式。当处于停止工作模式时，只执行前两个阶段。上电复位后，PLC 首先作内部初始化处理，清除 I/O 映像区中的内容；接着做自诊断，检测存储器、CPU 及 I/O 部件状态，通信连接；还将检测是否有中断请求，如果有则进行相应的中断处理。上述阶段确认正常，且 PLC 置于 RUN 时，PLC 才进行循环扫描，即周而复始地执行上述 5 个阶段，后面 3 个阶段的工作过程，如图 2-5 所示。

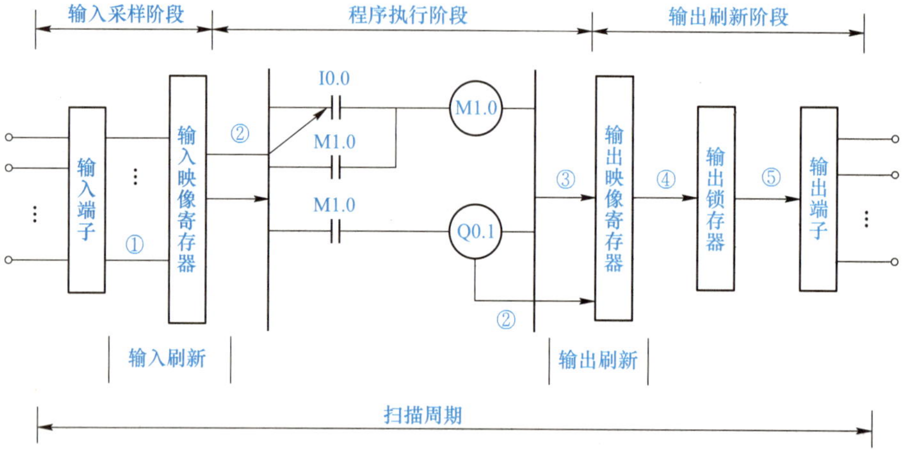

图 2-5 RUN 状态下扫描的过程

（1）输入采样阶段。在输入采样阶段，PLC 顺序扫描每个输入端，读取输入端的状态，并将其存入输入映像寄存器。采样结束后，其内容将被锁存，即使输入状态和数据发生变化，输入映像寄存器也不会变化。

（2）程序执行阶段。PLC 完成输入采样后，进入程序执行阶段，PLC 按先上后下、先左后右的顺序逐条扫描用户程序，进行逻辑运算，并把运算结果存入输出映像存储器中。注意：上面的运算结果会对下面的逻辑运算起作用，而下面的运算结果只能到下一个扫描周期才能对上面的逻辑运算起作用。

（3）输出刷新阶段。在输出刷新阶段，PLC 将输出映像寄存器中的状态信息转存到输出锁存器中，刷新其内容，改变输出端子的状态，然后通过输出驱动电路驱动被控设备。

考虑到功能的先进性和较高的性价比，本项目选用西门子 S7-1200 PLC 较合适。它是西门子新推出的 PLC，功能强大并有较大的扩展空间，而且方便与 HMI 和 G120C 变频器通信。

2.1.3 HMI 选型

HMI：人机界面（Human Machine Interface）也称为人机接口，是操作者与机电系统之间进行信息交换的接口，是 PLC 的最佳搭档。

2.1.3.1 HMI 的原理和功能

HMI 用组态软件来生成监控画面，用画面中的图形对象来实现其功能，用项目来管理画面，用编译将画面和组态的参数转换成人机界面可以执行的文件。组态时，将图形对象与 PLC 存储器地址联系起来；运行时，通过 HMI 的以太网接口或者 RS-485 串口实现二者之间的数据交换，从而实现人机界面的各种功能。

（1）过程可视化：在 HMI 上实时显示控制系统过程数据。

（2）操作人员对过程的控制：操作人员通过图形界面控制工业生产过程。如操作人员通过界面上的按钮来起停电机等。

（3）显示报警：控制系统中过程数据的临界状态会自动触发报警，如电动机的温升超过设置值。

（4）记录功能：按时间顺序记录过程数据值和报警等信息，用户可以检索以前的历史数据。

（5）输出过程值和报警记录：如在某一动作过程结束时打印输出相关报表等。

（6）配方管理：将生产过程和设备的参数存储在配方中，可以一次性将这些参数从人机界面下载到 PLC，以便改变产品的品种。

2.1.3.2 西门子 HMI

西门子 HMI 也称为面板（Panel），其新一代 HMI 见表 2-2。西门子 HMI 型号中的“KP”表示按键面板，“TP”表示触摸面板，“KTP”是带有少量按键的触摸型面板。

表 2-2 西门子 HMI

名称	屏幕尺寸/in	通信接口	功能
精智面板	4、7、9、12、15、19 和 22	PROFINET 以太网，USB，和 MPI/DP，两个存储卡插槽	最高性能和功能
精简面板	4.3、7、9 和 12	一个 RS-422/RS-485 或一个 RJ45 以太网，一个 USB 2.0	基本的功能，较高的性价比，最适合 S7-1200
移动面板	7、7.5 和 9		适用于有线或无线环境，IP65，防尘防水
按键面板		面板的后背板集成有数字量 I/O	结构小巧，价格低廉，集成了故障安全功能
精彩面板	7 和 10	以太网、RS-422/485 和 USB	适用于 S7-200 和 S7-200 SMART，性价比高

注：1 in = 0.0254 m。

精智面板价格较高，精彩面板无法在博图软件中组态，精简面板具备基本功能，较高性价比，最适合 S7-1200 PLC。本项目，宜选用 7 寸精简面板，例如 KTP700。

2.1.3.3 西门子 HMI 硬件结构

以 KTP700 为例，其硬件结构如图 2-6 所示。

在图 2-6 中，①电源接口，连接 DC 24 V 电源。②USB 接口，可插入 U 盘转存数据。③PROFINET 接口，可以通过平行或交叉网线连接 PLC 等通信设备。④装配夹的开口，可以用带螺钉的装配夹将触摸屏固定在控制箱柜的门板上。⑤显示屏/触摸屏，实现人机交互功能。⑥嵌入式密封件，固定在控制箱柜的门板上时具有防水功能。⑦功能键，可以通过 TIA Portal 软件分配各个功能键的功能。⑧铭牌，上面标注型号和订货号等信息。⑨接地端，用来连接接地线。⑩便签条导槽，对各个功能键注释后的便签条，可以从此处插入 HMI。

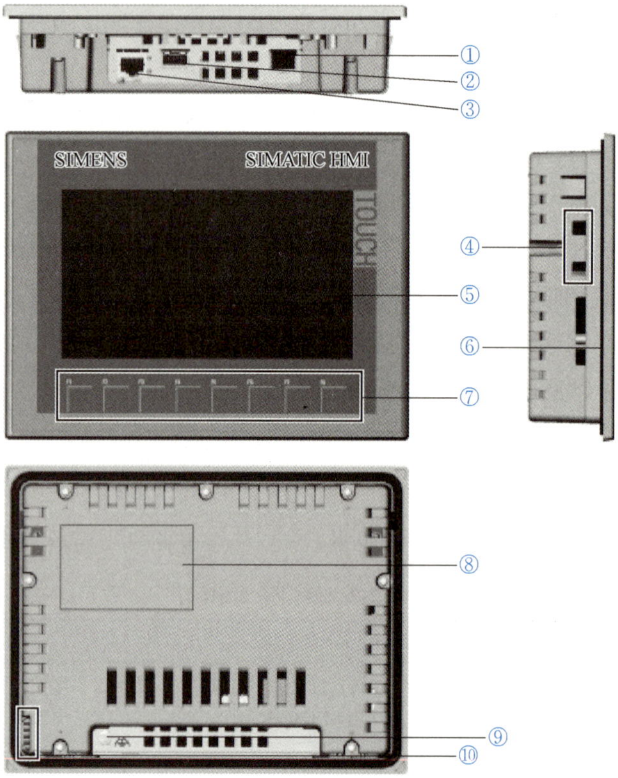

图 2-6 KTP700 硬件结构

拓展阅读

在全球制造业加速智能化、自动化升级的大背景下，工业自动化已成为现代制造的关键支柱。近年来，随着中国工业技术的进步和政策的扶持，国产自动化设备和解决方案正在迅速崛起，越来越多的国产产品在中低端市场甚至部分高端领域逐步替代了进口产品。

PLC 是工业自动化控制系统的核心设备，相当于生产线上的“指挥中心”，用于实时监控和控制生产过程的各类设备。近年来，汇川技术、信捷电气等国内企业在中低端市场逐渐打开局面。汇川技术在中型 PLC 领域表现出色，其 HMI（人机界面）和伺服驱动产品与 PLC 深度集成，形成了一体化解决方案，具备较强的市场竞争力。信捷电气则在小型 PLC 方面推出了多款产品，具备可靠性、灵活性较高的特点，已被许多中小型制造企业接受。

变频器是工业自动化中用于控制电机转速的设备，对提升能源利用效率、改善设备运行性能具有重要意义。在低压变频器领域，国内企业（如英威腾、汇川技术等）已逐步占据主导地位，尤其在纺织、食品、家电等行业，国产变频器的市场份额逐年攀升。

伺服系统是工业自动化中实现精密控制的关键技术，能够调节电机的速度和位置，广泛应用于自动化设备中。近年来，国内企业（如汇川技术、埃斯顿等）通过自主研发，逐步在包装、3C 电子等中低端伺服市场中取得突破。汇川技术在包装、纺织等领域推出的中低端伺服系统以其快速响应和较高的抗干扰性获得了市场认可。埃斯顿则以工业机器人为主要应用场景，其伺服系统在协作机器人市场中也表现突出。

任务实施

变频器的选型主要考虑功率、电压、电流、频率等额定参数，以及控制模式和控制方式。

PLC 的选型主要考虑 I/O 点数需增加 10%~20%的可扩展余量；PLC 的供电电源是交流 220 V，还是直流 24 V；输出形式是继电器还是晶体管，晶体管是源型还是漏型输出；通信方式能否满足要求；还有可扩展功能和存储容量等。

触摸屏的选型主要考虑通信方式、尺寸大小和系统功能。请对照实训设备实物，查阅产品手册完成表 2-3~表 2-5。

表 2-3 变频器铭牌参数

参数	参数数据			
	相数	电压	电流	频率
输入				
输出				
电机功率				
防护等级				
订货号				

表 2-4 S7-1200 PLC 的 CPU 性能指标

型号	CPU	电源电压	DI 输入电压	DQ 输出电压	DQ 输出电流	数字量 I/O 点数	模拟量输入类型和范围	模拟量输出类型和范围	模拟量 I/O 点数	通信端口

表 2-5 HMI 参数

型号	屏幕尺寸	通信接口	电源电压	功能	订货号

任务 2.2 电路设计与安装

任务导入

某公司要设计一套触摸屏、PLC 控制变频器供水系统，现已完成电气设备采购。如果你是公司的一名技术人员，请设计电路，完成硬件电路安装。

任务分析

要完成电路设计与安装，需要学习理解PLC和变频器的数字模拟I/O内部电路，特别是源型和漏型连接，电压电流范围。

知识链接

2.2.1 PLC I/O电路

PLC输入/输出接口电路是PLC与现场的输入、输出装置之间的连接接口电路。

2.2.1.1 PLC数字量输入电路

S7-1200 PLC的数字量输入电路采用光耦与内部电路连接，如图2-7所示。当输入开关闭合，电流从电源正极通过输入端1M流入，经过发光二极管、光电耦合器、I0.0端口回到电源负极，西门子手册称这种连接方式为源型（国产品牌和日系品牌称为漏型）。反之，电流从I0.0流入PLC，为漏型。发光二极管装在PLC的面板上，用来显示某一输入点的状态是否有信号输入。输入触点可以是无源触点，如按钮、开关、行程开关，也可以是有源开关，如接近开关或各类传感器等。流入输入端子电流最大是5 mA。

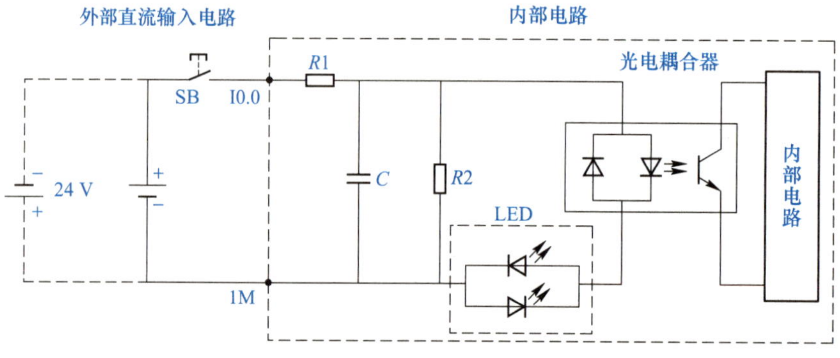

图2-7 S7-1200 PLC的数字量输入电路

2.2.1.2 PLC数字量输出电路

为了适应不同负载的需要，输出接口电路有继电器（Relay）和晶体管（DC）两种形式，如图2-8所示。继电器输出带负载能力强，响应速度慢，适用于交直流负载。继电器输出的PLC输出电压是交流5~250 V或直流5~30 V，输出电流是2 A，负载功率是DC30W，AC 300W。晶体管输出带负载能力小，响应速度快，适用于直流负载。晶体管输出的PLC输出电压是直流24 V，输出电流最大是0.5 A。对于需要高速脉冲控制的伺服和步进，只能选用晶体输出型。

CPU1215C AC/DC/DC接线图如图2-9所示，其他型号的PLC可查阅手册。

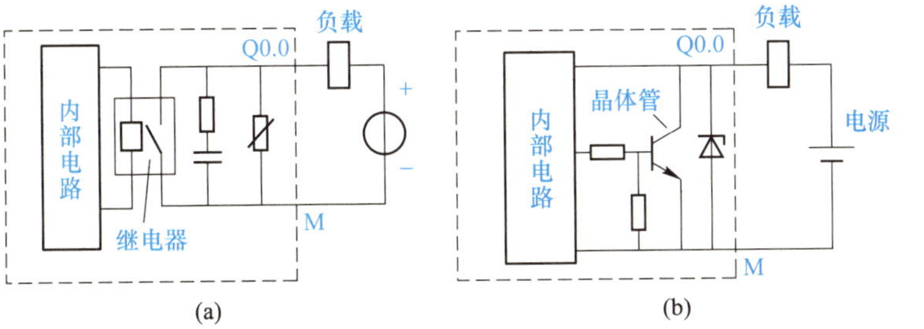

图 2-8　S7-1200 PLC 的数字量输出电路

（a）继电器输出；（b）晶体管输出

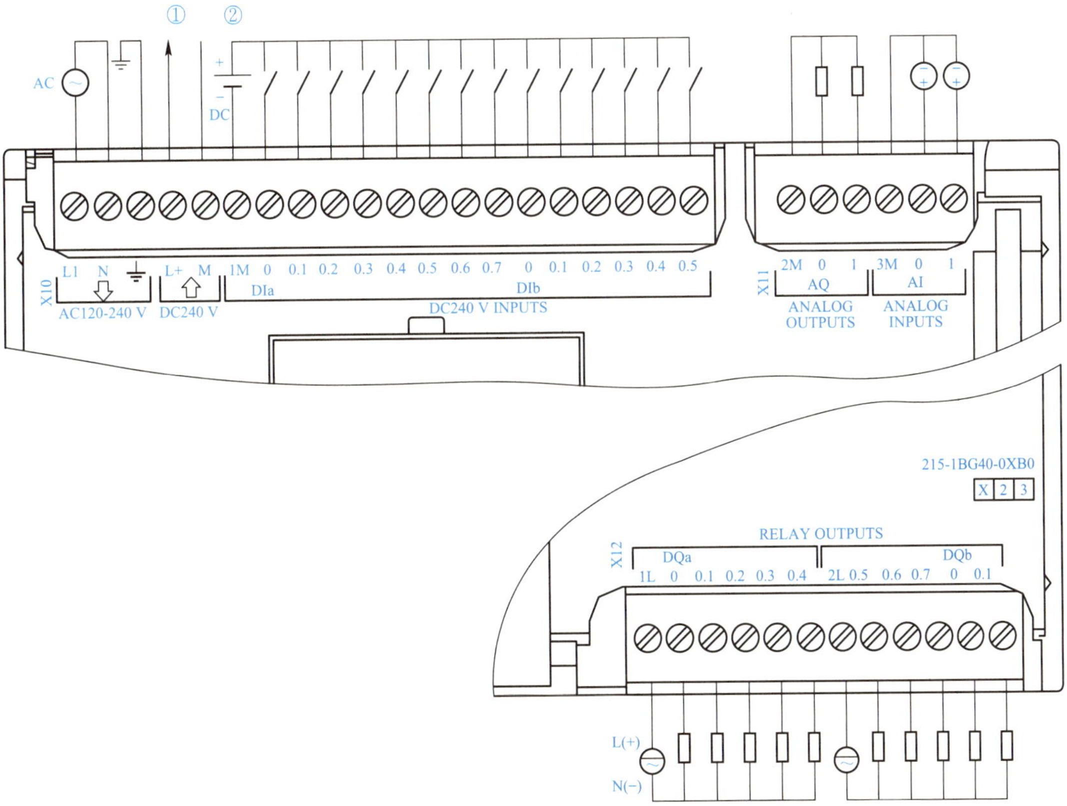

图 2-9　CPU1215C AC/DC/DC 接线图

2.2.1.3　PLC 模拟量输入输出电路

S7-1200 CPU1215C 集成了 2 路模拟量 0~10 V 电压输入和 2 路模拟量 0~20 mA 电流输出，如图 2-8 所示。2 路模拟量输入通道为 2M、0 和 2M、1，2M 为公共端接负极，0 和 1 接正极。2 路模拟量输出通道为 3M、0 和 3M、1，3M 为公共端接负极，0 和 1 接正极。

如果 PLC 的 CPU 的模拟量不足，可以添加信号模块。SM1234 模拟量 I/O 模块是最常用的模拟量扩展模块，它实现了 4 路模拟量输入和 2 路模拟量输出功能，接线图如图 2-10 所示。

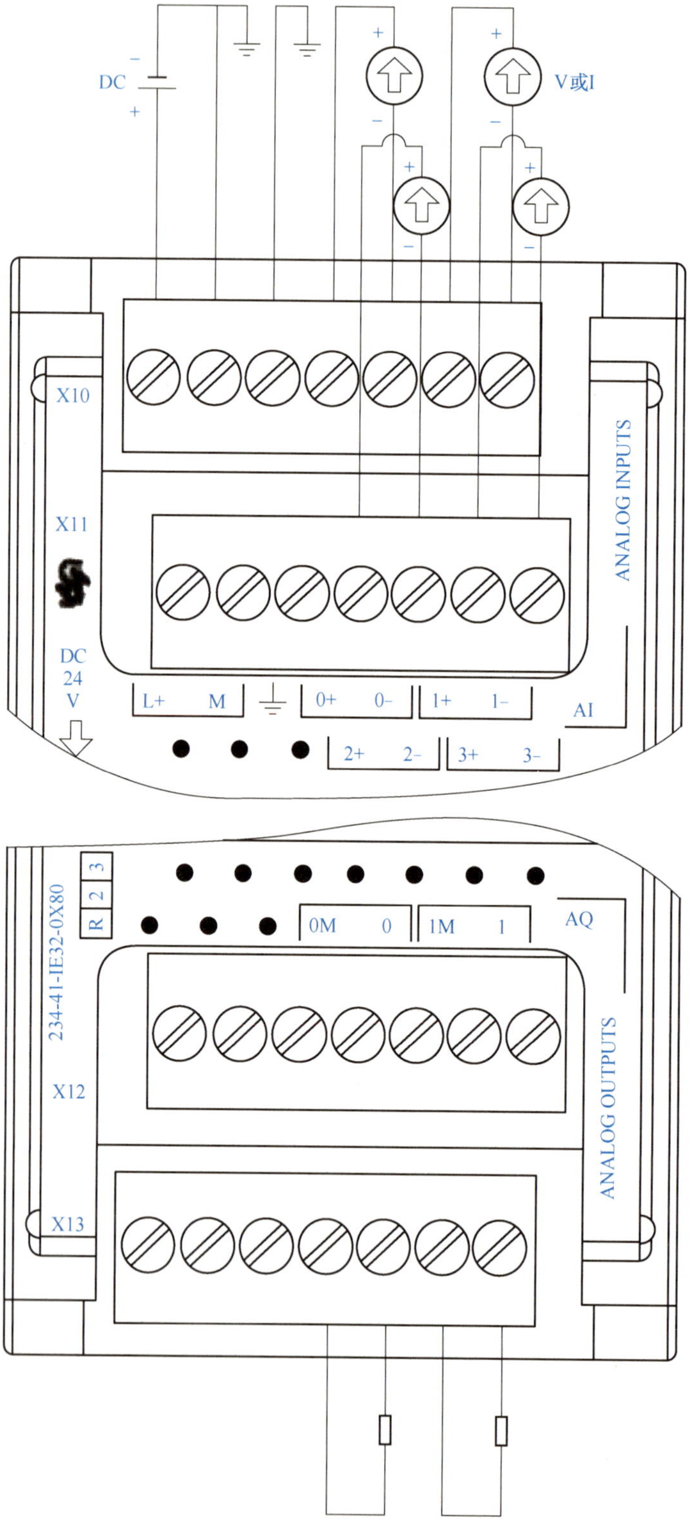

图 2-10 SM1234 模块的接线图

SM1234 的上部为模拟量输入端子，其中 L+、M 为模拟量模块 SM1234 的 DC 24 V 工作电源接入端。每两个点为一组，0+和 0-、1+和 1-、2+和 2-、3+和 3-为 4 路模拟量输入端，可以接收电压信号或电流信号，信号范围为±10 V、±5 V、±2.5 V、0~20 mA、4~20 mA，满量程数据范围：-27648~27648 或 0~27648。下部是 2 路模拟量输出（0 和 0M、1 和 1M），输出电压或电流信号，可以按需要选择，信号范围为±10 V、0~20 mA 及 4~20 mA，满量程数据范围：-27648~27648 或 0~27648。

当模拟量模块处于正常状态时，模拟量模块上的 LED 指示灯为绿色显示，供电状态为红色闪烁。使用模拟量模块时，需要注意以下问题。

（1）模拟量模块有专用的插针接头与 CPU 通信，并通过此电缆由 CPU 向模拟量模块提供 DC 5 V 电源。此外，模拟量模块必须外接 DC 24 V 电源。

（2）对于模拟量输入，传感器电缆应尽可能短，而且使用屏蔽双绞线，导线应避免弯成锐角。靠近信号源屏蔽线的屏蔽层应单接地。

（3）一般电压信号比电流信号容易受干扰，应优先选用电流信号。

（4）模拟量 I/O 模块的电源地和传感器的信号地必须连接工作地，否则将会产生一个很高的上下振动的共模电压，影响模拟量输入值。

2.2.2 G120C 变频器控制电路接口

G120C 是一款全能的集成一体式变频器，以外形尺寸 FSAA 为例，拆下操作面板并打开正面门盖就可以看到控制单元正面的接口，如图 2-11 所示。

在图 2-11 中，①数字量和模拟量输入输出端子；②操作面板接口；③存储卡插槽；④AI0 的开关，选择电流输入 0/4~20 mA 或电压输入 -10/0~10 V；⑤总线地址开关，仅在 G120C DP 和 G120C USS/MB(MODBUS) 设置通信参数，本项目选用变频器的型号为 G120C PN 无上述功能；⑥总线终端开关，仅在 G120C USS/MB 上设置，G120 DP 和 G120C PN 无此功能；⑦USB 接口，连接 PC，通过 PC 上安装的软件调试变频器；⑧现场总线接口，G120C USS/MB 型支持 MODBUS RTU 和 USS 协议，采用端子连接，G120C DP 型支持 PROFIBUS 协议，采用 DP9 孔母头，G120C PN 支持 PROFINET 和 Ethernet/IP 协议，采用 RJ45 水晶头；⑨G120C PN 上的 LED 状态指示灯，LINK1、LINK2、RDY、BF、SAFE。

2.2.3 G120C 变频器控制端子

本项目选用 G120C 变频器的控制单元接线端子，如图 2-12 所示。

在图 2-12 中，①数字量输入输出采用变频器的 DC 24 V 电源，数字量输入为高电平漏型输入；②数字量输入输出采用外部 DC 24 V 电源，数字量输入为高电平漏型输入；③数字量输入输出采用变频器的 DC 24 V 电源，数字量输入为低电平漏型输入；④数字量输入输出采用外部 DC 24 V 电源，数字量输入为低电平漏型输入。

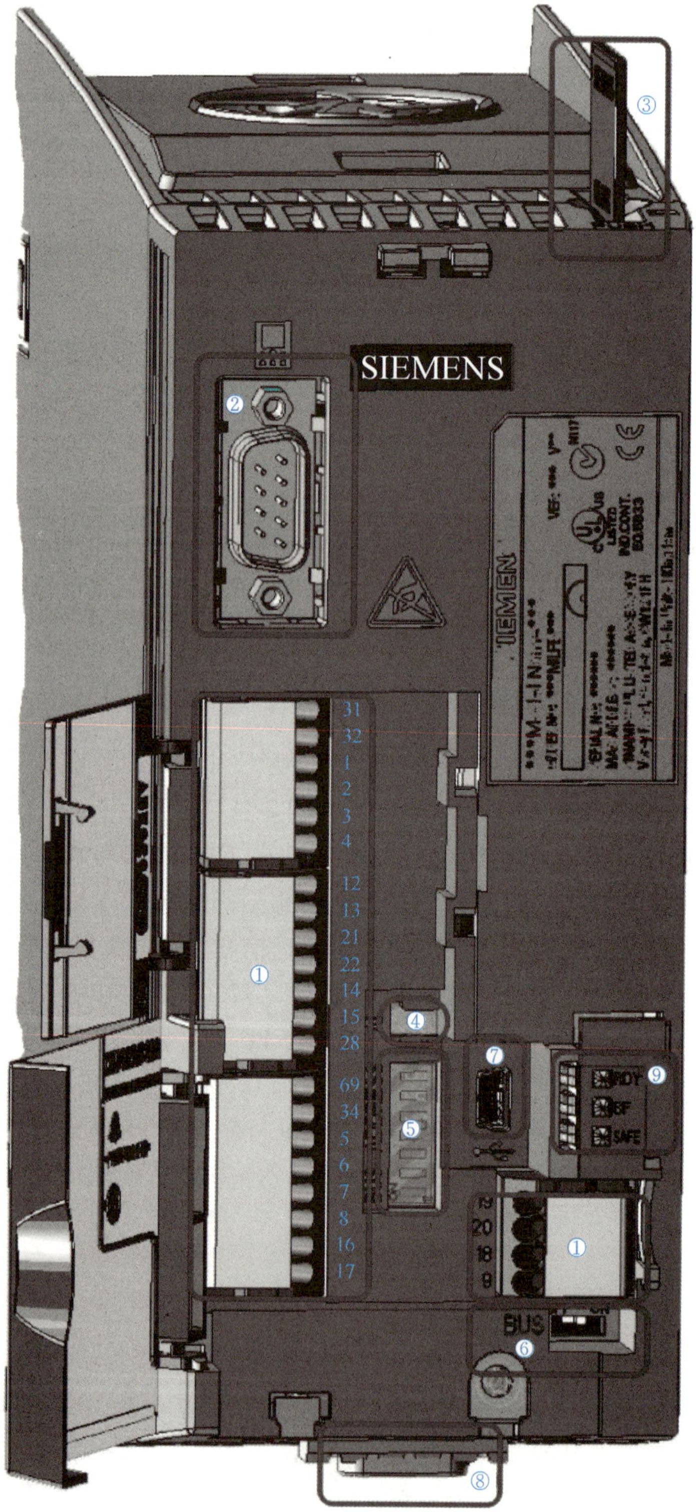

图 2-11 G120C 变频器的控制电路接口

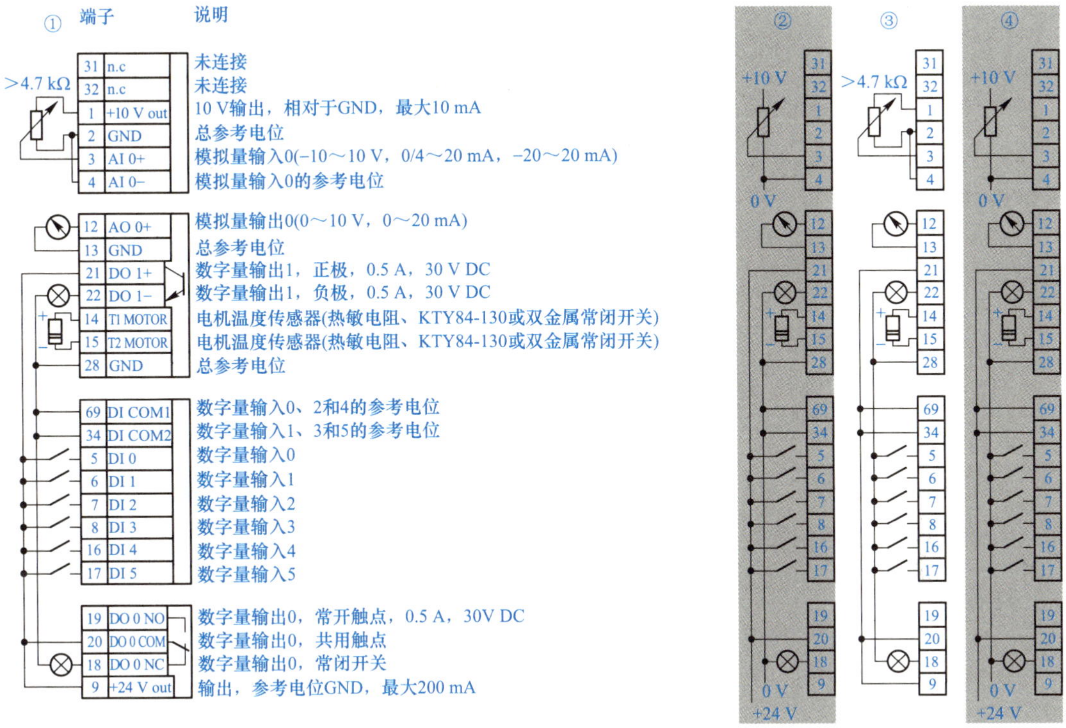

图 2-12　G120C 变频器的控制端子

2.2.3.1　电源端子

端子 1、2 是变频器为用户提供的一个高精度的 10 V 直流电源。端子 9、28 是变频器的内部 24 V 直流电源，可供数字量输入端子使用。端子 31、32 是外部接入的 24 V 直流电源，用户为变频器的控制单元提供 24 V 直流电源。

2.2.3.2　数字量端子

（1）端子 5、6、7、8、16、17 为用户提供了 6 个完全可编程的数字输入端，数字输入信号经光耦隔离输入 CPU，对电动机进行正反转、正反向点动、固定频率设定值控制等。数字量输入端子的信号可以来自外部开关、按钮，如图 2-12 所示。也可以来自控制器（例如：PLC）的晶体管或继电器输出信号。

若数字量输入信号来自 PLC 的继电器输出并且采用变频器的电源，PLC 输出的公共端接 9，数字量输入参考电位公共端 34 和 69 接 28，如图 2-12 中①所示；或者 PLC 输出的公共端接 28，数字量输入参考电位公共端 34 和 69 接 9，如图 2-12 中③所示。

若数字量输入信号来自西门子 PLC 的 PNP 型晶体管输出，输出的公共端 L 应接端子 9，输出的公共端 M 应接端子 28。

如果使用外部 24 V 直流电源，则开关量的公共端子与外部 24 V 直流电源正极相连，24 V 直流电源负极与 69 和 34 号端子相连，如图 2-12 中②所示；或者，开关量的公共端子与外部 24 V 直流电源负极相连，24 V 直流电源正极与 69 和 34 号端子相连，如图 2-12

中④所示。

（2）端子 18、19、20 为继电器型输出；端子 21、22 为晶体管型输出。

2.2.3.3 模拟量端子

（1）端子 3、4 为模拟量给定输入端，可作为频率给定信号，经变频器内模数转换器，将模拟量转换成数字量，传输给变频器的 CPU。

（2）端子 12、13 为模拟量输出端，可为仪器仪表或控制器输入端提供标准的直流模拟信号。

2.2.3.4 保护端子

端子 14、15 为电动机过热保护输入端，当电动机过热时给 CPU 提供一个触发信号。

2.2.3.5 公共端子

端子 34、69 为数字量公共端子，在使用数字量输入时，必须将对应的公共端子与 24 V 电源的负极性端相连。

任务实施

根据实训设备选型，参考图 2-13 绘制 PLC 与变频器的接线原理图。

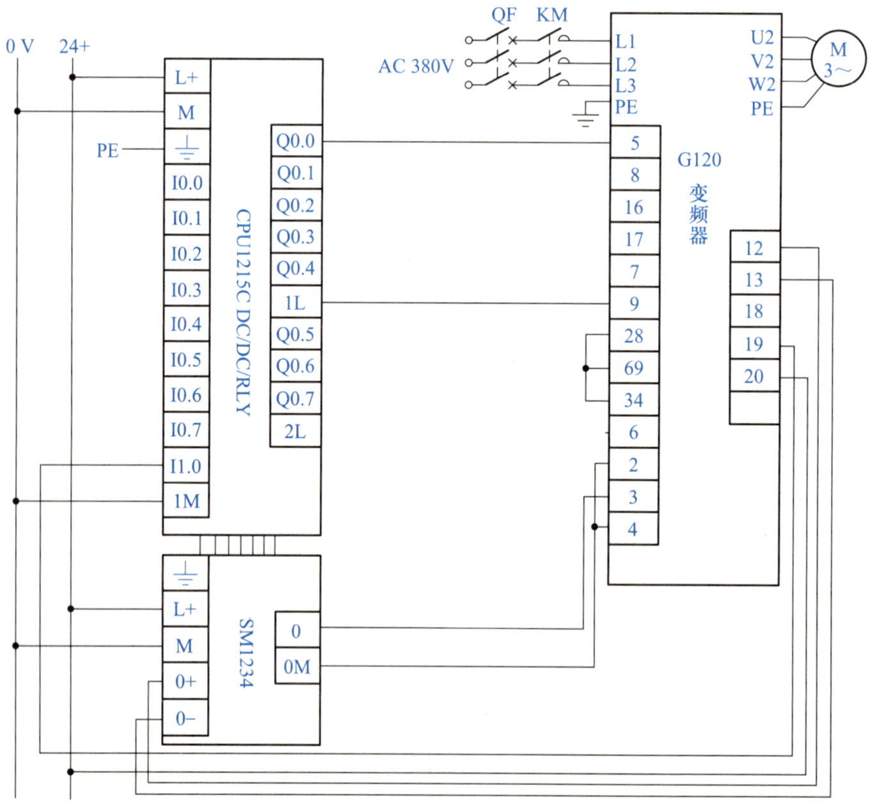

图 2-13 PLC 与变频器的接线原理图

在图 2-13 中，三相 380 V 交流电经过断路器 QF、交流接触器 KM 主触点，连接变频器 L1、L2 和 L3，变频器输出 U、V、W 连接电动机，变频器的接地端子 PE 分别连接接地排和电动机的接地端子。直流 24 V 电源的 0 V 连接 PLC CPU 供电电源的 M 端和输入公共端 1M，SM1234 供电电源的 M 端；直流 24 V 电源的 24 V 连接 PLC CPU 供电电源的 L 端，SM1234 供电电源的 L 端，变频器继电器输出公共触点 20 号端子。PLC CPU 数字输入 I1.0 连接变频器继电器输出常开触点 19 号端子。SM1234 模拟输入 0+和 0-分别连接变频器的模拟量输出端 12 和 13。PLC CPU 的数字量输出 Q0.0 连接变频器的数字量输入 DI0 的 5 号端子，PLC CPU 的数字量输出公共端 1 L 连接变频器的 24 V 电源输出正极 9 号端子，变频器数字量输入 DI0 参考电位公共端 69 连接变频器的 24 V 电源输出负极 28 号端子。SM1234 模拟输出 0 和 0M 分别连接变频器的模拟量输入 AI0+的 3 号端子和 AI0-的 4 号端子，4 号端子与直流 10 V 电源的参考电位 GND 短接共地。

任务 2.3 变频器参数设计与设置

任务导入

某公司要设计一套触摸屏、PLC 控制变频器供水系统，1200 PLC 通过开关量输出控制 G120C 变频器的启动和停止；通过模拟量输出给定 G120C 变频器的频率，调节水泵的转速；通过模拟量输入采集 G120C 变频器的模拟量输出，反映变频器的输出频率。现已完成硬件电路安装，请设计变频器参数表，并将参数设置到变频器中。

任务分析

选择与控制要求布线比较接近的接口宏 12，宏 12 采用二线制接线方式，根据需要再调整输入/输出的配置。

G120C 变频器可以通过面板实现简单、快速、方便的调试，也可以采用 Starter 软件、Startdrive 软件直观、精确地调试。

知识链接

2.3.1 宏 12—端子启动模拟量调速

设置宏 12 后，变频器自动设置的参数见表 2-6，表中 r0722.0、r0722.1、r0722.2 和 r0755.0 分别为 DI0、DI1、DI2 和 AI0 的指令源。将 ON/OFF 参数 p0840[0] 设为 r0722.0，数字量 5 号端子 DI0 的 ON/OFF 作为变频器启停命令。将设定值取反参数 p1113[0] 设为 r0722.1，数字量 6 号端子 DI1 的 ON/OFF1 控制电机反转。水泵不允许反转，只需要启停控制信号。将主设定值参数 p1070[0] 设为 r0755.0，模拟量输入 3、4 端子（AI0）作为主设走值。

变频器参数设计与设置1

表 2-6 宏 12 变频器自动设置的参数

参数号	参数名称	设定值	说 明
p0840[0]	ON/OFF	r0722.0	数字量输入 5 端子（DI0）预置为启停命令
p1113[0]	设定值取反	r0722.1	数字量输入 6 端子（D11）预置为电机反向命令
p2103[0]	应答故障	r0722.2	数字量输入 7 端子（DI2）预置为故障复位命令
p1070[0]	主设定值	r0755.0	模拟量输入 3、4 端子（AI0）作为主设走值

本项目 AI0 需要设置为 0~10 V 信号，还需要手动设置的参数见表 2-7。

表 2-7 宏 12 变频器手动设置的参数

参数号	参数名称	初始值	设定值	说 明
p0756[0]	模拟输入类型	4	0	选择 0~10 V 的电压信号作为模拟量输入 AI0 的速度给定信号
p0757[0]	模拟量输入特性曲线值 x1	0.0	0.0	模拟量输入 AI0：标定 x1 值
p0758[0]	模拟量输入特性曲线值 y1	0.0	0.0	模拟量输入 AI0：标定 y1 值
p0759[0]	模拟量输入特性曲线值 x2	10.0	10.0	模拟量输入 3、4 端子（AI0）作为主设走值
p0760[0]	模拟量输入特性曲线值 y2	100.0	100.0	模拟星输入 AI0：标定 y2 值
p1080	最小转速	0.000	0.000	设置变频器的最小运行速度
p1082	最大转速	1500.000	945.000	设置变频器的最大运行速度
p1120	斜坡函数发生器上升时间	10.000	5	设置加速时间 5 s
p2000	参考转速	1500.00	945.00	设置参考转速为 945.000 r/min

表 2-8 中参数 p0756[0] 用于选择模拟量输入端 AI0 的输入模式。

表 2-8 模拟量输入端 AI0 参数 p0756[0] 功能

参 数	设定值	功 能	范 围
p0756[0]	0	单极性电压输入	0~10 V
	1	单极性电压输入，带监控	2~10 V
	2	单极性电流输入	0~20 mA
	3	单极性电流输入，带监控	4~20 mA
	4	双极性电压输入（出厂设置）	-10~10 V
	8	未连接传感器	

表中“带监控”是指模拟量输入通道具有监控功能，能够检测断线。即当电压低于 2 V、电流低于 4 mA 时，判断为断路。这就是输入下限为什么不都为 0 的原因之一。

注意：通过位于控制单元正面保护盖的后面的 DIP 开关正确设置模拟量输入通道对应的位置，开关位置 U 为电压输入，开关位置 I 为电流输入。

当参数 p0756 修改了模拟量输入的类型后，变频器会自动调整模拟量输入的定标。线性的定标曲线由两个点（p0757，p0758）和（p0759，p0760）确定。参数 p0757…p0760 的一个索引分别对应了一个模拟量输入，例如：参数 p0757[0]…p0760[0] 属于模拟量输入 0。当参数 p0756=4 时，定标曲线示例如图 2-14 所示。

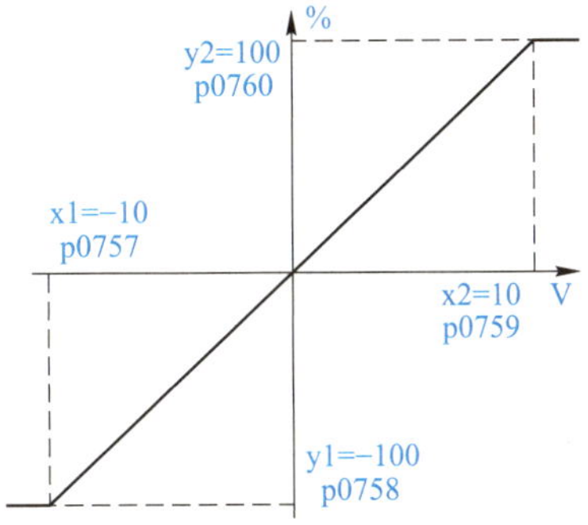

图 2-14 定标曲线

2.3.2 用 Startdrive 软件调试变频器

Startdrive 软件是西门子公司研发的新一代驱动产品调试软件，它可以作为西门全集成自动化工程软件 TIA Portal（博途）的一个组件，与 TIA Portal 软件其他组件（STEP7、WinCC 等）共享统一的调试平台、统一的数据库，可大大提升工作效率。它也可以独立运行，完成变频器的硬件组态、快速调试、参数修改、虚拟控制面板调试、模拟信号调试以及监控变器的运行状态。本任务主要采用 TIA Portal 软件中的 Startdrive 软件完成变频器外部端子控制的变频器启停和调速。

任务实施

2.3.3 水泵的变频器模拟量调速参数设计

如果选用电机的铭牌参数：电压 380 V、电流 2. 11 A、功率 750 W、频率 50 Hz、转速 945 r/min，设计变频器的参数，见表 2-9，其他参数采用默认值。

表 2-9 水泵变频器参数

序号	参数代号	设定值	备 注
1	p0010	1	快速调试开始
2	p0300	1	电机类型
3	p0304	380	电机额定电压
4	p0305	2. 11	电机额定电流
5	p0307	0. 75	电机额定功率
6	p0310	50	电机额定频率
7	p0311	945	电机额定转速

续表 2-9

序号	参数代号	设定值	备　注
8	p15	12	宏 12
9	p0756	0	模拟量输入类型
10	p1082	945	最大转速
11	p2000	945	转速参考频率
12	p2030	0	通信方式
参数全部设置完成后要将 p0010 设置为 0			

2.3.4 水泵的变频器模拟量调速参数设置与调试

2.3.4.1 设备组态

A 创建新项目

打开 TIA Portal V18（本任务以 V18 为例）软件，创建一个名称为“泵站系统”的新项目，选择项目在电脑的保存位置，然后打开项目视图。

B 在线访问

打开“项目树”中“在线访问”，找到连接变频器的网卡，双击“更新可访问的设备”，会访问到连接的变频器，如果变频器为出厂设置，则显示 MAC 地址，如图 2-15 所示。如果已经配置过 IP 地址，则显示配置的 IP 地址。

C 分配 IP 地址

双击“在线并诊断”，打开图 2-16 所示的对话框。在弹出的对话框中单击“功能”图标，单击“分配 IP 地址”。

设置 IP 地址与电脑的 IP 地址在同一网段（IP 地址前 3 个字段相同，最后 1 个不同），子网掩码为 255. 255. 255. 0。单击“分配 IP 地址”，设置变频器的 IP 地址。分配完成后，再双击项目树的“在线访问”的“更新可访问的设备”，会显示分配成功的 IP 地址。如果变频器已有 IP 地址，分配 IP 地址时不成功，可以将变频器恢复出厂设置为 MAC 地址，再分配 IP 地址。

2.3.4.2 调试

（1）调试—调试向导，如图 2-17 所示。

1）在项目树中双击“在线访问”下变频器的“调试”。

2）单击“调试向导”，系统将会弹出图 2-17 所示的“调试向导”对话框。一旦开始配置，调试向导不能中途取消。

3）选择应用等级。如图 2-18 所示，在下拉菜单中有 3 种应用等级可供用户选择：Expert（专家）、Standard Drive Control（SDC）和 Dynamic Drive Control（DDC）。这里选择“[1]Standard Drive Control（SDC）”，同时显示标准驱动控制的典型应用以及典型特性值，单击“下一页”按钮。

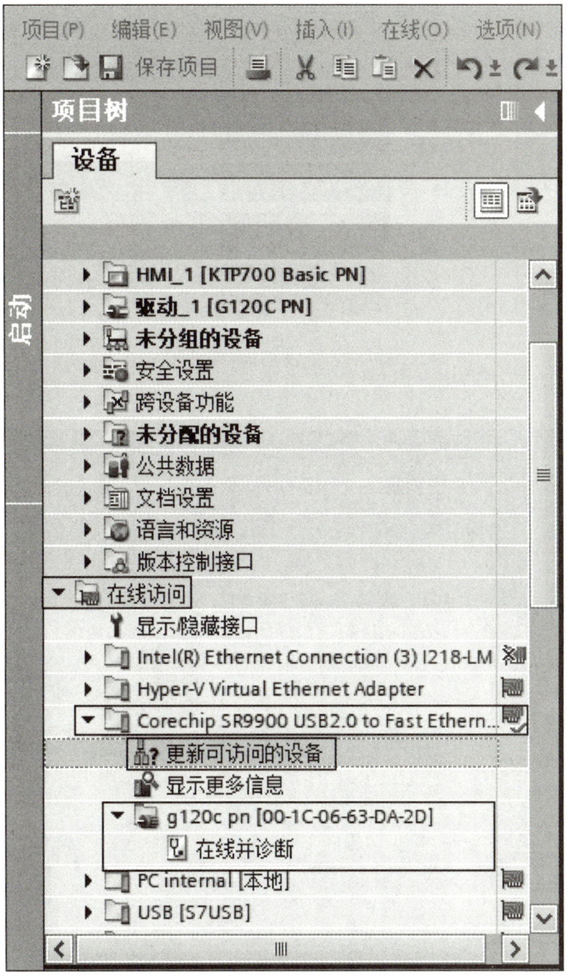

图 2-15　在线访问

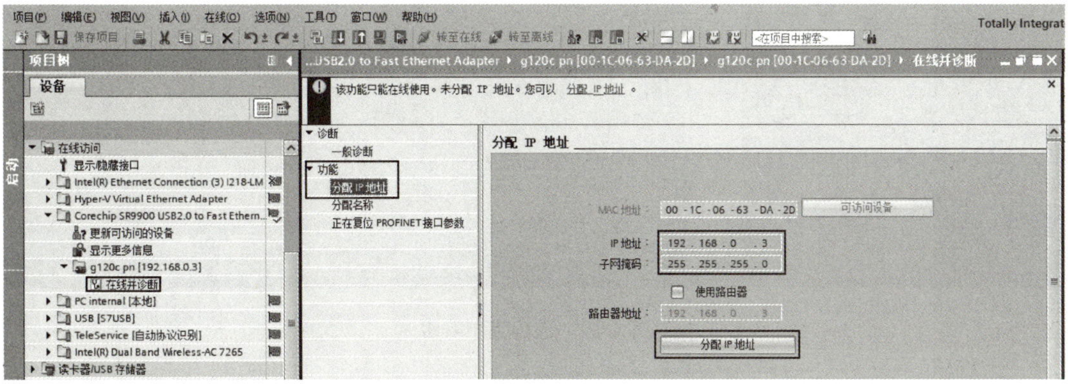

图 2-16　分配变频器 IP 地址

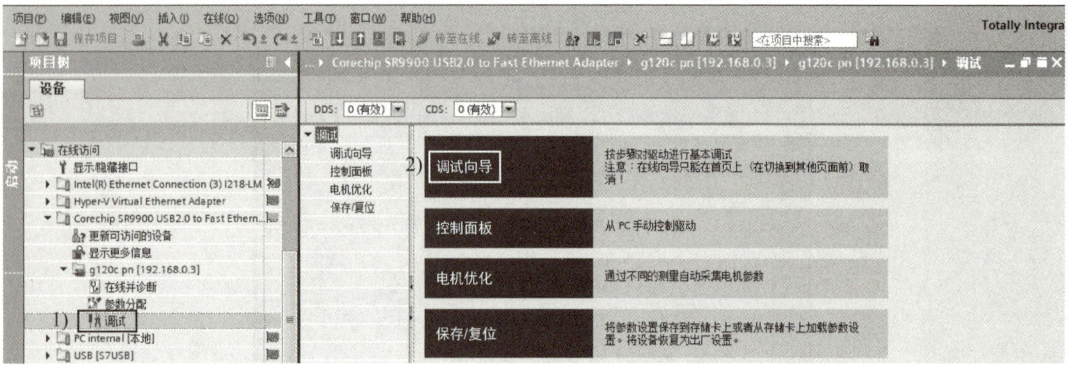

图 2-17 启动调试向导

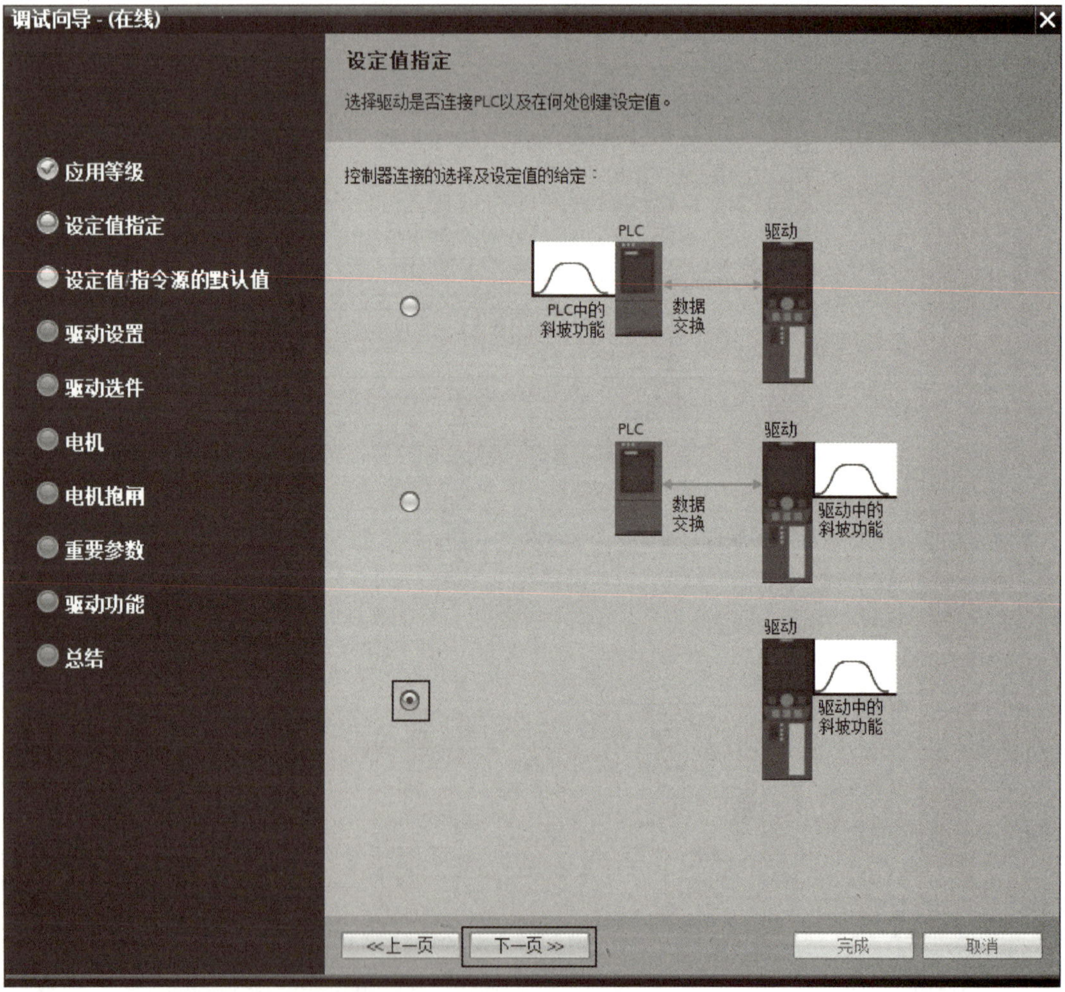

图 2-18 选择应用等级

4）设定值指定。选择驱动是否连接 PLC 以及在何处创建设定值，如图 2-19 所示。

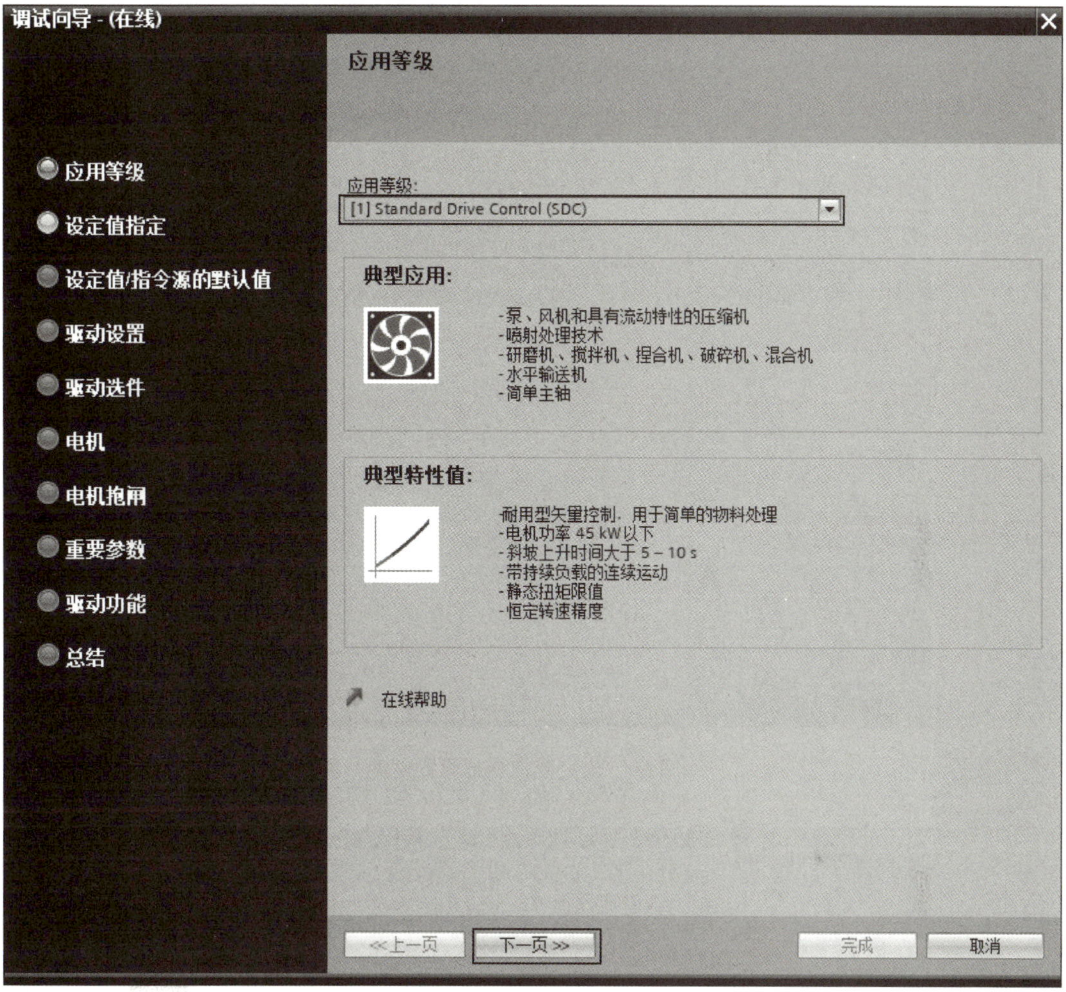

图 2-19 设定值指定

只有配置了带 PROFINET 或 PROFIBUS 接口的变频器后，向导才会显示“设定值指定”。第 1 个和第 2 个选项是选择变频器通过现场总线连接至上级控制器 PLC，第 3 个选项是变频器不与 PLC 连接。第 1 个选项选择用于转速设定值的斜坡函数发生器是否在 PLC 中生效；第 2 个和第 3 个选项用于转速设定值的斜坡函数发生器是否在变频器中生效。本任务选择第 3 个选项，变频器单机控制，单击“下一页”按钮。

5）选择用于变频器接口预设的 I/O 配置，即变频器的宏参数。如图 2-20 所示，这里选择宏 12，宏 12 对应的端子参数设置显示在对话框中，单击“下一页”按钮。

6）驱动设置。如图 2-21 所示，电机标准有：“IEC(50 Hz，SI 单位)”“NEMA(60 Hz，US 单位)”“NEMA(60 Hz，SI 单位)”。我国选择“[0]IEC(50 Hz，SI 单位)”，变频器“设备输入电压”修改为电机的额定电压，单击“下一页”按钮。

7）驱动选件。可选制动电阻和驱动滤波器的配置。如果在变频器和电机之间安装了选件，则必须进行相应的设置。如果安装了制动电阻，设置制动电阻最大可接收的制动功

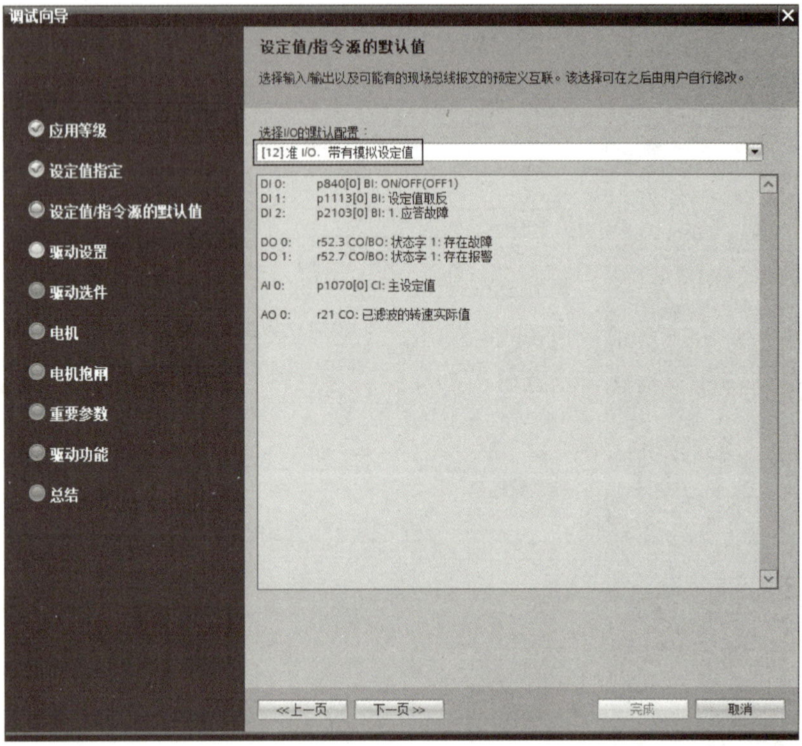

图 2-20 设定值指令源配置窗口

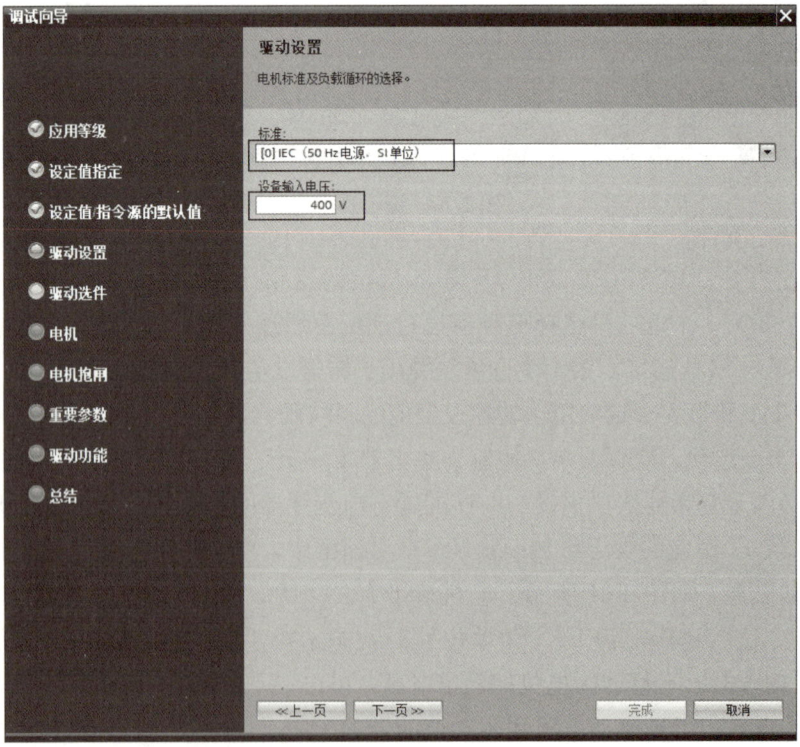

图 2-21 驱动设置窗口

率。本任务不选择制动电阻，也没有配置输出滤波器，因此按照图 2-22 设置，单击“下一页”按钮。

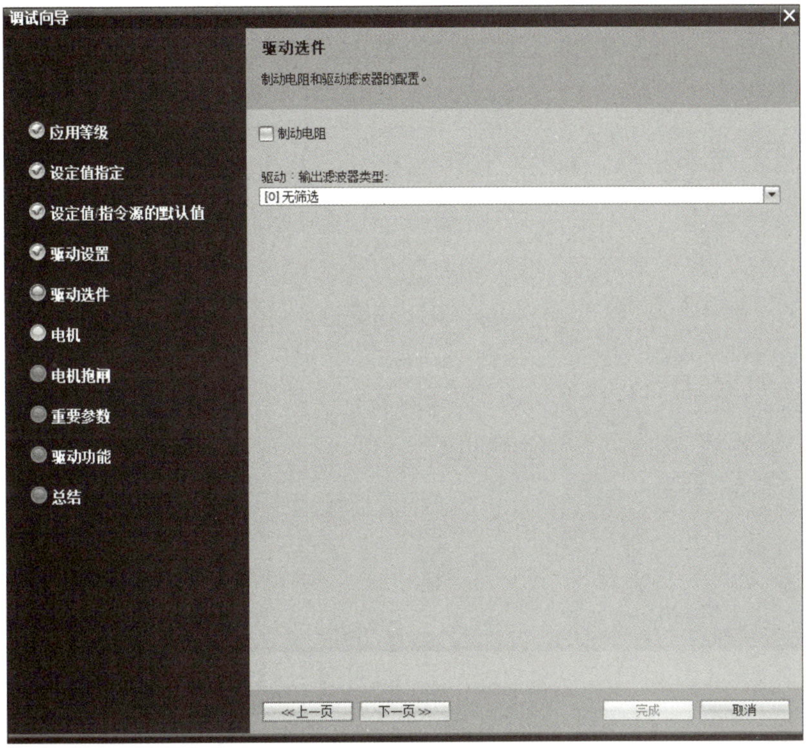

图 2-22　驱动选件窗口

8）电机。

① 电机配置，如图 2-23 所示，如果选用西门子电机可以选择“从订货号列表中选择”，没有订货号的电机选择“输入电机参数”（本任务选用）。

② 选择电机类型，有“没有电机”“异步电机”“同步电机”等。本任务选择“[1] 异步电机”。

③ 选择异步电机后，会弹出电机接线方式：“星形”和“三角形”，根据电机实际接线方式来选择。

④ 根据电机的铭牌输入电机数据。如果电机配置根据订货号选择了电机的产品编号后，电机数据自动录入。

⑤ 选择用于监控电机温度的温度传感器，本任务选择“[0] 无传感器”，单击“下一页”按钮。

9）电机抱闸。确定变频器是否控制电机抱闸。如图 2-24 所示，本任务选择“[0] 无电机抱闸”，单击“下一页”按钮。

10）设置重要参数。如图 2-25 所示，根据控制要求，本项目设置最小转速为 0 r/min、最大转速为 1500 r/min。斜坡函数发生器斜坡上升时间和下降时间均可以根据实际需求修

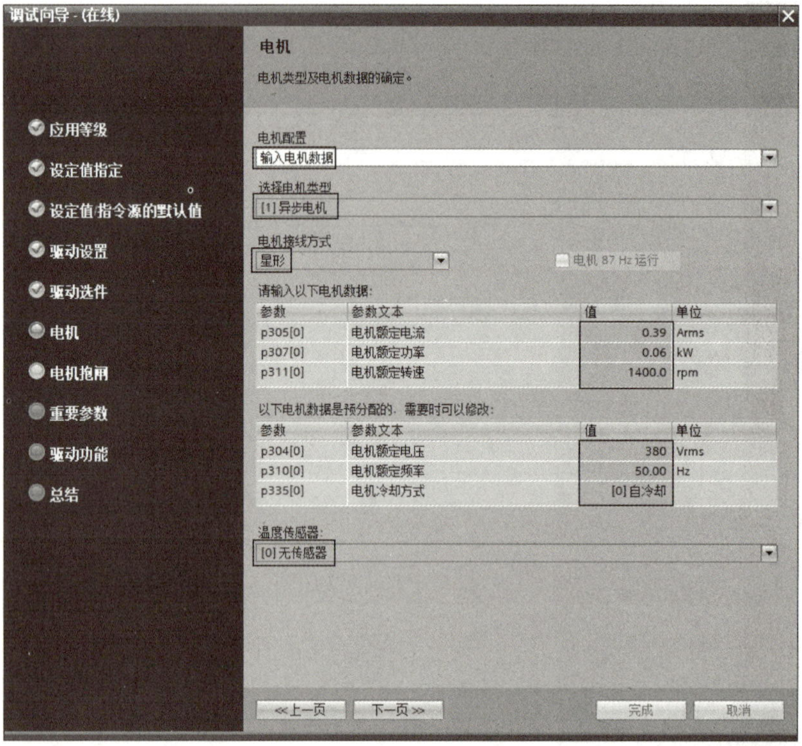

图 2-23 电机参数设置窗口

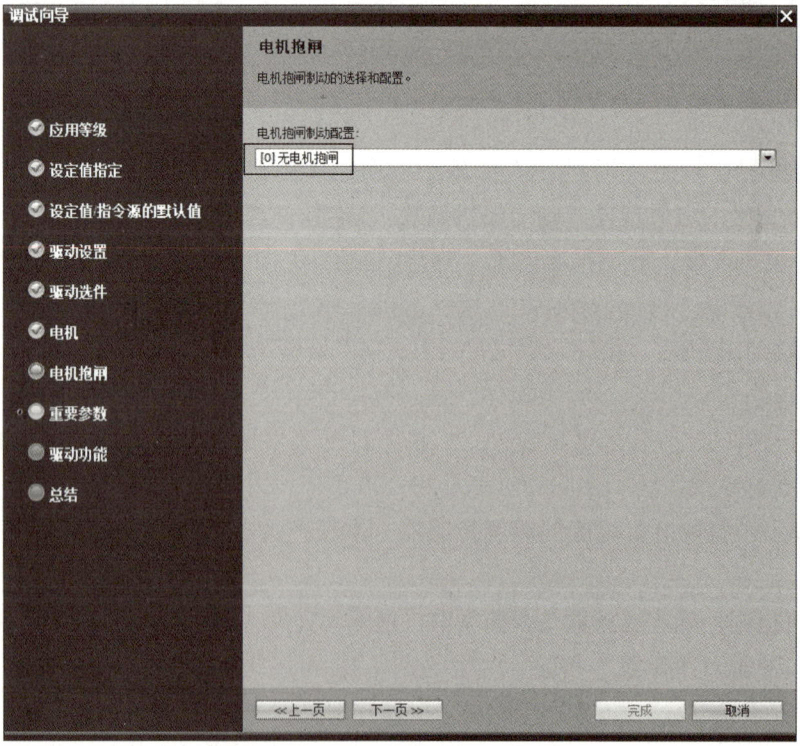

图 2-24 电机抱闸选择窗口

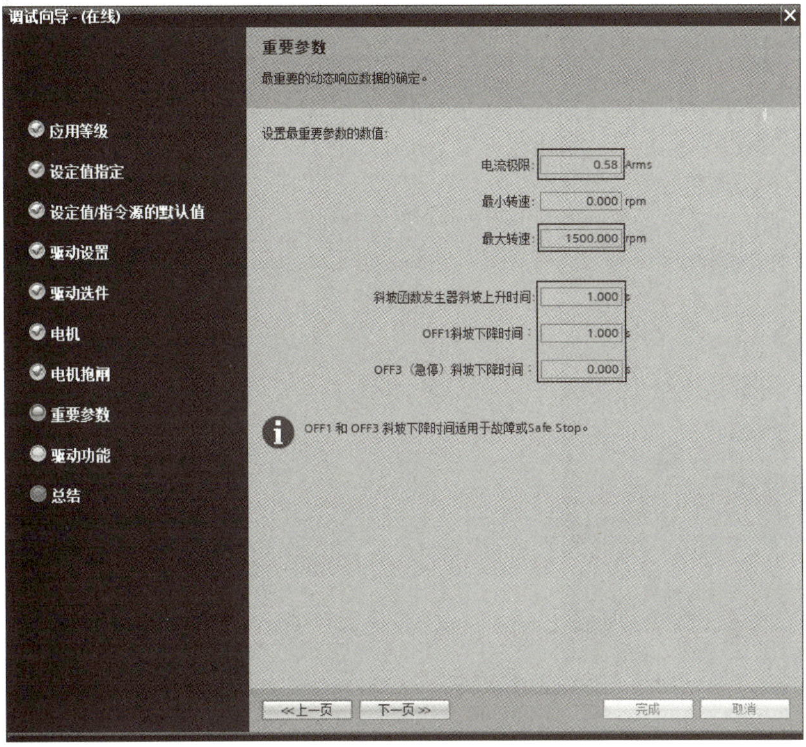

图 2-25 设置重要参数

改，单击“下一页”按钮。

11）设置驱动功能。如图 2-26 所示，工艺应用有“恒定负载（线性特性曲线）”和“转速可变负载（抛物线特性曲线）”，本任务选择“恒定负载”。电机识别选择“禁用”则不进行电机识别；选择“电机数据监测（静止状态）”，电机运行前变频器给电机定子绕组通电，通过检测电压、电流等识别电机数据，识别完成电机停止等待启动信号；选择“电机数据监测（静止状态，切换到运行）”，与前面类似，不同的是识别完成电机运行。本任务选择“禁用”，单击“下一页”按钮，弹出图 2-27 所示的总结窗口。

实践经验

当变频器的功率远大于电机，即“大马拉小车”。如果电机识别选择电机数据监测，电机识别完成后，可能会造成电机不转。大概率是变频器识别的电机数据太小，认为电机有故障。

（2）调试—控制面板。

Startdrive 有虚拟调试控制面板，用户可以方便地对电机进行调试。

1）如图 2-28 所示，单击“调试”下拉菜单的“控制面板”，打开控制面板调试窗口。

变频器参数设计与设置2

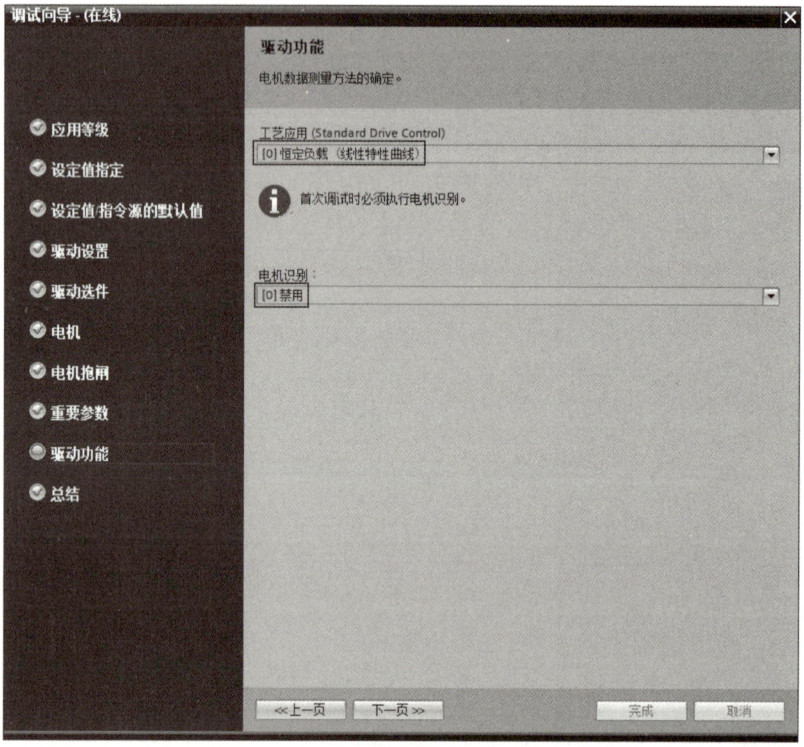

图 2-26 设置驱动器功能窗口

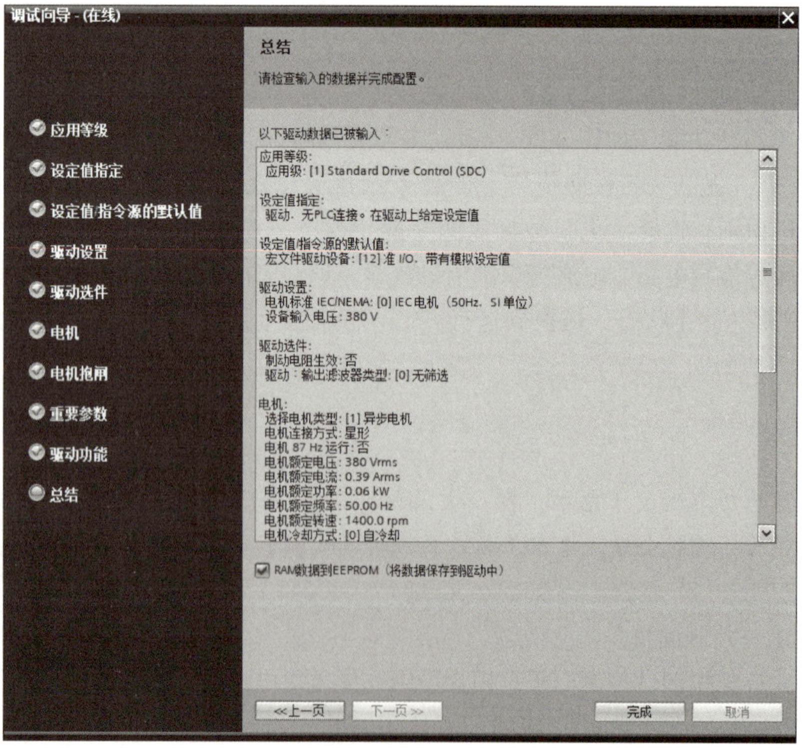

图 2-27 总结窗口

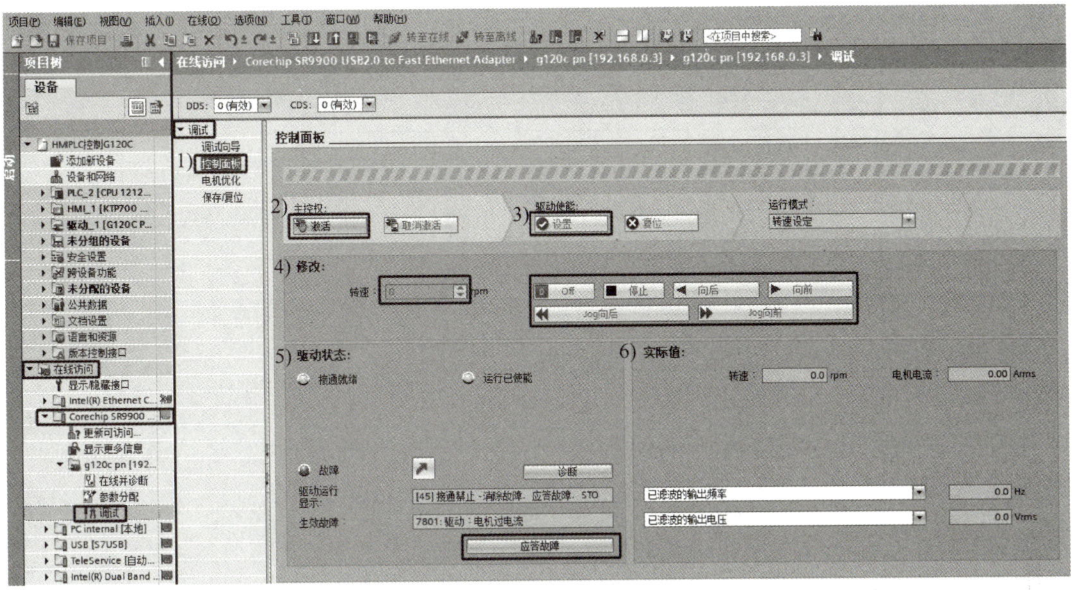

图 2-28　变频器控制面板调试

2）主控权：单击“激活”按钮，在弹出的对话框中单击“应用”确认，获取对变频器的主控权。

3）驱动使能：如果在调试向导中禁用电机识别，单击“设置”按钮，下面“向后”“向前”“Jog 向后”“Jog 向前”显示绿色，表示可用。

如果在调试向导中启用电机识别，此时“设置”按钮灰色不可用，单击“向前”或“向后”按钮导通电机，变频器启动电机数据监测，电机发出“吱吱”的电磁噪声，检测过程可能持续数分钟。电机识别结束，“设置”按钮可用。

4）修改：在“转速”输入框输入变频器的运行速度，例如 100 r/min，单击标记 3）处的驱动使能的“设置”按钮，单击“向前”“向后”“Jog 向后”“Jog 向前”按钮，变频器以 100 r/min 连续或点动运行。

5）驱动状态：“接通就绪”和“运行已使能”前指示灯显示绿色指示相应状态；电机识别过程中显示“正在进行静态测量”；发生故障后，“故障”灯亮红色，“生效故障”显示故障信息，取消激活单击“应答故障”复位变频器。

6）实际值：电机运行过程中显示“转速”“电机电流”以及两位两个可以选择参数，如频率、电压等。

如果电机连续运转，单击“Off”按钮，变频器停止运行。单击“取消激活”按钮，重新交还控制权，否则模拟调试时变频器不能运行。

（3）调试—保存/复位。

在调试下拉菜单中单击“保存/复位”，弹出图 2-29 所示的对话框。

1）保存/复位：在右侧“保存/复位”对话框，可以“将 RAM 数据保存到 EEPPOM 中”，在标记处单击“保存”按钮保存数据。否则，断电后优化的参数会丢失。

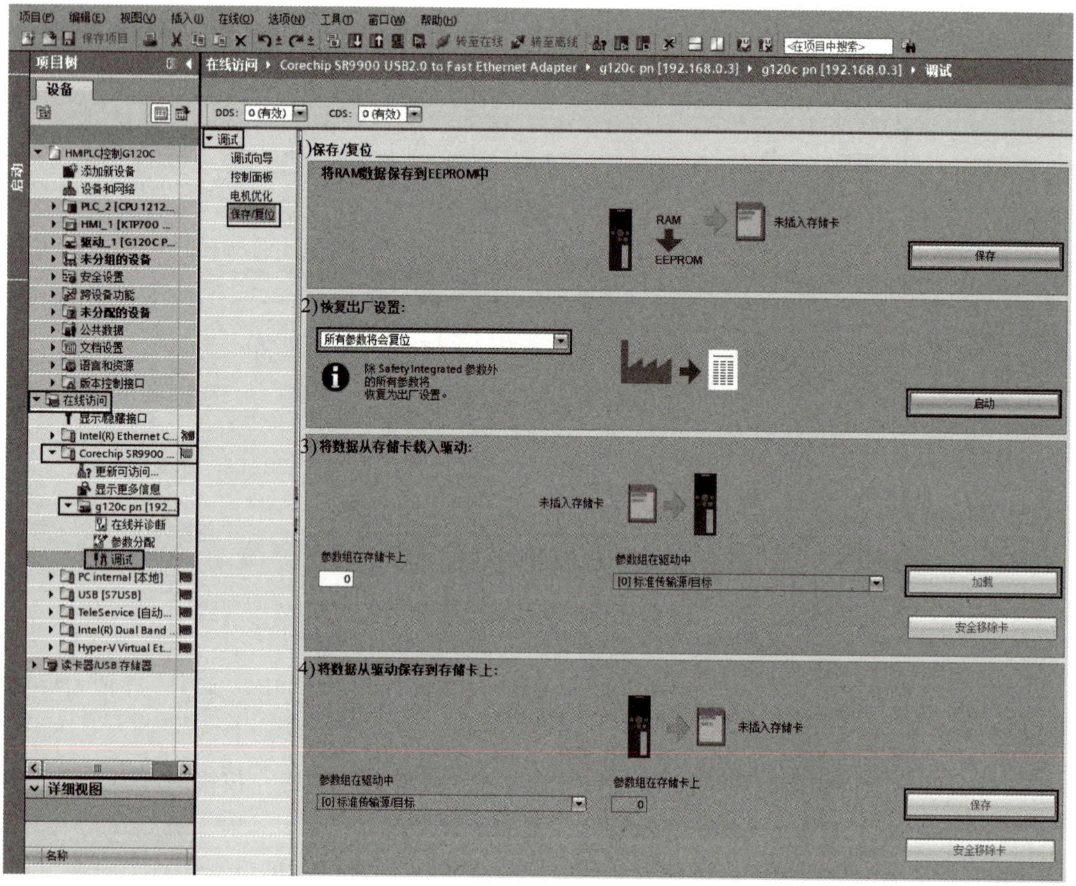

图 2-29 保存/复位

2）恢复出厂设置：如果变频器需要恢复出厂设置，在标记2）处选择“所有参数将会复位”。单击“启动”按钮，变顺器将会恢复出厂设置。

3）将数据从存储卡载入驱动：如果变频器插有存储卡，单击“加载”可以将数据从存储卡载入驱动。

4）将数据从驱动保存到存储卡上：如果变频器插有存储卡，单击“保存”可以将数据从驱动保存到存储卡上。

2.3.4.3 参数配置

A 参数分配—功能视图

通过调试功能可以设置变频器常用的基本参数，如果需要修改或设置所有参数，例如：图2-20所示调试设置宏12，参数p0756默认模拟量输入双极性电压输入（-10~+10 V），本任务需要设置模拟量输入为单极电压输入（0~+10 V），可以通过参数分配实现。单击“项目树”中“在线访问”网卡下的“参数分配”，弹出的对话框有“功能视图”和“参数视图”。先在功能视图中设置参数，再在参数视图中设置参数。

（1）数字量输入端功能预设置和模拟控制。

1）选择图 2-30 所示的“数字量输入端”，系统弹出数字量输入端对话框。可以看到端子 5、6、7 对应的参数分别为 p0840[0]（启动）、p1113[0]（设定值取反）、p2103[0]（应答故障）。

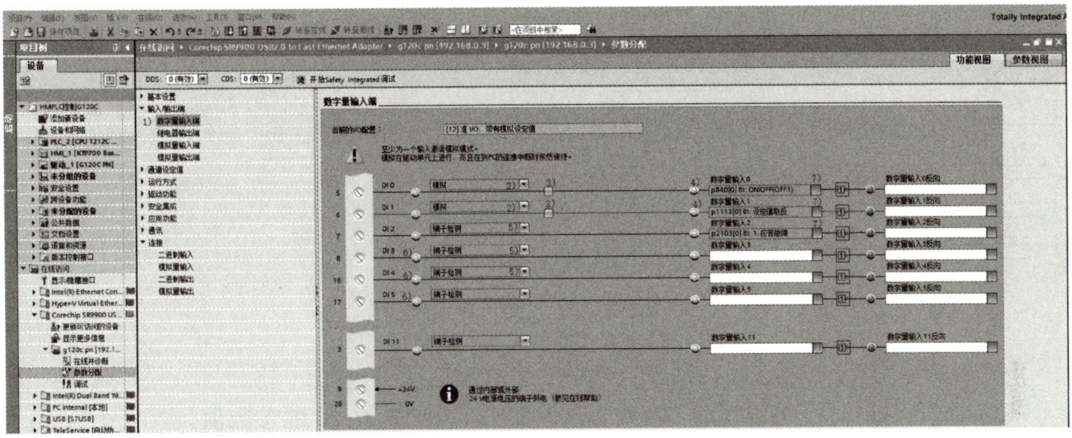

图 2-30　数字量输入窗口

2）将端子 5、6 设置为“模拟”，即模拟外部的开关。

3）单击方框，出现“√”时，表示端子 5 闭合，变频器启动，经过 5 s，变频器以稳定运行。再次单击方框消失，表示端子 5 断开，变频器停止运行。如果同时闭合端子 5 和 6 变频器会反向运行。

4）如果端子 5 模拟开关闭合，标记④处的圆点变为绿色。

5）如果需要监控数字量输入端子外接实际开关的闭合情况，只需要在标记⑤处选择“端子检测”即可。

6）此时如果端子 7 连接的实际开关闭合，则标记⑥处的圆点变为绿色，表示端子 7 接通。

7）单击标记⑦处的方框，系统弹出端子功能修改窗口，在所需参数前的方框打“√”即可。

（2）模拟量输入端功能预设置和模拟控制。

1）双击图 2-31 所示的项目树下的在线访问中的“参数分配”。

2）在弹出的功能视图左侧选择“输入输出端”的“模拟量输入端”，弹出模拟量输入端对话框。

3）设置模拟量输入的属性为“[0] 单极电压输入（0~+10 V）”，即 p0756[0]=0。

4）选择“[1] 模拟输入端 x 的模拟”。

5）在标记⑤处输入模拟给定电压 5 V，此时变频器的 BOP-2 操作面板上显示给定速度 SP。

6）当在标记⑤处输入 5 V 电压时，标记⑥处显示 50%，即 5 V/10 V=50%。

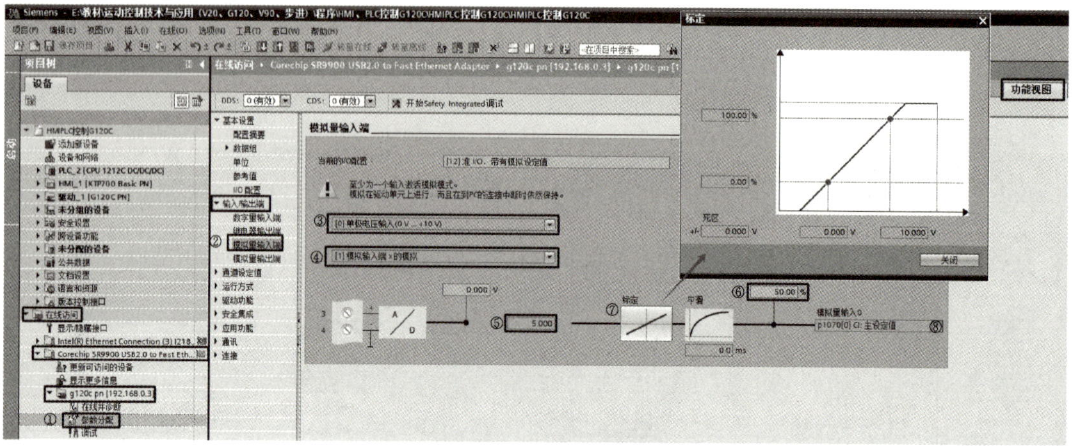

图 2-31 模拟量输入窗口

7）单击“标定”，可以设置 p0757、p0758、p0759 和 p0760 的参数值。

8）单击标记⑧，弹出模拟量输入 CI 的参数列表，选择修改端子 3、4 即 AI0 的端子功能参数 p1070[0]。

模拟端子完成模拟调试任务之后，必须将它恢复为“端子检测”功能，否则用外部开关无法控制变频器运行。

（3）变频器状态监控与显示。

使用 Startdrive 软件可以设置变频器 I/O 端子的功能，还可以监控 I/O 端子的状态以及运行数据。图 2-32 所示是数字量输出窗口，它可以在标记处显示数字量输出端子的功能（端子 18、19、20 是故障端子），标记②处的绿色圆点表示数字量输出端子闭合端子 21、22 闭合），标记 6 处显示输出触点的状态，标记④处可以修改数字量输出端子的功能。

图 2-33 所示是模拟量输出窗口，在标记①处设置端子 12、13 输出 0～20 mA 的电流，标记②处显示端子 12、13 的功能是输出已滤波的实际转速值，标记③处对输出转速电流信号进行标定，标记④处显示的是 840 r/min 转速对应的实际电流值，标记⑤处修量输出端子的功能。

B 参数分配—参数视图

单击项目树的“参数分配”，弹出的对话框中选择“参数视图”，如图 2-34 所示，它以参数列表的形式实现“功能视图”的功能。下面以“所有参数”中修改模拟量输出类型及特性曲线为例简要说明。

（1）单击项目树的“参数分配”。

（2）在右侧窗口单击“参数视图”。

（3）选中“所有参数”，在参数列表中显示所有参数列表。

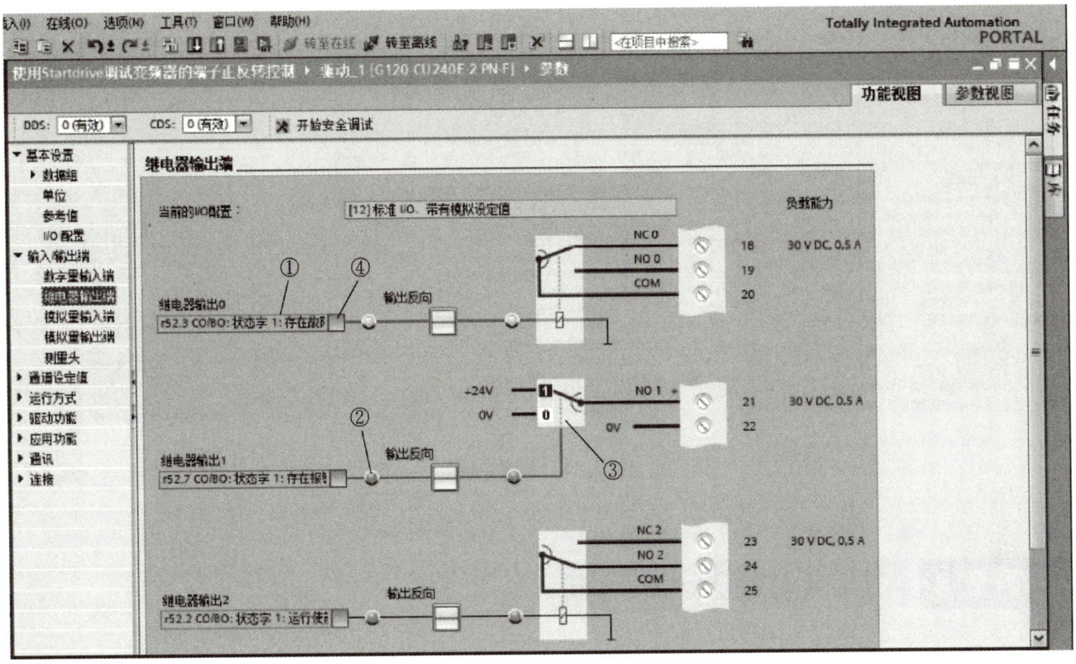

图 2-32　数字量输出窗口

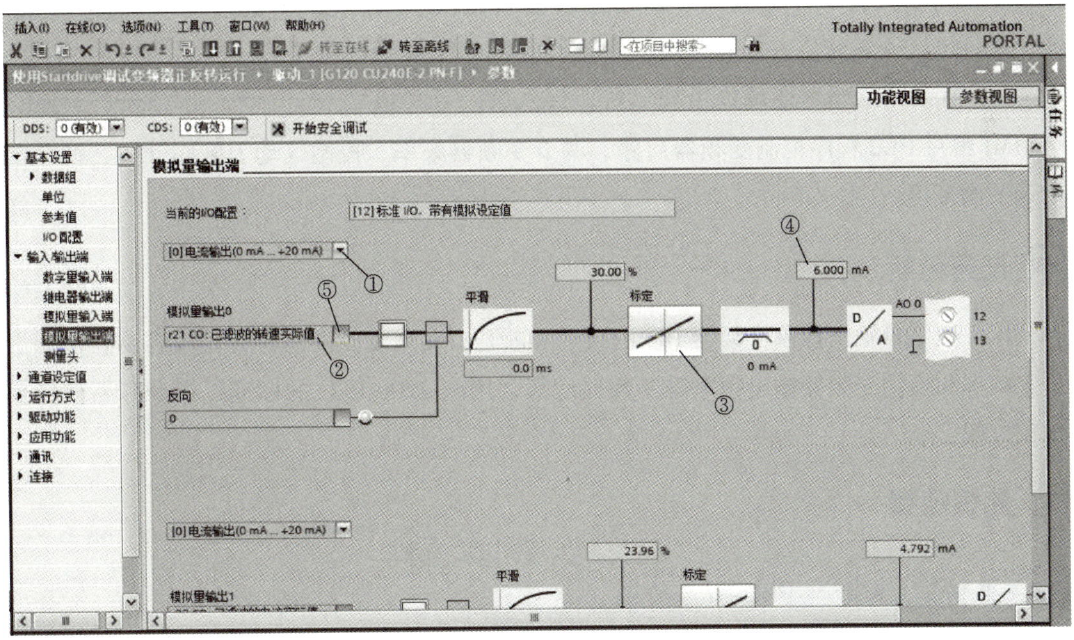

图 2-33　模拟量输出窗口

（4）在参数列表的“编号”列找到需要修改的参数，在参数的“值”列输入修改参数值。

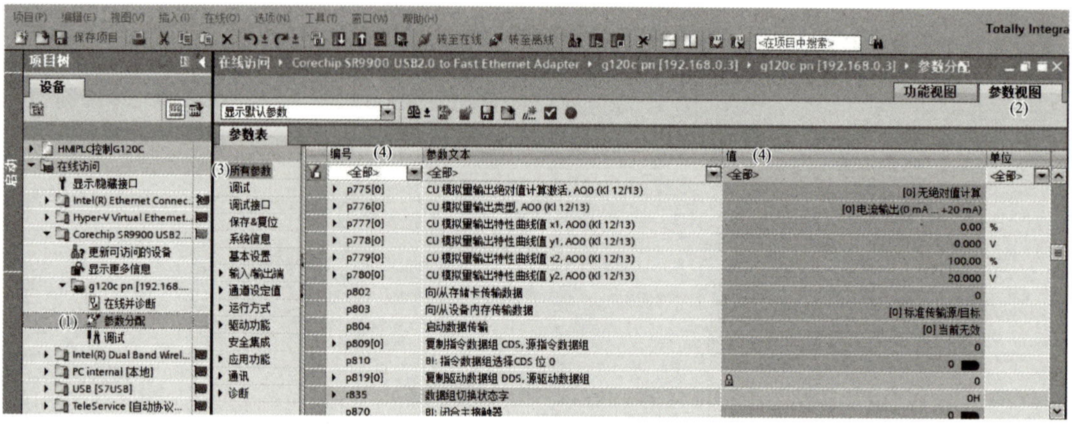

图 2-34 参数视图

任务 2.4 PLC 程序设计与调试

任务导入

PLC程序设计与调试1

PLC程序设计与调试2

某公司要设计一个触摸屏、PLC 控制变频器供水系统，硬件已经安装完成并能够上电，变频器参数已经按照表 2-6 设置完成。如果你是公司的一名工程人员，需要结合 HMI 编写 PLC 程序控制变频器启停、调节变频器频率、控制气动刀闸阀开关、调节电动调节阀开度。

任务分析

PLC 数字量输出控制变频器 DI0 的接通和断开，实现变频器启停，比较容易。模拟量给定频率和检测变频器输出频率需要数据运算，用S7-1200 PLC 的标准化指令和缩放指令比较方便。

知识链接

2.4.1 标准化指令 NORM_X

标准化指令 NORM_X 把工程量或数字量转化为 0.0~1.0 实数，也称归一化指令。在本项目中，采集的变频器模拟量输出、变频器转速 HMI 设置、电动调节阀开度 HMI 设置等信号，都通过该指令转换为标准的 0.0~1.0 工程单位，这就是标准化指令名称的由来。NORM_X 指令的梯形图、输入输出参数的数据类型和功能含义，见表 2-10。

表 2-10　NORM_X 指令

梯形图	基本参数	数据类型	功能含义
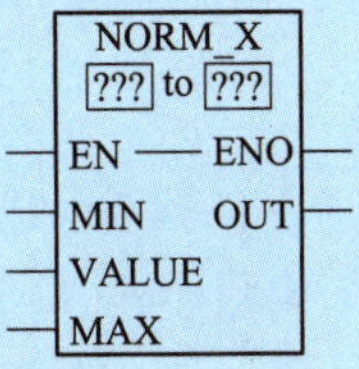	MIN	Int、DInt、SInt、USint、Uint、UDInt、Real、LReal	工程量或数字量下限
	MAX		工程量或数字量上限
	VALUE		待转换值
	OUT	Real、LReal	转换后的结果

如果标准化指令用于 PLC 模拟量输入的转换，MIN 和 MAX 引脚用来设定输入标准模拟量信号 A/D 转换对应 PLC 输入寄存器的数字量范围。如果输入模拟量信号是 0~10 V，则 MIN 设为 0，MAX 设为 27648；如果拟量信号是 4~20 mA，则 MIN 设为 5530，MAX 设为 27648。VALUE：输入值，通常是模拟量信号 A/D 转换的寄存器，PLC 系统默认 CPU 模拟量输入通道 0 的地址是 IW64。

2.4.2　缩放指令 SCALE_X 指令

缩放指令 SCALE_X 把实数（0.0~1.0）转换成工程量或数字量，它可以将 NORM_X 指令的输出量缩放为实际需要的工程量或数字量。SCALE_X 指令的梯形图、输入输出参数的数据类型和功能含义，见表 2-11。

表 2-11　SCALE_X 指令

梯形图	基本参数	数据类型	功能含义
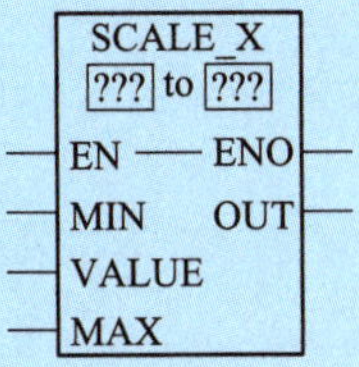	MIN	Real、LReal	工程量或数字量下限
	MAX		工程量或数字量上限
	VALUE		待转换值
	OUT	Int、DInt、SInt、USint、Uint、UDInt、Real、LReal	转换后的结果

如果缩放指令用于 PLC 模拟量输入信号的处理，MIN 和 MAX 引脚用来输入被测物理量的最小值和最大值。本项目，PLC 输入模拟量信号 0 V 对应的变频器输出最小转速 0 r/min，10 V 对应最大转速 945 r/min，则 MIN 设为 0.0，MAX 设为 945.0。VALUE 引脚是指令输入端，一般直接读取 NORM_X 指令的输出端。OUT 引脚是缩放后的输出端，输出实际的转速测量值，范围为 MIN~MAX。

任务实施

硬件配置如下。

（1）CPU 配置。在 TIA Portal V18 软件中打开任务 3 创建的“泵站系统”项目，然后打开项目视图。在图 2-35 中做如下（1）~（5）的配置。

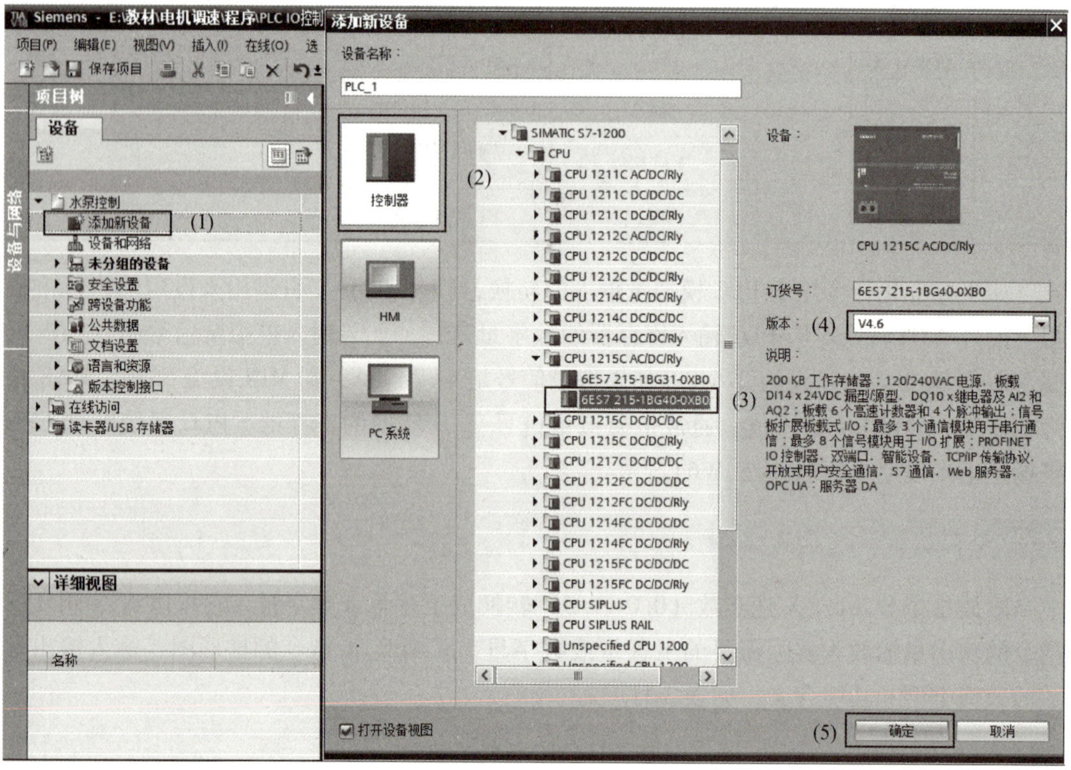

图 2-35 添加新设备

1）双击项目树下的“添加新设备”。

2）在弹出的“添加新设备”对话框中单击“控制器”图标。

3）在 CPU 列表中选择设备用到的 CPU 的订货号。

4）CPU 版本选择，如果没有特殊要求选用默认设置即可。

5）单击“确定”按钮，弹出图 2-36 所示的窗口。

实践经验

如果电脑与 PLC 通过网线连接，也可以将选择“非特定”的 CPU，通过“获取”“检测”的方式将实际 PLC 的硬件上传到软件中。

6）去掉图 2-36 安全设置（a）中“保护 TIA Portal 项目和 PLC 中 PLC 组态的数据安全”的“√”选，如果勾选需要设置密码。建议去掉图 2-36 安全设置（b）中“仅支持 PG/PC 与 HMI 通信”的“√”选项。图 2-36 安全设置（c）中“访问等级”选择“完全访问权限（无任何保护）”或“HMI 访问权限”。安全设置完成后如图 2-36 安全设置（d）所示，单击“完成”按钮。

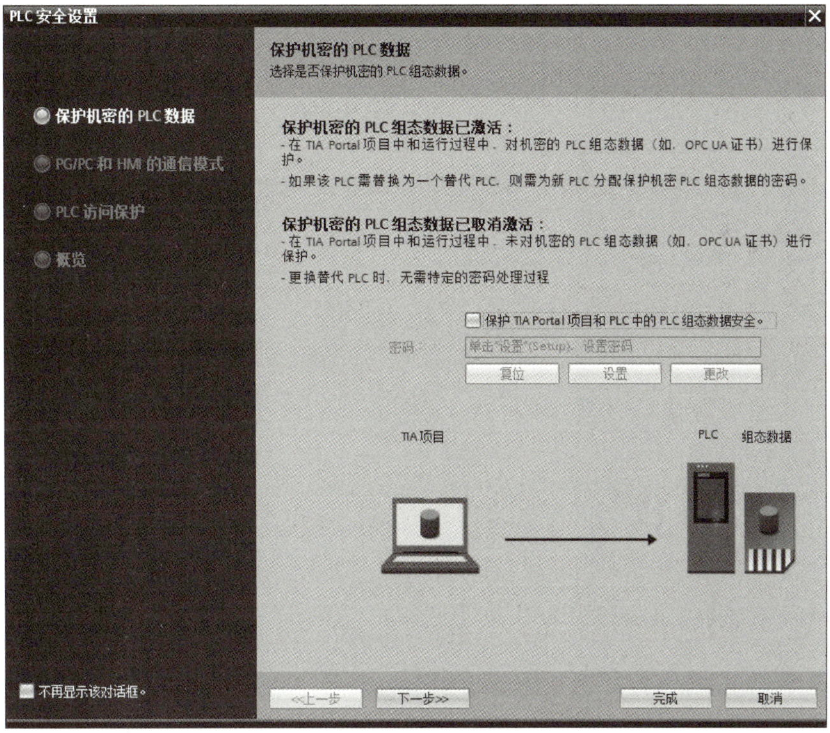
PLC 安全设置
保护机密的 PLC 数据
选择是否保护机密的 PLC 组态数据。
保护机密的 PLC 数据
PG/PC 和 HMI 的通信模式
PLC 访问保护
概览
保护机密的 PLC 组态数据已激活：
-在 TIA Portal 项目中和运行过程中，对机密的 PLC 组态数据（如，OPC UA 证书）进行保护。
-如果该 PLC 需替换为一个替代 PLC，则需为新 PLC 分配保护机密 PLC 组态数据的密码。
保护机密的 PLC 组态数据已取消激活：
-在 TIA Portal 项目中和运行过程中，未对机密的 PLC 组态数据（如，OPC UA 证书）进行保护。
-更换替代 PLC 时，无需特定的密码处理过程
保护 TIA Portal 项目和 PLC 中的 PLC 组态数据安全。
密码：
单击"设置"(Setup)，设置密码
复位
设置
更改
TIA 项目
PLC
组态数据
不再显示该对话框。
<<上一步
下一步>>
完成
取消

(a)

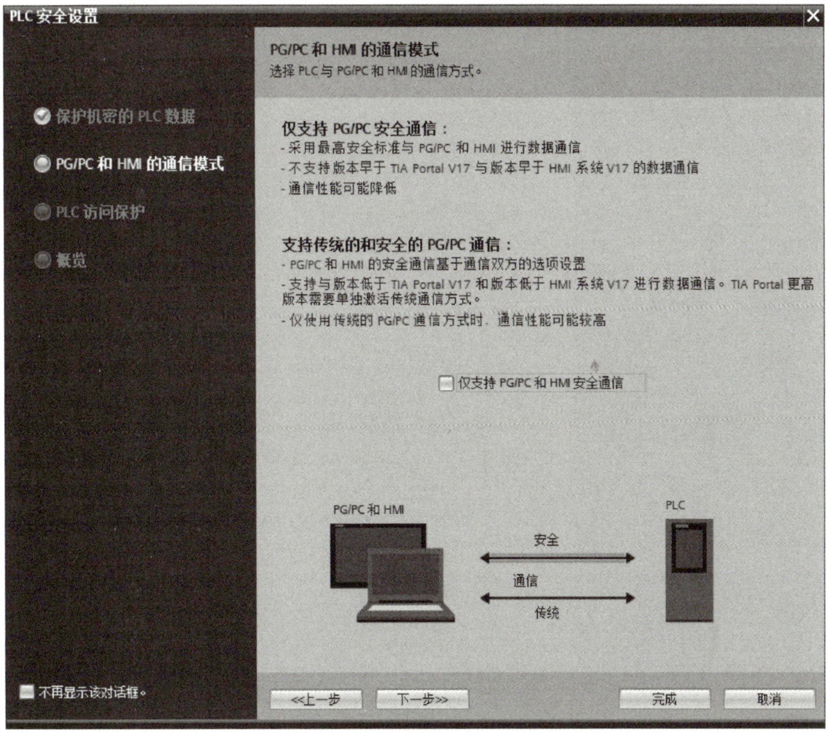
PLC 安全设置
PG/PC 和 HMI 的通信模式
选择 PLC 与 PG/PC 和 HMI 的通信方式。
保护机密的 PLC 数据
PG/PC 和 HMI 的通信模式
PLC 访问保护
概览
仅支持 PG/PC 安全通信：
-采用最高安全标准与 PG/PC 和 HMI 进行数据通信
-不支持版本早于 TIA Portal V17 与版本早于 HMI 系统 V17 的数据通信
-通信性能可能降低
支持传统的和安全的 PG/PC 通信：
-PG/PC 和 HMI 的安全通信基于通信双方的选项设置
-支持与版本低于 TIA Portal V17 和版本低于 HMI 系统 V17 进行数据通信。TIA Portal 更高版本需要单独激活传统通信方式。
-仅使用传统的 PG/PC 通信方式时，通信性能可能较高
仅支持 PG/PC 和 HMI 安全通信
PG/PC 和 HMI
PLC
安全
通信
传统
不再显示该对话框。
<<上一步
下一步>>
完成
取消

(b)

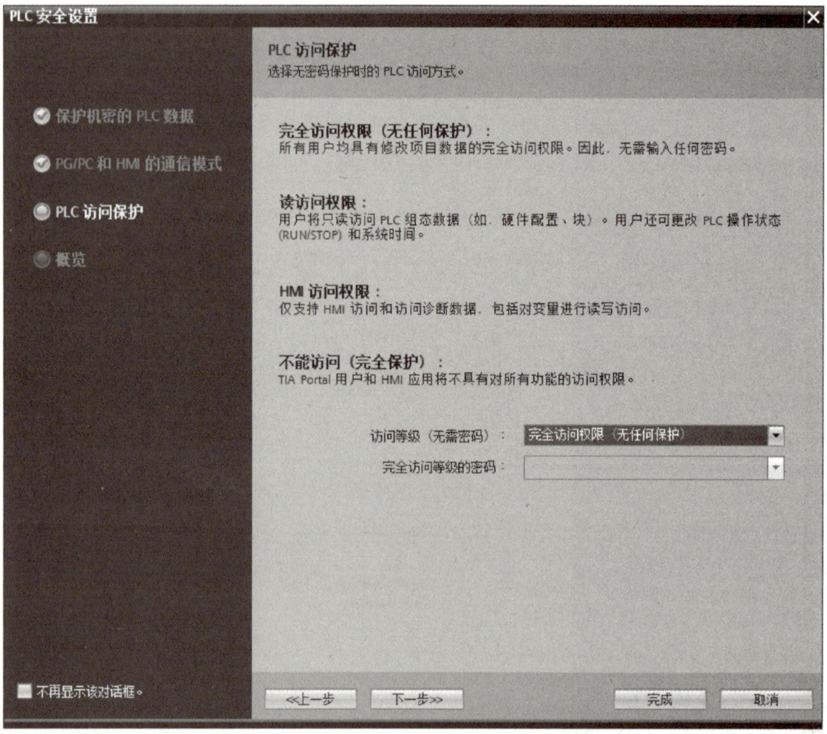
PLC 安全设置
保护机密的 PLC 数据
PG/PC 和 HMI 的通信模式
PLC 访问保护
概览
不再显示该对话框。
PLC 访问保护
选择无密码保护时的 PLC 访问方式。
完全访问权限（无任何保护）：
所有用户均具有修改项目数据的完全访问权限。因此，无需输入任何密码。
读访问权限：
用户将只读访问 PLC 组态数据（如，硬件配置、块）。用户还可更改 PLC 操作状态 (RUN/STOP) 和系统时间。
HMI 访问权限：
仅支持 HMI 访问和访问诊断数据，包括对变量进行读写访问。
不能访问（完全保护）：
TIA Portal 用户和 HMI 应用将不具有对所有功能的访问权限。
访问等级（无需密码）：
完全访问权限（无任何保护）
完全访问等级的密码：
<<上一步
下一步>>
完成
取消

(c)

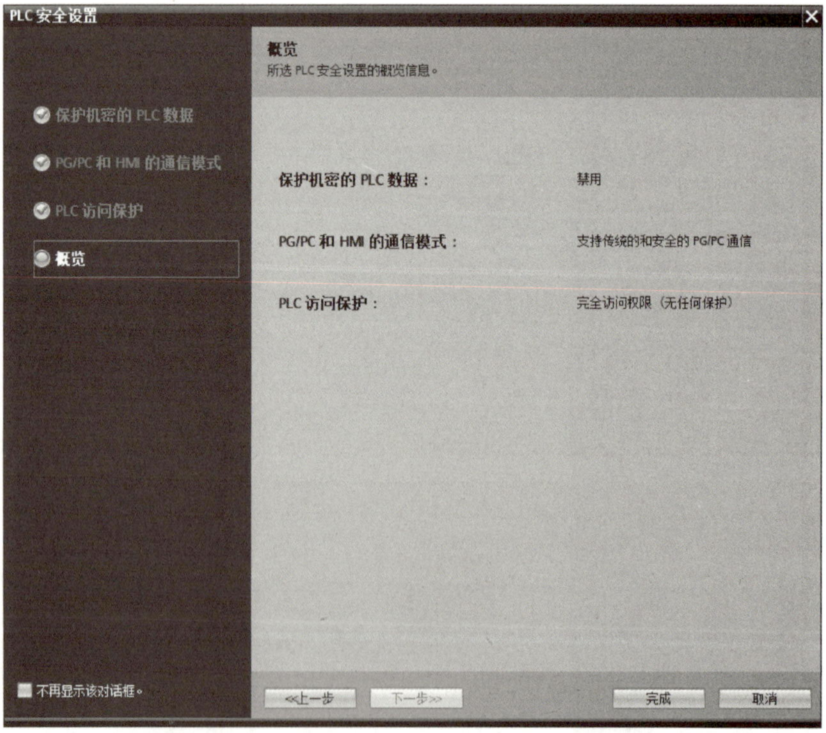
PLC 安全设置
保护机密的 PLC 数据
PG/PC 和 HMI 的通信模式
PLC 访问保护
概览
不再显示该对话框。
概览
所选 PLC 安全设置的概览信息。
保护机密的 PLC 数据：
禁用
PG/PC 和 HMI 的通信模式：
支持传统的和安全的 PG/PC 通信
PLC 访问保护：
完全访问权限（无任何保护）
<<上一步
下一步>>
完成
取消

(d)

图 2-36 安全设置

7）设置 PLC 的 IP 地址和设备名称。如图 2-37 所示，在设备视图中选中 CPU，“属性”→“常规”→“以太网地址”，设置 IP 地址与连接电脑的 IP 地址在同一网段，采用默认设置的子网掩码。本任务可以采用“自动生成 PROFINET 设备名称”。

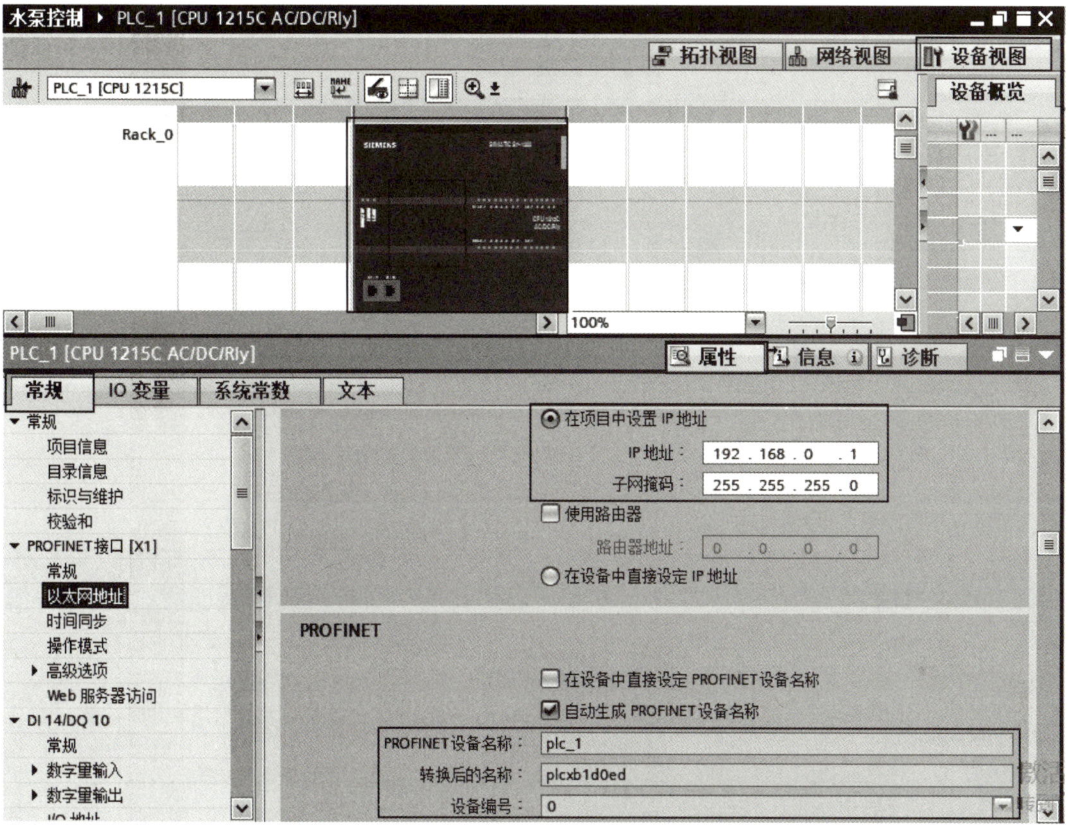

图 2-37　IP 地址设置

8）系统和时钟存储器设置。如图 2-38 所示，点击“属性”→“常规”中“系统和时钟存储器设置”，在弹出的对话框中，勾选“启用系统存储器字节”和“启用时钟存储器字节”，存储器字节地址均采用默认值。

9）模拟量输入和输出设置。如图 2-39 所示，S7-1200 PLC 的 1215 CPU 有两路 0～10 V 电压输入和两路 4～20 mA 电流输出，电压和电流的类型和范围固定不能修改，可以修改输入和输出地址。单击项目树“设备组态”，在“设备视图”中，选中 CPU。在巡视窗口，选择“属性”→“常规”中“I/O 地址”，在弹出的对话框中修改输入和输出的起始地址。

（2）SM1234 配置。如图 2-40 所示，按照如下设置。

图 2-38 系统和时钟存储器设置

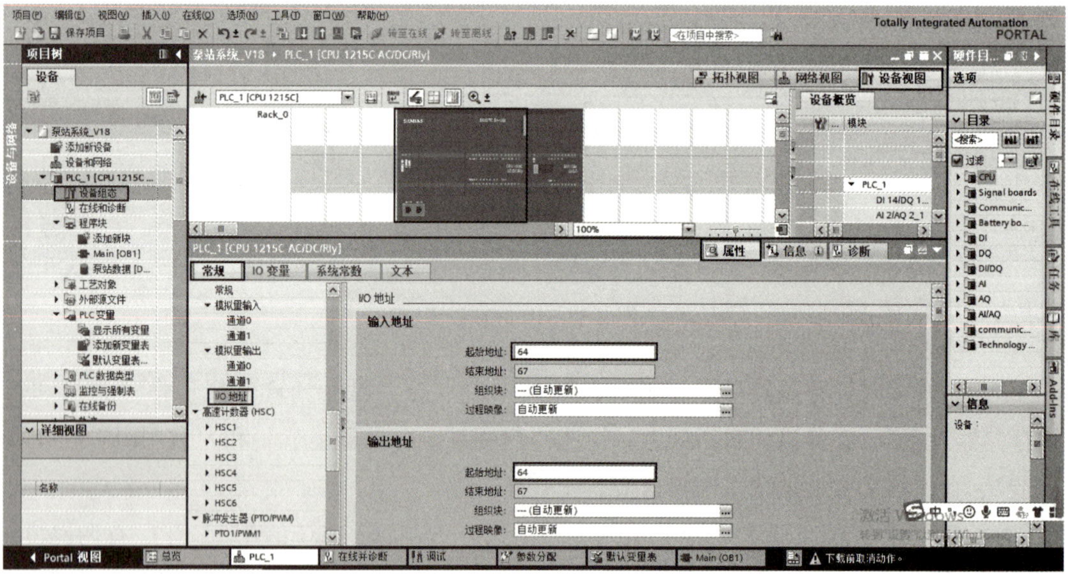

图 2-39 修改输入和输出起始地址

1）从“硬件目录”中找到 SM1234 模拟量模块，双击或将其拖入到“设备视图”。

2）在设备视图中选中 SM1234，“属性”→“常规”→“模拟量输出”→“通道 0”，设置测量类型为“电压”、电压范围为“0~10 V”。

查看模拟量输入输出的默认起始地址均为 96，如图 2-41 所示。也可以修改起始地址。

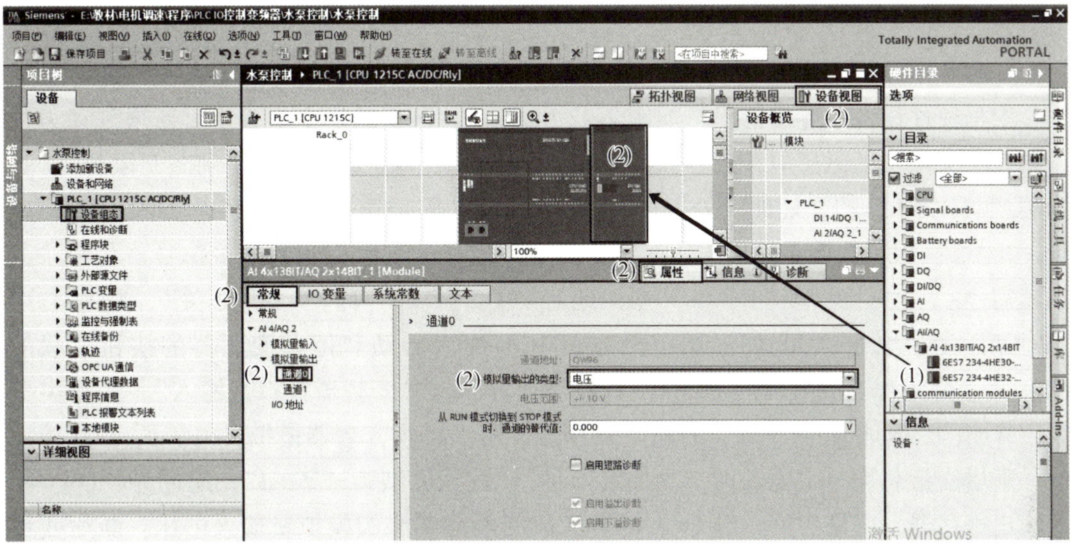

图 2-40　SM1234 配置

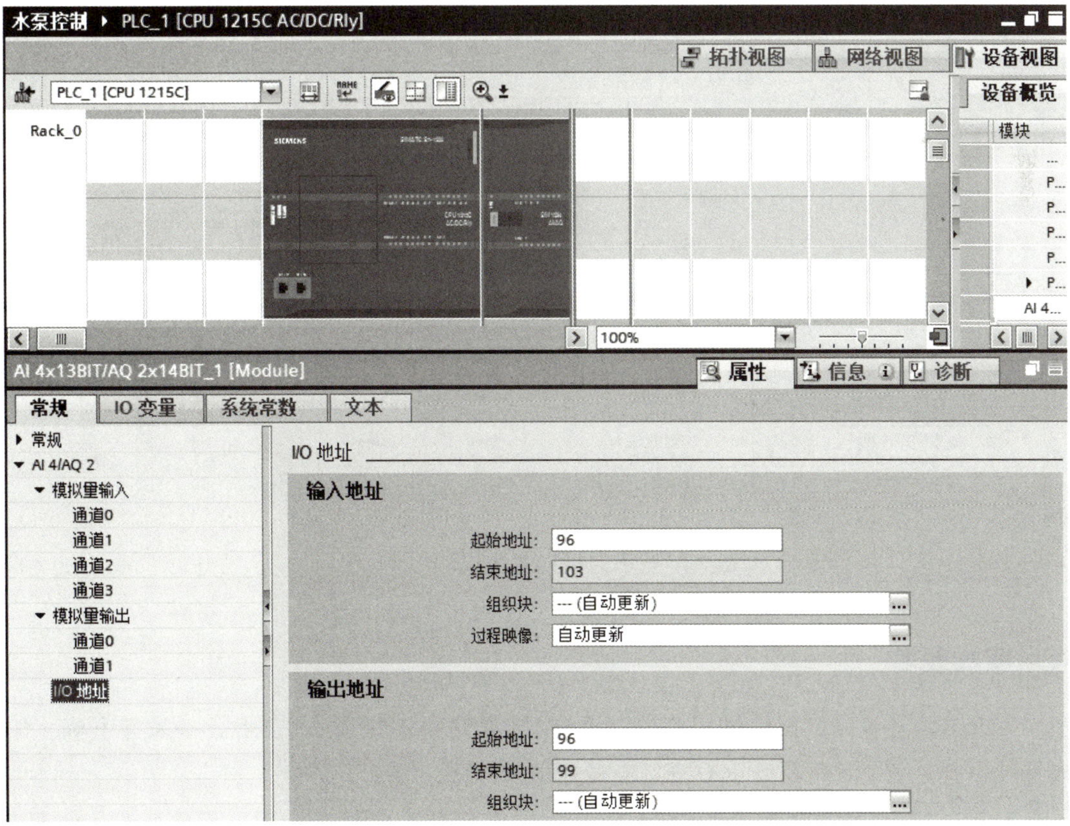

图 2-41　模拟量 I/O 地址

2.4.3 数据变量组态

2.4.3.1 组态 PLC 变量

根据硬件设备的连接情况，如图 2-42 所示，在 PLC 默认变量表中，新增气动刀闸开限位和关限位的磁感应接近开关连接的 PLC 输入点的变量，名称“闸阀开限位”，数据类型“BOOL”型，地址“I0.0”；名称“闸阀关限位”，数据类型“BOOL”型，地址“I0.1”。PLC 数字量输出连接变频器的启停信号和气动刀闸的开关信号，名称“变频器启停”，数据类型“BOOL”型，地址“Q0.0”；名称“闸阀开关”，数据类型“BOOL”型，地址“Q0.1”。用于接收 HMI 界面内启动和停止变频器的按钮关联的 M2.1，下降沿停止变频器的 M2.2。新增变量名称为“变频器模拟量输入”，数据类型为“Word”，地址为“IW66”的输入寄存器，用于接收变频器模拟量电流的 A/D 转换值。新增变量名称为“电动调节阀控制信号”，数据类型为“Word”，地址为“QW64”的输出寄存器，变量的值经过 D/A 转换后控制电动调节阀模拟量输入电压。新增变量名称为“变频器频率控制信号”，数据类型为“Word”，地址为“QW96”的输出寄存器，变量的值经过 D/A 转换后控制变频器模拟量输入电流。上述变量的名称可以根据需要命名为容易理解的中英文名称，数据类型和地址不可以随意修改。

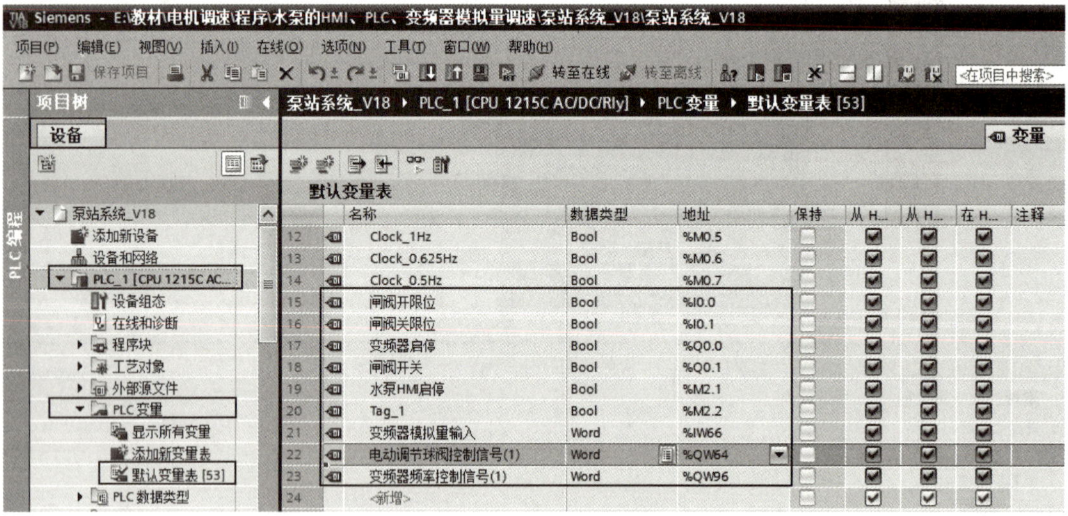

图 2-42 新增变量

实践经验

尽管触摸屏可以直接控制 PLC 的输出 Q，但是这样不利于程序监控，如果有手动、自动等多个条件控制同一个输出 Q 点，会造成“双线圈”输出。

2.4.3.2 新增数据块及其变量

如图 2-43 所示，在程序块中，单击“添加新块”按钮，在弹出窗口中，选择数据块，名称修改为容易辨识的，例如“泵站数据”。单击“确定”按钮，完成数据块新增。

图 2-43　添加数据块

如图 2-44 所示，在数据块中，新增 Static 静态变量：用于输出转速对应模拟量输入数据标准化指令的输出“输出转速标准化输出”，用于在触摸屏显示水泵转速的“输出转速 HMI 显示”；用于接收触摸屏设定转速的“设定转速 HMI 输入”，用于设定转速数据处理标准化指令的输出“设定转速标准化输出”；用于接收触摸屏设定电动调节阀开度的“电动调节阀开度 HMI 输入”，用于开度数据处理标准化指令的输出“电动调节阀开度标准化输出”。

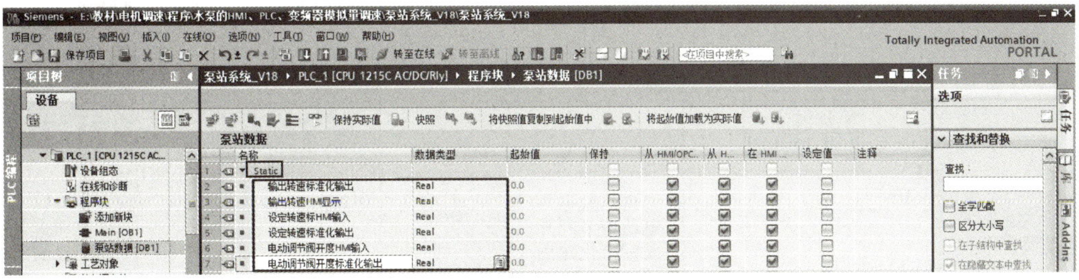

图 2-44　新增数据块变量

2.4.4 PLC 程序设计

在主程序 OB1 中编写梯形图程序，如图 2-45 所示。

程序段 1，PLC 由 STOP 到 RUN，M1.0 接通一个扫描周期，将阀门开度 100%传动到“电动调节阀开度 HMI 输入”变量，控制电动调节阀全部打开。

程序段 2，显示变频器转速输出。变频器 12 和 13 号端子输出的 0~10 V 的模拟量电压接入 PLC CPU，经过 A/D 转换为 0~27648 的数字量，存入 IW66。NORM_X 标准化指令的

▼ 程序段1：.....

电动调节阀全开

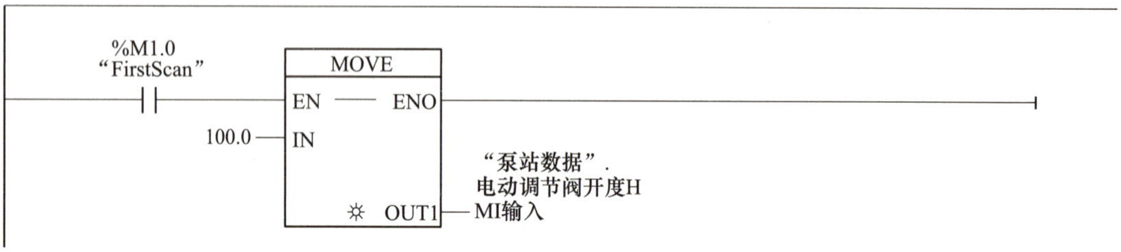

程序段2：.....

变频器转速输出

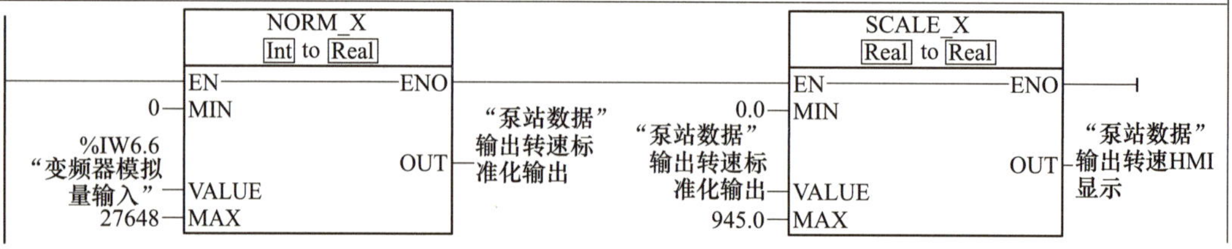

程序段3：.....

变频器转速设定

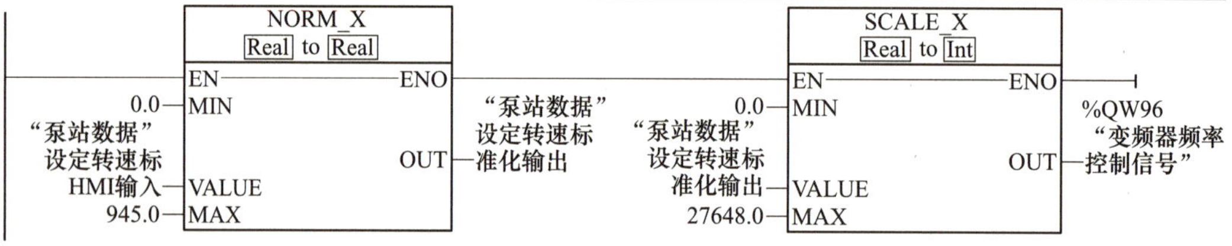

程序段4：.....

电动调节阀控制信号

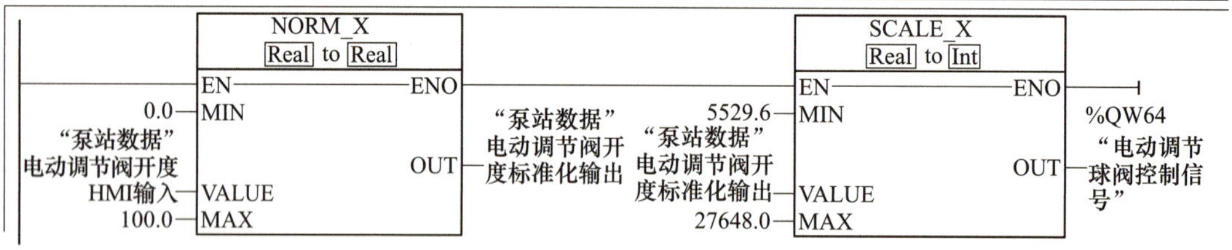

程序段5：.....

水泵启动

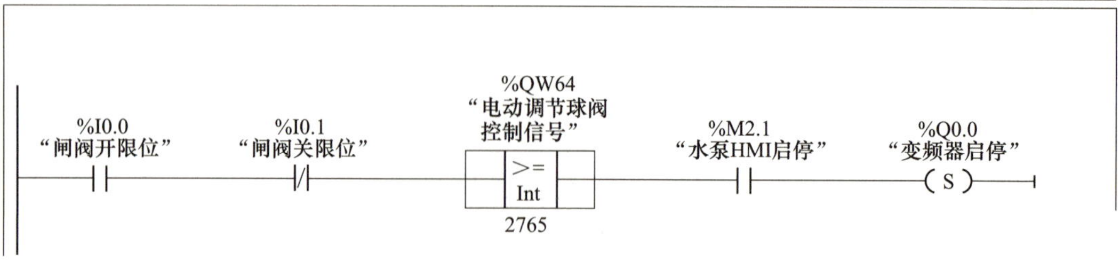

图 2-45 梯形图程序

MIN 为 0，MAX 为 27648，VALUE 为模拟量输入寄存器 IW66。SCALE_X 缩放指令用于将标准化指令的输出缩放回实际转速，SCALE_X 指令的输入 MIN 为实际转速的最小值 0.0，MAX 为实际转速的最大值 945.0，OUT 输出实际转速用于触摸屏显示。

程序段 3，变频器转速设定。NORM_X 标准化指令的 VALUE 为 HMI 通过 IO 域输入变频器的设定转速，MIN 为最小转速 0，MAX 为最大转速 945。SCALE_X 缩放指令用于将标准化指令的输出缩放回 PLC D/A 转换的数字量，因为 VALUE 的数据类型为 Real，SCALE_X 指令的输入 MIN 为数字最小值 0.0，MAX 为数字量最大值 27648.0（整数 0 和 27648 分别转化为小数），OUT 输出缩放的结果存入模拟量输出寄存器 QW96。

程序段 4，电动调节阀控制信号。NORM_X 标准化指令的 VALUE 为 HMI 通过 IO 域输入电动调节阀的设定开度，MIN 为最小转速 0，MAX 为最大转速 100。SCALE_X 缩放指令用于将标准化指令的输出缩放回 PLC D/A 转换的数字量，因为 VALUE 的数据类型为 Real，SCALE_X 指令的输入 MIN 为输出电流 4 mA 对应的数字量 5529.6（即 27648/20×4），MAX 为数字量最大值 27648.0，OUT 输出缩放的结果存入模拟量输出寄存器 QW64。

程序段 5，水泵启动。气动闸阀打开，闸阀开限位接通，闸阀关限位断开，电动调节阀的开度大于等于 10%对应的数字 2765（即 27648×10%）。上述条件满足，水泵 HMI 启停位 M2.1 接通，变频器启停控制信号 Q0.0 置位。

程序段 6，水泵停止。水泵 HMI 启停位 M2.1 断开的下降沿，变频器启停控制信号 Q0.0 复位，水泵停止。

2.4.5 程序下载及调试

将程序下载到 PLC 中，监控 PLC 程序。如图 2-46 所示。在梯形图中，用鼠标右键点击变量，“写入”所需的数值。或者在“监控与强制表”中，添加新监控表，在监控表中填写需要的变量，修改数值进行监控。

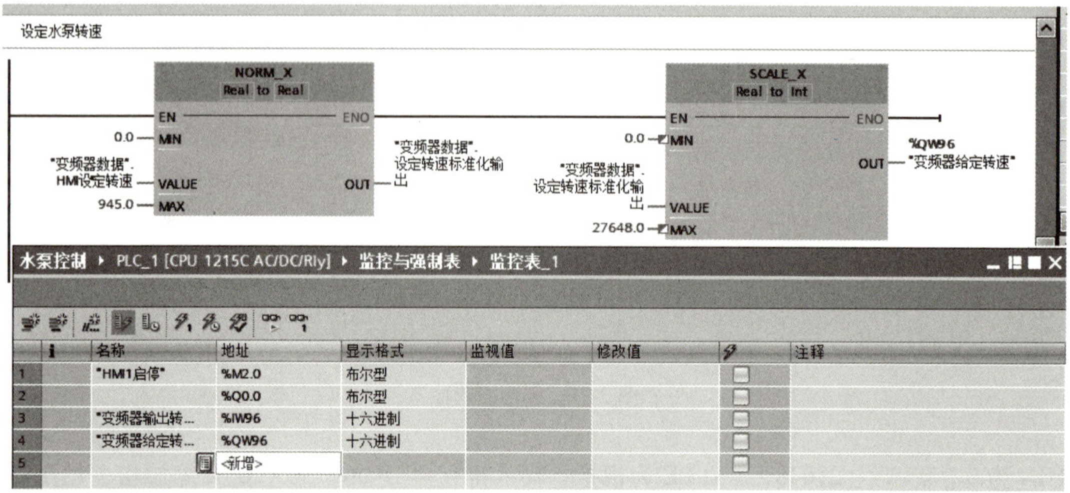

	i	名称	地址	显示格式	监视值	修改值		注释
1		"HMI1启停"	%M2.0	布尔型				
2			%Q0.0	布尔型				
3		"变频器输出转...	%IW96	十六进制				
4		"变频器给定转...	%QW96	十六进制				
5			<新增>					

图 2-46 监控程序

任务 2.5 HMI组态与调试

任务导入

HMI组态与调试

某公司要设计一个触摸屏、PLC控制变频器供水系统，硬件已经安装完成并能够上电，变频器参数也已经设置完成，PLC程序也编写调试完成。如果你是公司的一名工程人员，需要结合PLC程序，完成触摸屏组态并对整个系统进行调试，触摸屏参考画面如图2-47所示。

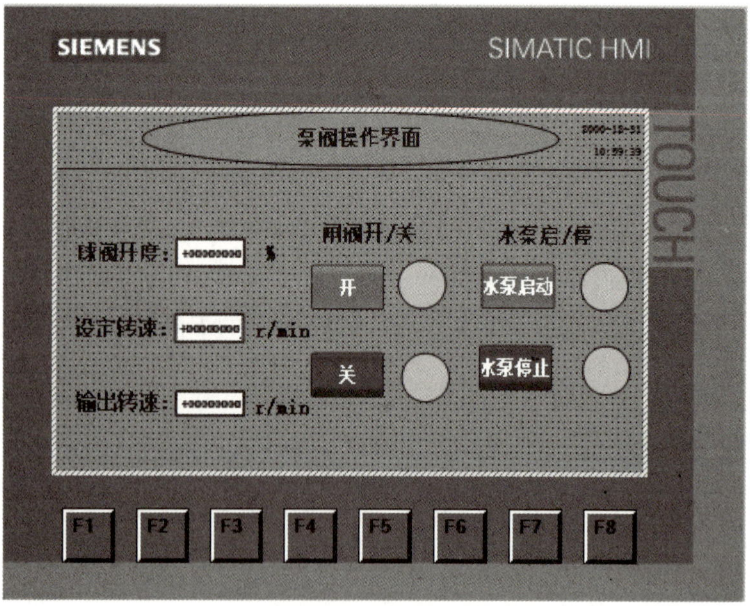

图 2-47 触摸屏画面

任务分析

为了清楚表述窗口的标题、按钮的功能和输入输出信息，需要应用触摸屏的文本域；控制变频器启停用按钮；变频器设定转速、显示输出转速和球阀开度设置用 IO 域。同时，需要触摸屏和 PLC 建立通信。

知识链接

触摸屏组态软件可以包含在 TIA Portal 软件中，软件应用的软件视窗与任务 3 PLC 编程类似，本任务不再赘述，重点讲述组态软件的工具箱。

任务卡的“工具箱”中可以使用的对象与 HMI 设备的型号有关。工具箱包含过程画面中要经常使用的各种类型的对象。根据当前激活的编辑器，“工具箱”包含不同的窗格。打开“画面”编辑器时，工具箱提供的窗格有基本对象、元素、控件和图形等。

2.5.1 基本对象

2.5.1.1 线

可以设置线的宽度和颜色，起点或终点是否有箭头。可以选择实线或虚线，端点可以设置为圆弧形。折线由相互连接的线段组成，折线与线的很多属性的设置方法基本相同。

2.5.1.2 圆和椭圆

在其属性中可以调节它们的大小和设置椭圆两个轴的尺寸，设置背景（即内部区域）的颜色，设置边框的宽度、样式及颜色等。

在图 2-47 中，“闸阀开/关”和“水泵启/停”的指示灯通过圆的“外观”设置实现。例如“水泵启/停”的指示灯，在巡视“窗口”→“属性”→“动画”→添加“外观”新动画，PLC 没有输出水泵停止时设置圆的背景为红色，PLC 输出水泵运行时设置圆的背景为绿色。这样，实现指示灯的效果。

2.5.1.3 矩形

在其属性中可以设置矩形的高度、宽度、内部区域的颜色，设置边框的宽度、样式及颜色，设置矩形的圆角等。

2.5.1.4 文本域

可以在文本域中输入一行或多行文本。定义字体和字的颜色，对齐方式，还可以设置文本域的背景色和边框样式等。

在图 2-47 中，“水泵控制”“水泵状态”“输出转速”和“设定转速”都是文本域。

2.5.1.5 图形视图

图形视图在画面中显示属性列表中已有图或由外部图形编程软件创建的图形。用类画线的方法在工作区中生成图形视图，在其属性中可自定义对象的位置、几何形状、样式颜色和字体类型。

2.5.2 元素

精简面板的“元素”窗格中有I/O域、按钮、符号I/O域、图形I/O域、日期时间域、棒图和开关等。

在图2-47中，水泵输出转速和设定转速通过I/O域实现，输出转速I/O域为输出类型将PLC缩放指令的输出转速显示。设定转速I/O域为输入类型传送给PLC标准化指令的输入VALUE。

2.5.3 控件

控件为HMI提供增强功能，精简面板的“控件”窗格中有报警视图、趋势视图、用户视图、HTML浏览器、配方视图和系统诊断视图等。

2.5.4 图形

在“图形”窗格的“WinCC图形文件夹”中提供了很多图库，用户可以调用其中的图形元件。用户可以用“我的图形文件夹”来管理自己的图库。

任务实施

硬件配置如下。

（1）HMI配置。在TIA Portal V18软件中打开任务4的“水泵控制”项目，然后打开项目视图。在图2-48中做如下1)～5）配置。

1）双击项目树下的“添加新设备”。

2）在弹出的“添加新设备”对话框中单击“HMI”图标。

3）在HMI列表中选择设备用到的HMI的订货号。

4）可以修改设备名称，或者采用系统默认分配的名称。

5）HMI版本选择，如果没有特殊要求选用默认设置即可。

6）单击“确定”按钮，弹出图2-49所示的窗口。

（2）设备向导。

在图2-49设备向导（a）中，“选择PLC”的下拉菜单中，选择触摸屏连接的PLC。

在图2-49设备向导（b）中，可以单独“√”选“页眉”的“日期时间”或“Logo”。

在图2-49设备向导（c）中，可以单独“√”选报警信息。

在图2-49设备向导（d）中，点击根画面中的“+”可以增加画面。本任务只有一个画面，无需增加画面。

在图2-49设备向导（e）中，显示系统画面。

在图2-49设备向导（f）中，组态系统按钮及其在画面中的区域，单击“完成”按钮。

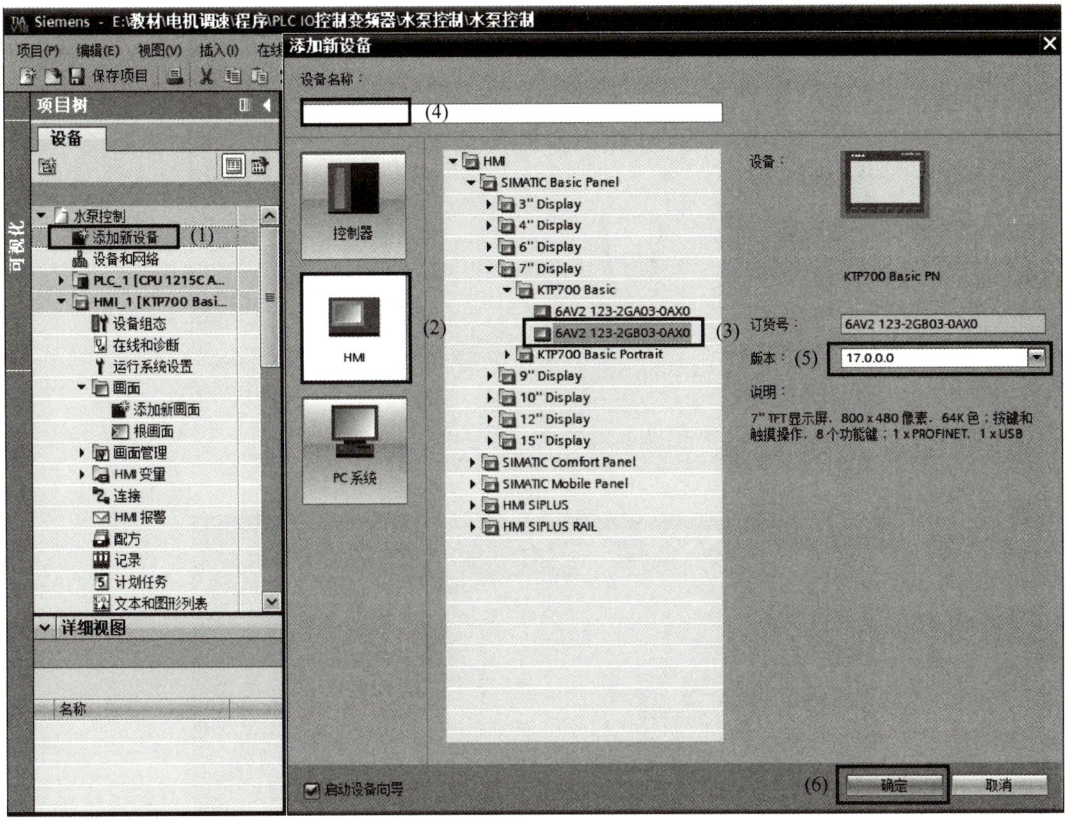

图 2-48 添加 HMI 新设备

2.5.5 画面组态

2.5.5.1 文本域组态

如图 2-50 所示，将工具箱中的“文本域”拖拽到画面中，默认的文本为“Text”。单击选中的文本域，选中巡视窗口的“属性”→“属性”→“常规”，在右边窗口的“文本”域键入需要显示的文本。可以在图 2-50 中设置字体大小和“使对象适合大小”，也可以分别在“文本格式”和“布局”属性中设置。

2.5.5.2 指示灯组态

用指示灯显示 Bool 变量的状态。如图 2-51 所示，将工具箱中的“圆”拖拽到画面中希望的位置，调节圆的位置和大小。打开巡视窗口的“属性”→“动画”→“显示”文件夹，双击“添加新动画”，再双击出现的对话框中的“外观”。在右边窗口组态外观的动画功能，点击“变量”“名称”右侧的按钮，在弹出对话框中打开“PLC 变量”文件夹中的“默认变量表”，选中“变频器 DI1”。范围为 0 时背景色选红色，范围为 1 背景色选绿色，最后确认。为了美观，“泵阀操作界面”可以用背景为蓝色的椭圆做底层。

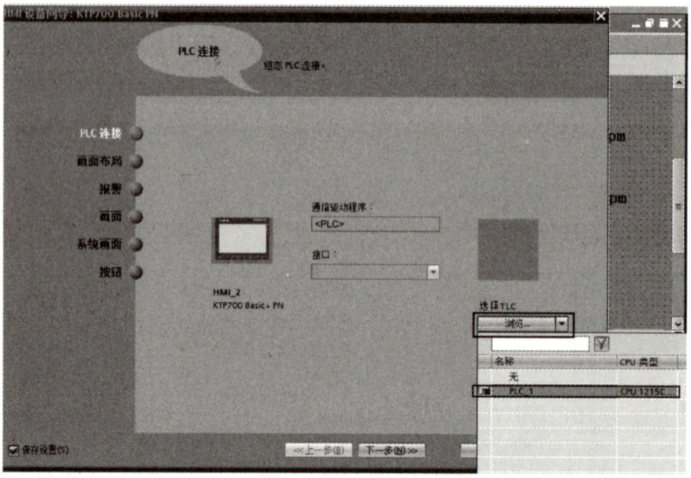
PLC 连接
组态 PLC 连接。
PLC 连接
画面布局
报警
画面
系统画面
按钮
通信驱动程序：
<PLC>
接口：
HMI_2
KTP700 Basic PN
选择 PLC
浏览...
名称
CPU 类型
无
PLC_1
CPU 1215C
保存设置(S)
<<上一步(B)
下一步(N)>>

(a)

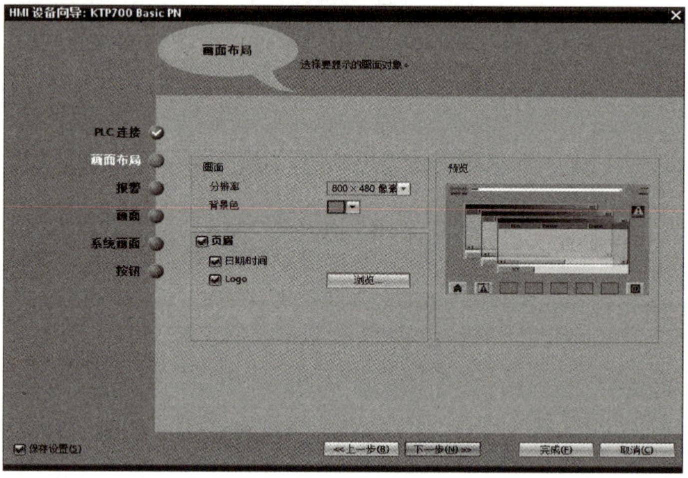
HMI 设备向导：KTP700 Basic PN
画面布局
选择要显示的画面对象。
PLC 连接
画面布局
报警
画面
系统画面
按钮
画面
分辨率
800 × 480 像素
背景色
页眉
日期时间
Logo
浏览...
预览
保存设置(S)
<<上一步(B)
下一步(N)>>
完成(F)
取消(C)

(b)

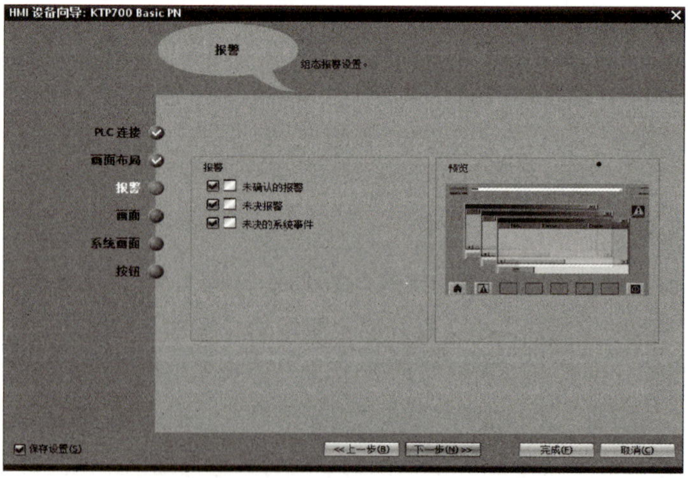
HMI 设备向导：KTP700 Basic PN
报警
组态报警设置。
PLC 连接
画面布局
报警
画面
系统画面
按钮
报警
未确认的报警
未决报警
未决的系统事件
预览
保存设置(S)
<<上一步(B)
下一步(N)>>
完成(F)
取消(C)

(c)

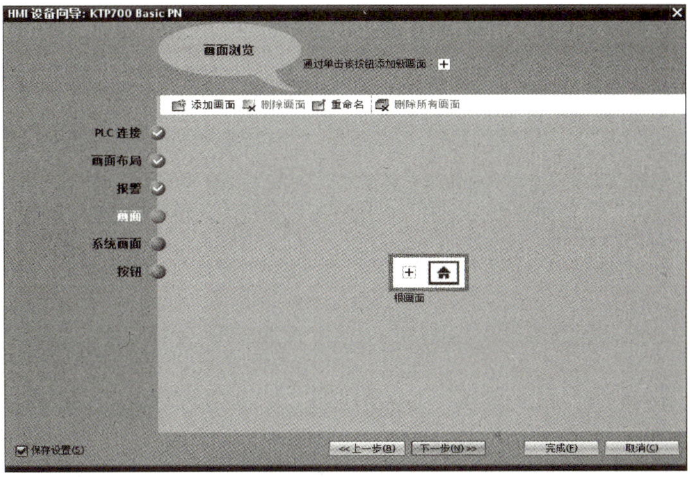

(d)

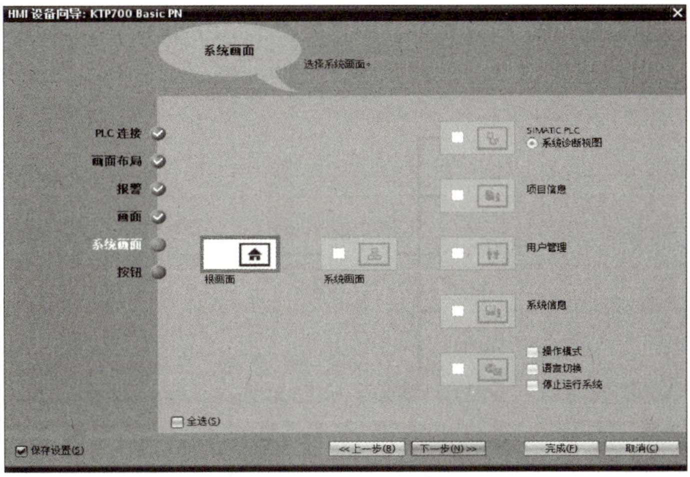

(e)

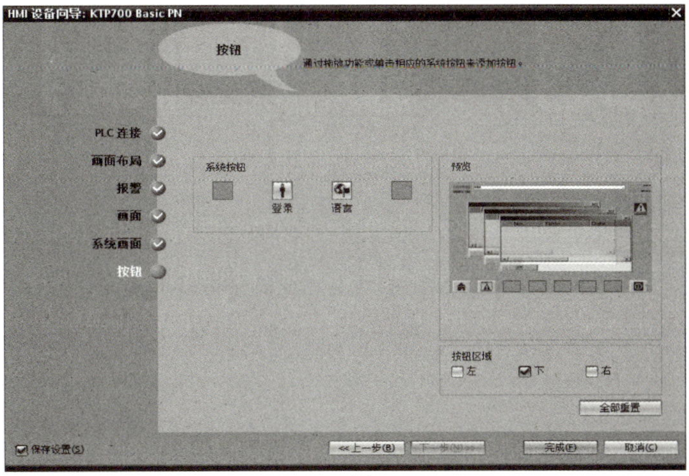

(f)

图 2-49　设备向导

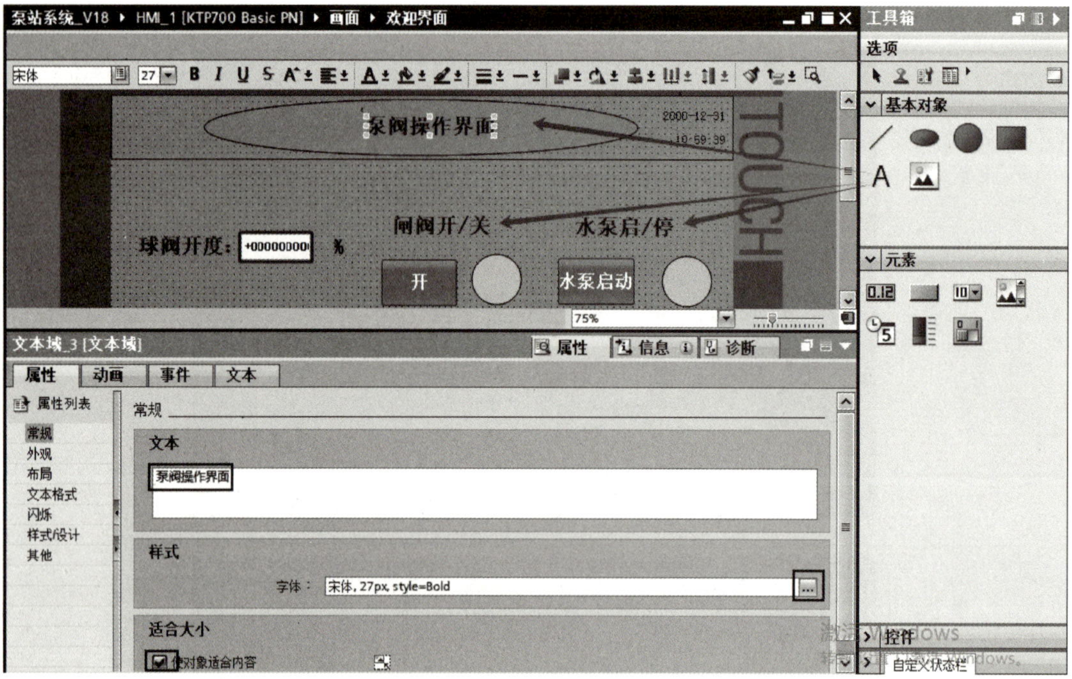

图 2-50 文本域组态

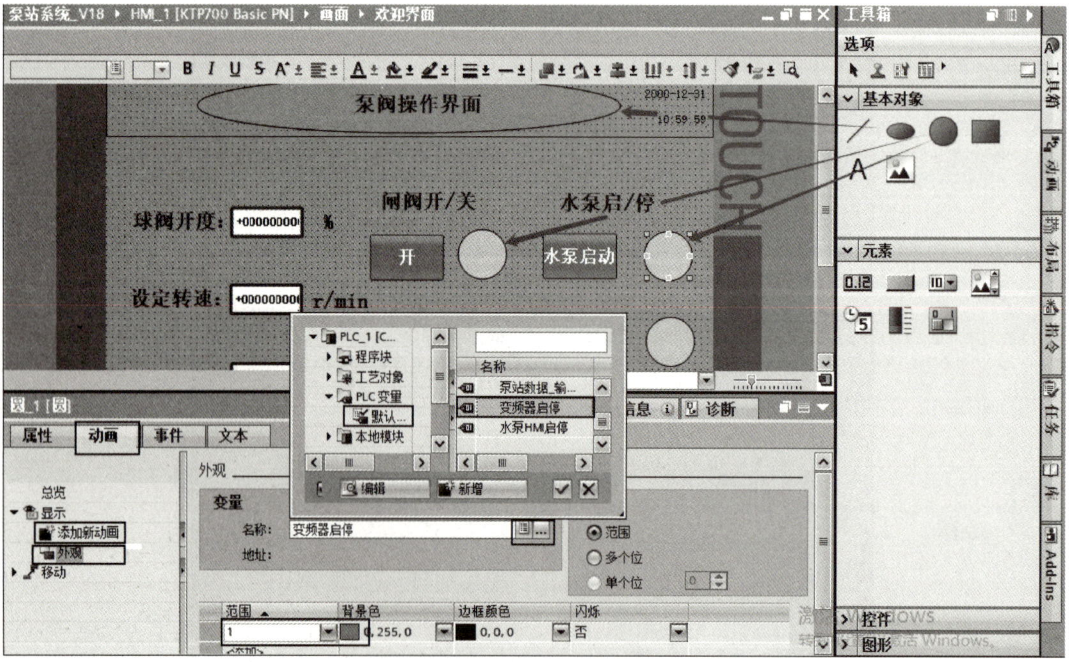

图 2-51 指示灯组态

2.5.5.3 按钮组态

画面中的按钮用来将各种操作命令发送给 PLC，通过 PLC 的用户程序来控制生产过程。如图 2-52 所示，将工具箱“元素”中的“按钮”拖拽到画面上，用鼠标调节按钮的位置和大小。单击放置的按钮，选中巡视窗口的“常规”，用单选框选中“模式”域和“标签”域的“文本”，按钮未按下时显示文本“停止”。按下和未按下时按钮上显示的文本相同，不要勾选复选框“按钮‘按下’时显示的文本”。

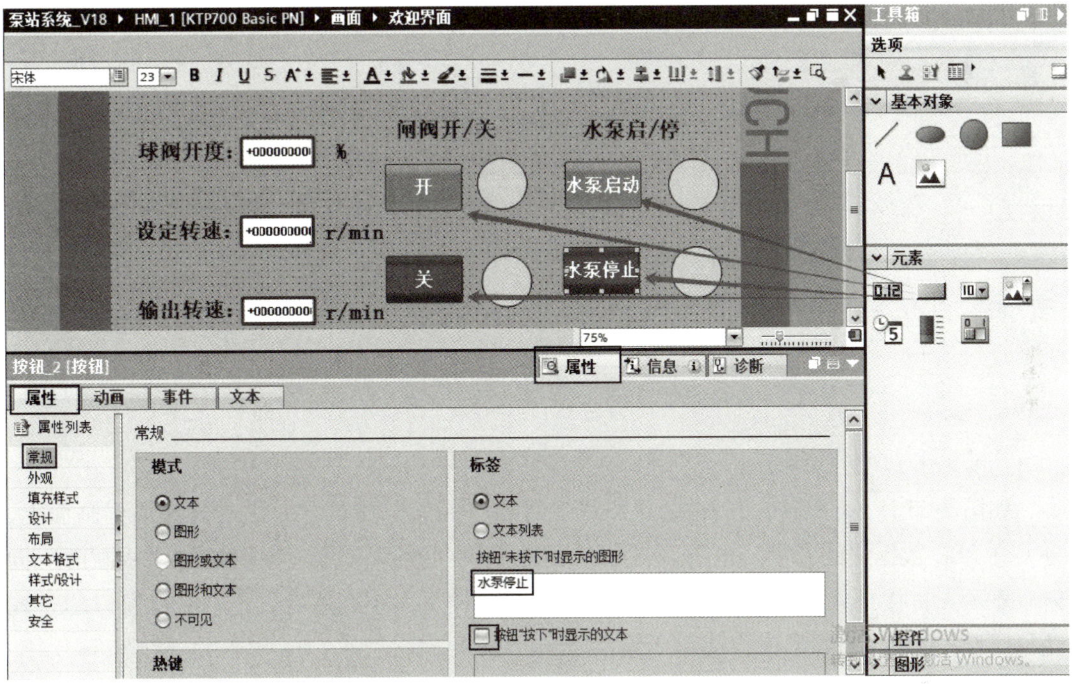

图 2-52　按钮组态（一）

停止按钮的背景颜色可以改为红色，如图 2-53 所示。同理，启动按钮的填充色可以改绿色。

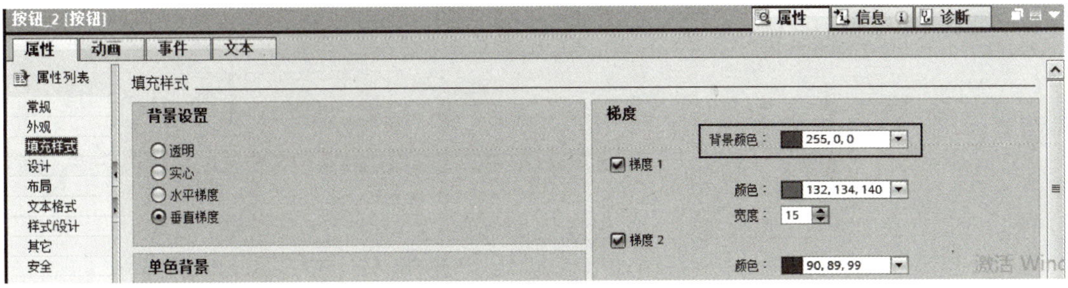

图 2-53　按钮组态（二）

如图 2-54 所示，停止按钮的设置：选中巡视窗口的“属性”→“事件”→“单击”，单击视图右边窗口的表格“添加函数”一行，在出现的“系统函数”列表中选择函数“复位位”。单击表中第 2 行右侧隐藏的按钮…，从 PLC 的“默认变量表”中双击“HMI 启停”变量。在 HMI 运行时按下该按钮，将变量“M2.0”复位位为 0。

同理，组态其他按钮。可以复制按钮，粘贴后修改文本、背景色和事件。“闸阀开”按钮，事件—释放，对 PLC 控制闸阀的 Q0.1 置位位；“闸阀关”按钮，对 Q0.1 复位位。

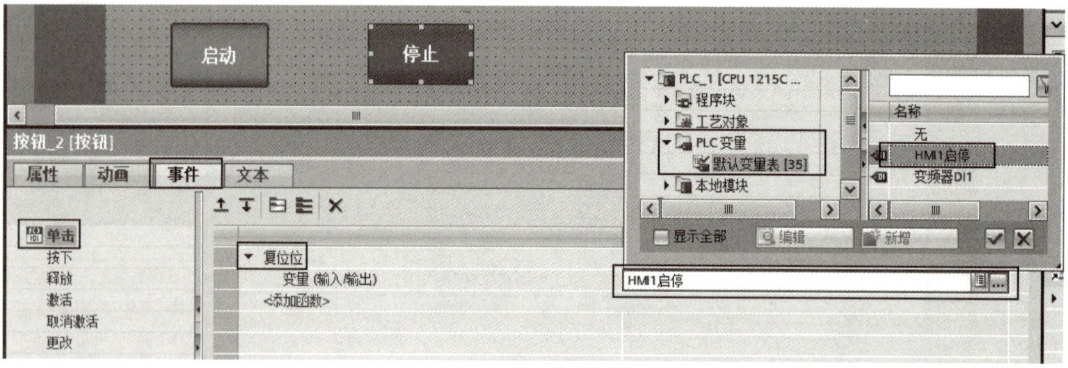

图 2-54 按钮组态（三）

2.5.5.4 I/O 域组态

如图 2-55 所示，与前面类似，可以将工具箱“元素”中的“I/O 域”拖拽到画面上，再关联 PLC 数据块的变量。也可以将 PLC 的数据块“浮现”后，与 HMI 的“根画面”同窗口显示。直接将数据块中的变量拖到画面中，并调整大小。然后，选中巡视窗口的“属性—属性—常规”，类型模式选择“输出”或“输入”。

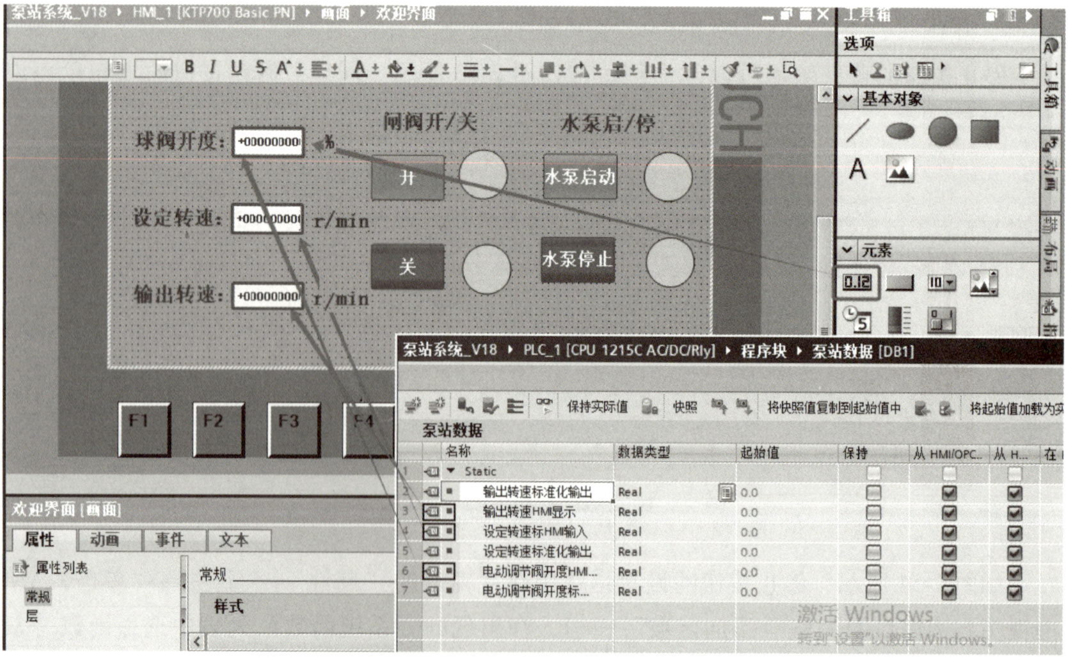

图 2-55 I/O 域组态

2.5.6 项目调试

将 PLC 和 HMI 的程序分别下载到 PLC 和 HMI，操作触摸屏，监控 PLC 程序，观察水泵电机的运转。如果程序出现错误，修改后重新下载调试，直至项目调试成功。

拓展训练 2.6 变频器的 PID 恒压供水控制

项目导入

项目拓展：变频器的PID恒压供水控制1

项目拓展：变频器的PID恒压供水控制2

日常生活中，不论楼层高低，都能得到稳定压力的供水，这要归功于变频器的 PID 控制功能。变频器的 PID 控制也广泛应用在工业生产中维持液体压力恒定。图 2-1 所示全国职业院校技能大赛“泵站”设备中，在水泵附近的出水管装有压力感器，压力传感器的量程为 0～10bar（1bar = 0.1 MPa，下同），测得的压力转化为 0～10 V 的电压信号作为变频器反馈信号的实际值。利用变频器内 PID 控制器（也称 PID 调节器），将来自压力传感器的实际压力与压力设定值比较运算，它的结果作为速度指令控制变频器输出频率，调节水泵的转速使供水管道压力保持恒定。

项目分析

在自动控制系统中常采用的 P（比例）、I（积分）和 D（微分）控制方式，称为 PID 控制。PID 控制是连续控制系统中技术成熟、应用广泛的控制方式，具有算法简单、易于实现、控制效果好以及应用广泛等优点。在工业过程、供水、供热和制冷等环节中，要求系统的被控量（例如容器中的液位、供水系统中的压力和流量、室内或冷却回路中的温度）恒定，而负载在运行过程中不可避免受到干扰，系统的被控量易失去平衡而出现振荡，相对目标值（也叫设定值）存在偏差。对于该偏差，经过 PID 调节，可以迅速、准确地消除系统的偏差，恢复到设定值。

知识链接

2.6.1 PID 控制原理

2.6.1.1 PID 控制系统的构成

工业通信认知

变频器恒压供水 PID 控制系统如图 2-56 所示，负反馈闭环控制系统由控制器、执行器（电动机）和检测元件组成。控制系统随时将被控量的实际值检测信号（即反馈值 x_f）通过检测元件反馈到输入端，与被控量的设定值（即目标信号 x_t）进行比较，如果有偏差 Δx 存在，则 PID 控制器会及时调整，使被控量能够迅速而准确地达到预定的控制目标，最终使控制系统稳定运行。PID 控制器就是对偏差信号进行比例、积分、微分运算，直至消除偏差。

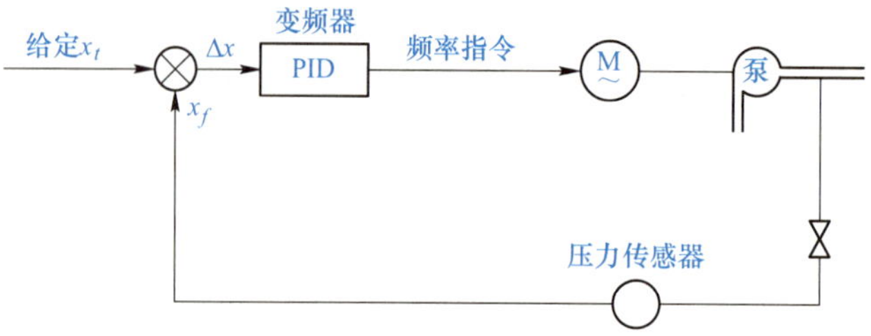

图 2-56 PID 控制系统

2.6.1.2 PID 控制的作用

A 比例控制

比例控制按比例反映系统的偏差，系统一旦出现了偏差，比例控制立即产生调节作用以减少偏差。当仅有比例控制时，系统输出存在稳态误差（又称静差）。

比例增益 K_P 的大小决定了实际值接近目标值的快慢，K_P 越大，比例作用越强，稳态误差越小，系统响应越快：反之，稳态误差越大。K_P 过大会使系统产生较大的超调和振荡，导致系统的稳定性能变差。

B 积分控制

积分控制主要用于消除稳态误差提高系统的误差度。积分控制作用的存在与偏差的存在时间有关，只要系统存在偏差，积分环节就会不断起作用，对输入偏差进行积分，使控制器的输出不断变化，产生控制作用以减小稳态误差，直至为零。

积分作用的强弱取决于积分时间常数 T_I。T_I越大，系统稳定性增加，但是调节速度变慢；T_I越小，系统稳定性降低，甚至振荡发散。积分作用常与另两种调节规律结合，组成 PI 调节器或 PID 调节器。

C 微分控制

微分作用反映系统偏差信号的变化率，具有预见性，能预见偏差变化的趋势，因此能产生超前的控制作用，在偏差还没有形成之前，已被微分调节作用消除。因此，微分控制可以改善系统的动态性能。在微分时间选择合适的情况下，可以减少超调，减少调节时间。微分作用对噪声干扰有放大作用，因此过强地微分调节，对系统抗干扰不利。此外，微分反映的是变化率，而当输入没有变化时，微分作用输出为零。微分时间常数 T_D越大，微分作用越强，响应速度越快，系统越稳定。微分作用不能单独使用，需要与另外两种调节相结合，组成 PD 或 PID 控制器。

对 PID 控制，在控制偏差输入为阶跃信号时，立即产生比例和微分控制作用。由于在偏差输入的瞬时，变化率非常大，微分控制作用很强，此后微分控制作用迅速衰减，但积分作用越来越大，直至最终消除静差。PID 控制综合了比例、积分和微分 3 种作用，既能加快系统响应速度、减小振荡、克服超调，又能有效消除稳态误差，系统的静态和动态品质得到很大改善，因而在工业控制中得到了最广泛的应用。

在系统要求不高的控制中，可以不用微分功能，因为反馈信号的每一点变化都会被控制器的微分作用放大，从而可能引起控制器输出不稳定。

2.6.2 G120C 变频器的 PID 工艺控制器

G120C 变频器内部有 PID 工艺控制器，可以很方便地构成 PID 闭环控制系统，PID 控制原理简图如图 2-57 所示。通过传感器检测被控对象的实际值 p2264（又称反馈值），将其与设定值 p2253（又称目标值）进行比较。如果有偏差，则通过 PID（p2280 比例增益、p2285 积分时间常数、p2274 微分时间常数）控制作用，使偏差为 0，即实际值与设定值达到一致。

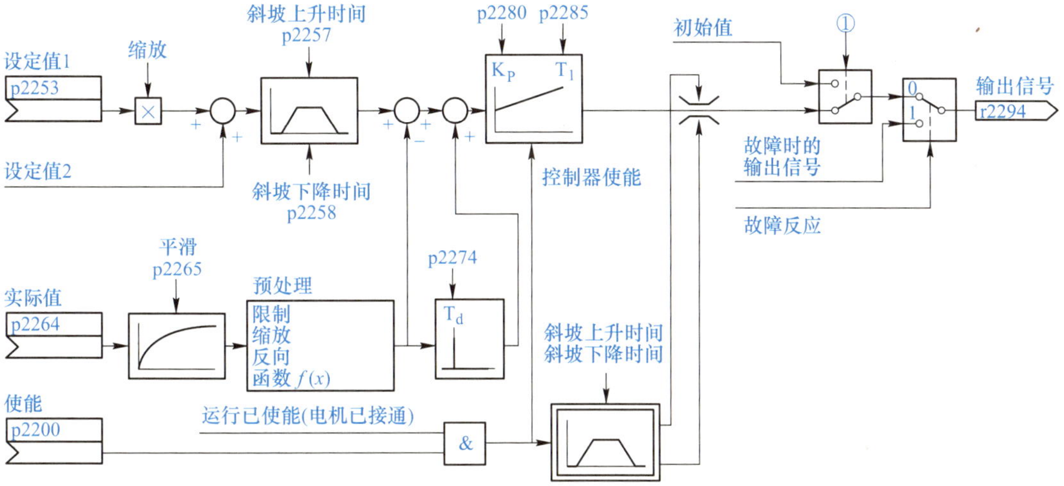

图 2-57　G120C 变频器 PID 控制原理简图

同时满足以下条件时，变频器会采用初始值：

（1）工艺控制器提供主设定值（p2251 = 0）；

（2）工艺控制器的斜坡函数发生器输出端还没有到达初始值。

2.6.2.1　PID 控制器的设置要点

（1）使能 PID 控制功能。在图 2-57 中，设置 p2200 = 1 时，激活 PID 工艺控制器。这时如果将数字量输入端子，比如端子 5（p0840 = 722.0）闭合，当前变频器为 PID 控制运行。此时，p1120 和 p1121 中设定的常规加减速时间及其他常规主设定值被自动禁止。

（2）设定值（目标值）和反馈值（实际值）的设置。PID 调节的依据是反馈值和设定值之间进行比较的结果。因此准确地预置设定值和反馈值是十分重要的。在图 2-57 中，p2253 为设定值通道，通过参数 p2255 和 p2256 可以缩放设定值，通过参数 p2257 和 p2258 可以设定加速和减速时间。p2264 为实际值反馈通道，当模拟量波动较大时，可适当加大滤波时间 p2256，确保系统稳定。在实际应用中，设定值和实际值主要通过以下 4 种方面提供。

1）模拟量输入端 r755.0。通过模拟量通道 0 设定 PID 控制的设定值或实际值，应设置参数 p2253=755.0，p2264=755.0。

2）电动电位器 r2250。通过 p2235 和 p2236 使工艺控制 MOP 设定值或实际值升高或降低，应设置参数 p2253=2250，p2264=2250。

3）自有的固定值 r2224。工艺控制器固定值 p2201~p2215 与工艺控制器的设定值或实际值互连，应设置参数 p2253=2224，p2264=2224。工艺控制器固定值选择位 p2220~p2223=1 时，选择 p2201~p2215 的值作为固定设定值或实际值。固定值有两种方法：当 p2216=1 时，为直接选择方法；当 p2216=2 时，为二进制选择方法。

4）现场总线 r2050 和 r2051。变频器的设定值和实际值都可以通过现场总线接收和发送。当 p2253=2050 时，工艺控制器的设定值为用于连接现场总线控制器接收到的字格式 PZD（设定值）；当 p2264=2051 时，工艺控制器的实际值为选择将要发送给现场总线控制器的字格式 PZD（实际值）。

通过 p2271=1 可以将工艺控制器实际值取反，是否取反取决于实际值信号的传感器类型。如果实际值随着电动机转速升高而增加，则设置 p2271=0（出厂设置）；如果实际值随着电动机转速升高而降低，则设置 p2271=1。

通过 p2306=1，PID 偏差取反可以实现 PID 的反作用（即反馈低于设定值时，变频器减速）。在突变的信号场合，可以使用设定值通道的 p2257 和 p2258 斜坡功能，使调节变化缓慢。

（3）限幅斜坡功能。PID 调节后输出可以通过参数 p2291 和 p2292 限制。p2293 为工艺控制器输出信号限幅的斜坡升降时间。

注意：该限幅斜坡函数发生器只在激活 PID 控制上升时间起作用一次，取消 PID 控制下降时间起作用一次。

（4）PID 连接模式。PID 工艺控制器的输出与速度通道的连接模式可以通过参数 p2251 设置。当 p2251=0 时，工艺控制器输出作为转速主设定值（总设定值 p1109=2294），p1070 被旁路，同时速度给定值通道的斜坡函数发生器也被旁路。当 p2251=1 时，工艺设定值输出作为转速附加值（转速控制器转速设定值 p1155=2294），同时 p1070 的给定通道仍然起作用。

2.6.2.2 PID 控制器的主要参数

PID 控制器的主要参数包括设定值通道、反馈值通道、比例、积分和微分等参数，具体见表 2-12。

表 2-12 PID 工艺控制器的主要参数

参数号	参数名称	说　明
p2200	PID 工艺控制器使能	p2200=1 时，使能 PID 工艺控制器； p2200=0，出厂设置，禁用 PID 工艺控制器
p1070	主设定值	p1070=r2294，转速主设定值与 PID 工艺控制器的输出 r2294 互联

续表 2-12

参数号	参数名称	说　明
p2251	PID 工艺控制器模式	设置 PID 工艺控制器输出的应用模式，p2200 = 1，p2251 = 0 或 1 才生效。p2251 = 0：PID 工艺控制器输出作为转速主设定值；p2251 = 1：PID 工艺控制器输出作为转速附加设定值
p2253	PID 工艺控制器设定值通道	确定 PID 工艺控制器的设定值，出厂设置为 0
p2264	PID 工艺控制器实际值通道	确定 PID 工艺控制器的实际值，通常为传感器返回的标准信号，例如，4~20 mA，出厂设置为 0
p2257	PID 工艺控制器上升时间	确定设定估通道的加速时间和减速时间。出厂设置为 1.0 s
p2258	PID 工艺控制器下降时间	
p2274	PID 工艺控制器的微分时间常数	设定 PID 工艺控制器的微分时间常数，出厂设置为 0.0 s，微分功能关闭。微分可改善反应比较迟缓的控制数据的控制性能
p2280	PID 工艺控制器的比例增益	设定 PID 工艺控制器的比例增益，出厂设置为 1.0
p2285	PID 工艺控制器的积分时间	设定 PID 工艺控制器的积分时间常数，出厂设置为 30 s，当 p2285 = 0 时积分功能关闭，PID 工艺控制器无法实现设定值与实际值之间的无差控制

2.6.2.3　PID 控制器参数的调节方法

（1）比例增益 K_P。比例增益 K_P（p2280）的作用是使控制器的输入、输出成比例关系，一旦有偏差立即会产生控制作用，当偏差为 0 时，控制作用也就为 0。因此，比例控制是基于偏差进行调节的，是有差调节，为了尽量减少偏差，同时也为了加快响应速度，缩短调节时间，需要增大 K_P；但是 K_P 又受到系统稳定性的限制，不能随意增大，如果系统容易遭受突然跳变的反馈信号，一般情况下应将比例项设定为较小的数值（0.5），同时积分时间应设定得较快，才能得到优化的控制特性。

（2）积分时间 T_I。积分时间参数（p2285）是为了消除稳态误差而引入的，然而积分的引入使响应的快速性下降，稳定性变差，尤其在大偏差阶段的积分往往使系统的响应出现过大的超调，使调节时间变长，因此可以通过增大积分时间 T_I 来减少积分作用，从而增加系统的稳定性。

（3）微分时间参数 T_D。微分时间参数（p2274）能够根据偏差变化趋势做出反应，加快了对偏差变化的反应速度，能够有效地减少超调，缩小最大动态偏差；但同时又使系统容易受到高频干扰的影响。通常情况下，温度、压力等控制不投入微分项（即 p2274 = 0）。

只有合理地整定这 3 个参数，才能获得比较满意的控制性能。

S7-1200 PLC 与G120变频器 PROFINETT 通信电路设计与安装

任务实施

（1）硬件电路。设计变频器恒压供水的接线原理图，模拟量端子 3、4（AI0）接入反馈信号 0~10 V 的电压信号对应 0~10 Bar 的压力信号，同时将 AI0 通道上的 DIP 拨码开关置于“U”位置；端子 5 控制变频器启停，端子 6 控制变频器进行故障复位。通过面板设定变频器的频率。

（2）参数设置。

1）参数复位。恢复变频器工厂默认值。设置 p0010 = 30 和 p0970 = 1，保证变频器的参数恢复的出厂设置。

2）设置电动机参数。根据实际电动机的铭牌，设置电动机参数。

3）设置 PID 工艺控制器参数，见表 2-12。通过 Startdrive 软件设置 PID 工艺控制器参数并监控 PID 运行时的状态，如图 2-58 所示。

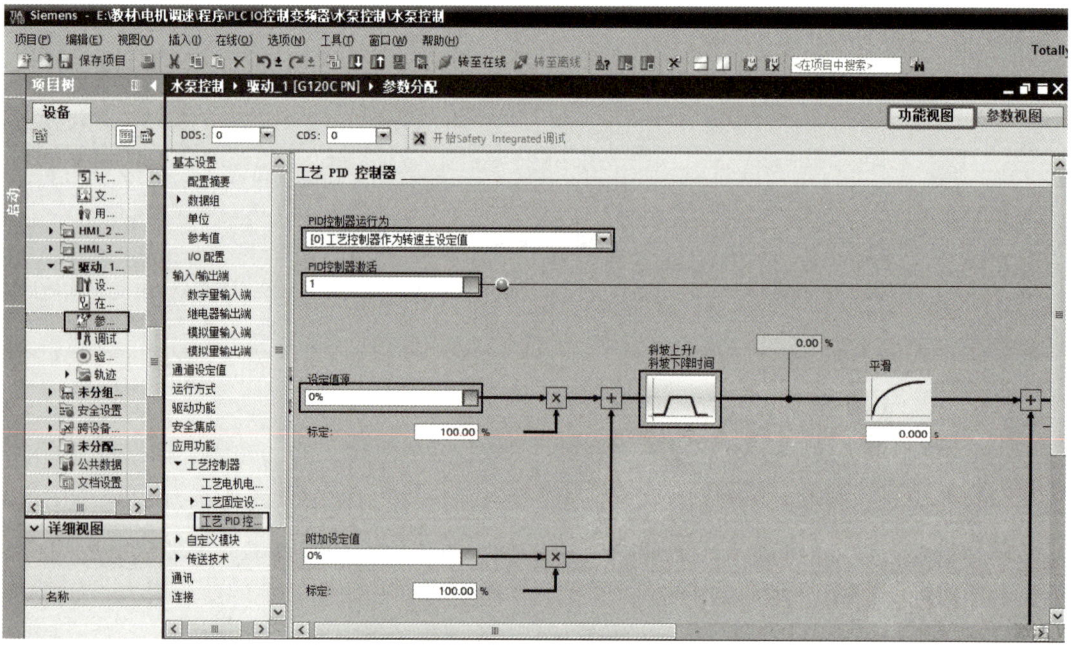

图 2-58 PID 参数设置画面

① 在项目树下单击“参数”按钮。

② 单击“功能视图”按钮。

③ 单击画面右侧“应用功能”下的“工艺 PID 控制器”。

④ 在参数设置界面分别设置 p2251、p2200、p2253、p2257 和 p2258 等参数。

表 2-13 中其他参数的设置需要拖拽标记垂直滚动条以及水平滚动条或单击“参数视图”，在相应位置处进行设置。

表 2-13 恒压供水控制系统参数设置

参数号	参数名称	出厂值	设定值	说 明
		控制参数		
p0015	宏文件驱动设备	7	12	选择宏命令 12
p0756[0]	模拟输入类型	4	0	0~10 V 电压设定信号接入 AI0，DIP 开关置于“U”
p0840	ON/OFF1	r2090.1	r0722.0	5 端子作为启停信号

续表 2-13

参数号	参数名称	出厂值	设定值	说明
控制参数				
p2103	应答故障	r2090.7	r0722.1	6 端子作为故障复位信号
p1070	主设定值	r2050.1	r2294	转速主设定值与 PID 控制器的输出 r2294 互联
p2200	工艺控制器使能	0	1	使能 PID 工艺控制器
p2251	工艺控制器模式	0	0	PID 工艺控制罪作为转速主设定值
设定值参数				
p2253	控制器设定值通道	0	r0755.0	AI0 作为 PID 设定值
p2255	控制器设定值 1 比例系数	100.00	100.00	设定值缩放比例系数为 100%
p2257	控制器上升时间	1.0	1.0	PID 设定值的斜坡上升时间为 0.1 s
p2258	控制器下降时间	1.0	1.0	PID 设定值的斜坡下降时间为 0.1 s
实际值参数				
p2264	控制器实际值通道	0	r0755.1	A11 作为 PID 实际值
p2265	控制器实际值滤波器时间常数	0.000	0.1	PID 工艺控制器实际值滤波器的时间常数为 0.1 s
p2267	控制器实际值上限	100.00	100.00	PID 工艺控制器实际值上限为 100%，如果实际值超出该上限，则导致故障码 F07426 出现
p2268	控制器实际值下限	-100.00	0.00	PID 工艺控制器实际值下限为 0，如果实际值超出该下限，则导致故障码 F07426 出现
p2271	工艺控制器实际值取反	0	0	PID 工艺控制器的实际值信号不取反
PID 参数				
p2274	控制器的微分时间常数	0.000	0.000	微分不起作用
p2280	控制器的比例增益	1.000	0.5	PID 工艺控制器的比例增益 K_P；推荐 0.5
p2285	工艺控制器的积分时间常数	30.000	15	PID 工艺控制器的积分时间常数 T_I；推荐 15

（3）运行操作。

1）闭合开关 SA 时，端子 5 为 ON，变频器启动电动机，当反馈的电压信号发生改变时将会引起电机转速的变化。

当用水量增加、压力下降时，反馈的电压信号就会小于目标值 60%，PID 调节器使变频器输出转速增加，电动机拖动水泵加速，水压增大；反之，当用水量减少时，水压上升，反馈的电流信号就会大于目标值 60%，PID 调节器使变频器输出转速减小，电动机拖动水泵减速，水压减小。如此反复，可使变频器达到一种动态平衡状态，从而保证供水管道的压力恒定。

2）在变频器运行操作中，分别按以下两组参数值修改变频器的参数。

①目标值 p2253 = 50%（5 V），比例增益 p2280 = 10，积分时间 p2285 = 30。

②目标值 p2253 = 50%（5 V），比例增益 p2280 = 30，积分时间 p2285 = 10。

重新运行变频器，观察变频器调节过程的变化。

在系统反应太慢时，应调大比例增益 p2280，或减小积分时间 p2285；在发生振荡时，应调小比例增益 p2280，或加大积分时间 p2285。

③断开开关 SA，端子 5 为 OFF，电动机停止运行。

思考与练习题

2-1 填空题

（1）模拟量模块的主要任务就是完成__________转换和__________转换。

（2）模拟量电压输入信号±10 V 对应的满量程数字量范围是________________，模拟量电流输入信号 0~20 mA 对应的满量程数字量范围是________________。

（3）当模拟量模块处于正常状态时，模拟量模块上的 LED 指示灯为__________显示。

（4）在 PID 控制功能中，P 是__________调节，I 是__________调节，D 是__________调节。

（5）PID 工艺控制器实际值的参数是__________，它们主要通过__________、__________、__________、和__________ 4 种方式提供。

（6）在 PID 控制中，如果实际值都采用模拟量输入通道给定，应该送到变频器的端子__________。

（7）在变频器恒压供水系统中，压力传感器的作用是__________。

（8）如果实际值随着电动机转速升高而增加，则必须设置 p2271 = __________；如果实际值随着电动机转速升高而降低，则必须设置 p2271 = __________。

（9）在 PID 调节中，比例增益 K_P 越大，比例作用越强，稳态误差__________，系统响应__________；反之，稳态误差__________。K_P 过大会使系统产生较大的__________和__________，导致系统的稳定性能变差。

（10）积分控制主要用于消除__________，微分作用反映系统偏差信号的__________，具有预见性，能预见偏差变化的趋势，因此能产生__________的控制作用。

2-2 分析题

（1）如何用博图软件设置变频器参数？

（2）PID 工艺控制器模式选择参数 p2251 设置为 0 和 1 的主要区别是什么？

项目3 传送带的 PLC、变频器通信调速

项目概述

某自动化生产线分拣单元采用传送带作为零件的传输机构。该传送带由一台三相异步电机拖动，G120 变频器驱动三相异步电动机控制电机的转速，从而控制传送带的运行速度。S7-1200 PLC 通过通信方式控制 G120 变频器实现传送带速度调整。

学习导航

主要内容	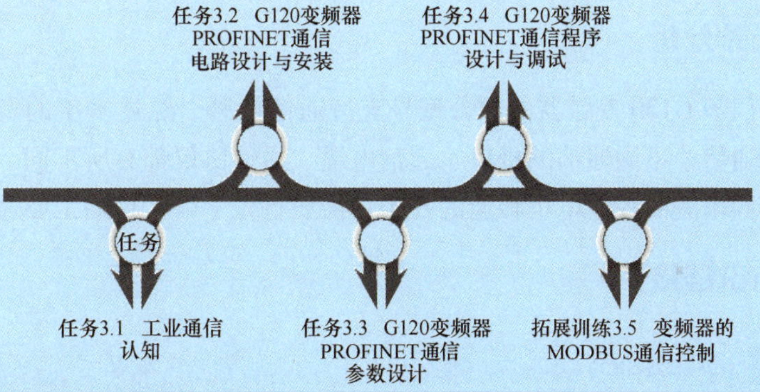
学习目标	（1）了解工业中常见的通信协议； （2）Profinet 通信在项目中的应用； （3）能完成 G120 变频器的电路设计与安装； （4）能通过博图软件完成 G120 变频器参数的设置与下载； （5）能够使用 PLC 通过通信完成 G120 变频的控制； （6）培养学生精益求精的工匠精神。
重点	（1）G120 变频器参数设计； （2）PLC 程序设计与调试。
难点	G120 变频器控制系统 PLC 程序设计与调试。
推荐教学方法	任务驱动教学法、小组教学法、现场演示教学法。
建议学时	6~8 学时。
推荐学习方法	动手完成变频器的线路连接，参数设置；PLC 程序设计方法建议：理解例程，修改例程，动手编程。
主要训练设备与工具	控制单元 CU250S-2 1 个、功率模块 PM240-2 1 个、三相异步电动机 1 台、安装有 TIA Portal V17 软件的计算机 1 台、网线 1 根、开关和按钮若干、通用电工工具 1 套。
参考手册与相关标准	《SINAMICS G120 变频器，配备控制单元 CU250S-2 和编码器检测的内置模块操作说明》、《低压电气装置　第 5-52 部分：电气设备的选择和安装，布线系统》（GB/T 16895.6—2014）、《电气简图用图形符号　第 2 部分：符号要素、限定符号和其他常用符号》（GB/T 4728.2—2018）。

任务 3.1 工业通信认知

任务导入

在之前的项目中，我们已经可以通过面板控制、端子控制完成了 G120 变频器的调速控制。但是一个项目中可能会控制十几个甚至几十个变频器，如果我们继续采用外部端子控制变频器则需要大量的数字量点或者模拟量点，电缆数量增加很多，同时控制器也需要增加更多的数字量或模拟量扩展模块。这样不仅会增加电工接线的工作量，而且线路故障的排查工作也会成倍地增加，所以我们需要考虑采用通信的方式完成多个变频器的速度控制。

本项目中传送带电机为三相异步电动机，G120 变频器用于控制三相异步电动机的转速进而控制传送带速度，S7-1200 作为主控制器，通过在以太网上运行 PROFINET 通信协议控制 G120 变频器。

任务分析

西门子 G120 变频器的部分型号支持通信控制，经过多年的发展，目前工业诞生了多种工业通信，不同通信的接口、通信电缆、通信协议都有所不同。为了实现通过通信控制变频器频率进而控制电机转速的控制，需要首先了解常见的工业通信。

知识链接

3.1.1 工业通信简介

G120变频器 PROFINETT 通信参数设计

工业通信是指在工业控制系统中使用的各种通信技术和协议，用于实现工业设备之间的数据交换和控制信号传输。随着工业自动化水平的不断提高，工业通信已经成为了现代工业中不可或缺的技术之一。

在工业控制系统中，各种设备都需要进行数据的传输和交换，比如传感器需要将采集到的数据传输给 PLC，PLC 再将控制指令发送给执行机构。此外，不同设备之间需要进行协同工作，如生产线上的各种机器需要协同完成生产任务，而这些都离不开工业通信技术的支持。

目前工业通信技术主流的有现场总线、工业以太网两种。

现场总线是一种工业数据总线，它是自动化领域中计算机通信系统最底层的低成本网络。根据国际电工委员会 IEC61158 标准定义：现场总线是指安装在制造或过程区域的现场装置与控制室内的自动装置之间的数字式、串行、多点通信的数据总线。

工业以太网是指技术上与商用以太网兼容，但在产品设计上，在实时性、可靠性、环境适应性等方面满足工业现场的需要，是继现场总线之后发展起来，最被认同也最具发展前景的一种工业通信网络。

3.1.2 主流的通信协议、总线与接口

3.1.2.1 PROFIBUS

牵头厂商为西门子。PROFIBUS & PROFINET 国际组织（PI）提出基于现场总线的自动化标准。通过一根总线电缆，PROFIBUS 可将控制器或控制系统与现场级的分布式现场设备（传感器和执行器）连接，并且允许与更高级别的通信系统进行一致性数据交换。PROFIBUS 的一致性是基于统一的、标准的、独立于应用的通信协议（所谓的 PROFIBUS DP），它是支持工厂自动化、过程自动化、运动控制及安全相关领域的现场总线解决方案。

3.1.2.2 AS-i

AS-i(actuator sensor interface）是传感器/执行器接口的缩写。牵头厂商为西门子。AS-i 是直接连接现场传感器，执行器的总线系统。生产过程的自动化是绝对离不开传感器和执行器的。全球领先的执行器和传感器厂商均为 AS-i 提供支持。可从 AS-i 协会获得相关的电气和机械技术规范。

3.1.2.3 IO-Link

牵头厂商为西门子。2008 年由西门子研发并开始使用，IO-Link(IEC61131-9）是一种开放式标准串行通信协议，允许从支持 IO-Link 的传感器和设备进行双向交换数据，并连接到主站。IO-Link 主站可以通过各种网络，现场总线或背板总线传输此数据，使数据可通过工业信息系统（PLC、HMI 等）进行即时操作或用于长期分析。每个 IO-Link 传感器都有一个描述设备及其 IO-Link 功能的 IODD（IO 设备描述）文件。

3.1.2.4 DeviceNet

牵头厂商为罗克韦尔。DeviceNet 是一个开放式网络标准。规范和协议都是开放的，厂商将设备连接到系统时，无需购买硬件、软件或许可权。任何人都能以少量的复制成本从开放式 DeviceNet 供货商协会（ODVA）获得 DeviceNet 规范。任何制造（或有打算制造）DeviceNet 产品的公司都可以加入 ODVA，并参加对 DeviceNet 规范进行增补的技术工作组。

3.1.2.5 EtherNet/IP

牵头厂商为罗克韦尔。Ethernet/IP 是由 ODVA 所开发并得到了罗克韦尔自动化的强大支持。EtherNet/IP 指的是“以太网工业协议”（Ethernet Industrial Protocol)，它定义了一个开放的工业标准，将传统的以太网与工业协议相结合。EtherNet/IP 是基于 TCP/IP 系列协议，因此采用以原有的形式 OSI 层模型中较低的 4 层。所有标准的以太网通信模块，如 PC 接口卡、电缆、连接器、集线器和开关都能与 EtherNet/IP 一起使用。

3.1.2.6 ControlNet

牵头厂商为罗克韦尔。ControlNet 是面向控制层的实时性现场总线网络，在同一物理层介质链路上提供时间关键性 I/O 数据和报文数据，包括程序的上载/下载，组态数据和

端到端的报文传递等通信支持。罗克韦尔自动化公司的设计之初就提出了三层网络的概念，分别是以太网，Controlnet 网，Devicenet 网，上层信息用于全厂的数据采集和程序维护；中层自动化和控制层实现实时 I/O 的控制，控制器的互锁和报文的传送；底层设备网用于底层设备的低成本，高效率的信息集成。

3.1.2.7 EtherCat

牵头厂商为倍福。EtherCAT（以太网控制自动化技术）是一个开放架构，以以太网为基础的现场总线系统，其名称的 CAT 为控制自动化技术（Control Automation Technology）字首的缩写。EtherCAT 是确定性的工业以太网，最早是由德国的 Beckhoff 公司研发。

3.1.2.8 MODBUS

牵头厂商为施耐德。现已发展为包括 MODBUS RTU、MODBUS ASCII、MODBUS TCP。MODBUS RTU 是一种开放标准、允许通过串行连接进行通信的二进制编码协议。MODBUS ASCII 也是一种开放标准、支持串行连接的 ASCII 编码协议。MODBUS/TCP 是一种开放标准、它将 MODBUS RTU 有效负载封装在 TCP 数据包中，并对功能码进行了一些限制。

3.1.2.9 CC-Link

牵头厂商为三菱。CC-Link 是由日本三菱电机开发，并被其他日本供应商广泛采用的一种现场总线协议。目前有四种 CC-Link 格式：CC-Link、CC-Link LT（用于低通信需求设备的轻量化版本）、CC-Link Safety（高可靠性版本，符合 IEC 61508 SIL3 和 ISO13849-1 Cat 4 标准）、CC-Link IE（工业以太网版），典型的 CC-Link 通信介质包括双绞线和光纤。

3.1.2.10 CANOpen

牵头厂商为博世。由 Bosch 公司领导的一个欧洲机构研究出一个协议原型，由此发展成为 CANopen 规范。CANopen 不仅定义了应用层和通信子协议，而且为可编程系统、不同器件、接口、应用子协议定义了大量的行规，遵循这些行规开发出的 CANopen 设备将能够实现不同公司产品间的互操作。另外，CANopen 协议是免许可证的，任何组织和个人都可以开发支持 CANopen 协议的设备而不用支付版税，这也是 CANopen 得到迅猛发展的重要原因之一。CANopen 目前已在汽车工业控制系统，公共交通运输系统，医疗设备，海运电子设备和建筑自动化系统中取得了广泛的应用，是将 CAN 应用推向深化的理想选择。

3.1.2.11 SERCOS

牵头厂商为博世。SERCOS 网络通信协议接口，是世界上唯一一个标准化的（IEC61491 和通信的协议标准 EN61491）用于控制器与驱动器之间的通信协议接口，有现场总线协议 SERCOS Ⅰ 和 SERCOS Ⅱ，还有实时以太网协议 SERCOS Ⅲ。

3.1.2.12 Host Link

Host Link 是欧姆龙为其旧 PLC 系列开发的协议，但是许多新的欧姆龙 PLC 仍然可以使用 HostLink 协议进行通信。它是基于 ASCII 码的 RS-232 总线协议。

3.1.2.13　USS

USS 协议（Universal Serial Interface Protocol 通用串行接口协议）是 SIEMENS 公司所有传动产品的通用通信协议，它是一种基于串行总线进行数据通信的协议。USS 协议是主-从结构的协议，规定了在 USS 总线上可以有一个主站和最多 31 个从站；总线上的每个从站都有一个站地址（在从站参数中设定），主站依靠它识别每个从站；每个从站也只对主站发来的报文做出响应并回送报文，从站之间不能直接进行数据通信。另外，还有一种广播通信方式，主站可以同时给所有从站发送报文，从站在接收到报文并做出相应的响应后可不回送报文。

3.1.2.14　PROFINET

PROFINET 是一个开放式的工业以太网通信协定，主要由西门子公司和 PROFIBUS & PROFINET 国际协会所提出。PROFINIET 应用 TCP/IP 及资讯科技的相关标准，是实时的工业以太网。自 2003 年起，PROFINET 是 IEC 61158 及 IEC 61784 标准中的一部分。

PROFINET = PROFIBUS + etherNET，把 PROFIBUS 的主从结构移植到以太网上，所以 PROFINET 会有 Controller 和 Device，它们的关系可以简单地对应于 PROFIBUS 的 Master 和 Slave。

PROFINET 网络可以构成四种不同的拓扑结构：线型拓扑结构、星型拓扑结构、树型拓扑结构和环型拓扑结构。

（1）线型拓扑结构：使用一条传输线将网络中的节点先后连接所组成的拓扑结构，如图 3-1 所示。这种结构的优点是结构简单、安装容易、传输线路最短、节省成本。然而，它的缺点是除了两端，其余节点增加或删除困难，单个节点发生故障能影响整个网络，并且故障定位比较困难，一般不用来构成大型网络。

图 3-1　PROFINET 线型拓扑结构

（2）星型拓扑结构：以交换机为中心，将各个网络节点都连接到交换机上所组成的拓扑结构，如图 3-2 所示。这是 PROFINET 网络的典型拓扑结构，也是现代计算机网络使用的主要拓扑结构。星型拓扑结构的优点是节点增加和删除灵活，单个节点故障不会影响网络整体运行，容易管理、诊断及监控。它的缺点是布线复杂，成本高，交换机故障会导致网络瘫痪。

（3）树型拓扑结构：将几个星型拓扑网络用交换机连接起来就构成树型拓扑结构。如图 3-3 所示，这种结构的优点是除了具有星型网络的优点外，还具有网络层次清晰，整体可靠性和安全性都很高的特点。当然，它也具有星型网络的缺点，比如交换机故障会导致

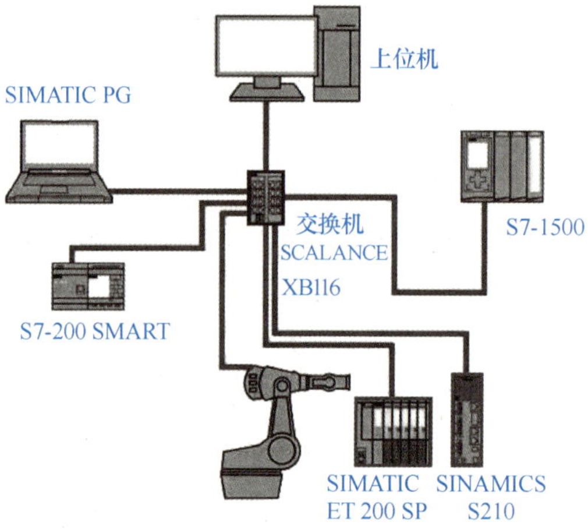

图 3-2 PROFINET 星型拓扑结构

某个分支瘫痪，布线成本高等。

（4）环型拓扑结构：将线型拓扑结构首尾相连，组成一个封闭的环就构成了环型拓扑结构。如图 3-4 所示，环型拓扑结构中信息只能沿一个方向流动，所有的节点都可以申请发送数据，因此需要一种“仲裁”机制，保证同一时间只有一个节点发送数据，通常是使用令牌。环型网络其实是线型网络的改版，因此它也具有线型网络的优缺点。

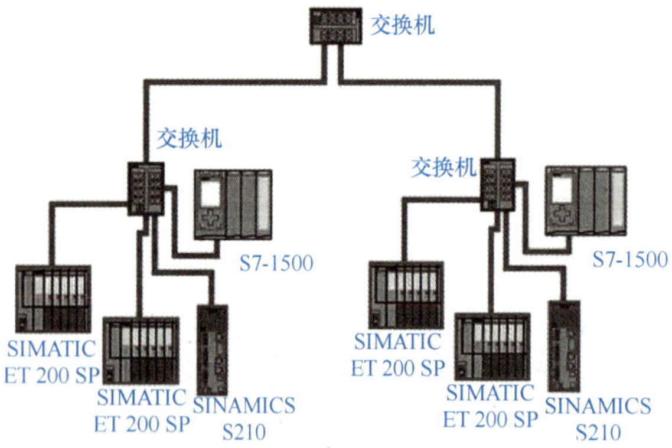

图 3-3 PROFINET 树型拓扑结构

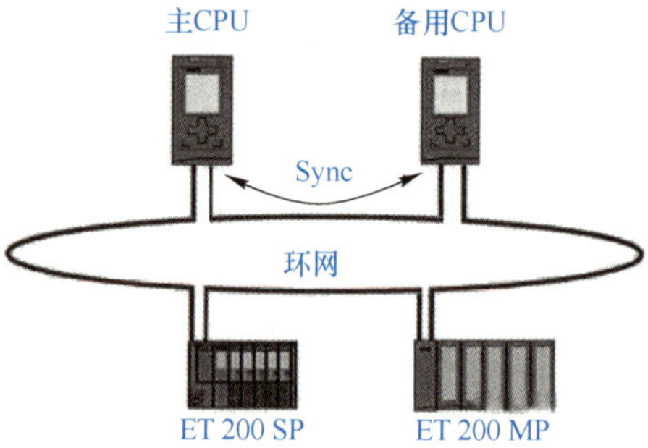

图 3-4 PROFINET 环型拓扑结构

在实际应用中，星型和树型拓扑结构是使用最多的，而环型拓扑结构通常是使用两个 CPU 构建的冗余系统。

PROFINET 具有模块化的结构，使用者可以依据其需求选择不同性能等级。各等级的差异在于为了满足高速通信的需求，采用不同的数据交换机制和协议优化。

为了达到上述的通信机能，定义了以下 3 种的通信协议等级。

1）TCP/IP 是针对 PROFINET CBA 及工厂调试用，其反应时间约为 100 ms。

2）RT（实时）通信协定是针对 PROFINET CBA 及 PROFINET IO 的应用，其反应时间小于 10 ms。

3）IRT（等时实时）通信协定是针对驱动系统的 PROFINET IO 通信，其反应时间小于 1 ms。

PROFINET 使用注意事项：

1）PROFINET 的数据传输带宽是 100 MB/s；

2）设备之间的总线长度为 100 m（超过 100 m 需要设备进行中继，路由器 PROFINET IO 都可以）；

3）数据传输方式为全双工，没有终端电阻；

4）一致性数据最大为 254B；

5）对于上位计算机可以使用标准以太网卡，不需要专用适配器。

3.1.3 G120 的通信协议、总线与接口

西门子 G120 变频器的控制单元中的通信接口有三种，分别是 RS-485 针式接口、RJ45 接口和 SUB-D 孔式接口，如图 3-5 所示。其中 RS-485 针式接口用于 USS 和 MODBUS-RTU 协议，RJ45 接口用于 PROFINET 协议，SUB-D 接口用于 Profinetbus 协议。

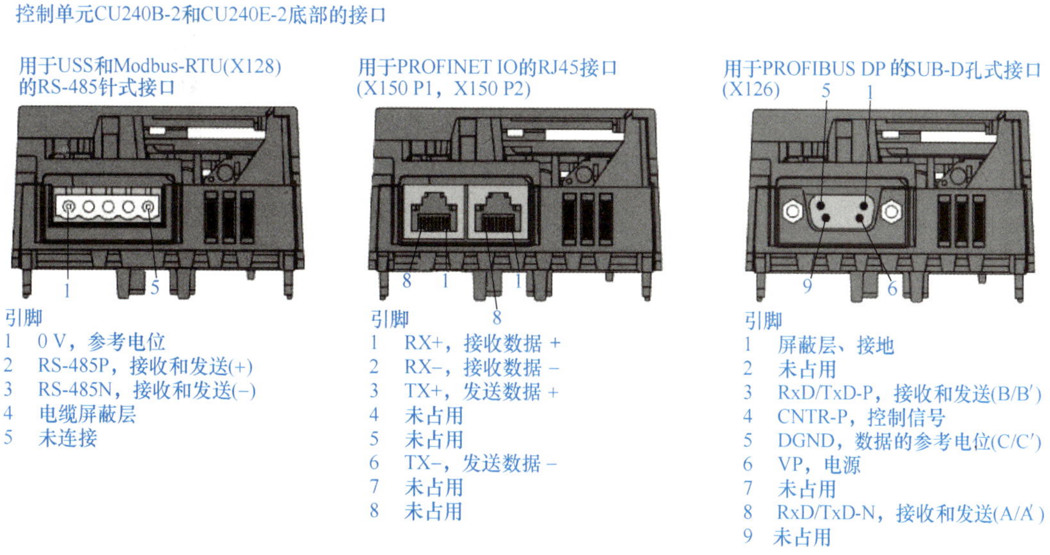

图 3-5　G120 现场总线接口布局

本项目采用 RJ45 接口，通过 PROFINET 来控制 G120 变频器。

任务实施

分小组讨论，讨论 G120 变频器支持通信协议及其应用接口端子。

____

____

____

任务 3.2 G120 变频器 PROFINET 通信电路设计与安装

任务导入

在传送带控制系统中，PLC 通过 PROFINET 的通信方式控制 G120 变频器的启动、停止与转速。在该系统需要设计有启动按钮、停止按钮、运行指示灯，同时还需要完成 PLC 线路连接、变频器线路连接、PLC 与变频的通信线路连接。

任务分析

为了实现传送带的启停与速度控制，需要设计传送带系统的电路并完成电路的安装。

任务实施

（1）电气接线图设计。

PLC 通过 PROFINET 的通信方式控制 G120 变频器的电气原理图可以分为 PLC 的电气设计、G120 变频器的线路设计、PLC 与变频器的连接三部分内容。参考电气接线图如图 3-6 所示。

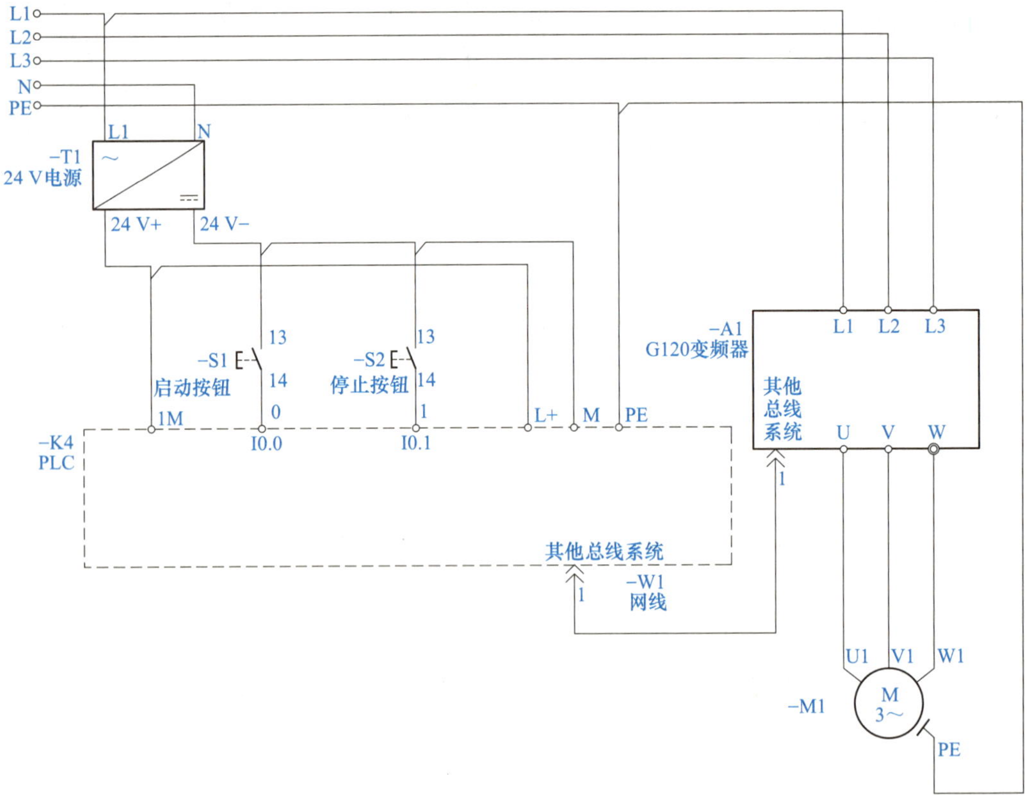

图 3-6 传送带的 PLC、变频器通信调速控制电气接线图

PLC 需要根据所选型号确定 PLC 的供电电源为 AC 220 还是 DC 24。PLC 的接线主要包括电源接线、公共端接线、输入接线。变频器的接线主要分为电源接线、变频器到三相电机的接线。PLC 与变频器之间通过网线连接。

（2）电路安装。按照设计的电气接线图进行电路安装与连接。

（3）电路检查与调试前准备。按照电气接线图，小组自查电路安装与连接，然后小组互查电路安装与连接。

任务 3.3　G120 变频器 PROFINET 通信参数设计

任务导入

变频器的控制有多种方式，本项目中需要采用 PROFINET 的通信方式控制 G120 变频器。变频器的控制方式设置需要通过设计变频器的参数来实现。

任务分析

变频器参数设置方式主要有面板设置与软件设置。在本项目中，我们采用博图软件对 G120 变频器进行参数设置。

知识链接

3.3.1　G120 变频器报文简介

在西门子 G120 变频器中，采用不同的报文表明的是过程数据中每个字的含义。G120 的报文结构见表 3-1。

表 3-1　G120 变频器报文结构

报文类型	PZD1	PZD2	PZD3	PZD4	PZD5	PZD6
报文 1 PZD2/2	STW1	NSOLL_A				
	ZSW1	NIST_A_GLATT				
报文 20 PZD2/6	STW1	NSOLL_A				
	ZSW1	NIST_A_GLATT	IAIST_GLATT	MIST_GLATT	PIST_GLATT	MELD_NAMUR
报文 350 PZD4/4	STW1	NSOLL_A	M_LIM	STW3		
	ZSW1	NIST_A_GLATT	IAIST_GLATT	ZSW3		
报文 352 PZD6/6	STW1	NSOLL_A	预留过程数据			
	ZSW1	NIST_A_GLATT	IAIST_GLATT	MIST_GLATT	WARN_CODE	FAULT_CODE
报文 353 PZD2/2	STW1	NSOLL_A				
	ZSW1	NIST_A_GLATT				

续表 3-1

报文类型	PZD1	PZD2	PZD3	PZD4	PZD5	PZD6
报文 354	STW1	NSOLL_A	预留过程数据			
PZD6/6	ZSW1	NIST_A_GLATT	IAIST_GLATT	MIST_GLATT	WARN_CODE	FAULT_CODE
报文 999	STW1	接收数据报文长度可定义（n=1…n）				
PZDn/m	ZSW1	发送数据报文长度可定义（n=1…n）				

在报文结构图中，每个过程数据的缩写含义见表 3-2。

表 3-2 报文缩写说明

过程值缩写	含 义
STW1/3	控制字 1/3
ZSW1/3	状态字 1/3
NSOLL_A	转速设定值
NIST_A_GLATT	经过滤波的转速实际值
IAIST_GLATT	经过滤波的电流实际值
MIST_GLATT	当前转矩
PIST_GLATT	当前有功功率
MELD_NAMUR	故障字,依据 VIK-NAMUR 定义
M_LIM	转矩极限值
FAULT_CODE	故障编号
WARN_CODE	报警编号

控制字 STW1 的详细说明见表 3-3。

表 3-3 控制字 STW1 各位定义

位	含 义
STW1 1.0（位 0）	OFF1/ON（可以启用脉冲）
STW1 1.1（位 1）	OFF2/ON（可以启用）
STW1 1.2（位 2）	OFF3/ON（可以启用）
STW1 1.3（位 3）	启用或禁用运行
STW1 1.4（位 4）	斜坡函数发生器使能
STW1 1.5（位 5）	继续斜坡函数发生器
STW1 1.6（位 6）	转速设定值使能
STW1 1.7（位 7）	应答故障
STW1 0.0（位 8）	保留
STW1 0.1（位 9）	保留
STW1 0.2（位 10）	PLC 控制
STW1 0.3（位 11）	旋转方向
STW1 0.4（位 12）	抱闸必须打开
STW1 0.5（位 13）	电动电位器设定值高
STW1 0.6（位 14）	电动电位器设定值低
STW1 0.7（位 15）	保留
STW2（位 16 到位 32）	转速设定值

状态字 ZSW1 的详细说明见表 3-4。

表 3-4　状态字 ZSW1 各位定义

位	说明
ZSW1 1.0（位 0）	上电就绪
ZSW1 1.1（位 1）	运行就绪
ZSW1 1.2（位 2）	运行已使能
ZSW1 1.3（位 3）	故障生效
ZSW1 1.4（位 4）	无滑行停止激活（OFF2 激活）
ZSW1 1.5（位 5）	无滑行停止激活（OFF3 未激活）
ZSW1 1.6（位 6）	接通禁止激活
ZSW1 1.7（位 7）	存在报警
ZSW1 0.0（位 8）	公差范围内随动误差
ZSW1 0.1（位 9）	达到 PZD 控制
ZSW1 0.2（位 10）	目标位置已到达
ZSW1 0.3（位 11）	打开抱闸
ZSW1 0.4（位 12）	激活运行程序段应答
ZSW1 0.5（位 13）	无过温电机报警
ZSW1 0.6（位 14）	旋转方向
ZSW1 0.7（位 15）	功率单元报警中无热过载
ZSW2（位 16 到 位 32）	位 16-31→转速实际值

3.3.2 G120 变频器参数设置

在本项目中 S7-1200 与 G120 变频器之间采用 PROFINET 通信进行控制。G120 变频器需要设置相关参数。

在之前的项目中已经可以完成 G120 变频器的快速调试。本项目中，在完成快速调试后，需要更新其余参数，实现变频器的 PN 通信设置。其中需要设置 p0015（宏文件驱动设备）为 7（现场总线，带有数据转换），然后将 p2030（现场总线接口协议选择）设为 7(PROFINET)。

任务实施

S7-1200 PLC
与G120变频器
PROFINETT
通信程序设计
与调试

目前 G120 变频器的参数设置一般采用博图软件进行设置，其设置步骤与方法如下所示。

（1）打开博图软件，新建一个项目，双击“添加新设备”，在弹出的对话框中选择“驱动”，点开“SINAMICS G120”从列表中选择相应带有 PN 后缀的控制单元。如图 3-7 所示，本项目采用的是 PROFINET 通信控制，所选的控制单元需要有 PN 口，后缀带有 PN 的控制单元才能用 PROFINET 通信控制。

（2）点开“驱动_1”，双击设备组态，在右侧硬件目录中添加功率模块，功率模块的选择需要依据电机的额定功率来选择，一般在选取时，功率模块需要大于等于电机的额定

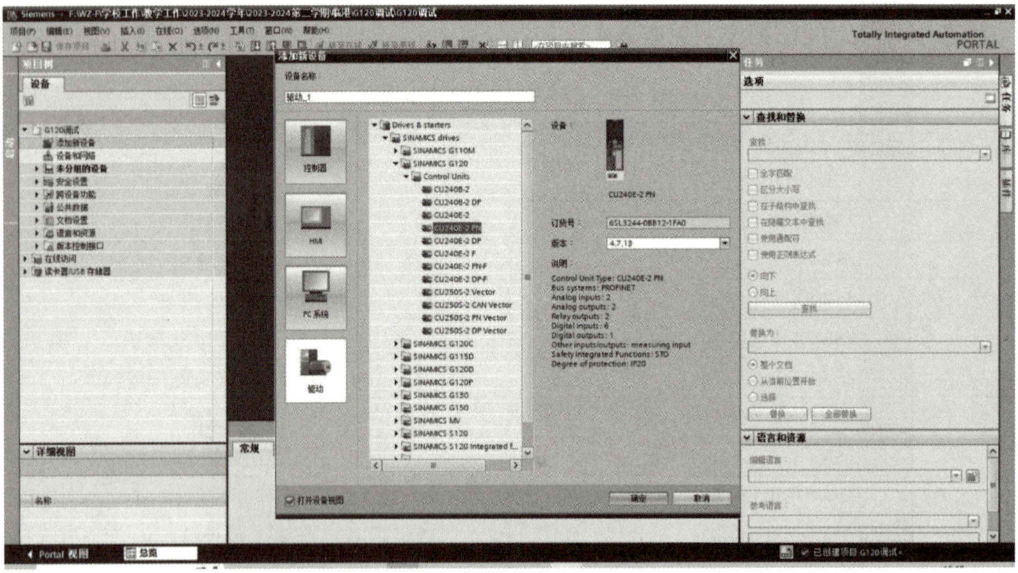

图 3-7 添加控制单元

功率。如图 3-8 所示，选定好功率模块后，双击即可。

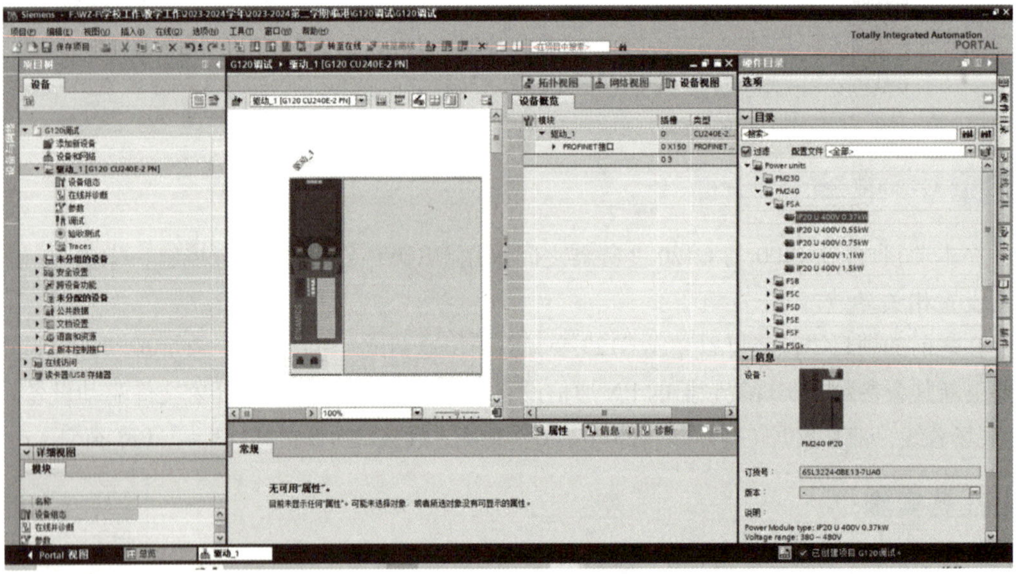

图 3-8 添加功率单元

（3）如图 3-9 所示，点开“驱动_1”，双击“调试”，在双击“调试向导”打开调试向导对话框，根据向导一步一步完成参数设置。“应用等级”，用于确定电机的应用场合，在本项目中为简单主轴的应用，所以选择［1］典型应用，单击“下一步”按钮。

（4）“设定值设定”中用于选定控制器的选择及设定值的给定，分为 3 种情况：

1）PLC 控制变频器，斜坡功能由 PLC 给定；

2）PLC 控制变频器，斜坡功能由变频器自己给定；

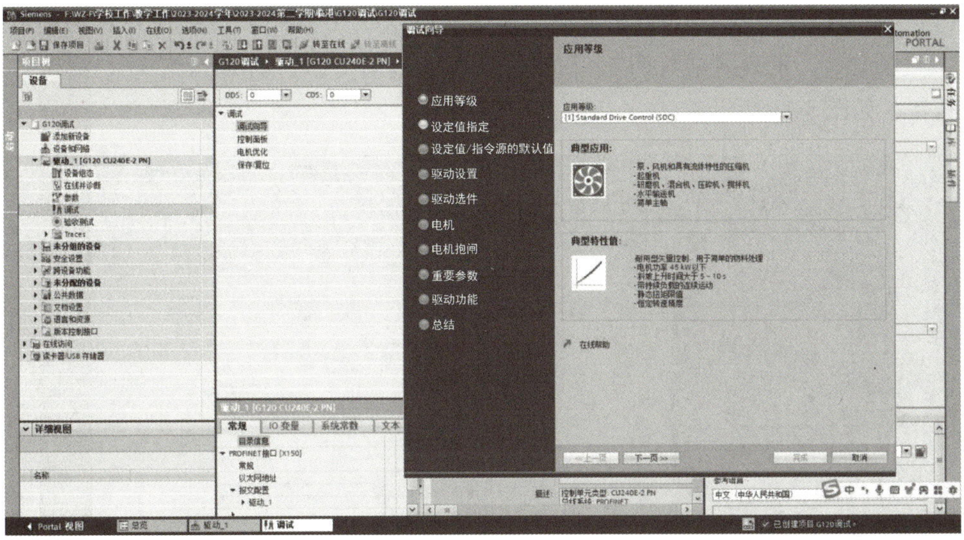

图 3-9　调试向导——应用等级

3）没有外部控制器，斜坡功能由变频器自己给定。

在本项目中采用 PLC 控制变频器，斜坡功能变频器自己给定，如图 3-10 所示。

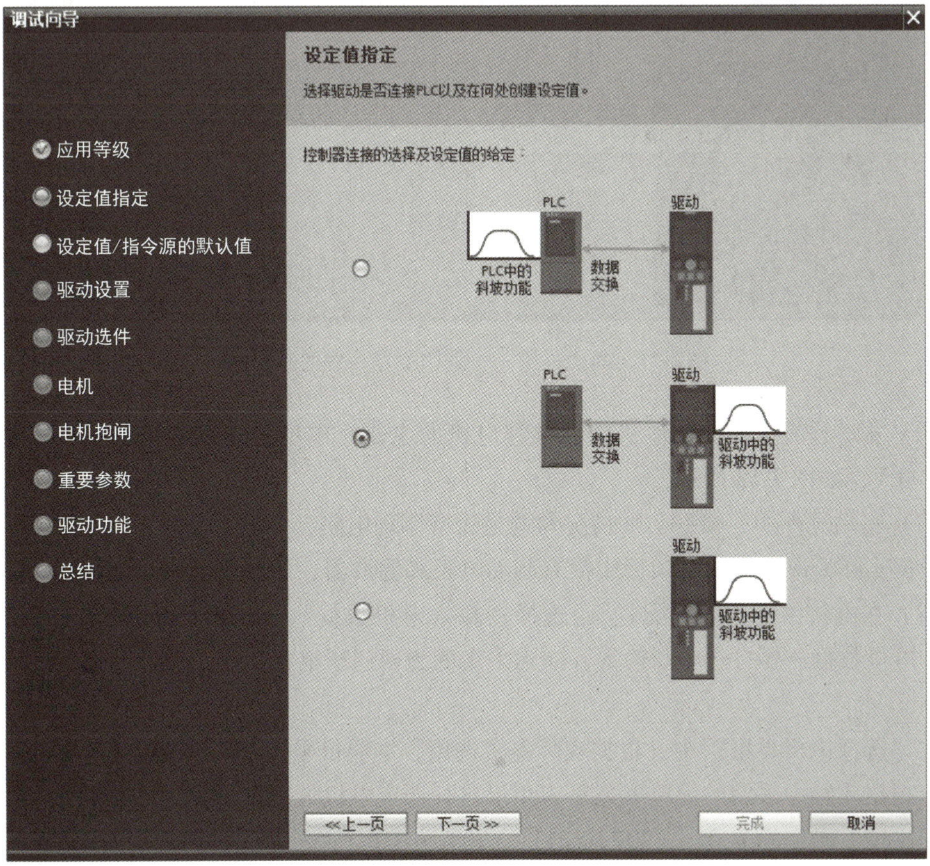

图 3-10　调试向导——设定值指定

（5）本项目采用的是PROFINET通信控制，所以在设定值/指令源的默认值中需要采用“[7] 场总线，带有数据转换”，在报文配置中选用“[1] 标准报文1”，点击“下一步”按钮，如图3-11所示。

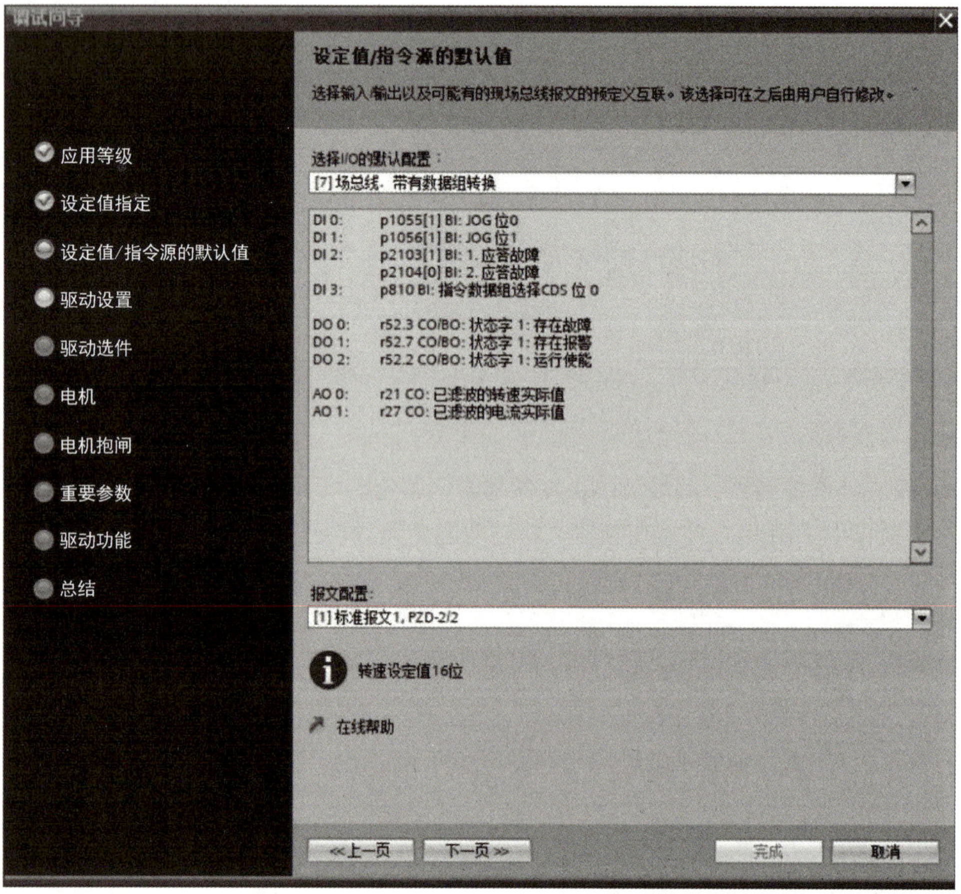

图3-11 调试向导——设定值/指令源的默认值

（6）驱动设置里面设定电机的标准和电机的电压。本项目中标准采用 [0]，电机电压为380 V，如图3-12所示。

（7）驱动选件中，根据实际情况勾选是否有制动电阻，并选择合适的制动功率。滤波器也根据实际情况选用，本项目中没有制动电阻和滤波器，如图3-13所示。

（8）在电机中，点击“配置”，选择“输入电机数据”，本项目采用的不是西门子的电机，电机数据需要自己手动输入，如果采用的为西门子电机，可直接根据电机型号选用即可。

在“选择电机类型”中，根据实际电机选用，本项目采用的为异步电机。“电机连接方式”根据实际中采用的为星形还是三角形自行选定电机的连接方式，本项目中，电机采用星形连接。剩余的p305、p307、p311、p304、p310、p335则需要根据电机型号全部填写相应数据，如图3-14所示。

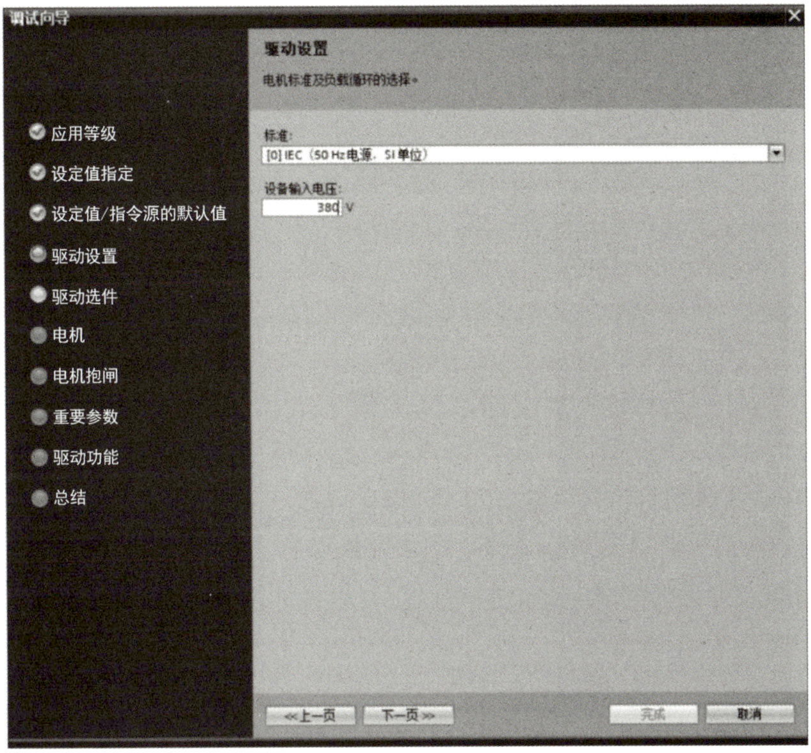

图 3-12　调试向导——驱动设置

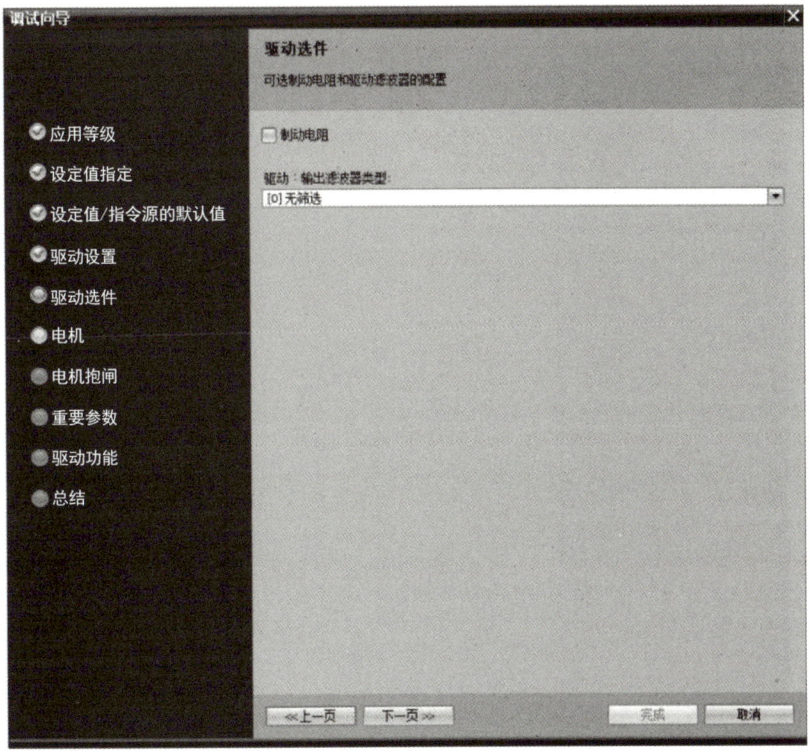

图 3-13　调试向导——驱动选件

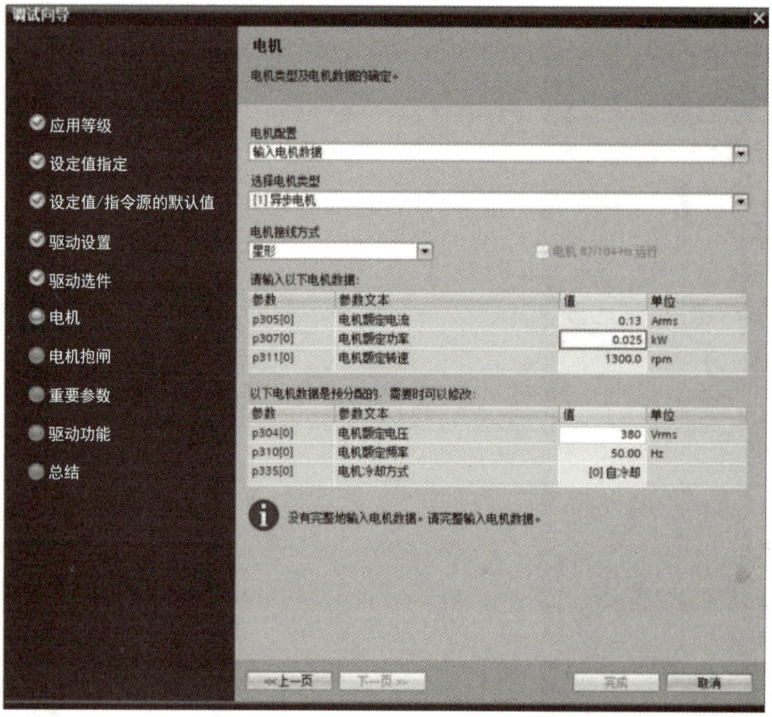

图 3-14 调试向导——电机

（9）点击“抱闸”根据实际情况选用。本项目中没有电机抱闸，如图 3-15 所示。

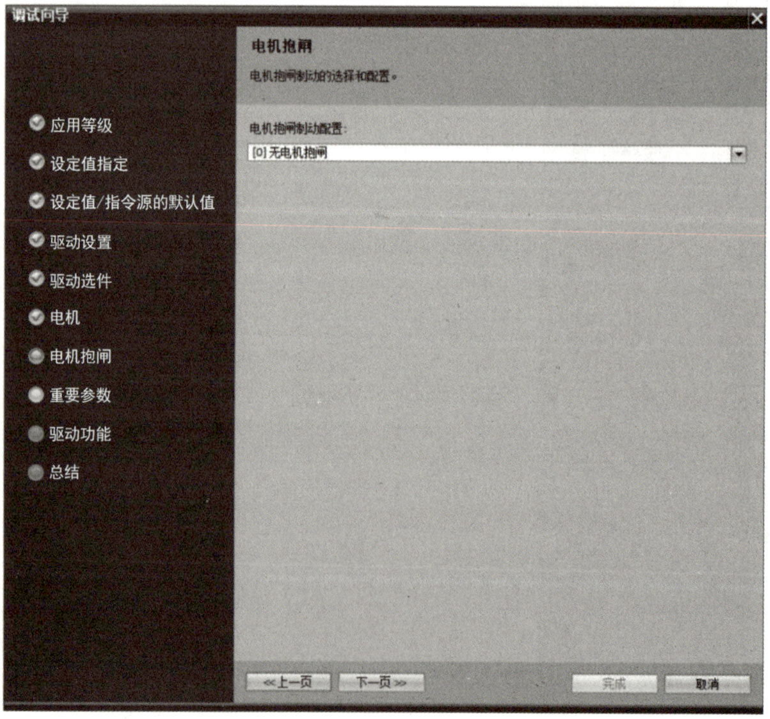

图 3-15 调试向导——点击抱闸

（10）在“重要参数”中，参考转速一般设为电机的额定转速即可，如图 3-16 所示。在 G120 变频器中，不再是控制变频器的输出频率，而是控制电机的转速，在控制器中给定的转速与变频器控制电机的转速之间的公式如下：

实际给定转速 = PLC 给定值 /16384 × p2000（参考转速）

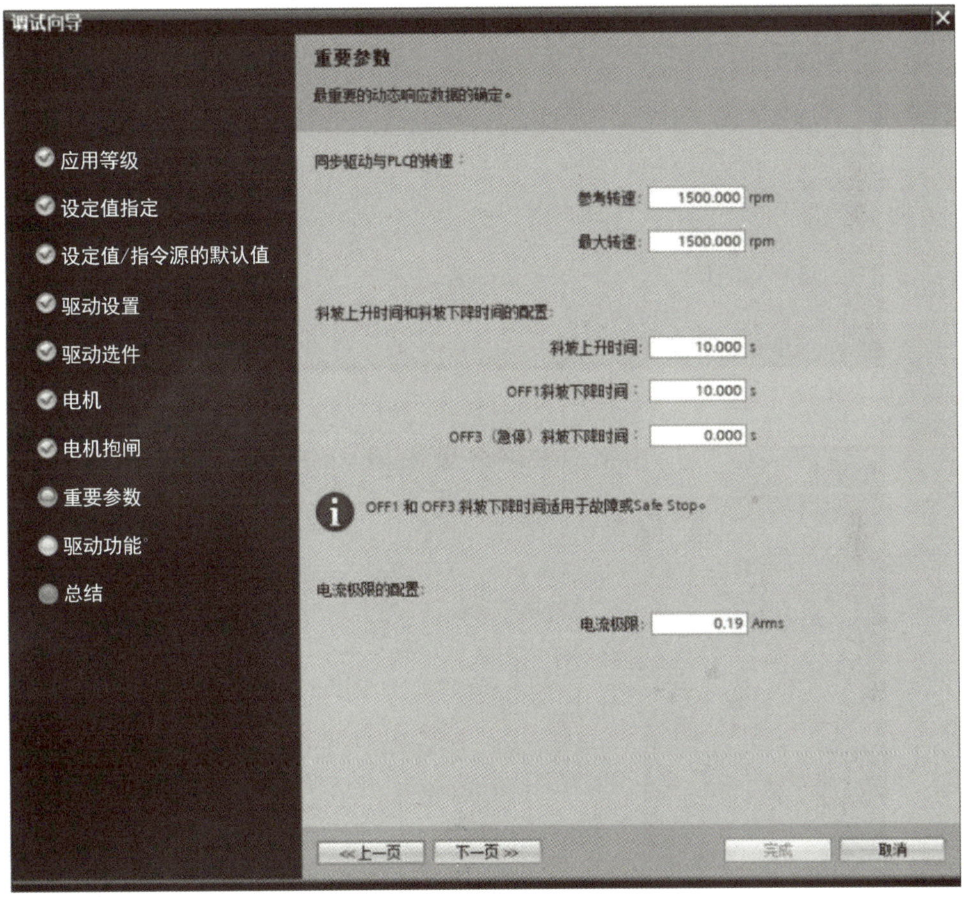

图 3-16　调试向导——重要参数

（11）“驱动功能”中工艺应用位选为恒定负载，电机识别选为禁用，如图 3-17 所示。

（12）“总结”中为设定的相关参数集中显示，单击“完成”按钮。最后通过博图将变频器参数下载到变频器中，如图 3-18 所示。

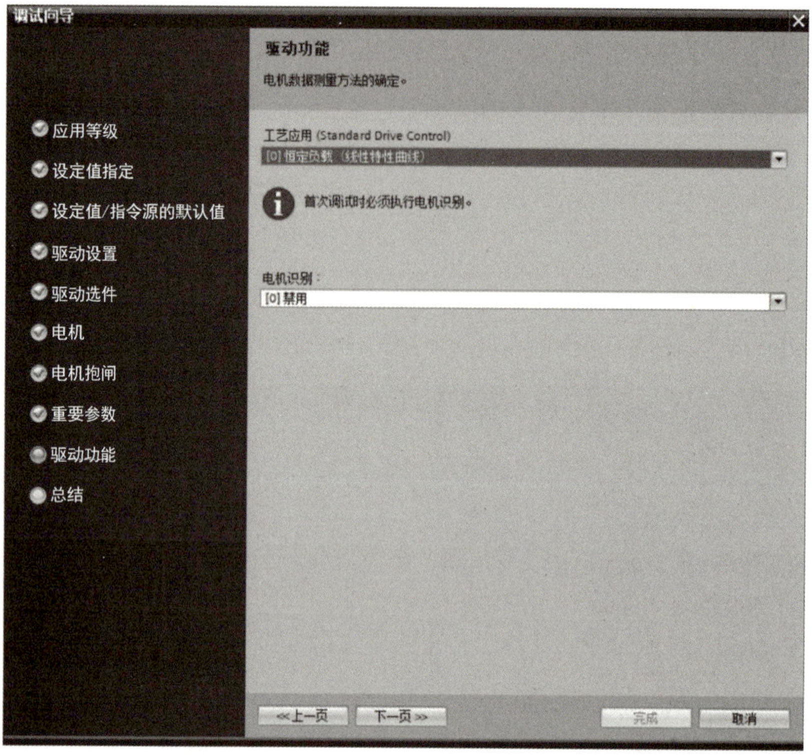

图 3-17　调试向导——驱动功能

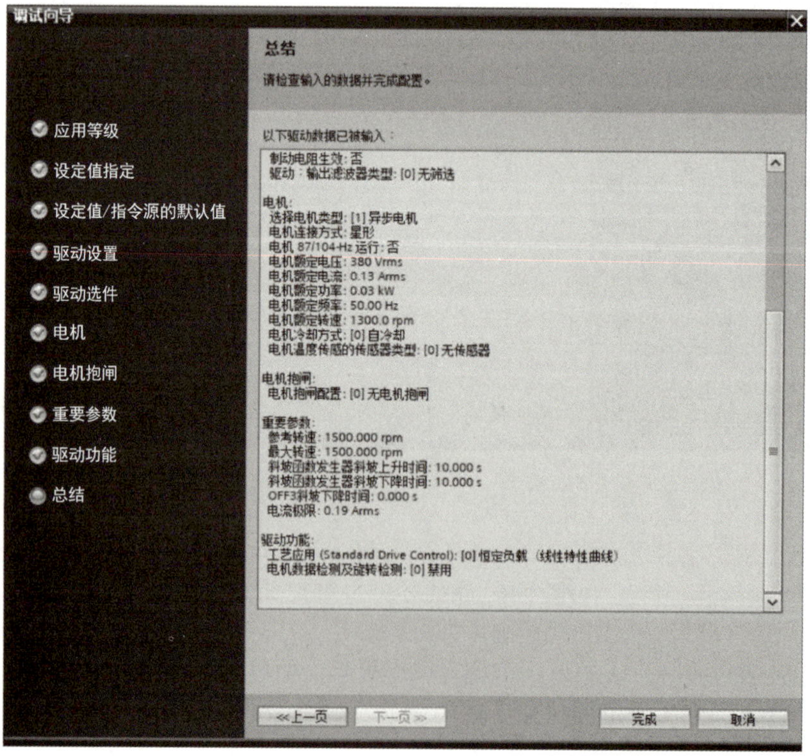

图 3-18　调试向导——总结

任务 3.4　G120 变频器 PROFINET 通信程序设计与调试

任务导入

本项目要求为按下启动按钮后，PLC 通过通信的方式控制变频的启停，并控制电机的转速进而控制传送带的运行速度。

任务分析

在本项目中需要利用博图软件，建立 PLC 与 G120 变频器的设备连接，编写程序控制变频器。这就需要了解 PLC 中 FB 块及 FB 块背景数据块的应用才能有效地完成变频器程序的控制。

任务实施

（1）添加控制器，本项目中采用 S7-1200 作为 G120 变频器的控制器。双击“添加新设备”，选择与实验设备中同型号的 PLC，单击“确定”按钮，如图 3-19 所示。

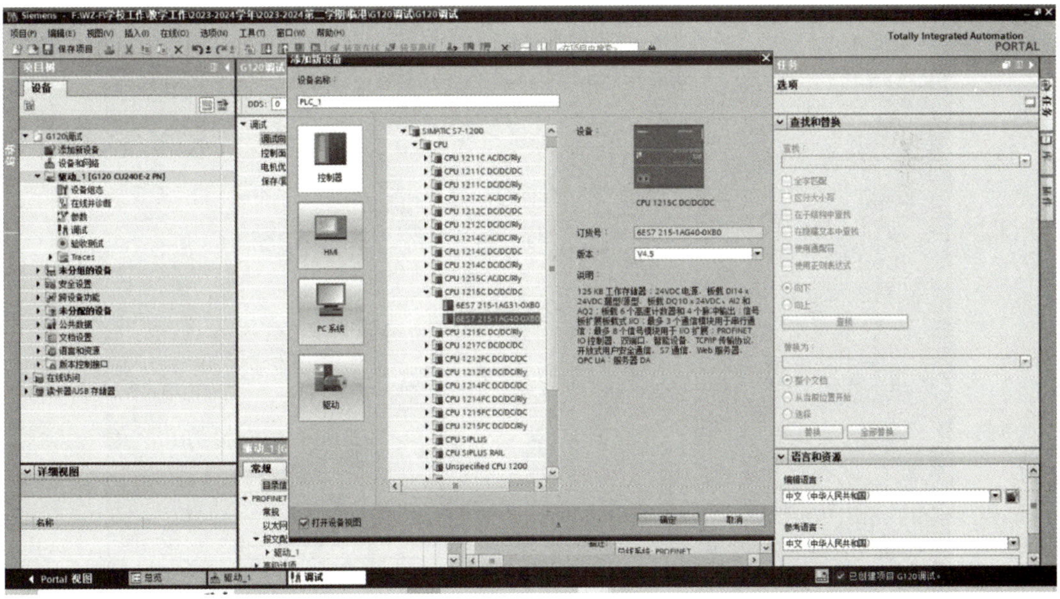

图 3-19　添加 PLC

（2）设定 PLC 的保护机制，本项目中不要勾选保护，单击“下一步”按钮，如图 3-20 所示。

（3）通信模式中，如果 PLC 要 G120 进行通信，不要勾选仅支持 PC/PG 通信，单击“下一步”按钮，如图 3-21 所示。

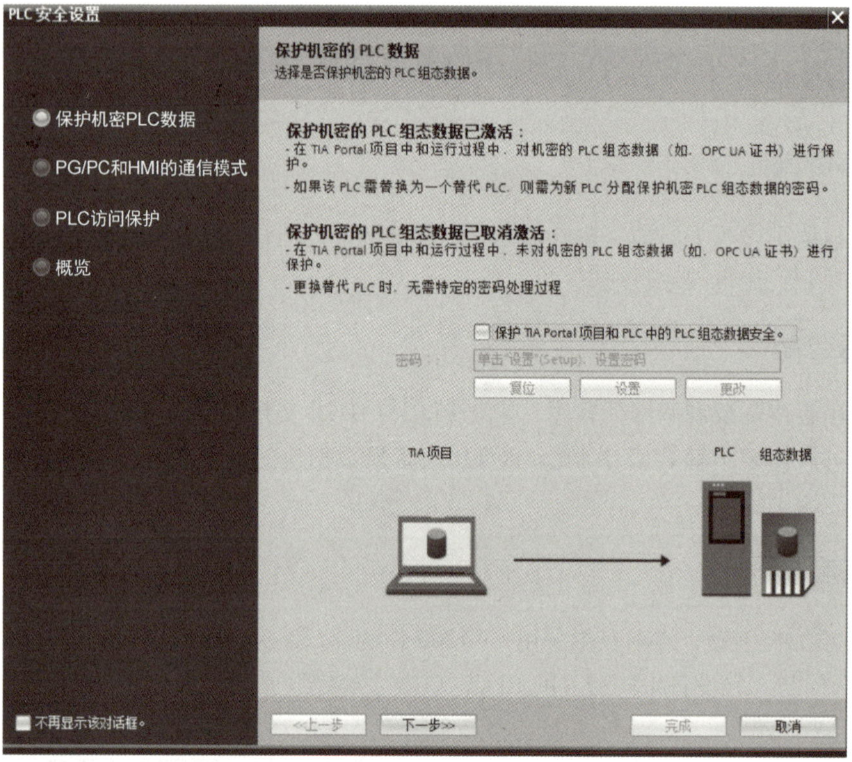

图3-20 PLC安全设置——保护机密的PLC数据

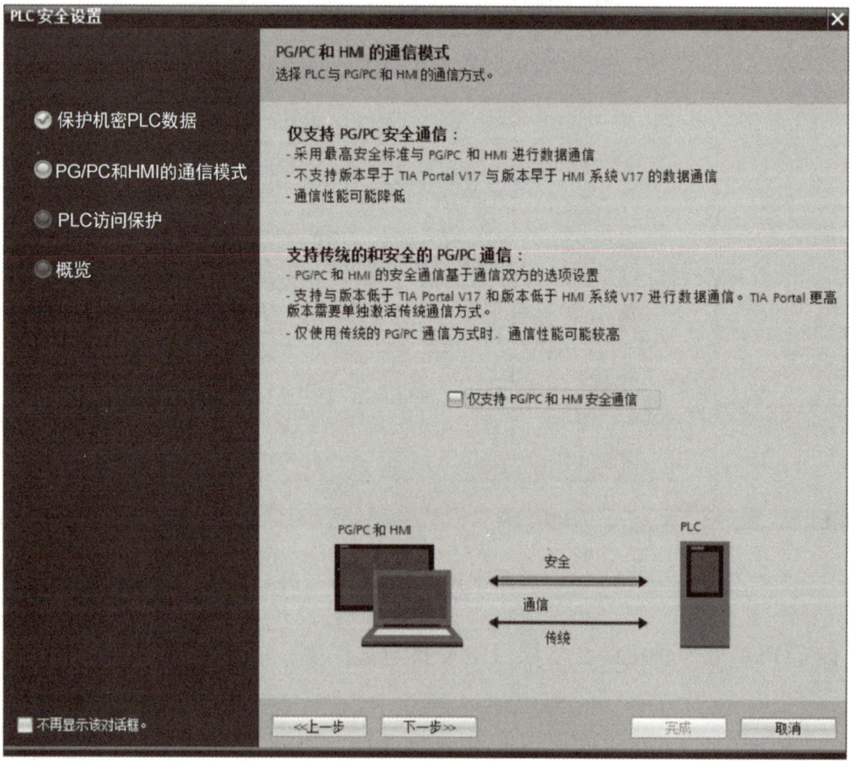

图3-21 PLC安全设置——通信模式

（4）PLC 访问保护中，为了防止学生忘记密码，在本项目中选择完全访问权限，单击“下一步”按钮，如图 3-22 所示。

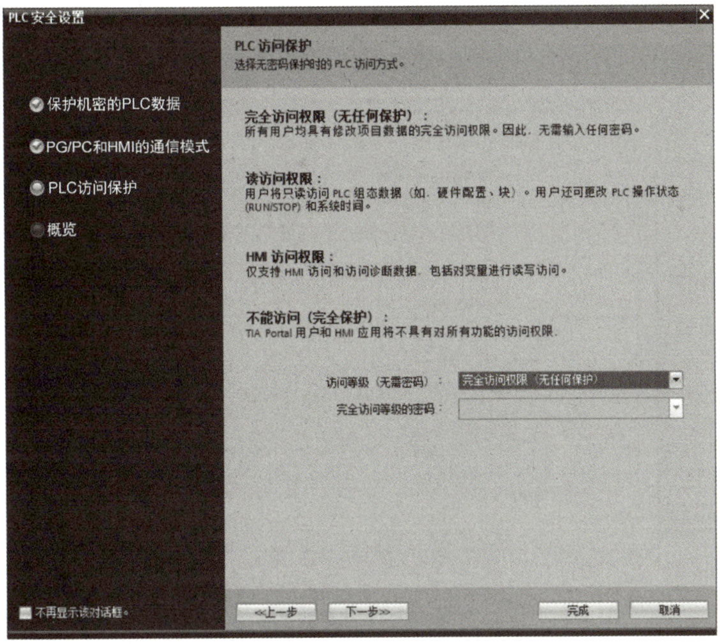

图 3-22　PLC 安全设置——PLC 访问保护

（5）在设备网络中，将驱动（G120）和 PLC 相连，G120 在向导中已经设置了为标准报文 1，相连后，博图自动判断 G120 与 PLC 的通信方式与报文，如图 3-23 所示。

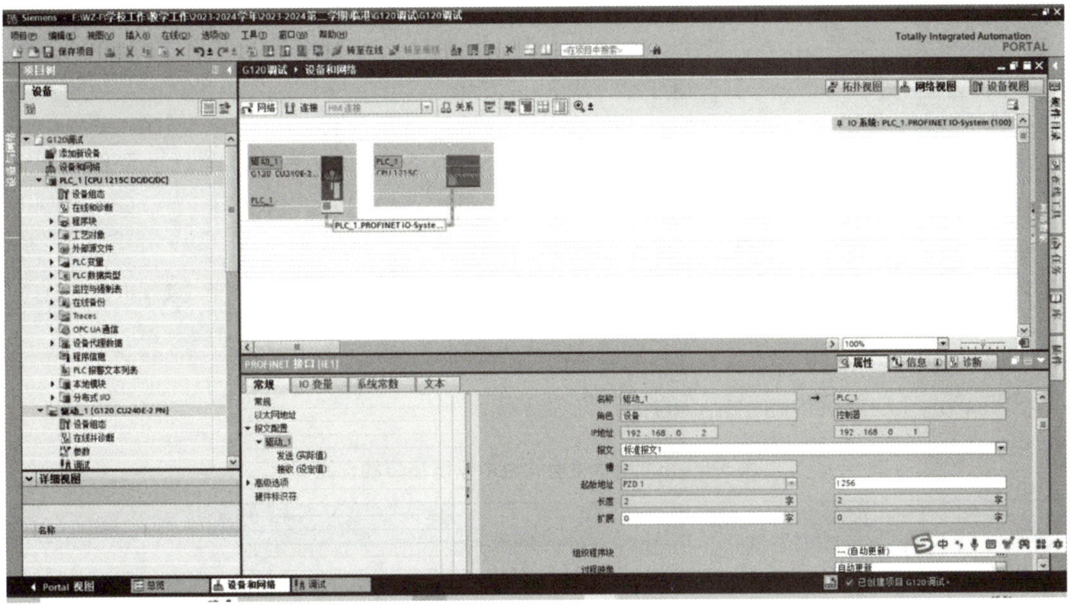

图 3-23　通信连接

（6）在 PLC 程序中，在右侧找到选件包，点开 SINAMIC 文件，找到 SinaSpeed 功能块，拖放到程序中，这时会自动生成一个该功能块的背景数据块。在该功能块中 HWIDSTW 和 HWIDZSW 选择驱动 1（G120）的硬件 ID，如图 3-24 所示。

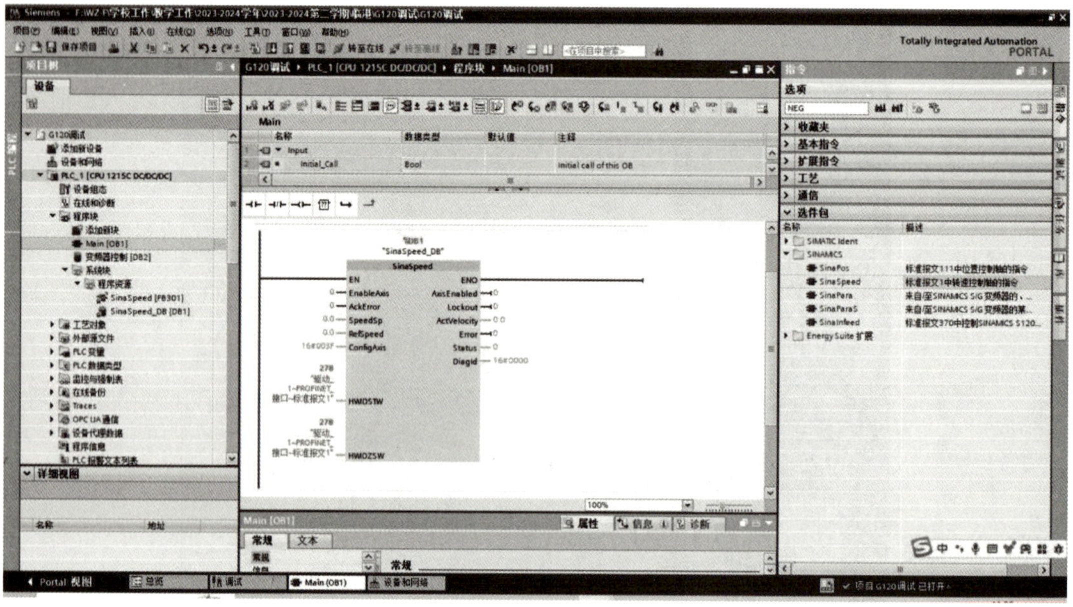

图 3-24 程序实例 01

SinaSpeed 功能块中输入接口的含义见表 3-5。

表 3-5 SinaSpeed 功能块中输入接口的含义

输入信号	类型	默认值	含 义
EnableAxis	BOOL	0	“EnableAxis” = 1→打开驱动
AckError	BOOL	0	轴故障应答→AckFlt = 1
SpeedSp	REAL	0.0[rpm]	转速设定值
RefSpeed	REAL	0.0[rpm]	驱动的额定转速→p2000
ConfigAxis	WORD	3	更多信息参见预分配的 ConfigAxis 输入
HWIDSTW	HW_IO	0	设定值槽中 SIMATIC S7-1200/1500 上的符号名称或硬件 ID
HWIDZSW	HW_IO	0	实际值槽中 SIMATIC S7-1200/1500 上的符号名称或硬件 ID

SinaSpeed 功能块中输出接口的含义见表 3-6。

表 3-6 SinaSpeed 功能块中输出接口的含义

输出信号	类型	默认值	含 义
AxisEnabled	BOOL	0	执行或启用运行模式
Lockout	BOOL	0	1 = 开启禁止激活
ActVelocity	REAL	0.0[rpm]	实际速度->取决于归一化因子 RefSpeed

续表 3-6

输出信号	类型	默认值	含　义
Error	BOOL	0	1＝存在组故障
Status	INT	0	16#7002：无错误-块正在处理 16#8401：驱动装置错误 16#8402：禁止接通 16#8600：DPRD_DAT 错误 16#8601：DPWR_DAT 错误
DiagID	WORD	0	扩展通信错误->SFB 调用错误

在 G120 中，PLC 程序中控制的是电机的转速，不是变频器的输出频率，这点与之前的 MM420 是不同的。

在编写程序时，只需要控制该功能块对应的背景数据块中的相关变量即可。例如想让 G120 控制电机按照 1000.0 r/min 的速度运行，程序如图 3-25 所示。

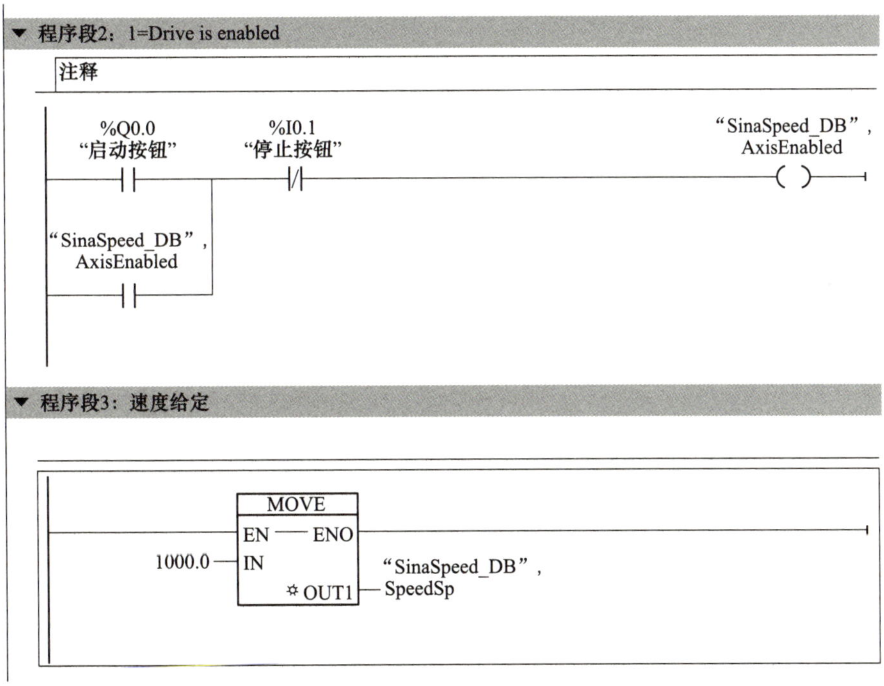

图 3-25　程序实例 02

如果博图中没有 SinaSpeed 功能块，也可以通过 MOV 指令，将控制字直接给定到 PZD 区，通过图 3-23 可以得知在所选报文下，PZD 区所对应的 QW 和 IW 的值。以本项目为例，STW1 为 QW256，NSOLL_A 为 QW258，ZSW1 为 IW256，NIST_A_GLATT 为 IW258。

控制字 STW1 中常用的如下：

启动：16#047F。

停车（OFF1）：16#047E。

停车（OFF2）：16#047C。

停车（OFF3）：16#047A。

反转：16#0C7F。

故障复位：16#04FE。

在本项目中对于G120变频器的控制字STW1，首先需要通过MOV指令将16#047E传输给QW256，然后再将16#047F传输给QW256就可以控制变频器启动。变频器的速度给定则满足：实际给定转速=PLC给定值/16384×p2000（参考转速），即

$$实际给定转速 = QW258/16384 \times p2000(参考转速)$$

拓展阅读

王军自1991年参加工作，就与电气自动化“结缘”，成为龙钢公司西门子电气自动化系统的“开拓者”。王军先后荣获“全国技术能手”“陕西省技术能手”“陕西省首席技师”、陕西省“三秦工匠”、陕西省国资委“国企工匠”等荣誉称号。作为国家级技能大师工作室负责人，王军定制度、定课题、抓攻关，结合生产实际，积极开展传帮带，培育出的电气专业技能人才多人在省、行业、公司组织的技术比武中获得了优异成绩，先后破解了龙钢3号、4号高炉炉顶编码器通信方式改造、顶压自动保护系统改造、1#高炉布料器比例阀改造等多项电气技术难题。积极实施技术攻关和创效技改，并取得了良好的引领示范作用，累计完成技改14项，创效1000余万元。

拓展训练 3.5 变频器的MODBUS通信控制

任务导入

某个项目控制器不支持PN通信，但支持MODBUS通信，现需用该控制器完成对G120变频器的MODBUS通信控制。

任务分析

该项目中需要选用支持MODBUS通信的控制单元，还需要了解MODBUS通信时，变频器的参数设置。

知识链接

3.5.1 MODBUS通信控制相关参数

MODBUS是一种单主站的主/从通信模式，无中继的单网络中最多可以有32个站点。MODBUS网络上只能有一个主站存在，主站在MODBUS网络上没有地址。

MODBUS协议工作机制是，通信由主站发起，主站不断轮询各个从站，从站根据收到的指令，决定是否响应主站。从站不会主动发送数据给主站。

G120 变频器的 CU240E-2 控制单元的变频器集成了 RS-485 接口，支持 MODBUS 协议，本次项目我们采用该控制单元。

拓展训练：G120变频器的 MODBUS 通信控制

G120 进行 MODBUS 通信时，PLC 作为主站，G120 作为从站。PZD 区是用来控制和检测变频器而设计的，通常采用两个 PZD 来控制变频器。其中 STW 是控制字，通过 STW 里面的数值控制变频器；HSW 是速度设定值，用于控制变频器的速度；ZSW 是状态字，用于接收变频器的相关状态；HIW 是速度反馈值，用于检测变频器的转速。

G120 变频器 MODBUS 通信数据传输结构见表 3-7。

表 3-7　G120 变频器 MODBUS 通信数据传输结构

数据传输方向	PZD1	PZD2
主→从	STW	HSW
从←主	ZSW	HIW

G120 变频器采用 MODBUS 通信控制时，相关参数设置见表 3-8。

表 3-8　G120 变频器 MODBUS 通信控制参数设置

参数	描　述	默认值	实际值	备　注
p0015	选择宏	12	21	选择现场总线通信
p2030	现场总线接口协议选择	1	2	MODBUS RTU 协议
p2020	现场总线接口波特率	6	6	9600 bit/s 波特率
p2021	现场总线接口地址	3	3	MODBUS 地址
p2040	现场总线监控时间	100	4000	设置或屏蔽监控

G120 变频器进行 MODBUS 通信时，常用的寄存器地址见表 3-9。

表 3-9　G120 变频器 MODBUS 通信常用寄存器

项　目	寄存器编号	描述	访问类型	读取	写入
控制数据	40100	控制字	R/W	PZD1	PZD1
	40101	主设定值	R/W	PZD2	PZD2
状态数据	40110	状态字	R	PAD1	
	40111	速度实际值	R	PZD2	
p1120	40322	斜坡上升时间	R/W	P1120	P1120
p1121	40323	斜坡下降时间	R/W	P1121	P1121

G120 变频器进行通信控制时，常用的控制字有 16#047E：运行准备；16#047F：正转启动；16#0C7F：反转启动；16#04FE：故障确认。

任务实施

3.5.2 MODBUS通信程序设计

根据之前所学内容完成变频器的参数设置，并进行通信程序设计。

（1）S7-1200PLC 的 CPU 模块本体并不集成 RS-485 端口，所以需要扩展一个 RS-485 通信模块，即 CM1241(RS-422/RS-485）模块。需要在博图中组态该模块的波特率等相关信息，如图 3-26 所示，在 PLC 左侧增加 CM1241(RS-422/RS-485）模块，双击串口，在弹出的对话框中，将波特率、奇偶校验、数据位、停止位这部分内容更改成与变频器设置完全一致，否则会通信不上。

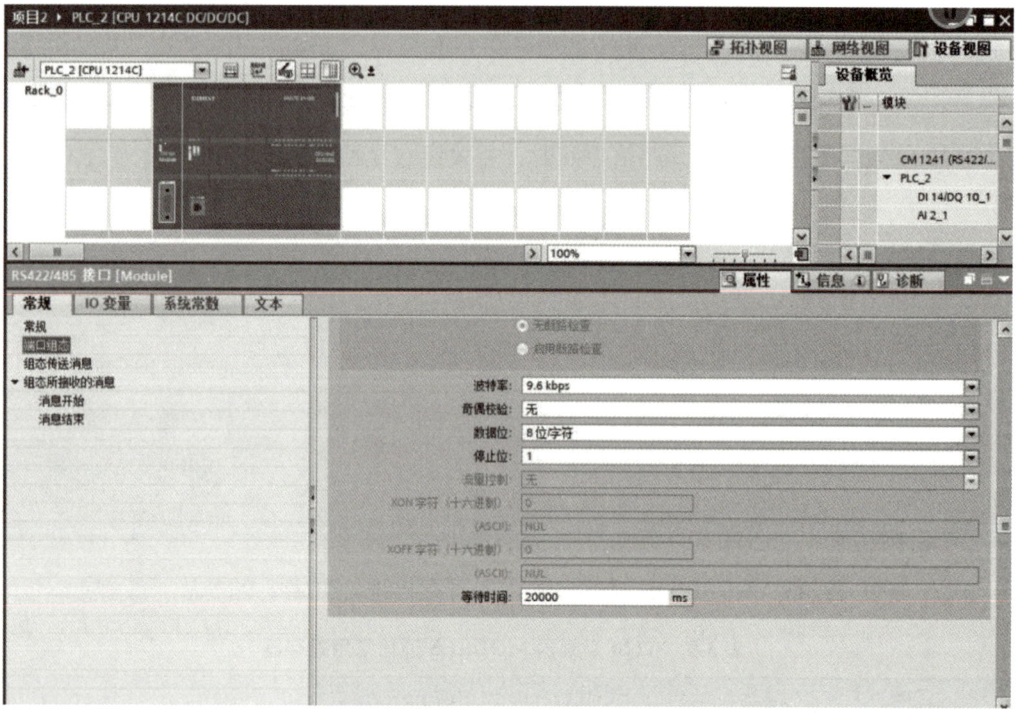

图 3-26 CM1241 模块设定

（2）进行 MODBUS 通信时，需要用到 1200 中的两个功能块，分别是 MODBUS_Comm_Load 和 MODBUS_Msster。其中 MODBUS_Comm_Load 是组态 MODBUS 端口的，MODBUS_Msster 是作为主站通信的功能块。本项目中需要先在 main 程序中插入这两个块，从通信中找到这两个块，分别拖到 main 程序中即可。

（3）MODBUS_Comm_Load 功能块中，REQ 输入出现上升沿时，启动该指令；PORT 找到 CM1241 即可；BAUD 是波特率，本项目为 9600；PARITY 是奇偶校验 0（无），1（奇校验），2（偶校验），本项目中采用 2 偶校验；MB_DB 选择 MODBUS_Msster 功能块的背景数据块即可，如图 3-27 所示。

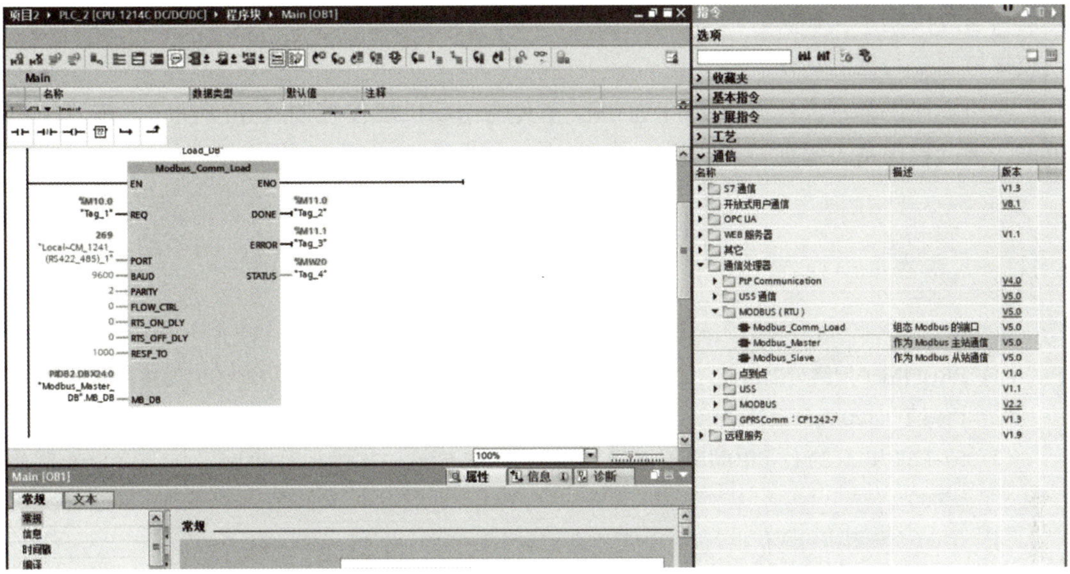

图 3-27 MODBUS_Comm_Load 设定

（4）MODBUS_Msster 用于控制变频器的各种状态。可以在 main 程序中如图 3-28 所示增加 MODBUS_Msster 功能块，其中 MB_ADDR 为变频器的 MODBUS 地址；MODE 连接的是 MB100，可以通过改变 MB100 的值，来控制是读取还是写入；DATA_ADDR 连接的是 MW102，它是读写的字地址，可以通过更改 MW102 的值来确定读取或写入变频器的首字地址是什么，比如要写入控制字，只需要将 MW102 更改为 40100 即可；DATA_LEN 指的是读取或写入的字的长度；DATA_PIR 是读写区域的指针，本项目中用 MW104，意思是 MW104 既是读来后存放的数据，也是从 MW104 里面写出的数据。

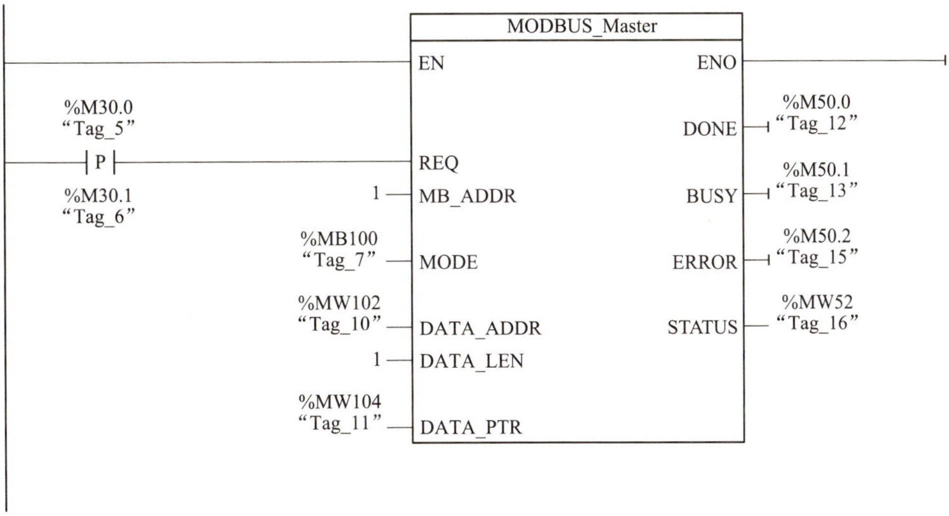

图 3-28 MODBUS_Msster 设定

（5）如果是首次通过通信控制，需要先给变频器发送控制字16#047E（运行准备），然后再通过控制字：16#047F，正传启动；16#0C7F，反转启动；16#04FE，故障确认这些内容来控制变频器的动作。

参照上述讲解，设计MODBUS通信程序实现电动机启停控制及速度设置。按照控制要求，测试程序是否实现要求的功能。

思考与练习题

3-1 填空题

（1）PROFINET网络可以构成________、________、________、________4种不同的拓扑结构。

（2）西门子G120变频器控制单元中有________、________、________3种通信接口。

（3）S7-1200 PLC通过PROFINET网络控制G120变频器，需要设置p0015________，然后将p2030=________。

（4）G120变频器进行通信控制时，运行准备控制字数值为________。

3-2 简答分析题

（1）分析PROFINET网络四种不同的拓扑结构的特点。

（2）阐述如何通过SinaSpeed功能块设置变频器的速度。

项目 4　丝杠的步进运动控制

项目概述

丝杠可以将旋转运动转换为直线运动，广泛应用于工业设备和精密仪器。丝杠传动机构常用步进电动机或者伺服电动机拖动实现旋转运动。某设备丝杠传动系统如图 4-1 所示，步进电动机拖动丝杠带动工作台运动，丝杠螺距为 2 mm。按下启动按钮 SB1，工作台行走 30 mm，按下复位按钮 SB2，工作台回到原点，丝杠运动过程中按下停止按钮工作台停止运行。

项目导入与分析

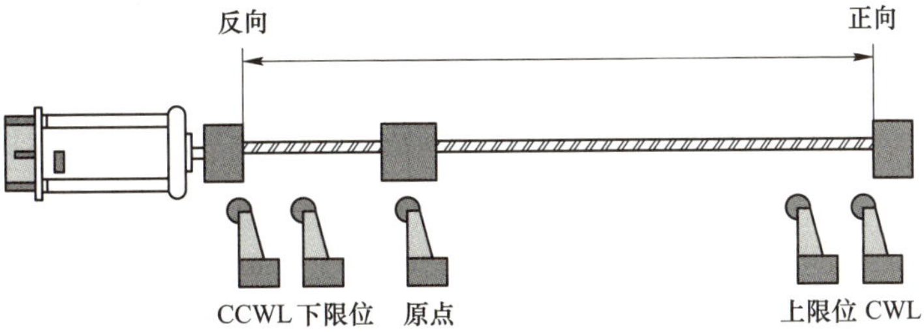

图 4-1　步进电动机丝扛驱动控制示意图

学习导航

<table>
<tr><td>主要内容</td><td>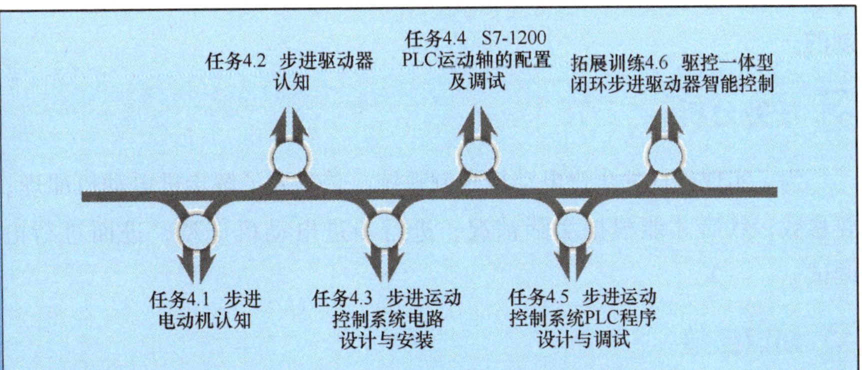
</td></tr>
<tr><td>学习目标</td><td>（1）了解步进电动机和步进驱动器的结构和工作原理；
（2）能进行步进电动机和步进驱动器的电气接线及参数设置；
（3）能编写 PLC 控制步进电动机程序并调试；
（4）培养学生精益求精的工匠精神。</td></tr>
</table>

重点	（1）步进电动机控制系统电路组装与调试； （2）步进电动机控制系统程序设计与调试。
难点	步进电动机控制系统 PLC 程序设计。
推荐教学方法	任务驱动教学法、小组教学法、现场演示教学法。
建议学时	10~12 学时。
推荐学习方法	动手实现步进电机运动控制系统组装、调试，加深对步进电机特点和驱动器结构理解；PLC 程序设计方法建议：理解例程，修改例程，动手编程。
主要训练设备、工具	西门子 S7-1200 PLC 1 台、步进电机 1 台、步进驱动器 1 台、安装 TIA Portal V17 软件的计算机 1 台、网线 1 根、按钮若干。
参考手册或者标准	《S7-1200 PLC 可编程序控制器系统手册》、《步进电动机通用技术条件》（GB/T 20638—2006）、《可编程序控制器的成套控制设备规范》（GB/T 37391—2019）。

任务 4.1 步进电动机认知

任务导入

步进电动机是一种将电脉冲信号转变为角位移或线位移，专门用于速度和位置精确控制的特种电动机。由于步进电动机的转动是每输入一个脉冲，步进电动机前进一步，所以叫做步进电动机。在非超载的情况下，步进电动机的转速、停止的位置取决于脉冲信号的频率和脉冲数。脉冲数越多，步进电动机转动的角度越大。脉冲的频率越高，步进电动机的转速越大；但不能超过最高频率，否则步进电动机的转矩会迅速减小，电动机不转。通过控制步进电动机的电脉冲频率和脉冲数可以很方便控制它的速度和角位移，且步进电动机的误差不累积，可以达到精准定位的目的，广泛应用于经济型数控机床、雕刻机、贴标机和机械手等定位控制系统。本项目中涉及的丝杠系统就是采用步进电动机实现拖动及控制的。

任务分析

为了实现丝杠的步进电动机控制系统，首先要了解步进电动机原理、结构、类型及主要参数，然后才能根据实际情况，进行步进电动机选型，进而进行电路设计、安装及调试。

知识链接

4.1.1 步进电动机结构

以反应式步进电动机为例介绍其结构，它与普通电动机一样，也是由定子（绕组、定子铁芯）、转子（转子铁芯、永磁体、转轴、滚珠轴承）、前后端盖等组成，如图 4-2

所示。

最典型两相混合式步进电动机的定子有 8 个大齿，40 个小齿，转子有 50 个小齿；三相电动机的定子有 9 个大齿，45 个小齿，转子有 50 个小齿。图 4-3 所示是一典型的单定子、径向分相、反应式步进电动机的结构原理图。定子铁心由硅钢片叠压而成，定子绕组是绕置在定子铁心六个均匀分布的齿上的线圈，在径向上相对的两个齿上的线圈串联在一起，构成一相控制绕组。构成 A、B、C 三相控制绕组，故称三相步进电动机。若任一相绕组通电，便形成一组定子磁极，其方向即图中所示的 N、S 极。在定子的每个磁极上，面向转子的部分，又均匀分布着 5 个小齿（5×6 共 30 个），这些小齿呈梳状排列，齿槽等宽，齿距角为 9°。转子上没有绕组，只有均匀分布的 40 个齿，其大小和间距与定子上的完全相同。定子和转子的齿数不相等，产生了错齿，三相定子磁极上的小齿在空间位置上依次错开 1/3 齿距，即 3°，如图 4-4 所示。当 A 相磁极上的小齿与转子上的小齿对齐时，B 相磁极上的齿刚好超前（或滞后）转子齿 1/3 齿距角，C 相磁极齿超前（或滞后）转子齿 2/3 齿距角。

步进电动机的结构与工作原理

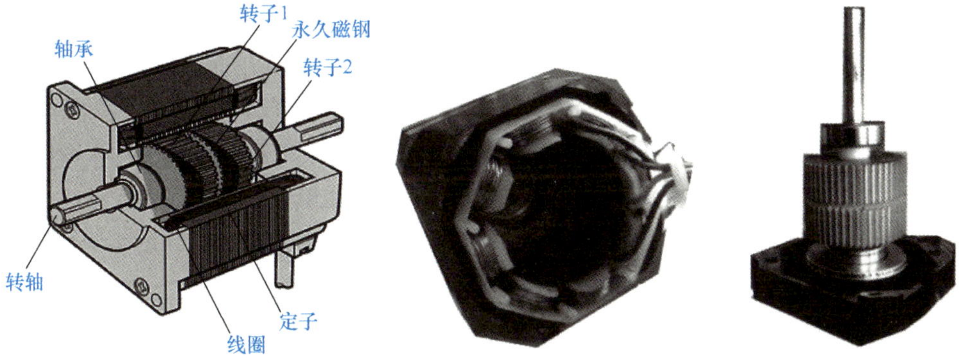

图 4-2 步进电动机结构

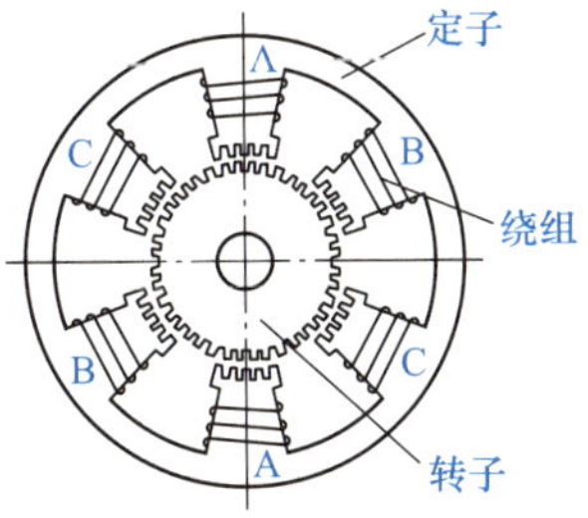

图 4-3 结构原理图

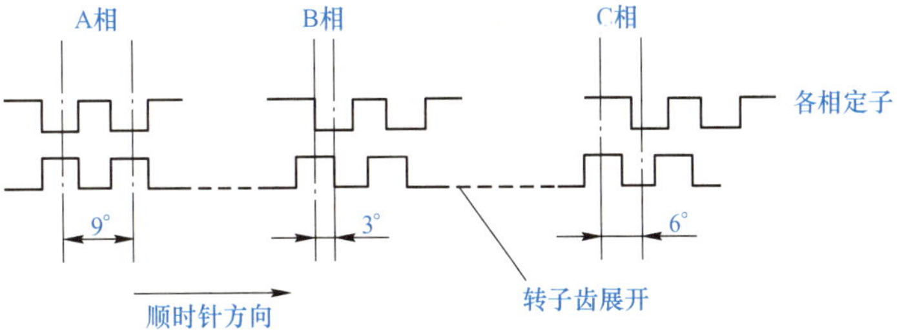

图 4-4 步进电动机的齿距

4.1.2 步进电动机工作原理

以一台最简单的三相反应式步进电动机模型为例，如图 4-5 所示，定子铁芯为凸极式，共有三对（六个）磁极，每两个空间相对的磁极上绕有一相控制绕组。转子用软磁性材料制成，也是凸极结构，只有四个齿，齿宽等于定子的极宽。

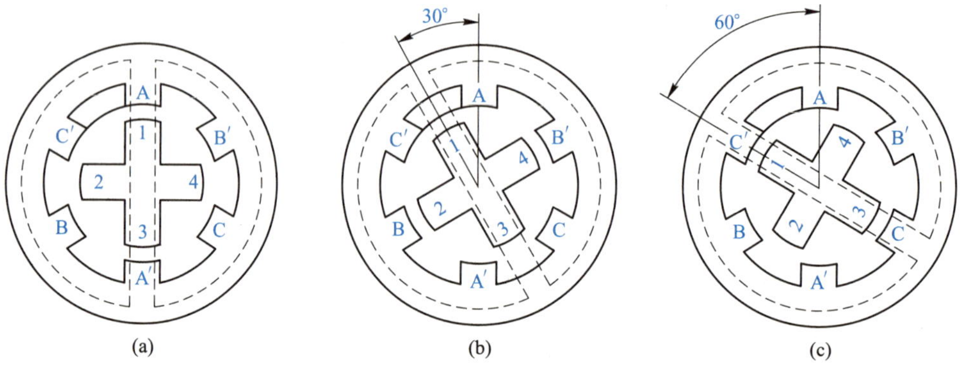

图 4-5 三相反应式步进电动机的原理图

（a）A 相通电；（b）B 相通电；（c）C 相通电

当 A 相控制绕组通电，其余两相均不通电，电机内建立以定子 A 相极为轴线的磁场，转子被磁化后，吸引转子转动，使转子的齿与 A 相定子磁极上的齿对齐，实际上就是电磁铁异名磁极相互吸引原理。由于磁通具有力图走磁阻最小路径的特点，使转子齿 1、3 的轴线与定子 A 相极轴线对齐，如图 4-5（a）所示定子 A 齿和转子的 1 齿对齐，定子磁极和转子磁极相吸引，因此转子没有切向力，转子静止。若 A 相控制绕组断电、B 相控制绕组通电时，转子在反应转矩的作用下，逆时针转过 30°，使转子齿 2、4 的轴线与定子 B 相极轴线对齐，即转子走了一步，如图 4-5（b）所示。若 B 相控制绕组断电，C 相控制绕组通电，转子逆时针方向又转过 30°，使转子齿 1、3 的轴线与定子 C 相极轴线对齐，如图 4-5（c）所示。如此按 A—B—C—A 的顺序轮流通电，转子就会一步一步地按逆时针方向转动。

步进电动机的转速取决于各相定子绕组通电与断电的频率，旋转方向取决于定子绕组轮流通电的顺序。若按 A—C—B—A 的顺序通电，则电动机按顺时针方向转动。上述通电方式称为三相单三拍。“三相”是指三相步进电动机，“单三拍”是指每次只有一相控制绕组通电，控制绕组每改变一次通电状态称为一拍，“三拍”是指改变三次通电状态为一个循环。把每一拍转子转过的角度称为步距角。三相单三拍运行时，步距角为 30°。显然，这个角度太大，不能付诸实用。

如果把控制绕组的通电方式改为 A→AB→B→BC→C→CA→A，即一相通电接着二相通电间隔地轮流进行，完成一个循环需要经过六次改变通电状态，称为三相单、双六拍通电方式。“双”是指每次有两相绕组通电，当 A、B 两相绕组同时通电时，转子齿同时受到两对定子极的作用，只有 A 相极和 B 相极对转子齿所产生的磁拉力相平衡的中间位置，才是转子的平衡位置。这样，单、双六拍通电方式下转子平衡位置增加了一倍，步距角为 15°。

除了上述两种通电方式外，还可以为 AB→BC→CA→AB，即两相两相轮流间隔通电，称为三相双三拍，步距角为 30°。

4.1.3 步进电动机主要参数

4.1.3.1　步距角

控制系统每向步进电动机发一个步进脉冲信号，电动机所转动的角度称为步距角。电动机出厂时给出了一个步距角的值，例如步科 3S57Q-04079 步进电动机给出值为 0.6°/1.2°（半步方式下为 0.6°，整步方式下为 1.2°），这个步距角可以称为“电动机固有步距角”，它不一定是电动机实际工作时的真正步距角，真正的步距角和驱动器细分设置有关。步距角满足以下公式

$$\alpha = 360°/mZK \tag{4-1}$$

式中　m——相数；

Z——转子齿数；

K——通电系数，m 相 m 拍时，$K=1$；m 相 $2m$ 拍时，$K=2$。

4.1.3.2　步进电动机的速度

步进电动机的转速取决于各相定子绕组通入电脉冲的频率，速度为

$$n = 60f/KmZ \tag{4-2}$$

式中　f——电脉冲的频率，即每秒脉冲数（pps）；

m——相数；

K——通电系数，m 相 m 拍时，$K=1$；m 相 $2m$ 拍时，$K=2$；

Z——转子齿数。

4.1.3.3　相数

步进电动机的相数是指电动机内部的线圈组数，或者说产生不同对极 N、S 磁场的激磁线圈对数。目前常用的有二相、三相、四相、五相、六相和八相步进电动机。电动机的相数不同，步距角也不同，一般二相步进电动机的步距角为 0.9°/1.8°，三相步进电动机的步距角为 0.75°/1.5°，五相步进电动机的步距角为 0.36°/0.72°。在没有细分驱动器时，用户主要靠选择不同相数的步进电动机来满足自己步距角的要求。如果使用细分驱动器，则“相数”将变得没有意义，用户只需要在驱动器上改变细分数，从而改变步距角的大小。

4.1.3.4　拍数

完成一个磁场周期性变化所需脉冲数或通电状态，用 n 表示。以四相电动机为例，有四相四拍运行方式即 AB—BC—CD—DA—AB。步距角也可以用一个脉冲信号电动机转子转过的角位移 θ 表示。$\theta=360°/(\text{转子齿数}\times\text{运行拍数})$，以某型号二相步进电机为例，转子齿数为 50，四拍运行时，步距角 $\theta=360°/(50\times4)=1.8°$。

4.1.3.5　保持转矩

保持转矩是指步进电动机通电但没有转动时，定子锁住转子的力矩。比如，在没有特殊说明的情况下 2 N·m 的步进电动机是指保持转矩为 2 N·m 的步进电动机。通常步进

电动机在低速时的转矩接近保持转矩。由于步进电动机的输出转矩随速度的增大而不断衰减，输出功率也随速度的增大而变化，所以保持转矩是衡量步进电动机带负载能力的重要参数。

4.1.3.6 钳制转矩

钳制转矩是指步进电动机没有通电的情况下，定子锁住转子的力矩。由于反应式步进电动机的转子不是永磁材料，所以它没有钳制转矩。

4.1.3.7 失步

电动机运转时运转的步数，不等于理论上的步数。速度过高、速度过低或者负载过大都会产生失步，失步会产生刺耳的啸叫声。

4.1.4 步进电动机分类与选型

4.1.4.1 步进电动机的分类

按照励磁方式的不同，步进电动机可分为反应式、永磁式和混合式三类。

按照定子上绕组来分，可分为二相、三相和五相等系列。两相混合式步进电动机由于其性价比高、配上细分驱动器后效果良好，最受市场欢迎。

4.1.4.2 步进电动机的选型

对于步进电动机的选型，首先确定驱动机械机构，并根据机械结构运动要求，确定运动曲线，包括运动速度、加减速时间等；然后再计算负荷转矩、负荷惯量、电机启动转矩、必须转矩等，最后根据这些参数对照电动机手册选择合适的电动机，并根据备选电动机进行验算，判定选型电动机是否满足要求。

任务实施

步进电动机的选择主要考虑电动机的功率和步距角。电动机的功率要求能拖动负载。本项目中，拖动丝杠工作台的功率决定于电机的工作电流，工作电流越大，功率越大。根据实训设备配备的步进电动机，对照步进电动机实物，查阅产品手册完成表4-1。

表4-1 步进电动机技术参数

参　　数	大小（范围）
步距角	
相电流/A	
保持扭矩/(N·m)	
阻尼扭矩/(N·m)	
相电阻/Ω	
相电感/mH	
电机惯量/$(kg\cdot cm^{-2})$	
引线数量	

续表 4-1

参　数	大小（范围）
绝缘等级	
耐压等级	
最大轴向负载/N	
最大径向负载/N	
工作环境温度	
表面温升	
绝缘阻抗	
空载启动频率/Hz	

任务 4.2 步进驱动器认知

任务导入

一般步进电动机不会直接接到工频交流或直流电源上，而是要有一个电子装置来驱动，这个装置就是步进驱动器，它是把控制系统发出的脉冲信号，加以放大来驱动步进电动机。步进驱动器可以设置细分，调整电动机的步距角，还可以设置电流调整步进电动机的转矩。新型步进驱动器还有编码器和通信接口。

任务分析

在本项目中，在选定步进电动机后，需要为其选择合适的步进驱动器，同时为下一步进行电路设计、组装及调试打下基础，这就需要了解步进驱动器的外部端子、接线及细分设置。

知识链接

4.2.1 步进驱动器的功能

步进驱动器认知

步进驱动器外形如图 4-6 所示，其内部电路主要由脉冲混合电路、加减脉冲分配电路、加减速电路、环形分配器和功率放大器部分组成，电路功能组成如图 4-7 所示。步进驱动器最重要的功能是环形脉冲分配和功率放大。驱动器中的脉冲分配器完成步进电动机绕组中电流的通断顺序控制，即控制插补输出脉冲，按步进电动机所要求的通断电顺序规律分配给步进电动机驱动电路的各相输入端，例如三相单三拍驱动方式，供给脉冲的顺序为 A→B→C→A 或 A→C→B→A。脉冲分配器的输出既是周期性的，又是可逆性的（完成反转），因此也称为环形脉冲分配。驱动器中的功率放大驱动电路完成由弱电到强电信号的转换和放大，也就是将逻辑电平信号变换成电机绕组所需的具有一定功率的电流脉冲信号。

图 4-6 步进驱动器外形

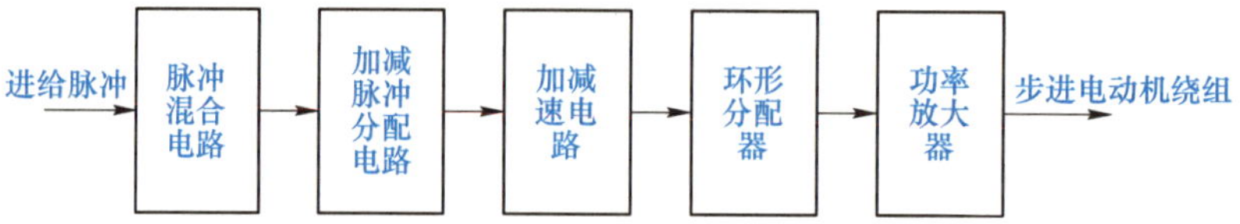

图 4-7 步进电动机驱动器电路组成

4.2.2 步进驱动器的外部端子

从步进电动机的工作原理可知，要使步进电动机正常运行，就必须按规律控制步进电动机的每一相绕组得电。步进驱动器有脉冲信号（PUL 或 PLS）、方向信号（DIR）和使能信号（ENA）3 种输入信号。步进电动机在停止时，通常有一相得电，电动机的转子被锁住，所以需要转子松开时，可以使用使能信号。

雷赛 DM542 驱动器接线端子分为电机电路线端、电源输入端、控制信号端三部分。控制信号端口可接收差分信号，单端共阴或单端共阳信号；内置高速光耦，可隔离外部环境对驱动器的干扰。其主电路端口定义见表 4-2，控制接口端子定义见表 4-3。

表 4-2 雷赛 DM542 V3.0 步进电机驱动器主电路端子定义

GND	电源输入负极
Vdc+	电源输入正极，电源电压范围为 DC 20~50 V，推荐 DC 36 V
A+、A-	电机 A 相线圈
B+、B-	电机 B 相线圈

表 4-3 雷赛 DM542 V3.0 步进电机驱动器控制端口端子定义

信号	功能描述
PUL+ PUL-	脉冲控制信号：脉冲上升沿有效，信号通过一位滑动开关选择 DC 5 V 或者 DC 24 V，出厂设置在 24 V 位置
DIR+ DIR-	方向信号：高/低电平信号，为保证电机可靠换向，方向信号应先于脉冲信号至少 5 μs 建立。电机的初始运行方向与电机的接线有关，互换任一相绕组（如 A+、A-交换）可以改变电机初始运行的方向。信号通过一位滑动开关选择 DC 5 V 或者 DC 24 V，出厂设置在 24 V 位置
ENA+ ENA-	使能信号：此输入信号用于使能或禁止。使能信号接通时，驱动器将切断电机各相的电流使电机处于自由状态，此时驱动器不响应脉冲。当不需用此功能时，使能信号端悬空即可，信号支持 5~24 V（使能无清除报警功能）
ALM	报警信号：此信号用于驱动器故障信号输出，为光电隔离 OC 输出，最高承受电压 DC 30 V，最大饱和电流 100 mA
BR	抱闸信号：最高承受电压 DC 30 V，最大饱和电流 100 mA
COM	报警和抱闸信号公共端（负端）

实践经验

早期有些国产步进驱动器（如雷赛 M415B）的脉冲和方向等控制信号是 5 V 低电平源型输入。西门子晶体管 PLC 是 24 V 高电平源型输出，不能直接连接前述国产步进驱动器，需要通过高速光耦转换一下。后来步进驱动器的脉冲正负端和方向控制的正负端都设置了接线端子，但是还是需要 5 V 电源（如步科 3M458）。如果用西门子晶体管 PLC 控制需要在 PLC 输出和步进驱动器输入之间串联 1~2.2 kΩ 的分压限流电阻。现在的步进驱动器技术越来越先进，应用越来越方便，有以下几个方面。

（1）采用差分式接口电路可适用差分信号，单端共阴及共阳等接线方式，可以连接 5 V、12 V 和 24 V 等多种信号。例如雷赛 DM542 V3.0 有一个滑动开关，将滑动开关拨到 5 V 信号选择位置连接 5 V 控制信号，将滑动开关拨到 24 V 信号位置连接 24 V 控制信号。当控制信号是 12 V 时，需要将滑动开关拨到 5 V 信号选择位置，同时信号端需要串联 1 kΩ 的电阻。

（2）设置了通信接口。例如雷赛 DM542 V3.0 有一个 4 pin 的串口（白色），可以通过专用串口线连接至 PC，通过调试软件进行一些参数的设置和保存。特别需要注意的是，禁止在驱动器上电的情况下拔插串口线。

（3）抱闸信号接线。例如雷赛 DM542 V3.0 抱闸信号的逻辑可以通过调试软件进行设置，出厂默认是抱闸信号。

（4）编码器接口，连接步进电动机轴端编码器，实现半闭环控制。例如世界职院校技能大赛设备“工业网络智能控制与维护”栋梁公司比赛设备选用了锐特 T602.0 步进伺服驱动器，这款步进驱动器既有编码器的接口，也有 RS-232 通信接口。

4.2.3 步进驱动器的典型接线

DM542 V3.0 步进驱动器采用差分式接口电路可接收差分信号，单端共阴或共阳信号。内置高速光电耦合器，可以减少外部电气噪声对于本驱动器的干扰，允许接收长线驱动器，集电极开路和 PNP 输出电路的信号。在进行步进驱动器与 PLC 接线时，要根据 PLC 输出信号的性质，决定线路连接方式。在环境恶劣的场合，推荐用长线双绞线驱动器电路，抗干扰能力强。现在以集电极开路和 PNP 输出为例，控制器与驱动器之间共阳接法和共阴接法如图 4-8 所示。

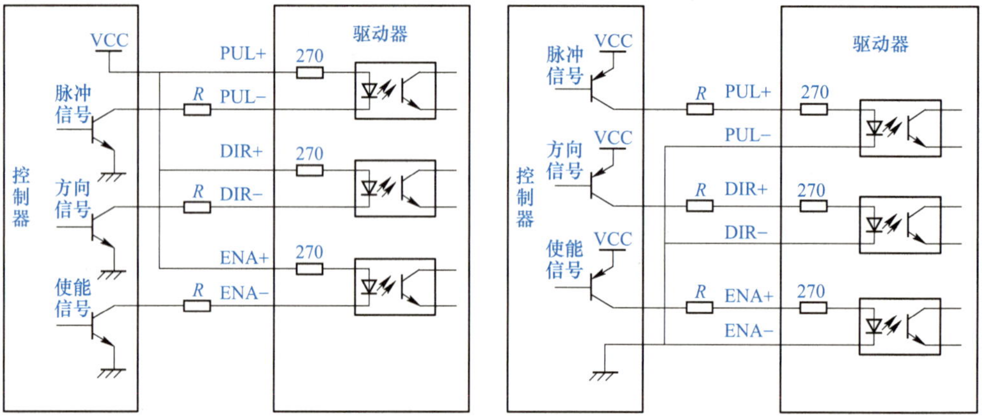

图 4-8 控制器与驱动器接线示意图

4.2.4 步进驱动器的电流设定和细分设置

DM542 V3.0 步进驱动器的侧面连接端子中间一般都有拨码开关，如图 4-6 所示。可以用来设定驱动器的工作方式和工作参数，包括细分设置、静态电流设置和运行电流设置，各拨码开关的功能如图 4-9 所示。

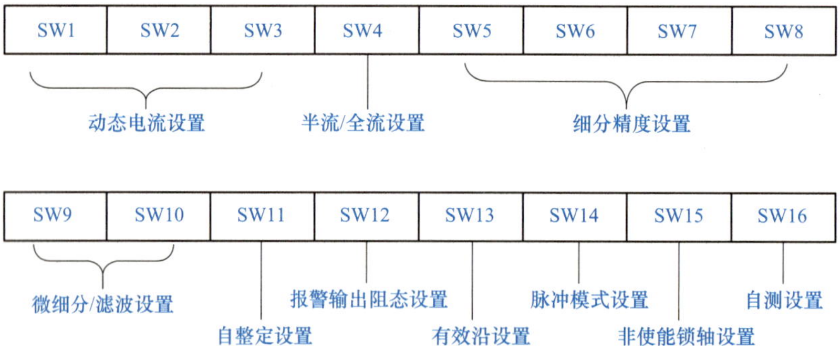

图 4-9 拨码开关的功能

4.2.4.1 电流设定

(1) 工作（动态）电流设定 DM542 V3.0 步进驱动器动态工作电流包括输出峰值电流和输出均值电流设置见表 4-4。

表 4-4 工作（动态）电流设置

输出峰值电流	输出均值电流	SW1	SW2	SW3	说 明
(Default) 1.0 A		on	on	on	SW1/SW2/SW3 为全 on 时，是 default 档位，可以用调试软件进行修改，参数设置范围是 100～4200 mA，出厂默认 1.0 A，推荐匹配电机额定电流在 1 A 以上的电机
1.5 A	1.1 A	off	on	on	
1.9 A	1.4 A	on	off	on	
2.4 A	1.7 A	off	off	on	
2.8 A	2.0 A	on	on	off	
3.3 A	2.4 A	off	on	off	
3.8 A	2.7 A	on	off	off	
4.2 A	3.0 A	off	off	off	

（2）静止（静态）电流设定。

SW4 设置静止电流。

SW4＝off：（出厂默认）驱动器停止接收脉冲约 0.4 s 后，输出电流为峰值的 50%（设置半流，在某些应用场合可以降低驱动器和电机的发热）。

SW4＝on：驱动器输出电流在电机静止时为峰值的 90%。

对于同一电机，电流设定值越大时，电机输出扭矩越大，但电流大时电机和驱动器的发热也比较严重。具体发热量的大小不仅与电流设定值有关，也与运动类型及停留时间有关。

以下的设定方式采用步进电机额定电流值作为参考，但实际应用中的最佳值应在此基础上调整。原则上如温度很低（小于 40 ℃）则可视需要适当加大电流设定值以增加电机输出功率（扭矩和高速响应）。四线电机：输出电流设成等于或略小于电机额定电流值；六线电机高扭矩模式：输出电流设成电机单极性接法额定电流的 50%；六线电机高速模式：输出电流设成电机单极性接法额定电流的 100%；八线电机串联接法：输出电流可设成电机单极性接法额定电流的 70%；八线电机并联接法：输出电流可设成电机单极性接法额定电流的 140%。

4.2.4.2 步进驱动器的细分设置

细分是步进驱动器的重要性能。步进驱动器都存在一定程度的低频振荡的特点，而细分能有效改善，甚至消除这种低频振荡现象。细分同时提高电机的运行分辨率，在定位控制中，细分数适当，实际上也提高了定位的精度。两相步进电机的固有步距角一般为 1.8°。在驱动器上设置细分数，可以改变步距角大小。例如，若细分数设置为 10000 步/转，则步距角只有 0.036°，可以实现高精度控制。

表 4-5 是 DM542 V3.0 步进驱动器拨码开关功能划分说明。

表 4-5 雷赛 DM542 V3.0 步进驱动器细分设置表

<table>
<tr><th>步数/转</th><th>SW5</th><th>SW6</th><th>SW7</th><th>SW8</th><th>说　明</th></tr>
<tr><td>200(Default)</td><td>on</td><td>on</td><td>on</td><td>on</td><td rowspan="16">当 SW5~SW8 全为 on 时，驱动器的每转脉冲数是 200，此档位可以通过调试软件进行修改，注意，每转脉冲数只能改成 200 的倍数，不能任意改成每转脉冲。每转脉冲数的范围是 200~51200</td></tr>
<tr><td>400</td><td>off</td><td>on</td><td>on</td><td>on</td></tr>
<tr><td>800</td><td>on</td><td>off</td><td>on</td><td>on</td></tr>
<tr><td>1600</td><td>off</td><td>off</td><td>on</td><td>on</td></tr>
<tr><td>3200</td><td>on</td><td>on</td><td>off</td><td>on</td></tr>
<tr><td>6400</td><td>off</td><td>on</td><td>off</td><td>on</td></tr>
<tr><td>12800</td><td>on</td><td>off</td><td>off</td><td>on</td></tr>
<tr><td>25600</td><td>off</td><td>off</td><td>off</td><td>on</td></tr>
<tr><td>1000</td><td>on</td><td>on</td><td>on</td><td>off</td></tr>
<tr><td>2000</td><td>off</td><td>on</td><td>on</td><td>off</td></tr>
<tr><td>4000</td><td>on</td><td>off</td><td>on</td><td>off</td></tr>
<tr><td>5000</td><td>off</td><td>off</td><td>on</td><td>off</td></tr>
<tr><td>8000</td><td>on</td><td>on</td><td>off</td><td>off</td></tr>
<tr><td>10000</td><td>off</td><td>on</td><td>off</td><td>off</td></tr>
<tr><td>20000</td><td>on</td><td>off</td><td>off</td><td>off</td></tr>
<tr><td>25000</td><td>off</td><td>off</td><td>off</td><td>off</td></tr>
</table>

拓展阅读

全国五一劳动奖章获得者陈伟是上海新时达电气股份有限公司企业技术中心主任。1983 年出生的陈伟毕业后从事电机控制技术研究已有 17 年。他研发的电机驱动器应用到了国防、民生等各行各业，比如西昌卫星发射中心发射塔、辽宁舰、山东舰、京张高铁八达岭超级扶梯、港珠澳大桥等都用到了他所研发的产品。他曾带领团队屡败屡战，耗时两年啃下机器人电机控制的硬骨头，成功攻克机器人低频抖动的难题。那时的他整天泡在实验室，公司正常上班时间是 9 点，在关键攻关时期，他每天早一个小时到公司，从 8 点到晚上 12 点，就连周末也泡在实验室里，由点到面，再由面到点反复推演，研发的每个角落都能见到他测试的身影。他硬着头皮和团队成员查阅了 1000 多篇参考文献，经过大量的反复的实验，最终找到了机械振动与驱动控制之间的关系，成功把到了整个机器人的“脉”，治好了机器人的“帕金森”病。

4.2.5 步进驱动器的选型

选好步进电动机后，查阅手册选用配套的驱动器。驱动器选择时，要考虑输入采用漏型还是源型与上位机控制器（如 PLC）的配合的方便，是否需要光耦做电平转换；输入电压的高低，是否需要串电阻。驱动器细分能否满足步进电动机定位精度要求。驱动器输出电流设置能否满足步进电动机力矩要求。

任务实施

对照 DM542 V3.0 步进驱动器实物，参考《DM542 V3.0 数字式两相步进驱动器使用说明书 V1.12》认识驱动器端口，将步进驱动器细分设置为 10000 步/转，功能选择自动半流，峰值电流设置为 5.6 A。

任务 4.3 步进运动控制系统电路设计与安装

任务导入

掌握了步进电动机和步进驱动器的基础知识和技能，为项目的顺利开展打下坚实的基础。PLC、嵌入式微控制器、专用控制器等都可以实现对步进电动机速度和位移控制。本项目采用 S7-1200 PLC 作为丝杠的步进运动控制系统的控制器，本任务完成系统电路设计与安装。

任务分析

通过前面的学习和训练可以了解，S7-1200 PLC 只要向步进驱动器发送一定数量高速脉冲，步进电动机即可实现相应位移运动。因此，丝杠的步进运动控制系统电路的设计关键在于理解并确定 S7-1200 PLC 高速脉冲输出通道。

知识链接

4.3.1 S7-1200 PLC 的 PTO 控制方式

S7-1200 PLC 的运动控制方式分成高速脉冲（脉冲串输出，Pulse Train Output，简称 PTO）控制方式、模拟量控制方式和通信控制方式 3 种，前者为开环控制，后两者为闭环控制。PTO 控制方式是步进系统实现位置控制常用的控制方式。

丝杠的步进运动控制电路设计与安装

PTO 控制方式是所有版本的晶体管输出型 S7-1200 PLC 都具有的一种控制方式。该方式由 CPU 向驱动器发送高速脉冲信号来实现对步进电动机的控制，属于开环控制。S7-1200 PLC 最多可通过 PTO 控制 4 台驱动器，不能进行扩展。

4.3.2 S7-1200 PLC 的高速脉冲输出

如图 4-10 所示，S7-1200 PLC 的 CPU 将输出高速脉冲和方向信号送到驱动器的输入端，驱动器对信号进行处理后输出到步进电动机，控制电动机的加速、减速及移动。

S7-1200 PLC 的高速脉冲输出包括 PTO 和脉宽调制（PWM）输出。PTO 可以输出一串脉冲（50%占空比），用户可以控制脉冲的个数和周期，如图 4-11（a）所示，PTO 主

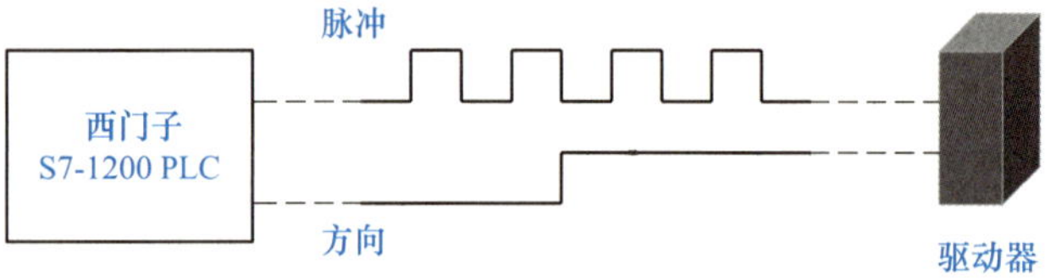

图4-10 S7-1200 PLC的步进控制应用

要用于步进电动机的开环控制；PWM可以输出连续的、占空比可以调制的脉冲串，用户可以控制脉冲的周期和脉宽，如图4-11（b）所示，PWM主要用于控制电动机的转速和阀门的位置。

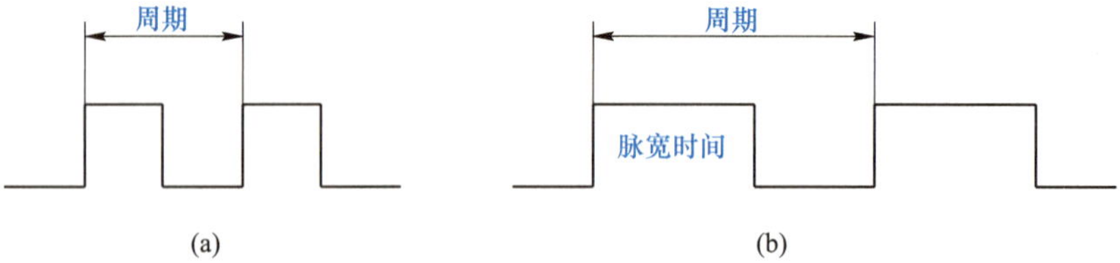

图4-11 脉冲输出
（a）PTO；（b）PWM

晶体管输出型的S7-1200 PLC CPU开环脉冲方式最多提供4路PTO，频率范围为2 Hz≤f≤100 kHz，输出点为源型（PNP）输出。继电器输出型的S7-1200 PLC可以通过信号板SB的I/O实现高速PTO，频率范围为2 Hz≤f≤200 kHz，输出点为源型（PNP）和漏型（NPN）输出。

不论是使用板载I/O、信号板I/O或者两者的结合，一个CPU最多可实现4路PTO输出，使用时脉冲发生器有默认的I/O地址，但是它们也可以组态为CPU或者SB上的任意数字量输出，见表4-6。

表4-6 S7-1200 PLC CPU输出和最大频率

CPU/信号板SB	CPU/信号板SB输出通道	脉冲和方向输出	A/B、正交、上/下和脉冲方向
1211C	Qa. 0~Qa. 3	100 kHz	100 kHz
1212C	Qa. 0~Qa. 3	100 kHz	100 kHz
	Qa. 4~Qa. 5	20 kHz	20 kHz
1214C和1215C	Qa. 0~Qa. 3	100 kHz	100 kHz
	Qa. 4~Qb. 1	20 kHz	20 kHz
1217C	DQa. 0~DQa. 3	1 MHz	1 MHz
	DQa. 4~DQb. 1	100 kHz	100 kHz
SB 1222，200 kHz	DQe. 0~DQe. 3	200 kHz	200 kHz
SB 1223，200 kHz	DQe. 0~DQe. 1	200 kHz	200 kHz
SB 1223	DQe. 0~DQe. 1	20 kHz	20 kHz

S7-1200 PLC 通过发送 PTO 脉冲的方式控制驱动器，它的运动输出模式支持脉冲和方向、A/B 相移，也可以是正反脉冲的方式。

S7-1200 PLC 的运动控制功能支持电动机回零、绝对位置控制和相对位置控制。TIA Ptortal 结合 S7-1200 PLC 通过工艺对象组态、调试和诊断运动轴。

任务实施

4.3.3 丝杠的步进运动控制系统电路设计与安装

4.3.3.1 丝杠运动控制系统电路设计

西门子 S7-1200 PLC CPU 1214C DC/DC/DC 为晶体管输出类型，属于源型输出，与步进驱动器采用共阴接法，选用 Q0.0 和 Q0.1 作为高速脉冲输出口，其他 I/O 分配见表 4-7，参考电路图如图 4-12 所示。

表 4-7　丝杠的步进运动控制的 I/O 分配

输　入			输　出		
输入继电器	输入元件	作用	输出继电器	输入元件	作用
I0.0	B1	原点检测	Q0.0	PUL+	脉冲
I0.1	SQ2	左限位	Q0.1	DIR+	方向
I0.2	SQ3	右限位			
I1.0	SB1	启动按钮			
I1.1	SB2	停止按钮			
I1.2	SB3	复位按钮			

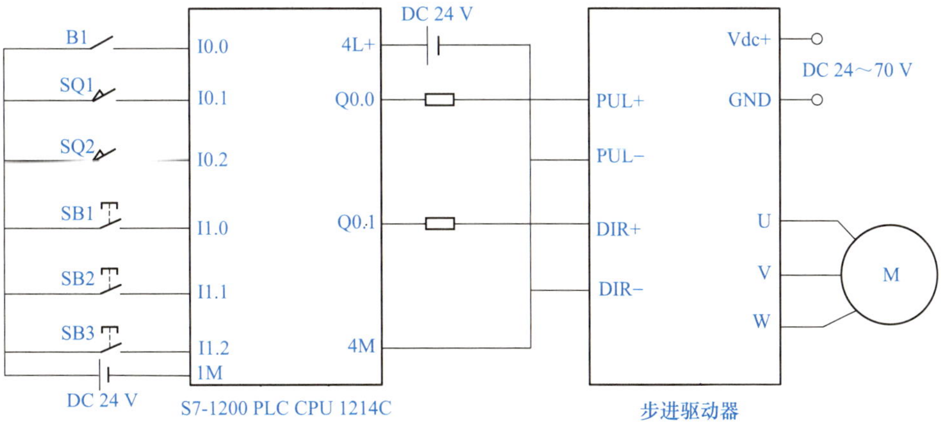

图 4-12　丝杠的步进运动控制系统接线图

4.3.3.2 丝杠运动控制系统电路安装

按照图 4-12 接线图进行 PLC 外围电路的安装接线。两相步进电机常用的有 4 线、6 线和 8 线，不同线圈的接法电机性能有相当大的差别，如图 4-13 所示。电路接线时注意如下事项。

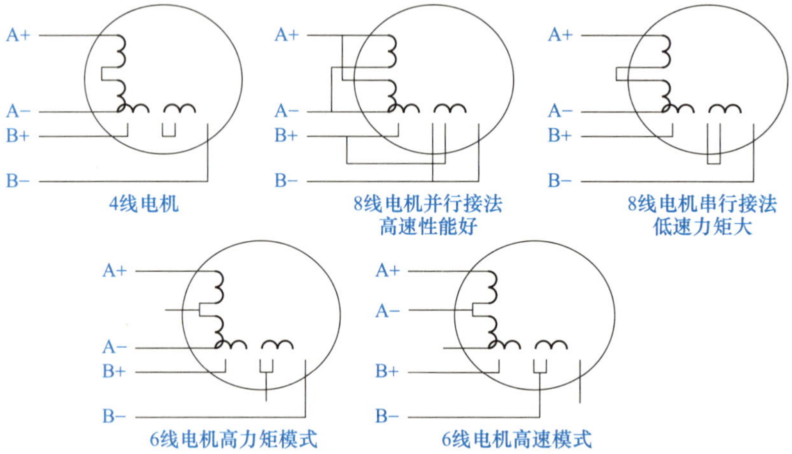

图4-13 两相4线、6线和8线步进电动机接法

（1）为驱动器布线时，为了避免驱动器受到干扰，请遵循强电（电机相线与电源线）与弱电隔离布线的原则（最少要相距10 cm）。

（2）驱动器的控制信号接线建议采用屏蔽双绞线，屏蔽层必须可靠接地（驱动器与设备的真实地）。如果PLC输出24 V，而驱动器是5 V电压。PLC高速输出接入2 kΩ的电阻，以降压限流。

（3）驱动器的电机动力线及电源线由于要承受较大的电流，因此建议使用的导体截面积不小于1 mm^2，必要时视电流大小选用更大截面积的导线。电机动力线套上绝缘端子，可减小与端子的接触电阻。

（4）严禁带电接线和设置步进驱动器参数，否则可能造成设备损坏及人身伤害。特别注意电机在锁紧状态，电机动力线上仍然具有较大的电流。

任务4.4 S7-1200 PLC运动轴的配置及调试

任务导入

在完成丝杠的步进运动控制系统的电路设计与安装后，下一步需要对运动系统进行初步调试，包括调试驱动设备、测试轴和驱动的功能，以及实际硬件设备接线是否正确。

任务分析

在TIA Portal软件中，可以为运动轴创建工艺对象，通过定义基本参数来组态轴，还可以组态轴的其他属性，例如位置限制属性、动态属性和归位属性。TIA Portal除了可以组态工艺轴，还提供了一个运动轴调试面板，用户可以使用它调试驱动设备、测试轴和驱动的功能，测试TIA Portal软件中关于轴的参数设置以及实际硬件设备接线是否正确。

任务实施

4.4.1 硬件组态

在 TIA Portal V17 软件中添加 S7-1200 PLC CPU 1214C DC/DC/DC，在“设备视图”中配置 PTO，如图 4-14 和图 4-15 所示。

（1）在图 4-14 中双击 CPU 1214C DC/DC/DC。

（2）进入 CPU “属性”→“常规”。

（3）选择“PTO1/PWM1”。

（4）勾选“启动该脉冲发生器”选项，可以给脉冲发生器起名，也可以不做任何修改采用软件默认的名称“Pulse_1”，可以对该脉冲发生器添加注释。

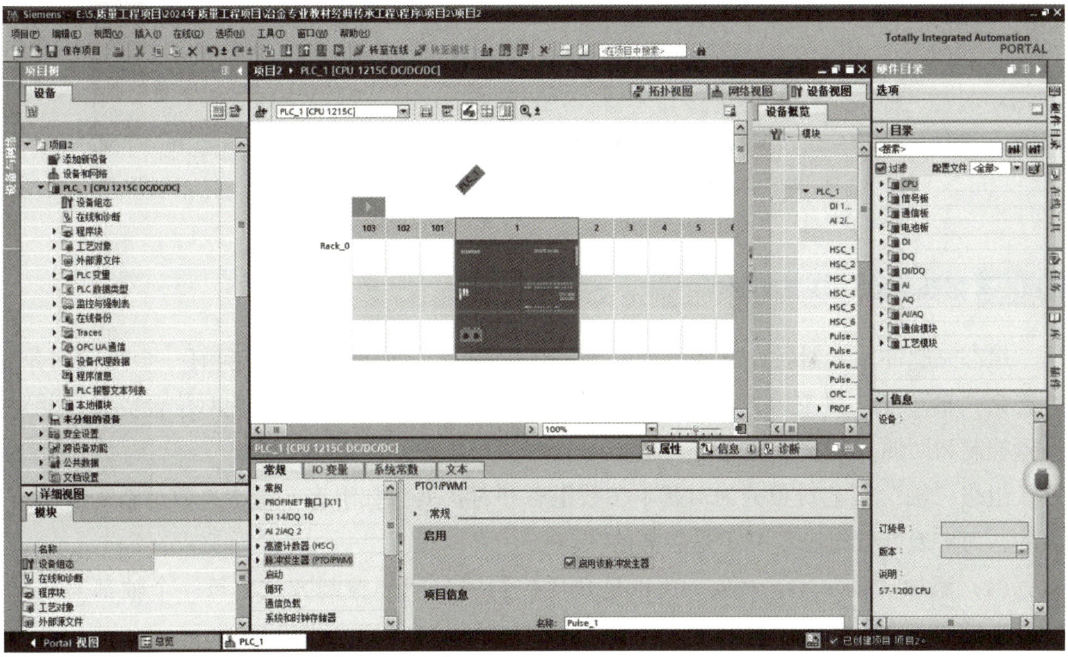

图 4-14　启用脉冲发生器

（5）在图 4-14 所示的参数分配的“脉冲选项”中，PTO 脉冲输出有四种方式，根据驱动器类型进行选择。根据步进驱动器及其接线方式选择“脉冲 A 和方向 B”方式，其中脉冲 A 用来产生高速脉冲，脉冲 B 用来控制轴运动的方向。

（6）脉冲输出：根据实际配置，自由定义脉冲输出点，或选择默认的脉冲输出点。根据 I/O 分配表和接线原理图，选择 Q0.0 为脉冲输出点。

（7）方向输出：根据实际配置，自由定义方向输出点，或选择默认的方向输出点，也可以去掉方向控制点，在这种情况下，用户可以选择其他输出点作为驱动器的方向信号。勾选“启用方向输出”选项，并选择 Q0.1 为“方向输出”点。

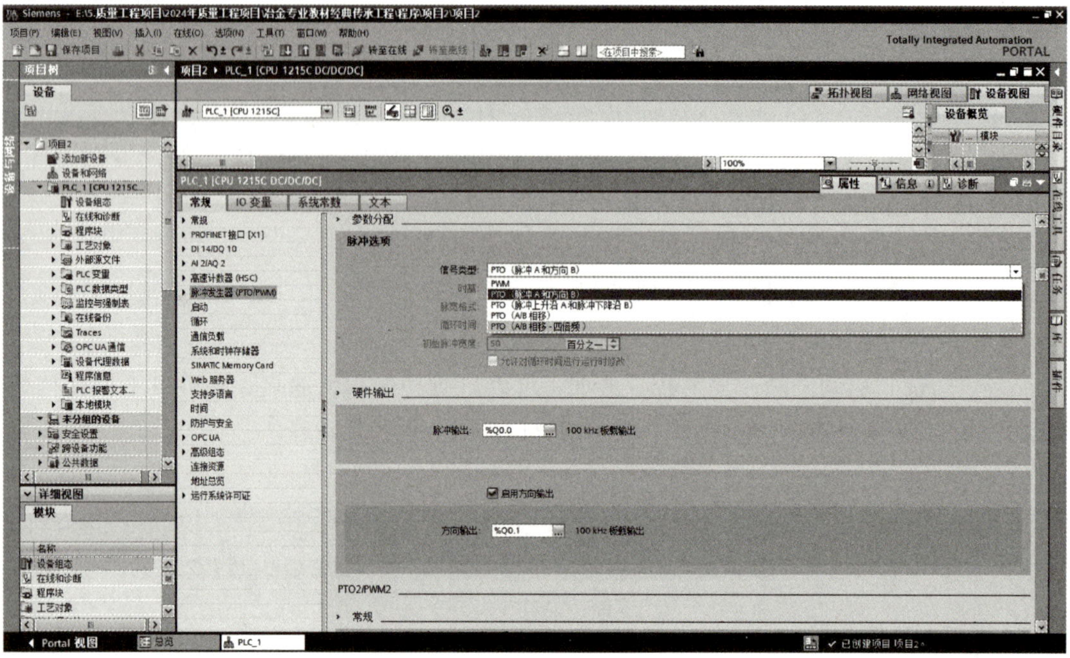

图 4-15 设置脉冲发生器

4.4.2 组态“轴”工艺对象

组态完脉冲发生器后，需要组态“轴”工艺对象，每个运动轴对应有一个工艺对象。组态完“轴”工艺对象后，就可以通过自动生成的运动控制指令实现绝对位置控制、相对位置控制和回原点控制等功能。

组态“轴”工艺对象分为对基本参数组态和对扩展参数组态。基本参数组态是必不可少的，而扩展参数组态不一定是必需的。

（1）添加“轴”工艺对象。无论是开环控制还是闭环控制方式，每一个轴都需要添加一个轴“工艺对象”。

1）在项目树中，展开 PLC_1 文件夹下的节点“工艺对象”，然后双击“新增对象”，弹出“新增对象对话框”，如图 4-16 所示。

2）选择“运动控制”。

3）轴工艺对象有“TO_PositioningAxis”和“TO_CommandTable”两个。每个轴都至少需要插入一个工艺对象。这里选择“TO_PositioningAxis”。

4）系统自动生成轴名称为“轴_1”，用户可以根据实际需要修改名称。

5）“TO_PositioningAxis”背景 DB 块分配方式为“自动”。

6）单击“确定”按钮，轴工艺对象已添加，并打开到参数组态界面，如图 4-17 所示。

（2）组态“轴”工艺对象基本参数—常规。添加了工艺对象后，可以在图 4-17 右上

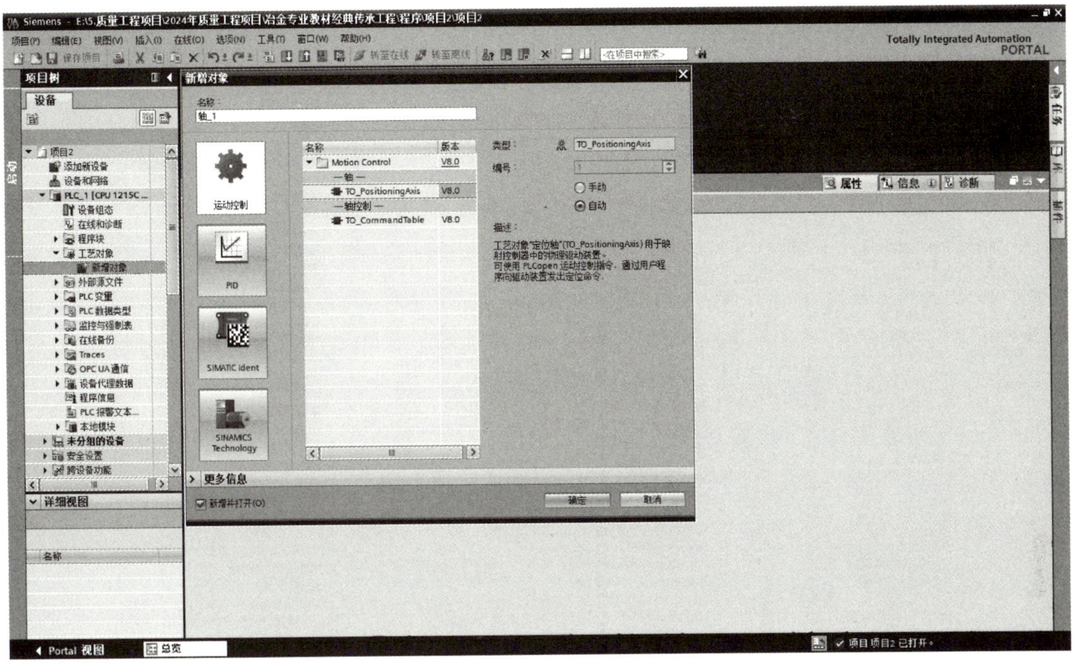

图 4-16　添加工艺对象

角看到工艺对象包含两种视图：功能视图（见图 4-17）和参数视图（见图 4-18）。当用户切换到工艺轴的“参数视图”时，可以看到轴的工艺对象所有参数的名称、起始值、最大值、最小值和注释。

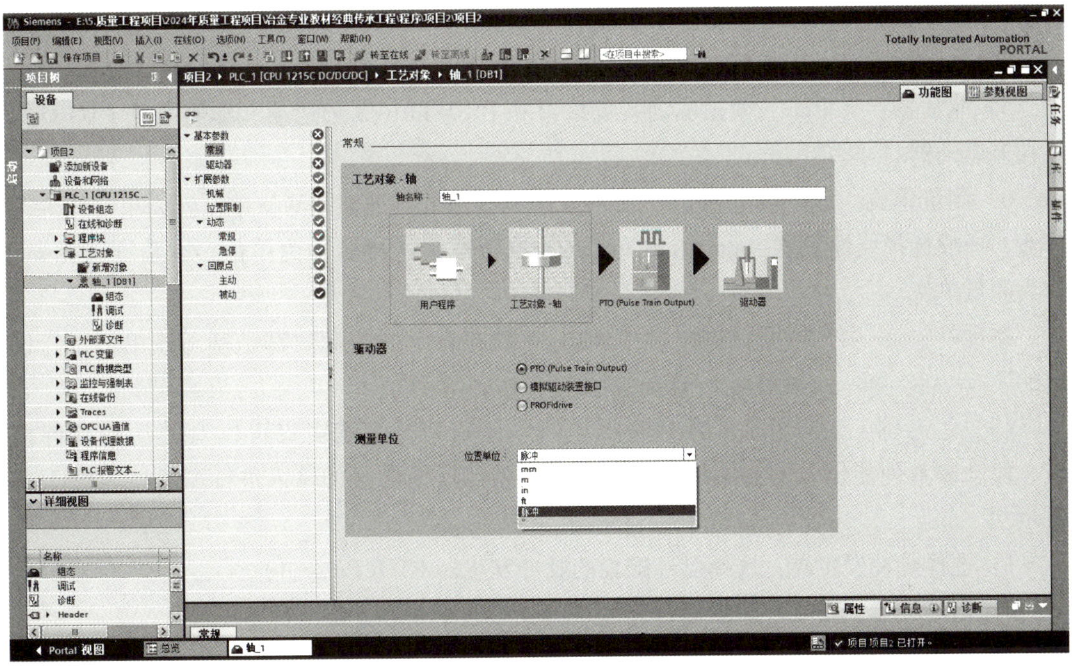

图 4-17　组态轴工艺对象基本参数—常规

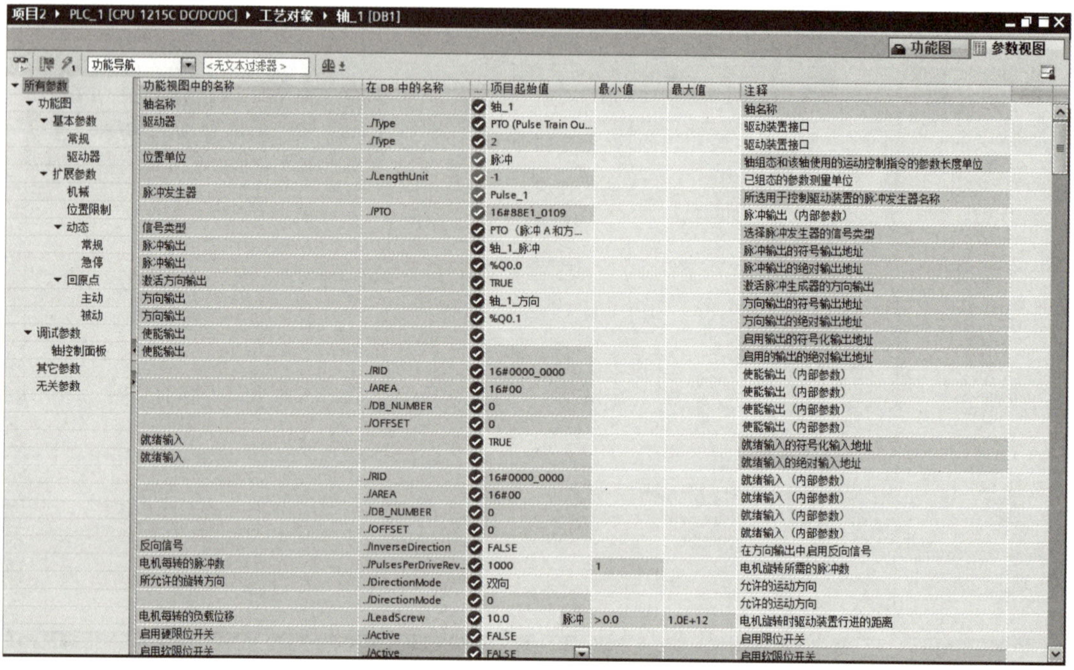

图 4-18 参数视图

基本参数包括常规和驱动器两类参数，常规参数包括轴名称、驱动器和测量单位。

1）每个轴添加了工艺对象之后，都会有组态、调试和诊断 3 个选项。

2）“组态”用来设置轴的参数，包括基本参数和扩展参数。

3）每个参数页面都有状态标记，提示用户轴参数设置状态。

4）轴名称：定义该工艺轴的名称，用户可以采用系统默认值，也可以自行定义。

5）驱动器：有 PTO、模拟驱动装置接口和 PROFIdrive3 个选项，本例通过 PTO 的方式控制驱动器。

6）测量单位：TIA Portal 提供了脉冲、距离和角度 3 种轴的测量单位。如果是线性工作台，一般选择线性距离：mm、m、in、ft 为单位或者选择脉冲为单位。本系统选择 mm 作为测量单位。

测量单位是一个很重要参数，后面轴的参数和指令中的参数都是基于该单位进行设定的。

（3）组态轴工艺对象基本参数—驱动器。在驱动器组态窗口可以对驱动器硬件接口、驱动装置使能信号的输出以及驱动器准备就绪反馈信号的输入进行配置，如图 4-19 所示。

1）选择脉冲发生器：选择已经配置的脉冲发生器 PTO(Pulse_1)。

2）信号类型：有 4 种，本项目选择“PTO（脉冲 A 和方向 B)”。

3）脉冲输出：如果在硬件组态中配置了脉冲发生器，这里显示的就是已经组态的 Q0.0。

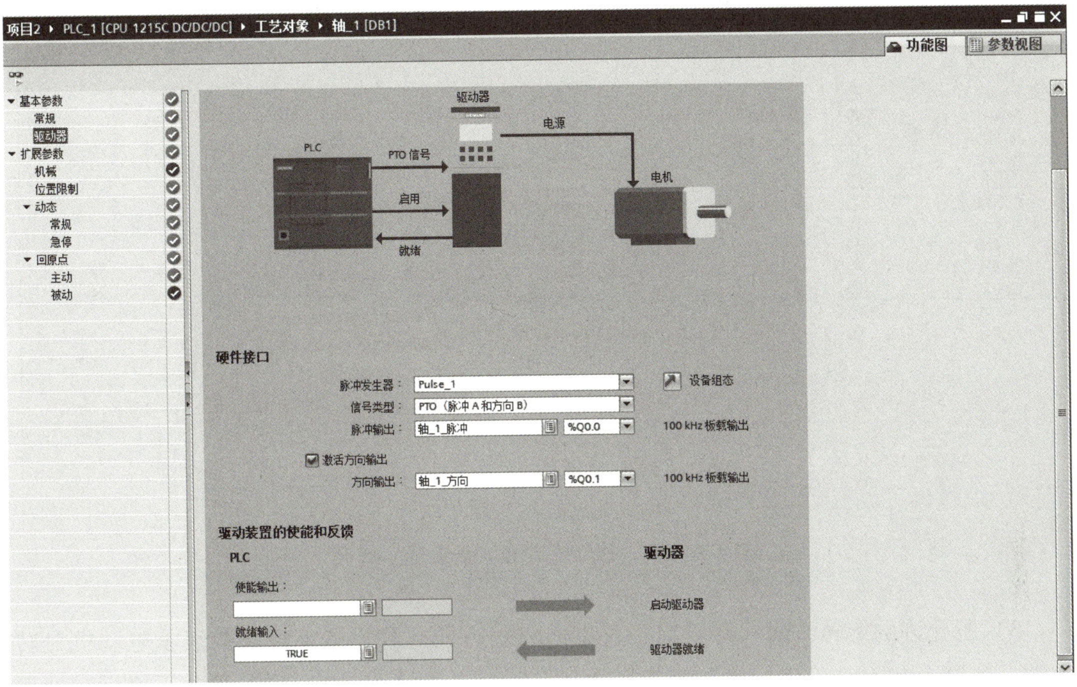

图 4-19　组态轴工艺对象基本参数—驱动器

4）激活方向输出：是否使能方向控制位。

5）方向输出：如果在硬件组态中配置了脉冲发生器，这里显示的就是已经组态的 Q0.1。

6）设备组态：单击按钮可以跳转到图 4-13 所示的“设备视图”，方便用户回到 CPU 设备属性修改组态。

7）使能输出：步进或者伺服驱动器一般都需要一个使能信号，这个使能信号由运动控制指令“MC_Power”控制，其作用是让驱动器处于启动状态。用户可以在这里组态一个 DO 点作为驱动器的使能信号，通知驱动器 PLC 已经准备就绪：当然，也可以不配置使能信号，由其他方式使能，本项目设置为空。

8）就绪输入：驱动器准备就绪后发出一个信号到 PLC 的输入端，通知 PLC 驱动器已经准备就绪。这时，在“就绪输入”下面空白处可以选择一个 DI 点作为 PLC 的信号；如果驱动器不包含此类型的任何接口，则无需组态这些参数，本项目选择 TRUE。

（4）组态轴工艺对象扩展参数—机械。在机械组态窗口中可以对驱动器的机械属性进行设置，主要设置轴的脉冲数与轴移动距离的参数对应关系，如图 4-20 所示。

1）电动机每转的脉冲数：表示电动机旋转一周需要的脉冲数。为方便计算，此值应与驱动器设置的每转的脉冲数相等，本例设置为 1000。

2）电动机每转的负载位移：表示电动机每旋转一周，机械装置移动的距离，即为 2 mm。要注意的是，如果用户在前面的“测量单位”中选择了“脉冲”，则这里的参数单位即为“脉冲”，表示电动机每转的脉冲个数。

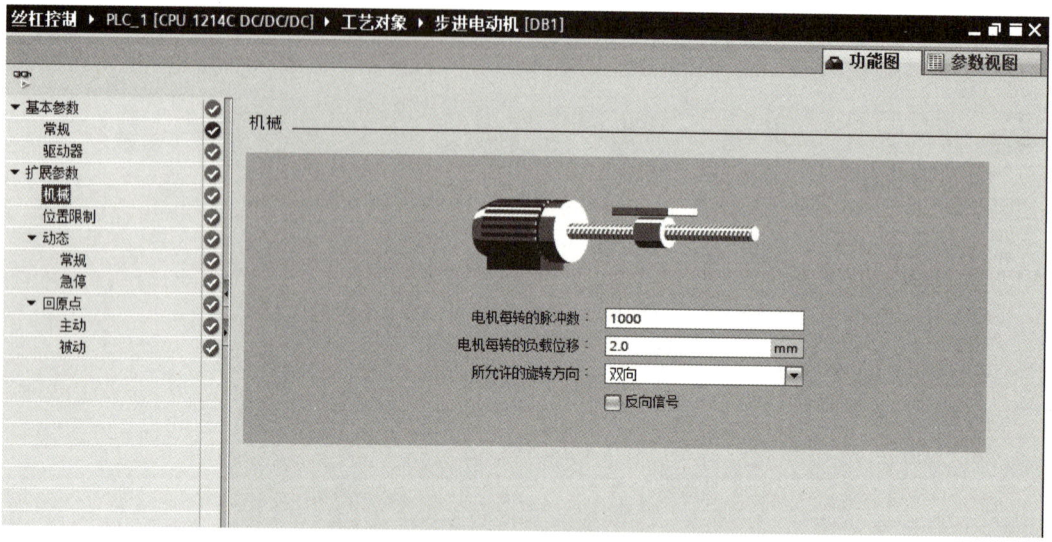

图4-20 组态轴工艺对象扩展参数—机械

3）所允许的旋转方向：有双向、正方向和负方向3种设置。该参数表示电动机允转方向。如果未在前面“（1）硬件组态”中“PTO（脉冲A和方向B）”模式下激活脉冲发生器的方向输选择受限于正方向或负方向。

4）反向信号：如果使能反向信号，效果是当PLC端进行正向控制电动机时，电动机实际是反向旋转。

（5）组态轴工艺对象扩展参数—位置限制。位置限制参数用来设置软件/硬件限位开关，不管轴在运动时碰到软限位还是硬限位，轴都将停并报错。

硬限位开关和软限位开关用于限制定位轴工艺对象的“最大行进范围”和“工作范围”。这两者的相互关系如图4-21所示。硬限位开关是限制轴的“最大行进范围”的限力开关，软限位开关将限制轴的“工作范围”，它们应位于限制行进范围的相关硬件限位开关的内侧。只有在轴回原点后，软限位开关才生效。

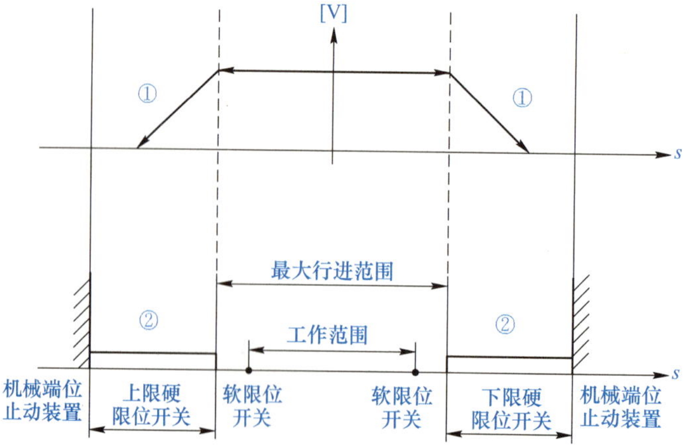

图4-21 位置限制开关示意图

在图 4-21 中，①表示轴以组态的急停减速度制动，直至停止；②表示硬限位开关产生“已逼近”状态信号的范围。

位置限制的组态如图 4-22 所示。

1）启用硬限位开关：激活硬件限位开关的功能。在激活硬件限位功能后，如轴运行到了硬件限位并触发硬限位信号，则轴会停止运行产生故障。本任务激活上、下限硬位开关的功能。

2）启用软限位开关：激活软件限位功能。在激活软件限位后，如果轴的实际运行位置达到了软限位的设定值，则轴会停止运行产生报警。本任务不激活。

3）硬件上/下限位开关输入：设置硬件上/下限位开关输入点。本任务工作台向右运动，将 I0.1 定义为上限位（即右限位），I0.2 定义为下限位（即右限位）。

4）选择电平：设置硬件上/下限位开关输入点的有效电平。如果本任务硬件上、下限位开关接入的是常闭触点，当限位开关起作用时为“低电平”，选择低电平有效。否则选择高电平有效。

5）软限位开关上/下限位置：设置软件位置点，用距离、脉冲或角度表示。本任务没有启用软限位开关。

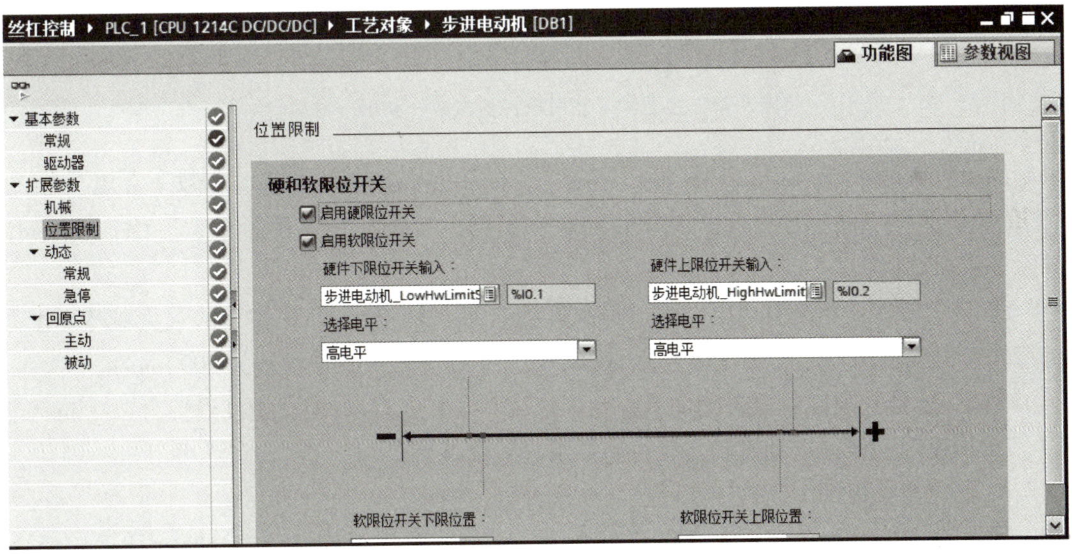

图 4-22　组态轴工艺对象扩展参数—位置限制

用户需要根据实际情况来设置参数，不要盲目使能软件和硬件限位开关。这部分参数不是必须使能的。

（6）组态轴工艺对象扩展参数—动态。动态包括“常规”和“急停”两部分。

1）组态“常规”参数：动态常规参数可对最大转速、启动/停止速度、加速度和减速度以及冲击限制进行组态，如图 4-23 所示。

① 速度限制的单位：设置参数“最大转速”和“启动/停止速度”的显示单位。速度

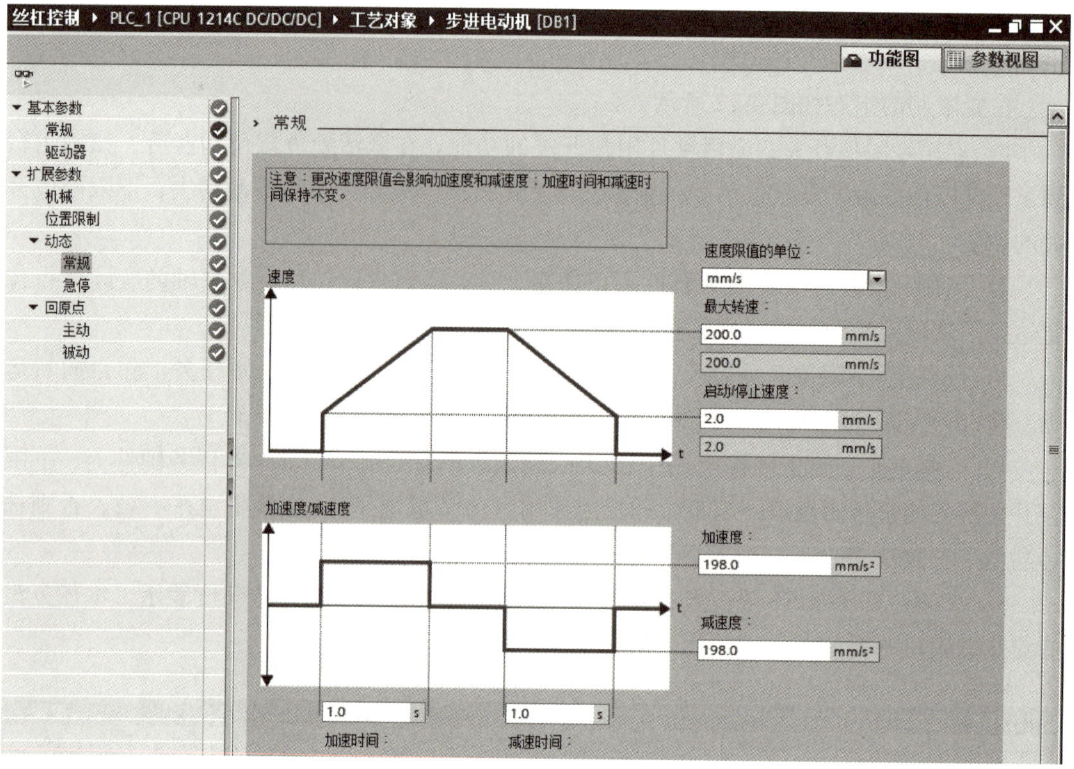

图 4-23 组态轴工艺对象扩展参数—动态—常规

限制的单位有两种默认值：“脉冲/s” 和 “r/min”。根据前面 “基本参数—常规” 中的 “测量单位” 的不同，这里可以选择的选项也不同。本任务在 “测量单位” 组态了 mm，故除了包括 “脉冲/s” 和 “r/min”，又多了一个 mm/s。

② 最大转速：用来设定电动机的最大转速。最大转速 = (PTO 输出的最大频率×电动机每转的负载位移)/电动机每转需要的脉冲数。本任务最大转速设置为 200 mm/s。

③ 启动/停止速度：设置轴的最小允许速度。本任务启动/停止速度设置为 2.0 mm/s。

④ 加速度：根据电动机和实际控制要求设置加速度。

⑤ 减速度：根据电动机和实际控制要求设置减速度。

⑥ 加速时间：如果用户先设定了加速度，则加速时间由软件自动计算生成。用户也可以先设定加速时间，加速度由系统自行计算。

⑦ 减速时间：如果用户先设定了减速度，则减速时间由软件自动计算生成。用户也可以先设定减速时间，减速度由系统自行计算。

⑧ 激活加加速度限值：降低在加速和减速斜坡运行期间施加到机械上的应力，以防止产生丢步越步的不良影响。如果激活了加加速度限值，则不会突然停止轴加速和轴减速，而是根据设置的滤波时间逐渐调整，如图 4-23 中加速度和减速度的曲线。例如，可以确保传送带的软启动和软制动。

⑨ 滤波时间：如果用户先设定了加加速度，则滤波时间由软件自动计算生成。用户

也可以先设定滤波时间，加速度由系统自行计算。

⑩ 加速度：激活了加速限值后，轴加减速曲线衔接处变平滑。

2）组态“急停”参数：如图 4-24 所示，在该对话框中可配置轴的“急停”减速度，使用“急停”减速度/时间这个参数有两种情况：轴出现错误时，采用急停速度停止轴；用 MC_Power 指令禁用轴时（StopMode=0 或是 StopMode=2）。

① 最大转速：与“常规”中的“最大转速”一致。

② 启动/停止速度：与“常规”中的“启动/停止速度”一致。

③ 急停减速度：设置急停速度。

④ 急停减速时间：如果用户先设定了紧急减速度，则紧急减速时间由软件自动计算生成。用户也可以先设定紧急减速时间，紧急减速度由系统自行计算。

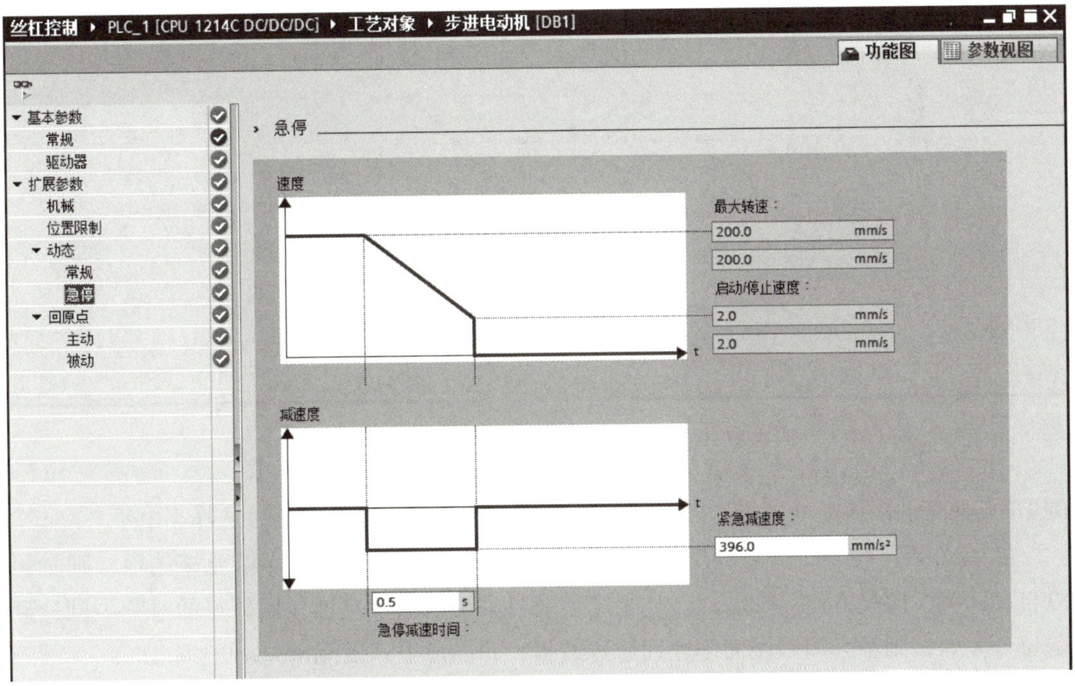

图 4-24　组态轴工艺对象扩展参数—动态—急停

（7）组态轴工艺对象扩展参数—回原点 通过回原点，可使工艺对象的位置与驱动器的实际物理位置相匹配。为显示工艺对象的正确位置或进行绝对定位时，都需要回原点操作。“扩展参数—回原点”分成“主动”和“被动”两部分参数。

1）组态“主动”参数：“主动”就是传统意义上回原点或寻找参考点。运动控制指令“MC_Home”的输入参数“mode”=3 时，会启动主动回原点操作，此时轴就会按照组态的速度去寻找原点开关信号，并完成回原点命令，如图 4-25 所示。

① 输入原点开关：设置原点开关的 DI 输入点，输入必须具有硬件中断功能，本任务设置为 I0.0。

② 选择电平：选择原点开关的有效电平，也就当轴触发原点开关时，原点开关对应

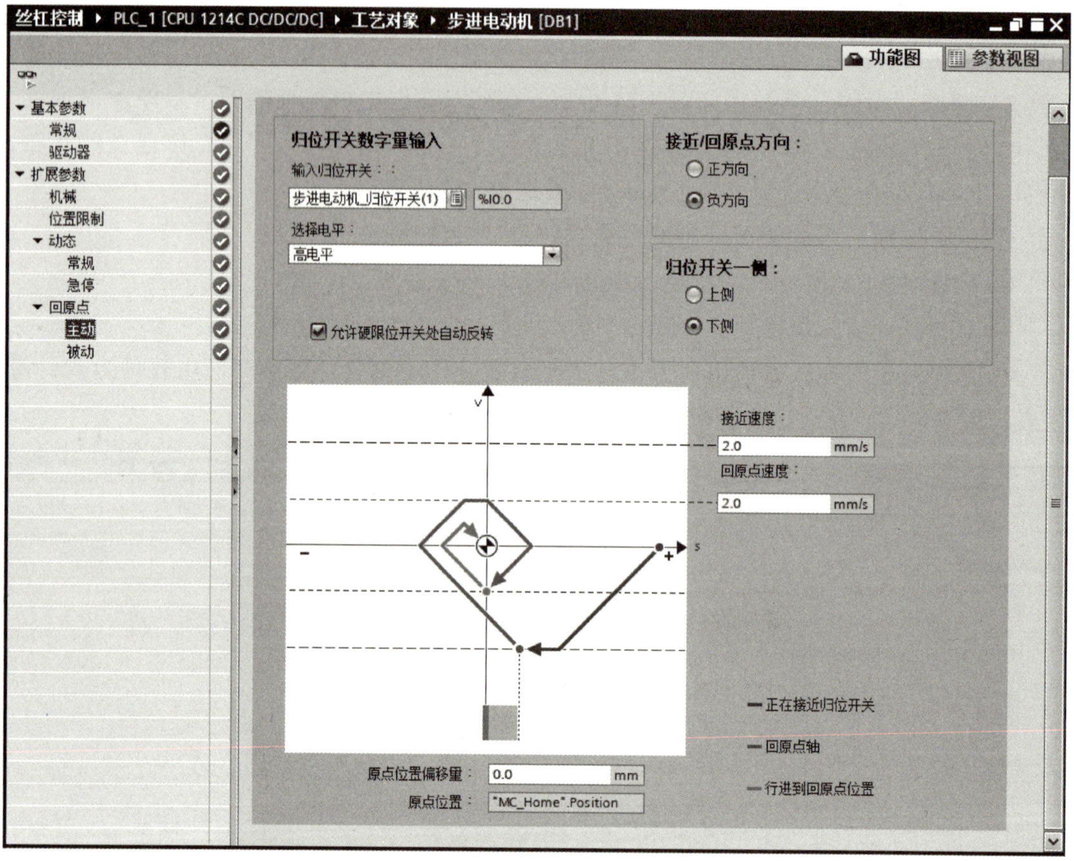

图 4-25 组态轴工艺对象扩展参数—回原点—主动

的 DI 点是高电平还是低电平。本任务，原点开关接的是常开触点，故选择高电平。

③ 允许硬限位开关处自动反转：如果没有触发原点信号，需要使能该选项，则轴可以自动调头，向反方向寻找原点。如果未使能自动反转选项且轴在回原点的过程中到达硬限位开关处，则轴会因错误而终止回原点过程，并以急停速度制动。

④ 接近/回原点方向：设置寻找原点的起始方向。也就是说，触发了寻找原点功能后，轴是向“正方向”或“负方向”开始寻找原点。本任务选择“负方向”。

⑤ 归位开关一侧：“上侧”指的是轴完成回原点指令后，以轴的左边沿停在参考点开关右侧边沿；“下侧”指的是轴完成回原点指令后，以轴的右边沿停在参考点开关左侧边沿。无论用户设置寻找原点的起始方向为正方向还是负方向，轴最终停止的位置取决于“上侧”或“下侧”。

⑥ 接近速度：寻找原点开关的起始速度，当程序触发了 MC_Home 指令后，轴立即以“逼近速度”来寻找原点开关，这里设置为 2. 0 mm/s。

⑦ 回原点速度：最终接近原点开关的速度，当轴第一次触发原点开关有效边沿后运行的速度，也就是触发 MC_Home 指令后，轴立即以“逼近速度”运行来寻找原点开关，到原点开关的有效边沿后轴从“逼近速度”切换到“回原点速度”，最终完成原点定位。

“回原点速度”要小于“逼近速度”，“回原点速度”和“逼近速度”都不宜设置得过快。在可接受的范围内，设置较慢的速度值。本任务设置为 2.0 mm/s。

⑧ 起始位置偏移量：该值不为零时，轴会在距离原点开关一段距离（该距离值就是偏移量）停下来，把该位标记为原点位置值。该值为零时，轴会停在原点开关边沿处。

⑨ 参考点位置：该值就是前面组态的原点位置值。

2）组态“被动”参数：被动回原点指的是被动回原点功能的实现需要 MC_Home 指令与 MC_MoveRelative 指令或 MC_MoveAbsolute 指令、MC_MoveVelocity 指令、MC_MoveJog 指令中的一个联合使用来执行到达原点开关所需要的运动；回原点 MC_Home 指令的输入参数“Mode=2”时，会启动被动回原点。到达原点开关的设置侧时，将当前的轴位置作为原点。原点位置由回原点 MC_Home 指令的 Position 参数指定，如图 4-26 所示。

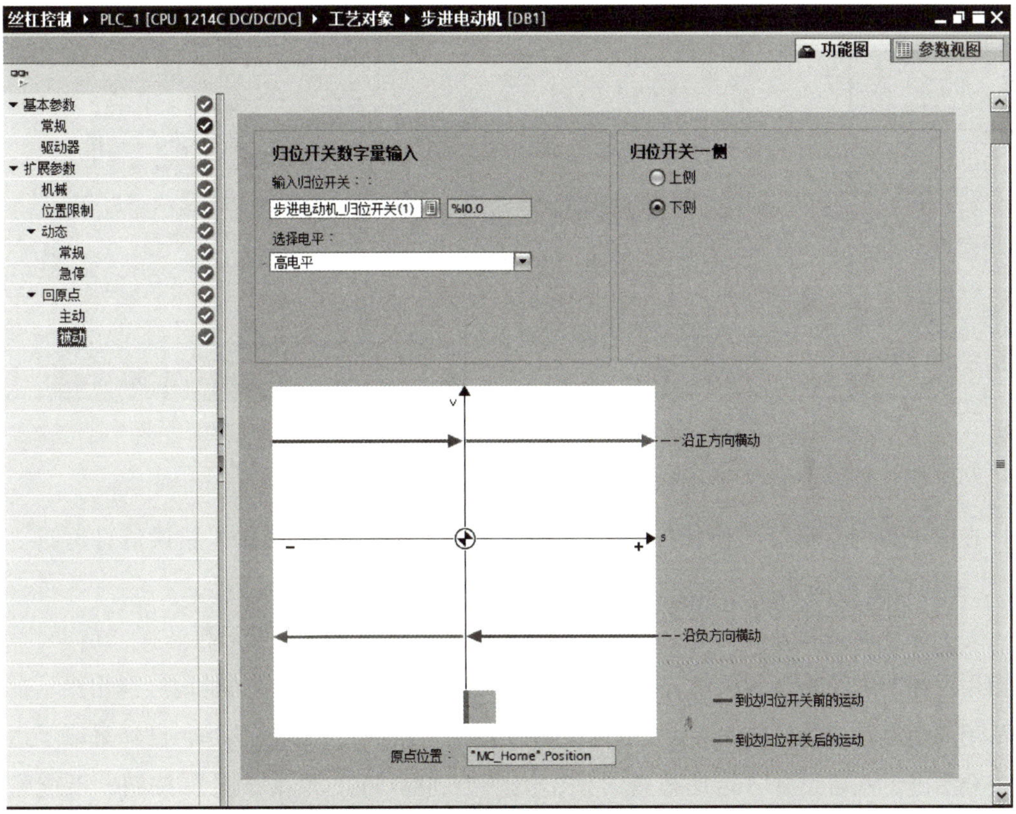

图 4-26　组态轴工艺对象扩展参数—回原点—被动

① 输入归位开关：设置原点开关的输入点。

② 选择电平：选择原点开关的有效电平是高电平还是低电平。

③ 归位开关一侧：参考“主动”参数配置中⑤的说明。

④ 参考点位置：该值是 MC_Home 指令中“Position”引脚的数值。

被动回原点不是轴不执行其他指令而专门执行主动回原点功能，而是轴在执行其他动的过程中完成回原点的功能。

4.4.3 调试工艺“轴”

在对工艺“轴”进行组态后，将该项目下载到PLC中。如图4-27所示，用户可以选择项目树下“PLC_1”→“工艺对象”→“轴_1”→“调试”选项，双击后打开轴控制面板，使用轴控制面板调试电动机和驱动器，用于测试轴的实际运行功能。

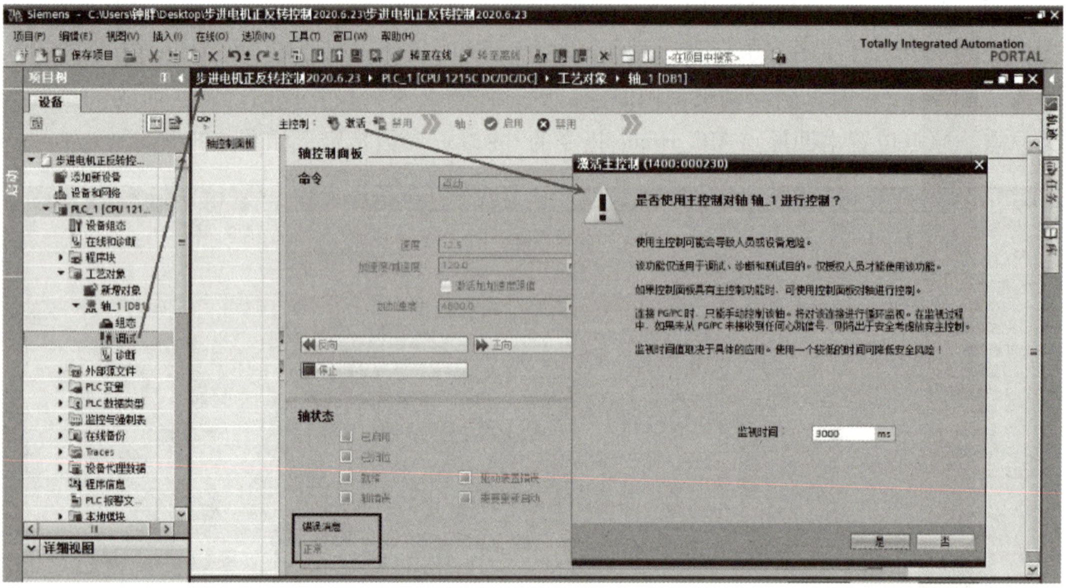

图4-27 选择调试功能后控制面板的初始组态

在图4-27中，除了“激活”指令，所有的指令都是灰色的。如果错误信息返回“正常”，则可以进行调试。

为了保证设备和人身安全，在主控区中必须先“激活”轴，然后再选择“启动”轴，轴启用后才能进行其余的操作。在控制面板中，单击“激活”指令，此时会弹出提示窗口提醒用户使能该功能会让实际设备运行。在使用主控制前，先要确认是否已经采取了适当的安全措施，同时设置一定的监视时间，图中为3000 ms。单击“是”按钮，系统弹出图4-28所示的点动控制界面。

4.4.3.1 点动控制

(1) 如图4-28所示，单击“启用”按钮，启动轴，相当于MC_Power指令的“Enable”端。

(2) 命令：有点动、定位和回原点3个选项。这里选择点动。

(3) 设置点动速度为12.5 mm/s。

(4) 单击“正向”或“反向”按钮，电动机以设定速度正向或反向运转。

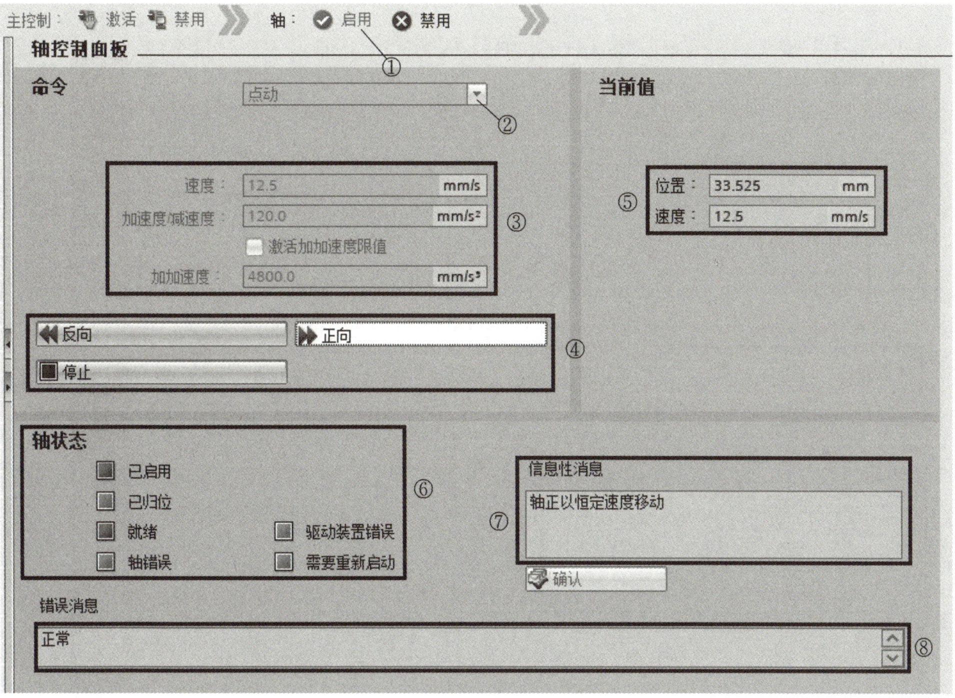

图 4-28　点动控制

（5）轴的当前值，包括轴的实时位置和速度值。

（6）轴的状态位，显示轴已启动和就绪。

（7）轴的运动信息，此时显示轴正以恒定速度移动。

（8）显示轴的错误信息，如果没有错误，显示正常。

4.4.3.2　定位控制

定位包括绝对定位和相对定位功能。

A　绝对定位

（1）如图 4-29 所示，单击“启用”按钮。

（2）选择“定位”。

（3）设置绝对定位的目标位置为 50.0 mm，速度为 12.5 mm/s。

（4）单击“绝对”按钮，电动机以设定的速度正向运行。

（5）轴的当前值，此时轴位于 12.775 mm 处，当前速度为 12.5 mm/s。

（6）轴的状态位，显示轴已启用、已归位、就绪。

（7）显示轴正以恒定速度移动。

B　相对定位

如图 4-30 所示，设置相对定位的目标位置和速度后，单击“相对”按钮，电动机以设定的速度正向运行，并在轴控制面板中显示轴的当前位置和速度。因为没有回原点，所以不能是绝对定位控制，这时“绝对”按钮显示为灰色。

图 4-29 绝对定位

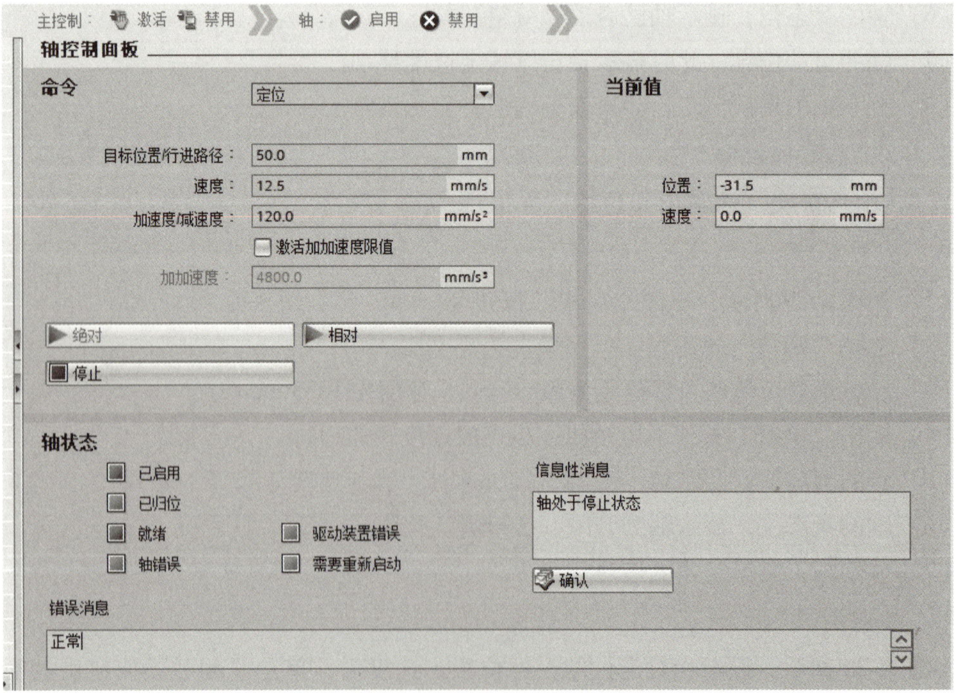

图 4-30 相对定位

C　回原点控制

如图 4-31 所示，设置参考点位置为 0.0 mm 后，单击“回原点”按钮，电动机以图 4-25 所示组态的回原点速度寻找参考点，直至原点开关 I0.0 动作，电动机停在参考点开关下侧，并在轴控制面板中显示轴当前位置和速度均为 0.0，轴状态显示轴已经归位。

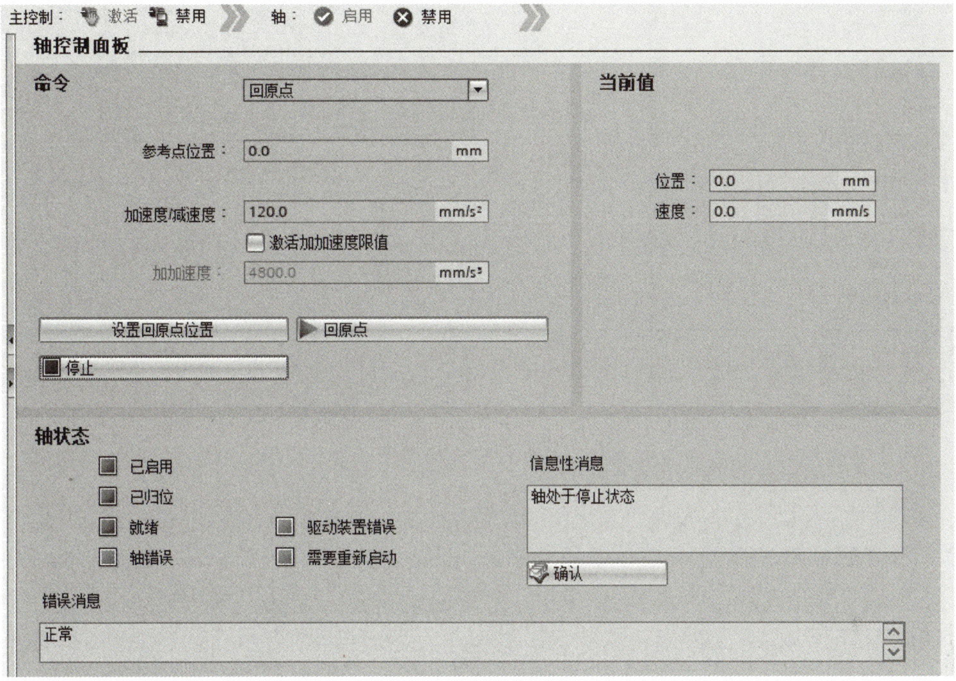

图 4-31　回原点

4.4.4　诊断工艺轴

4.4.4.1　状态和错误位

如图 4-32 所示，用户可以选择项目树下“PLC_1”→“工艺对象”→“轴_1”→“诊断”选项，双击后打开诊断面板，有状态和错误位、运动状态、动态设置 3 个选项。状态和错误位主要显示轴和驱动器的状态以及错误信息。如果没有错误，右下侧显示“正常”，如果有错误，比如本例显示“已逼近硬限位开关的上限（以所组态的减速度到达限位开关。）”，关键的信息用绿色的方框提示用户，无关信息则用灰色方框提示，错误的信息用红色方框提示用户。如“轴错误”“已逼近限位开关的上限”“已逼近硬限位开关”前面有红色的方框，表示硬限位开关的上限 I0.1 已经触发闭合。

4.4.4.2　运动状态

单击“运动状态”选项，系统弹出图 4-33 所示的画面。此界面包含位置设定值、目标位置、速度设定值和剩余行进距离等。

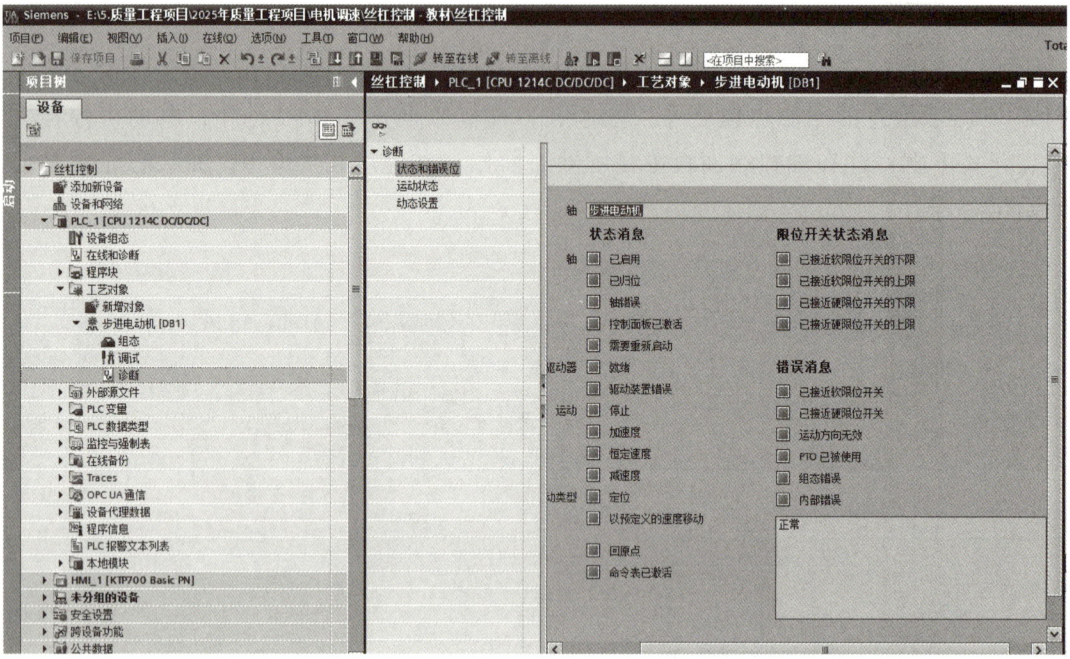

图 4-32 轴状态和错误位

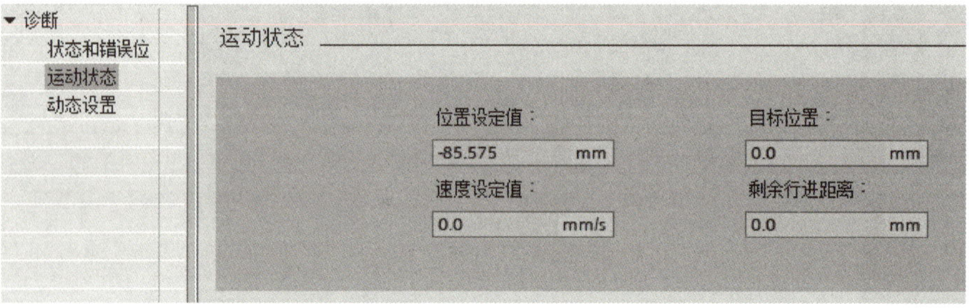

图 4-33 运动状态

4.4.4.3 动态设置

单击“动态设置”选项，系统弹出图 4-34 所示的画面。此界面包含加速度、减速度、紧急减速度和加加速度等。

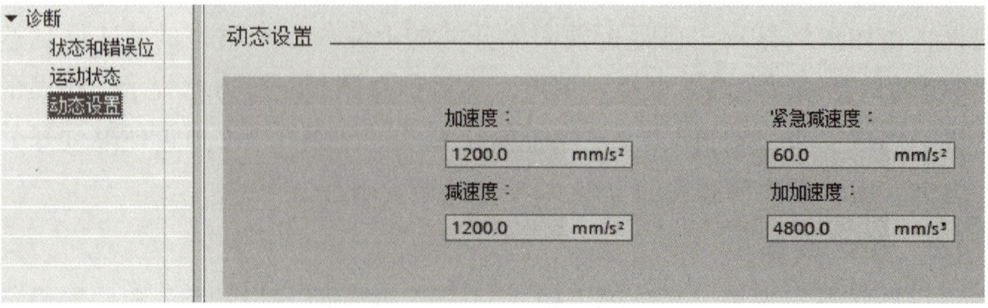

图 4-34 动态设置

任务 4.5　步进运动控制系统 PLC 程序设计与调试

任务导入

在完成丝杠的步进运动控制系统的初步调试后，要想实现客户委托要求，还需要按照客户工艺功能要求，进行 PLC 程序的设计与调试。

任务分析

S7-1200 PLC 通过组态工艺“轴”，可以自动生成一系列的运动指令，包括启用/禁用轴指令、回原点指令、暂停轴指令、绝对定位指令、相对定位指令、点动指令等，用户可以按照步进电动机运动要求，使用这些运动指令编写程序，实现对丝杠运动的控制要求。

知识链接

4.5.1　运动轴指令简介

4.5.1.1　插入运动控制指令

S7-1200 PLC 运动轴指令简介（1）

打开 OB1 块，在 TIA Portal 软件右侧“指令”中的“工艺”中找到“Motion Control”指令文件夹并展开，可以看到所有的 S7-1200 PLC 的运动控制指令。使用拖拽或者双击的方式在程序段中插入运动控制指令，如图 4-35 所示，选中 MC_Power 指令，用拖拽的方式将它拖拽到程序段 1 绿色方框中释放，就可以完成添加了。

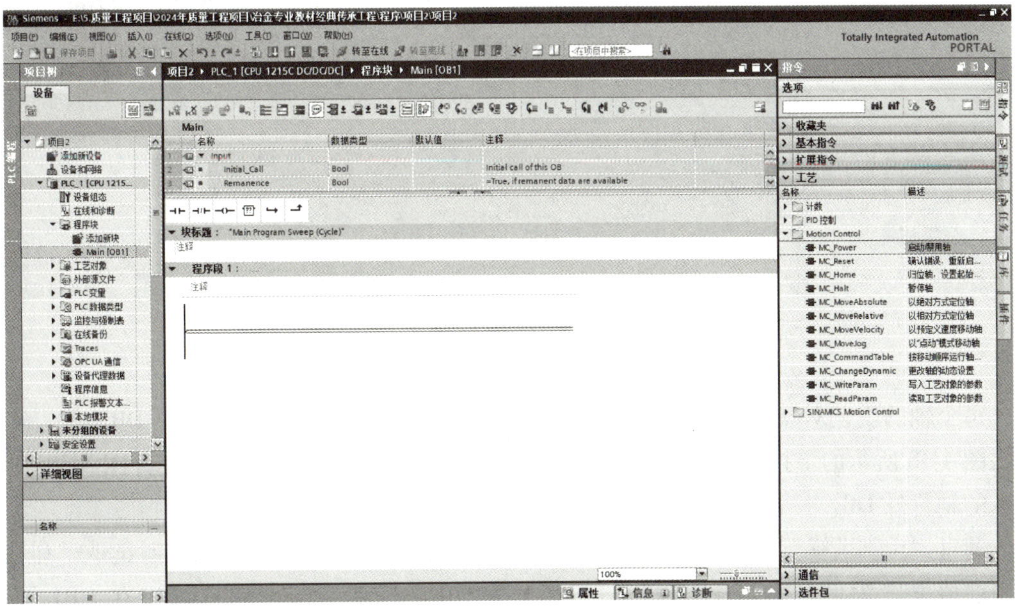

图 4-35　插入运动控制指令

这些 Motion Control 指令插入到程序中需要背景 DB，如图 4-36 所示，可以选择手动或者自动生成 DB 的编号。添加背景 DB 后的 MC_Power 指令，如图 4-36 所示。

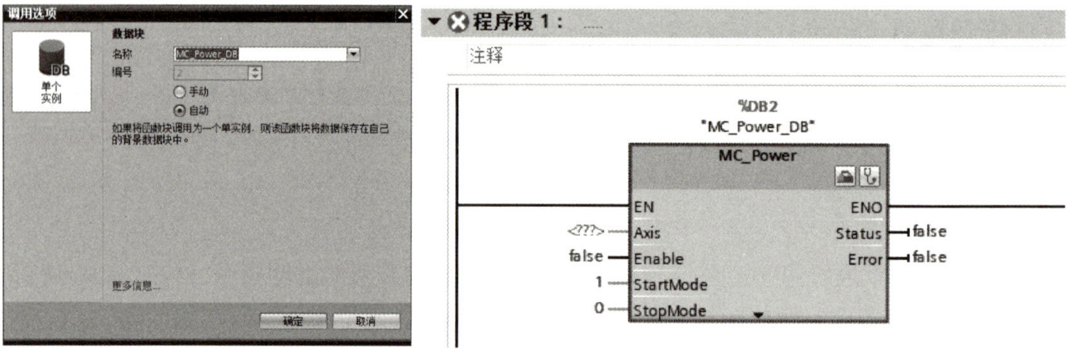

图 4-36　添加运动控制指令背景数据块及指令

需要注意的是，运动控制指令之间不能使用相同的背景 DB，最方便的操作方式就是在插入指令时让 TIA Portal 软件自动分配背景 DB。

4.5.1.2　运动指令背景数据块

运动指令的背景 DB 在“项目树”→“PLC_1”→“程序块”→“系统块”→“程序资源”中，如图 4-37 所示，用户在调试时可以通过“全部监视”符号直接监控该 DB 中的数值。

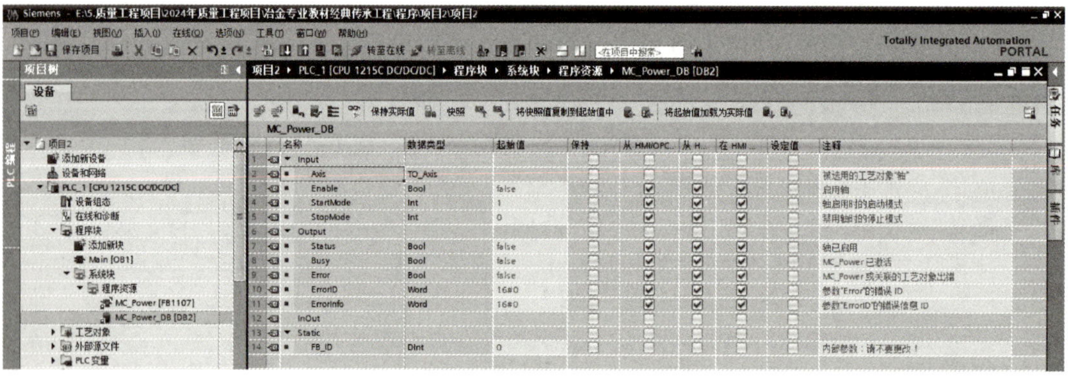

图 4-37　运动控制指令背景数据块

每个轴的工艺对象都有一个 DB，用鼠标右键单击项目数下的“轴_1［DB2］”，系统弹出图 4-38 所示的下拉菜单，选中菜单中“打开 DB 编辑器”并单击，打开图 4-38 右侧所示的轴背景 DB。

通过“全部监视”符号可以对轴 DB 中的数值进行监控或者读写。以实时读取“轴_1”的当前值位置为例，如图 4-37 所示，轴_1 的 DB 块号为 DB2，用户可以在 OB1 调用 MOVE 指令，在 MOVE 指令的 IN 端输入“DB. Position”，则 IA Portal 软件会自动把

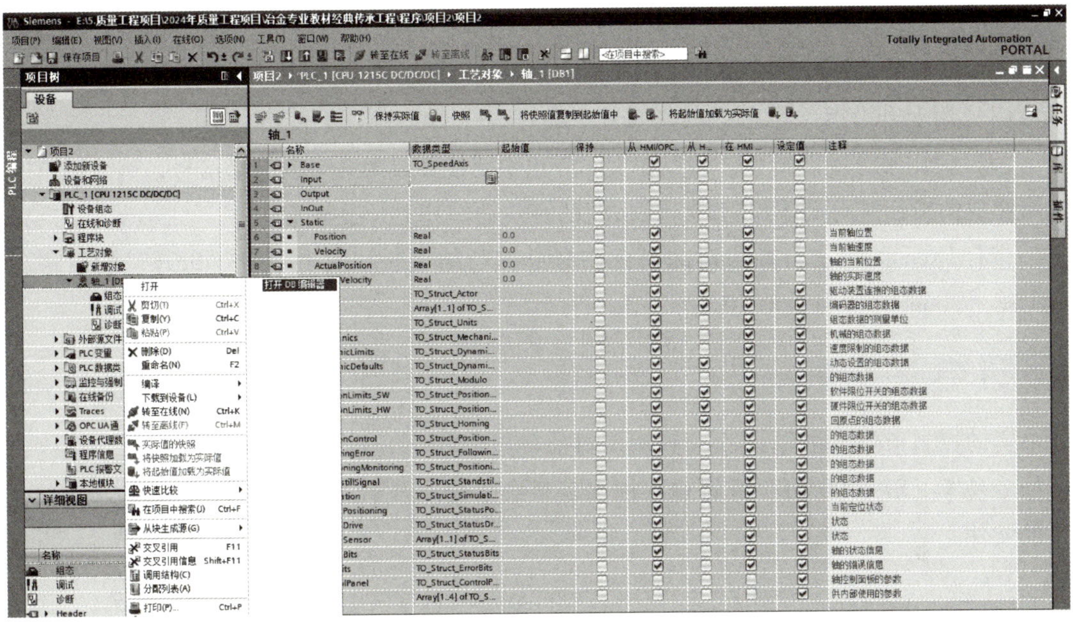

图 4-38　轴背景 DB

DB. Position 更新为“轴_1. Position”。用户可以在人机界面上实时显示该轴的实际位置，也可以用 MOVE 指令读取轴的当前速度。

4.5.1.3　运动指令通用说明

每一个 Motion Control 下方都有一个黑色三角，如图 4-39 所示。单击黑色三角，展开后可以显示该指令的所有输入/输出引脚。展开后的指令引脚显示灰色，表示该引脚不常用到。

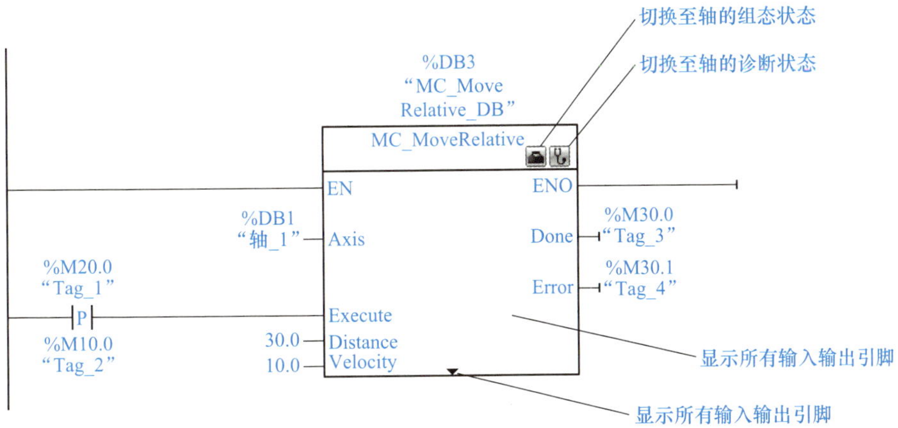

图 4-39　运动指令说明

如图 4-39 所示，指令右上角有两个快捷按钮，可以快速切换到轴的组态界面和轴的诊断界面。

部分 S7-1200 运动指令有一个 Execute 触发引脚，如图 4-39 所示，该引脚需要用上升沿触发。上升沿触发可以有如下两种方式。

（1）用上升沿指令。

（2）使用常开触点指令，该点在实际应用中要使其成为一个上升沿信号，例如用户通过触摸屏的按钮进行操作控制时，该按钮的有效动作为上升沿触发。

带有 Execute 触发引脚的运动指令在命令执行结束后，输出参数“Busy”的值将为 FALSE，“Done”位变为 TRUE。

4.5.2 运动轴控制指令

运动控制指令一共有 11 个，这里仅对部分指令进行介绍，其他指令参考《S7-1200 PLC 可编程序控制器系统手册》或者查看帮助文件。

S7-1200 PLC
运动轴指令
简介（2）

4.5.2.1 启动/禁用轴指令 MC_Power

该指令主要用于使能轴或禁用轴，在程序里一直调用，并且在其他运动控制指令之前调用并使能。MC_Power 指令参数见表 4-8。

表 4-8 MC_Power 指令参数

LAD	输入	参数含义	输出	参数含义
	EN	使能端，该端子必须一直为 1，保证 MC_Power 指令在程序中一直被调用	ENO	使能输出
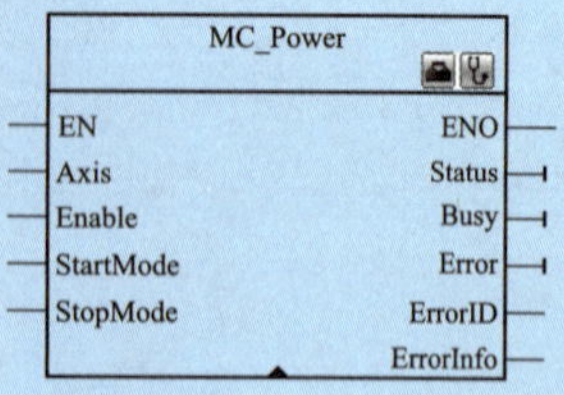	Axis	轴名称	Status	轴的使能状态 FALSE：禁用轴，此时轴不会执行运动控制任务，并且不接受任何新任务。禁用时，直到轴停止，状态才会更改为 FALSE TURE：轴已启用。轴已准备好执行运动控制任务，轴启动时，直到信号“驱动器就绪”进入未决，状态才会更改为 TURE。如果在轴组态中未组态“驱动器就绪”接口，组态会立即更改为 TURE

续表 4-8

LAD	输入	参数含义	输出	参数含义
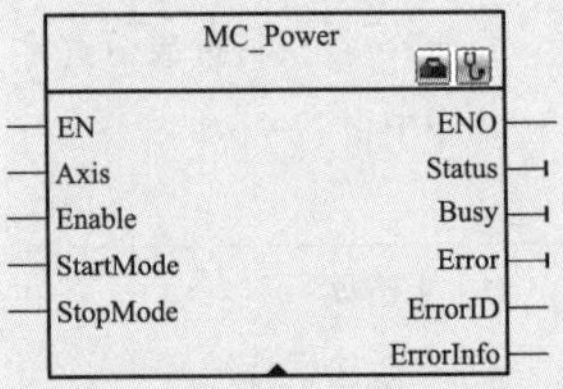	Enable	轴使能端 0：根据 StopMode 设置的模式来停止当前轴的运行并禁用轴 1：启动运动轴	Busy	标记 MC_Power 指令是否处于活动状态
	StartMode	控制模式选择 0：速度控制模式 1：位置控制模式	Error	0：无错误 1：产生错误标记
	StopMode	轴停止模式选择 0：按照工艺对象组态好的“急停”速度或者时间紧急停止轴 1：立即停止，PLC 立即停止发脉冲 2：带有加速度变化率控制的紧急停止：如果用户组态了加速度变化率，则轴在减速时会把加速度变化率考虑在内，减速曲线变得平滑	ErrorID	错误 ID 号
	—	—	ErrorInfo	错误信息

4.5.2.2　暂停轴指令 MC_Halt

使用 MC_Halt 指令可以停止所有运动并以组态的减速度停止轴。常用 MC_Halt 指令来停止通过 MC_MoveVelocity 指令触发的轴的运行。MC_Halt 指令参数见表 4-9。

表 4-9　MC_Halt 指令参数

LAD	输入	参数含义	输出	参数含义
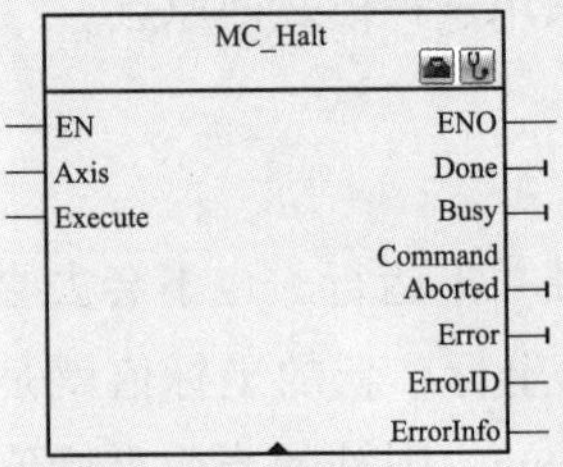	EN	使能端	ENO	使能输出
	Axis	轴名称	Done	1：速度达到 0
	Execute	上升沿启动命令	Busy	1：命令在执行
	—	—	Command Aborted	1：命令在执行过程中被另一命令中止
	—	—	Error	0：无错误 1：产生错误标记
	—	—	ErrorID	错误 ID 号
	—	—	ErrorInfo	错误信息

4.5.2.3 回原点指令 MC_Home

使用 MC_Home 指令可以使轴归位，设置原点，用来将轴坐标与实际的物理驱动器位置进行匹配。MC_Home 指令参数见表 4-10。

表 4-10 MC_Home 指令参数

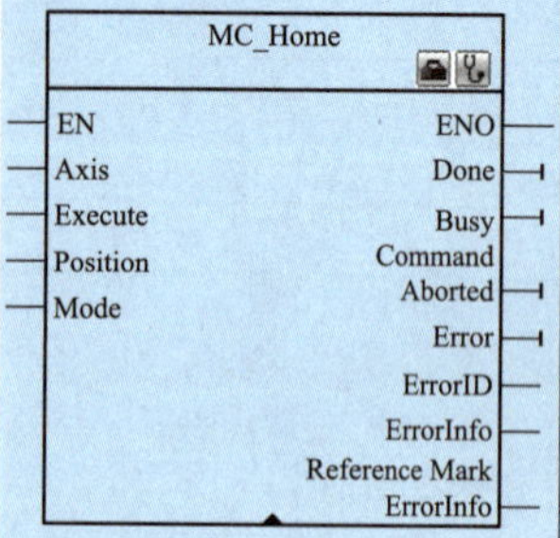

LAD	输入	参数含义	输出	参数含义
	EN	使能端	ENO	使能输出
	Axis	轴名称	Done	1：命令已完成
	Execute	上升沿启动命令	Busy	1：命令在执行
	Position	Mode = 0、2 和 3 时，完成回原点操作之后轴的绝对位置 Mode = 1 时，对当前运动轴位置的修正值	Command Aborted	1：命令在执行过程中被另一命令中止
	Mode	回原点模式	Error	0：无错误 1：产生错误标记
	—	—	ErrorID	错误 ID 号
	—	—	ErrorInfo	错误信息
	—	—	Reference Mark Position	显示工艺对象归位位置（“Done”=TRUE 时有效）

MC_Home 指令支持的回原点模式主要有以下四种。

（1）Mode=0：绝对式直接回原点，轴的原点位置值为参数“Position”的值。

（2）Mode=1：相对式直接回原点，轴的原点位置值等于当前轴位置+参数“Position”的值。

（3）Mode=2：被动回原点，轴的原点位置值为参数“Position”的值。被动回原点模式下，MC_Home 指令不会执行任何回原点动作，用户需要通过其他运动控制指令执行这一步骤中所需的运动，检测到回原点开关时，将根据组态使轴回原点。

（4）Mode=3：主动回原点，轴的原点位置值为参数“Position”的值。主动回原点模式下，MC_Home 指令将执行所需要的回原点操作，检测到回原点开关时，将根据所组态的运动轨迹使轴回原点。此模式为最精确的回原点模式，本项目采用这种模式回原点。

下面详细介绍模式 0 和模式 1，其余两种模式这里不再赘述。

（1）绝对式直接回原点。

以图 4-40 为例进行说明。该模式下的 MC_Home 指令触发后轴并不运行，也不会去寻找原点开关。指令执行后的结果是：轴的坐标值直接更新成新的坐标，新的坐标值就是 MC_Home 指令的“Position”的数值。例子中，“Position” =0.0 mm，则轴的当前坐标值也就更新成了 0.0 mm。该坐标值属于“绝对”坐标值，也就是相当于轴已经建立了绝对坐标系，可以进行绝对运动。

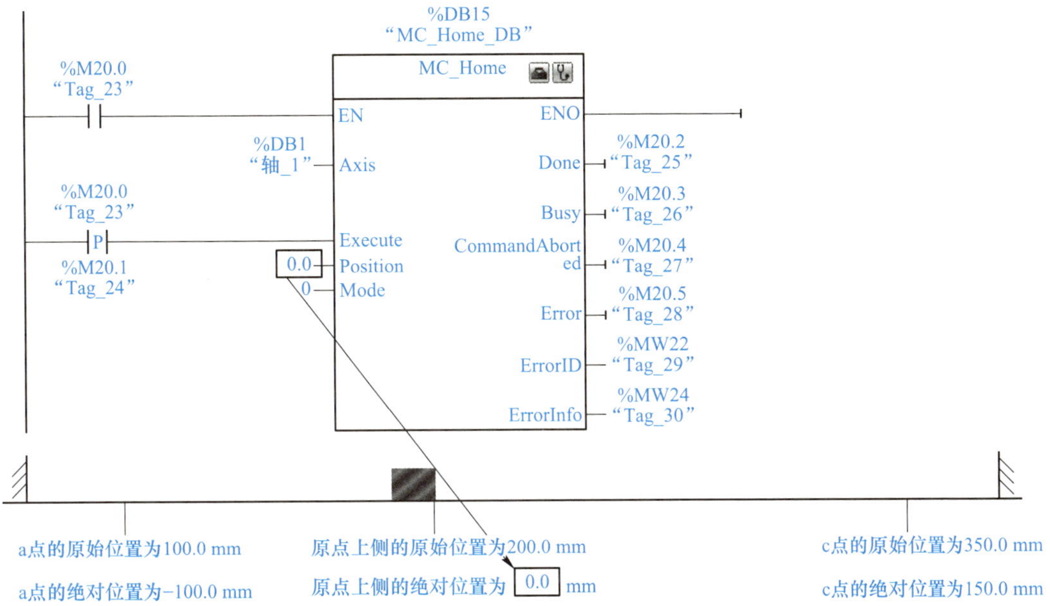

图 4-40　绝对式直接回原点示例

MC_Home 指令的该模式可以让用户在没有原点开关的情况下，进行绝对运动操作。

（2）相对式直接回原点。

与 Mode=0 相同，以该模式触发 MC_Home 指令后轴并不运行，只是更新轴的当前位置值。更新的方式与 Mode=0 不同，而是在轴原来坐标值的基础上加上“Position”数值后得到的坐标值作为轴当前位置的新值。如图 4-41 所示，指令 MC_Home 指令后，轴的位

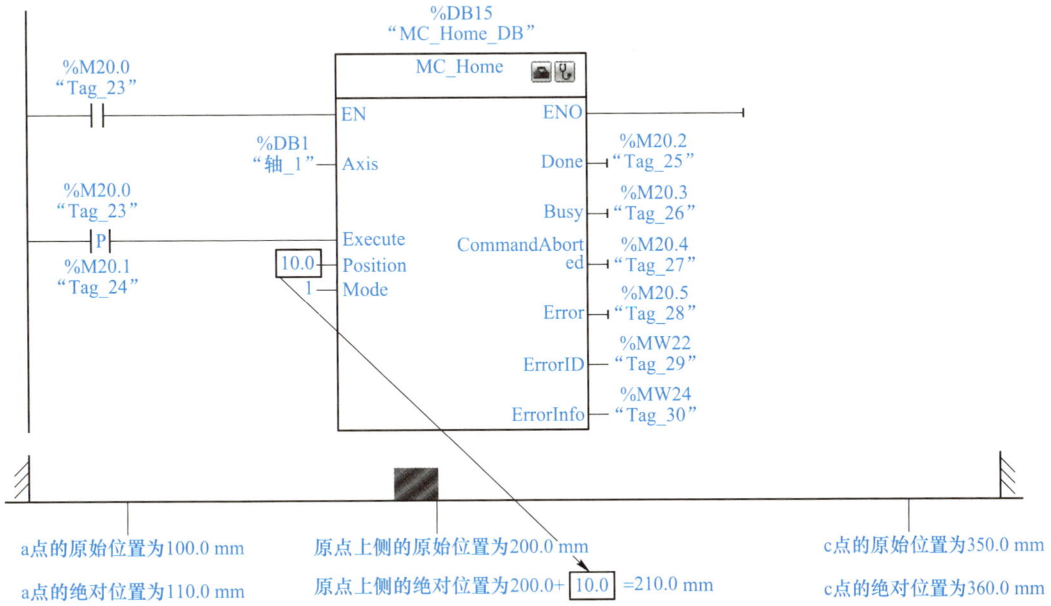

图 4-41　绝对式直接回原点示例

置值变成了 210 mm.，相应的 a 和 c 点的坐标位置值也相应更新成新值。

注意：轴做绝对位置定位前一定要触发 MC_Home 指令。另外，用户可以通过对变量 <轴名称>. StatusBits. HomingDone = TRUE 与运动控制指令“MC_Home”的输出参数 Done = TRUE 进行与运算，来检查轴是否已回原点。

4.5.2.4 绝对位置指令 MC_MoveAbsolute

应用绝对位置指令 MC_MoveAbsolute 可以使轴以某一速度进行绝对位置定位。绝对位置指的是当轴建立了绝对坐标系后，轴的每一个位置都有固定的坐标，绝对位置的目标位置是基于原点的。无论轴的当前值是多少，当轴执行了相同目标位置的绝对位置运行指令后，轴最终都定位到同一位置。因此，在使能绝对位置指令之前，轴必须回原点。MC_MoveAbsolute 指令参数见表 4-11。

表 4-11 MC_MoveAbsolute 指令参数

LAD	输入	参数含义	输出	参数含义
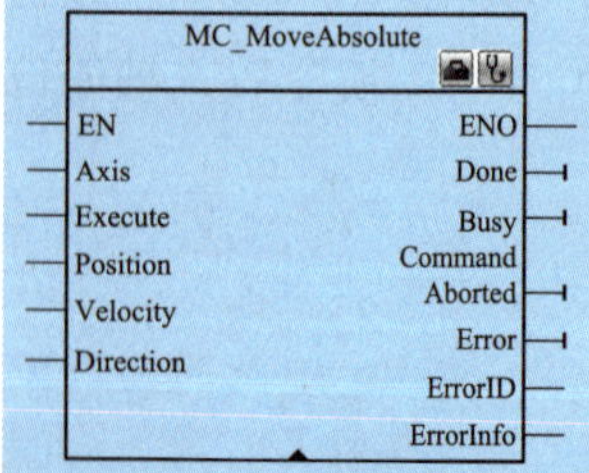	EN	使能端	ENO	使能输出
	Axis	轴名称	Done	1：达到绝对位置。为 1 的时间取决于 Execute 引脚，若该引脚为脉冲激活，则该位为 1 的时间是 1 个扫描周期的时间；若 Execute 引脚一直保持为 1，则该位为 1 的时间也保持为 1
	Execute	上升沿启动命令	Busy	1：命令在执行
	Position	绝对目标位置，即相对于原点位置	Command Aborted	1：命令在执行过程中被另一命令中止
	Velocity	轴的运动速度	Error	0：无错误 1：产生错误标记
	Direction	轴的运动方向，仅在“模数”已启用的情况下生效	ErrorID	错误 ID 号
	—	—	ErrorInfo	错误信息

轴的正反转方向控制取决于绝对目标位置“Position”的正负，如果“Position”设置为正值，则轴正转；如果“Position”设置为负值，则轴反转。

4.5.2.5 相对位置指令 MC_MoveRelative

相对位置指令 MC_MoveRelative 可以使轴以某一速度在轴当前位置的基础上移动一个相对距离。相对位置是指在轴当前位置的基础上正方向或者反方向移动一段距离。使用时不需要轴执行回原点命令。MC_MoveRelative 指令参数见表 4-12。

表 4-12 MC_MoveRelative 指令参数

LAD	输入	参数含义	输出	参数含义
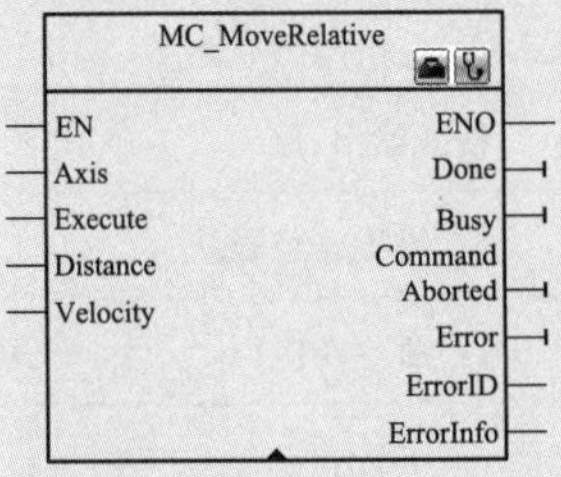	EN	使能端	ENO	使能输出
	Axis	轴名称	Done	1：目标位置已达到
	Execute	上升沿启动命令	Busy	1：命令在执行
	Distance	相对移动距离	Command Aborted	1：命令在执行过程中被另一命令中止
	Velocity	轴的速度	Error	0：无错误 1：产生错误标记
	—	—	ErrorID	错误 ID 号
	—	—	ErrorInfo	错误信息

轴的正反转方向控制取决于相对移动距离“Distance”的正负，如果“Distance”设置为正值，则轴正转；如果“Distance”设置为负值，则轴反转。

4.5.2.6 点动指令 MC_MoveJog

应用点动指令 MC_MoveJog 实现在点动模式下以指定的速度连续移动轴。正向点动和反向点动不能同时触发。MC_MoveJog 指令参数见表 4-13。

表 4-13 MC_MoveJog 指令参数

LAD	输入	参数含义	输出	参数含义
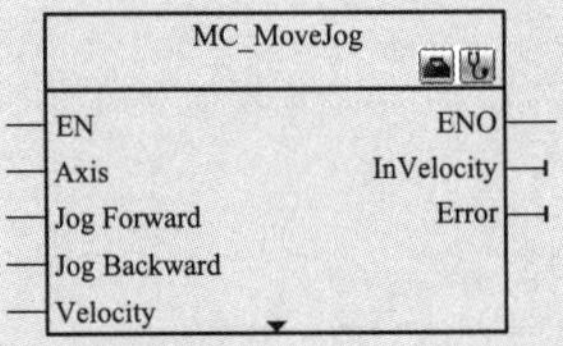	EN	使能端	ENO	使能输出
	Axis	轴名称	InVelocity	1：达到参数“InVelocity”中指定的速度
	JogForward	1：正向点动 0：轴停止	Busy	1：命令在执行
	Jog Backward	1：反向点动 0：轴停止	Command Aborted	1：命令在执行过程中被另一命令中止
	Velocity	点动速度，数据类型为 Real。可以实时修改实时生效	Error	0：无错误 1：产生错误标记
	Position Controlled	0：非位置控制即运行在速度控制模式 1：位置控制即运行在位置控制模式	ErrorID	错误 ID 号
	—	—	ErrorInfo	错误信息

4.5.2.7 确认故障 MC_Reset

确认故障 MC_Reset 用来确认“伴随轴停止出现的运行错误”和“组态错误”。如果一个可确认的故障处于未决状态，必须通过 MC_Reset 指令的“Execute”输入端上升沿信号进行复位。MC_Reset 指令参数见表 4-14。

表 4-14 MC_Reset 指令参数

LAD	输入	参数含义	输出	参数含义
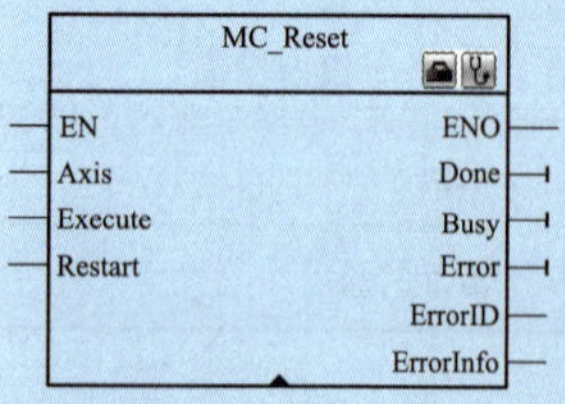	EN	使能端	ENO	使能输出
	Axis	轴名称	Done	1：错误已经确认
	Execute	上升沿启动命令	Busy	1：命令在执行
	Restart	0：表示用来确认错误 1：将轴组态从装载到工作存储器。仅可在禁用轴后，才能执行该命令	Error	0：无错误 1：产生错误标记
	—	—	ErrorID	错误 ID 号
	—	—	ErrorInfo	错误信息

任务实施

4.5.3 丝杠的步进运动控制系统程序设计与调试

（1）参照任务 4 的方法进行对硬件、工艺“轴”组态。

（2）建立 PLC 变量表。

（3）编写程序，步进电动机控制程序 FC 块参考程序如图 4-42 所示。

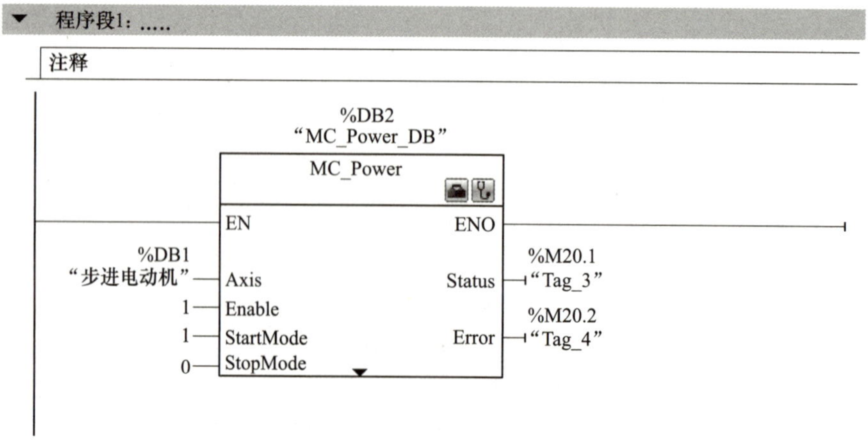

▼ 程序段2: .....

注释

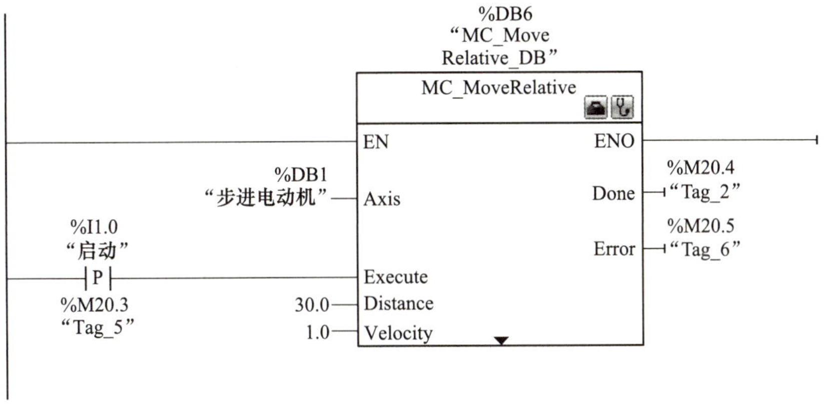

▼ 程序段3: .....

注释

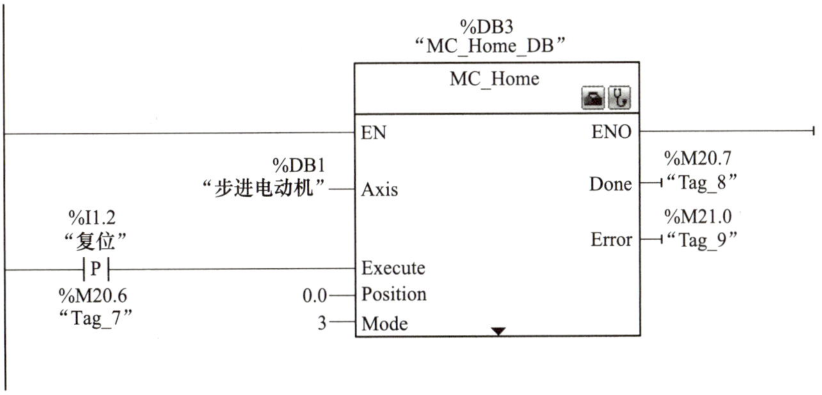

▼ 程序段4: .....

注释

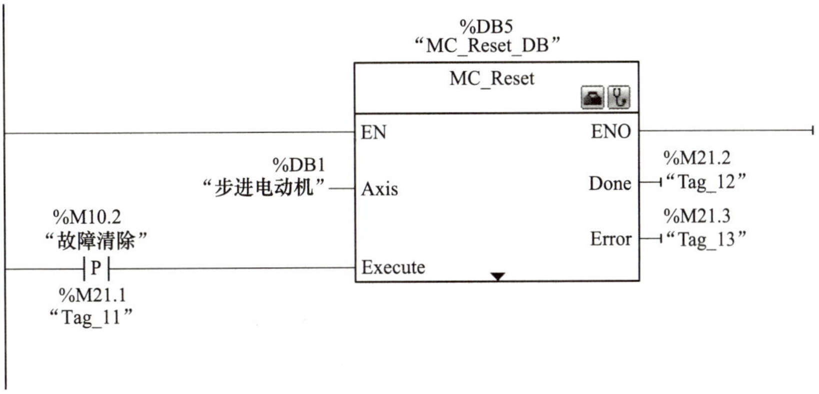

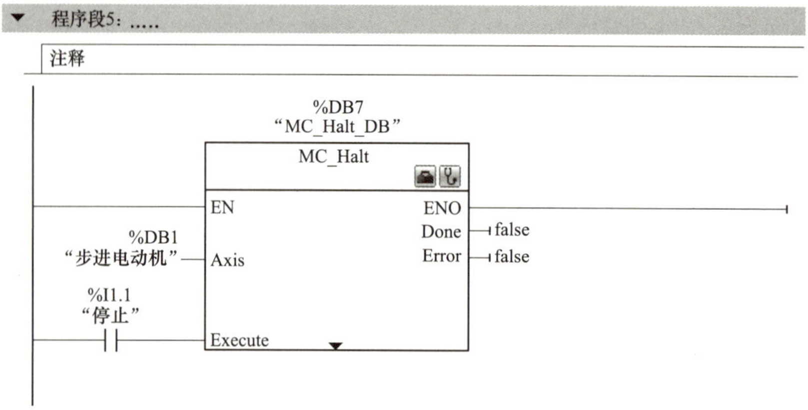

图 4-42 丝杠的伺服运动控制参考程序

（4）按照控制要求，测试功能实现。按下启动按钮 SB1，工作台行走 30 mm，按下复位按钮 SB2，工作台回到原点，按下停止按钮工作台停止运行。

拓展训练 4.6 驱控一体型闭环步进驱动器智能控制

项目导入

随着我国创新驱动发展战略的加快实施，国内雷赛、步科等公司研发出总线通信和单轴控制功能的驱控一体型步进驱动器。驱控一体型步进驱动器具有内置控制功能和丰富的输入输出接口，支持示教功能，支持试运行，配合丰富的触发方式可完成位置、速度和回原点等多种控制任务。可以部分替代 PLC 或脉冲模块，减少脉冲输出点数，可大大降低系统成本。本项目以雷赛 DM2B 系列驱控一体型闭环步进驱动器的为例，选用西门子 KTP700 HMI 设计人机交互界面，如图 4-43 所示，实现工作台的控制。具体要求如下。

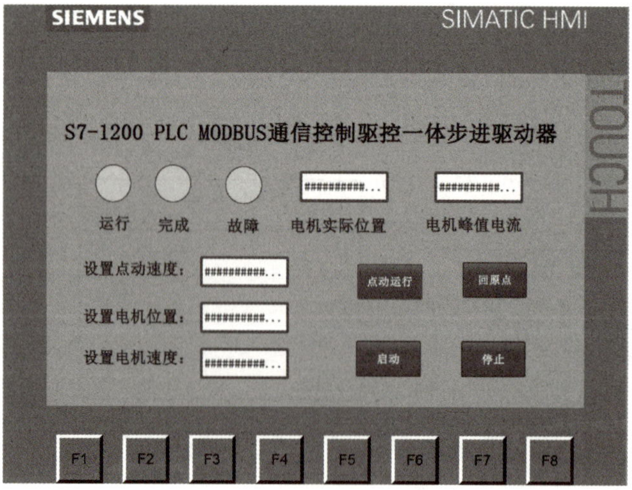

图 4-43 HMI 运行界面

（1）设置点动速度，按下点动运行按钮，电机点动运行。

（2）按下回原点按钮，加工台自动回原点。

（3）原点确定后，按下启动按钮，加工台以设定的速度从原点运动设定的距离。

项目分析

为完成客户委托项目，首先需要学习驱控一体型闭环步进驱动器的功能特点、硬件结构、参数设置及系统应用等相关知识与技能。

知识链接

4.6.1 驱控一体型闭环步进驱动器的功能特点及应用场景

以雷赛自主研制的 DM2B 系列全数字驱控一体型步进驱动产品为例，它采用 RS-485 通信接口，基于标准的 MODBUS RTU 协议，用户可同时控制多达 31 台的步进驱动器。该产品内部集成控制器，支持 PR（Position Register）功能，支持 16 段位置表，可覆盖 42、57、60、86 机座的步进电机。

4.6.1.1 雷赛 DM2B 系列驱控一体型闭环步进驱动器的功能特点

PR 是雷赛自主研发的位置寄存器模式，支持单轴运动控制功能，可配置 16 段位置表程序，节省 PLC 等上位机的脉冲输出点数，简化系统设计，大大减少用户的开发成本。

PR 模式目前支持如下的功能特性。

（1）循环运动。该功能可以根据循环计数重复定位，如图 4-44 所示。

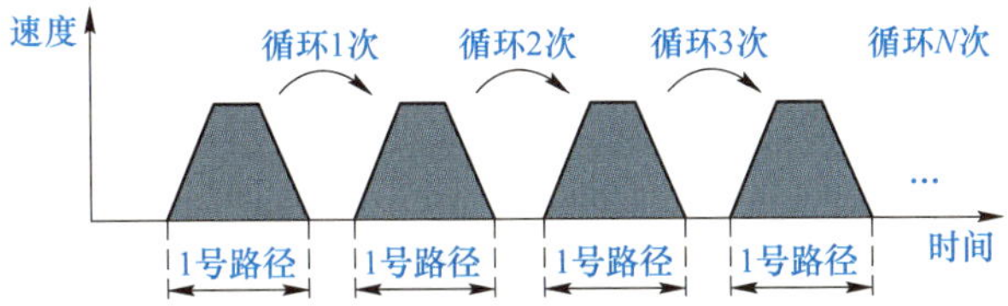

图 4-44 循环运动功能示意图

（2）跳转功能。运行完当前路径后，当速度为 0 时，根据停顿的时间，再继续运行跳转制定的路径，跳转功能示意图如图 4-45 所示。

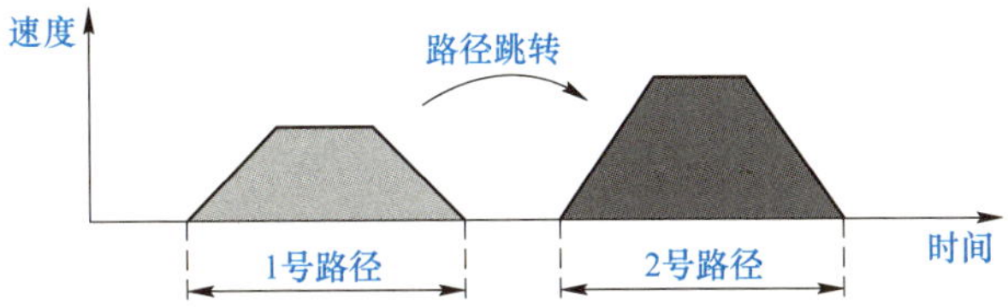

图 4-45 跳转功能示意图

（3）速度设定。在设定的加速时间内，速度从初始值加速到设定的最大值，并以最大速度继续运行，速度设定功能示意图如图 4-46 所示。

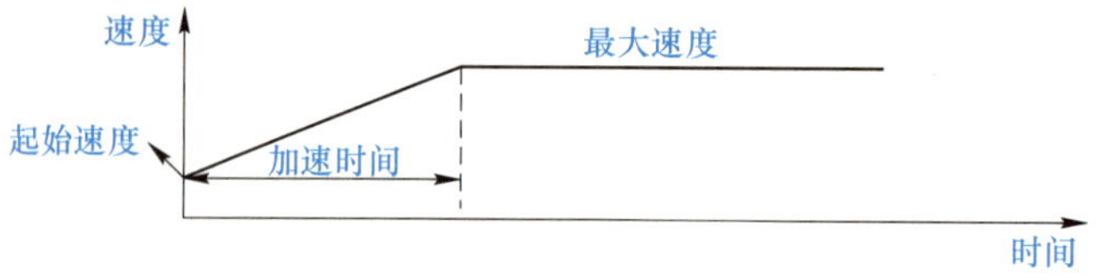

图 4-46 速度设定功能示意图

（4）加减速设定。用于快速加速和逐渐减速，可分别设置每个加减速时间，加减速设定功能示意图如图 4-47 所示。

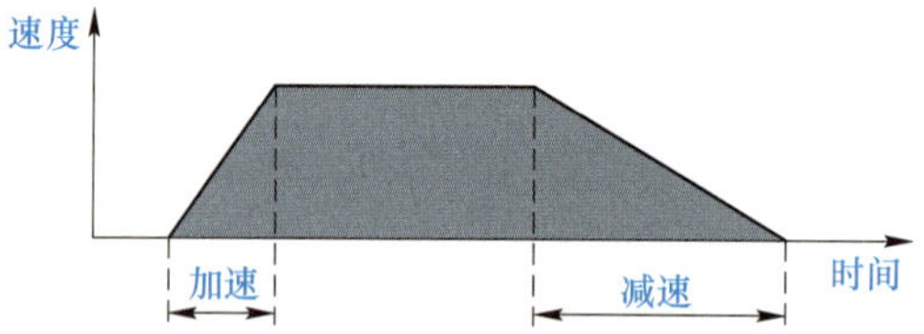

图 4-47 加减速设定功能示意图

（5）回零功能。支持多种方式回零，如原点回零、限位回零、原点+限位回零、手动清零，能满足不同场合的需要。通过回零，驱动器可以找到原点信号，从而确定机械运动的坐标系零点。回零功能示意图如图 4-48 所示。

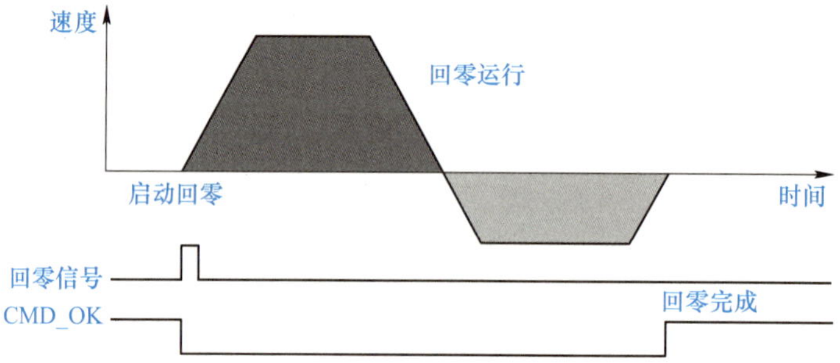

图 4-48 回零功能示意图

（6）JOG 功能。通过 IO/RS-485 实现正反向点动，可用于调试。JOG 速度、加速度可设置。JOG 功能示意图如图 4-49 所示。

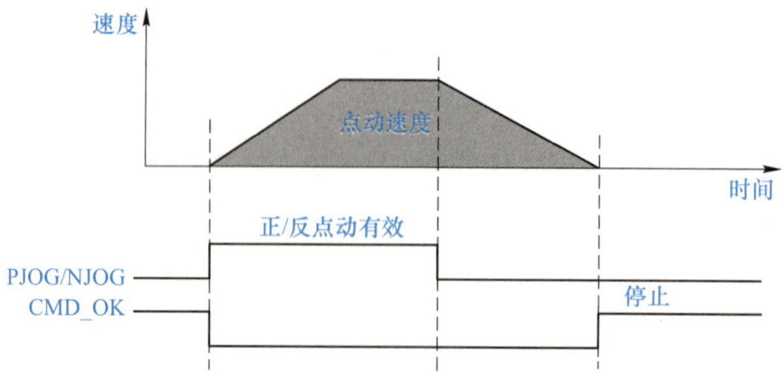

图 4-49 JOG 功能示意图

（7）急停功能。通过 IO/RS-485 输入急停信号，停止电机运行，也可以通过 IO 输入正反信号、软件限位等方式限制运动范围，保护机械设备，如图 4-50 所示。

（8）插断功能。插断功能只能在运行后触发，当插断有效时，中断/放弃当前路径，保持当前速度，直接运行下一路径，如图 4-51 所示。

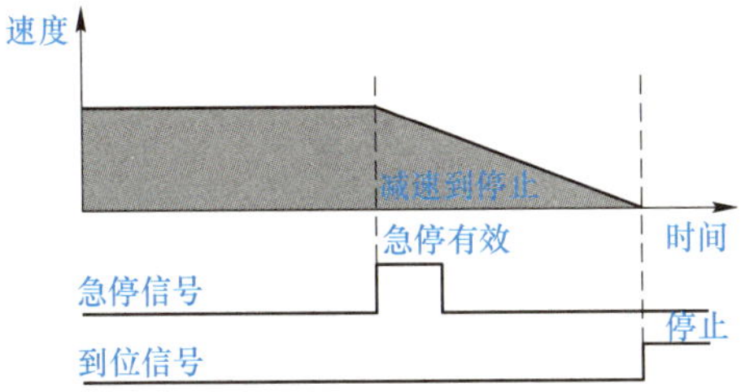

图 4-50　急停功能示意图

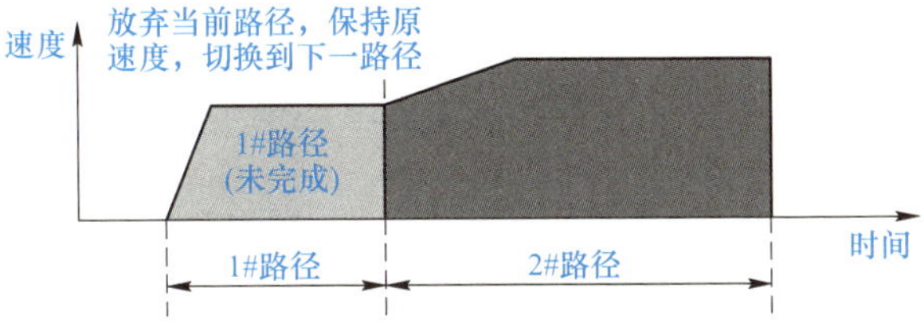

图 4-51　插断功能示意图

4.6.1.2　雷赛 DM2B 系列驱控一体型闭环步进驱动器的应用场景

（1）通过触摸屏通信触发。驱动器轨迹的触发只需要 HMI 通过 RS-485（MODBUS-RTU 协议）总线触发驱动器专用运动寄存器，即可实现驱动器轨迹运动。同时，通过触摸屏还可以实时监测和修改驱动器参数。该应用场景示意图如图 4-52 所示，该方式精简了控制系统，节省配线，可进行参数设定和状态监控。

（2）通过 PLC+RS-485 网络进行纯通信触发。驱动器轨迹的触发只需要程序数据通过 RS-485（MODBUS-RTU 协议）总线触发驱动器专用运动寄存器，即可实现驱动器轨迹运动。相比纯粹触摸屏触发的方式，CPU 可编写更多复杂的程序，产品更加智能化。该应用场景示意图如图 4-53 所示，该方式需要 PLC 支持 RS-485 通信接口，节省 PLC 脉冲输出点数，控制简单，编程方便，节省配线。

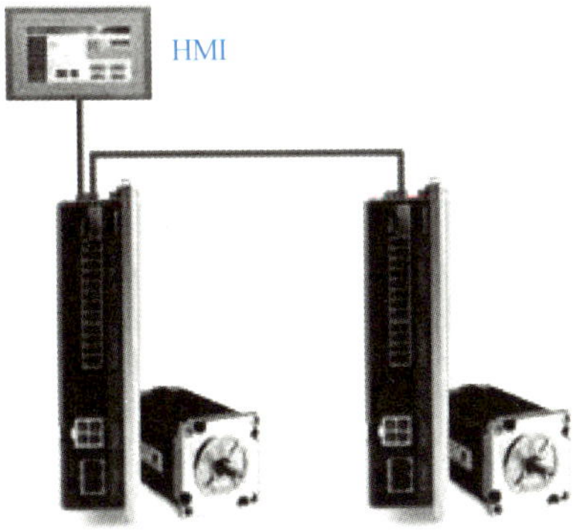

图 4-52　通过触摸屏通信触发应用场景示意图

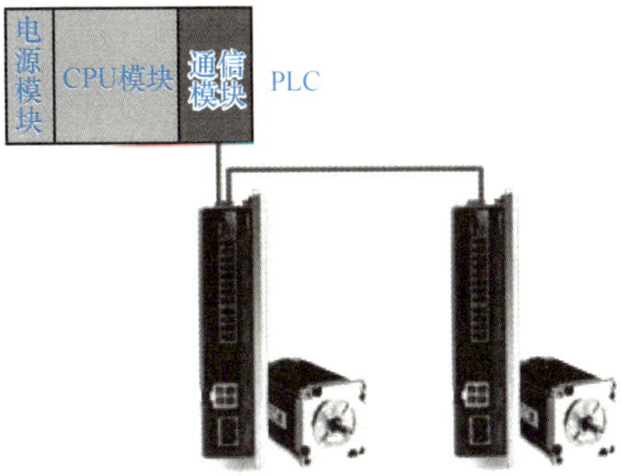

图 4-53　通过 PLC+RS-485 网络通信触发应用场景示意图

（3）通过开关直接进行 I/O 控制。驱动器轨迹的触发只需要通过开关信号的切换即可实现。该应用场景示意图如图 4-54 所示，这种方式控制简单，低成本设计。

（4）通过 PLC 的 I/O 模块控制。驱动器轨迹触发只需通过 PLC 控制相应 I/O 模块输出信号即可实现。该应用场景示意图如图 4-55 所示，该方式在功能上相比开关控制更加智能化。

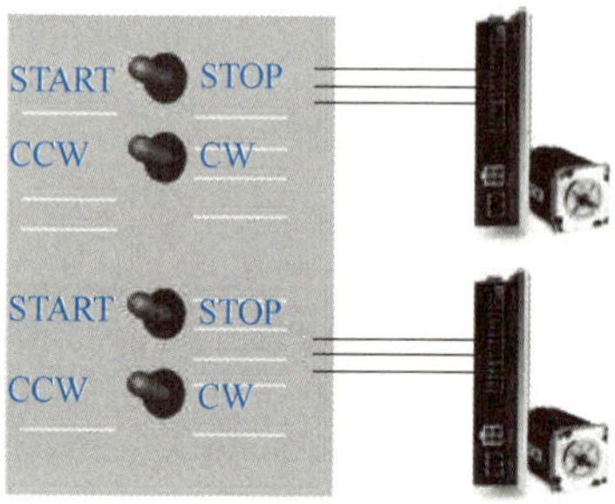

图 4-54 通过开关直接进行 I/O 控制应用场景示意图

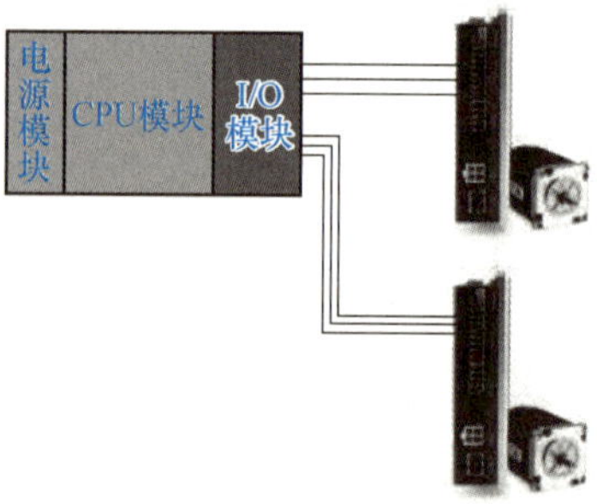

图 4-55 通过 PLC 的 I/O 模块控制应用场景示意图

4.6.2 驱控一体型步进驱动器硬件接线

4.6.2.1 硬件端子

DM2B 系列驱控一体型步进驱动器外部接口主要包括输入输出口、RS-485 接口、拨码开关、RS-232 接口、电动机动力接口、电源接口等，如图 4-56 所示。

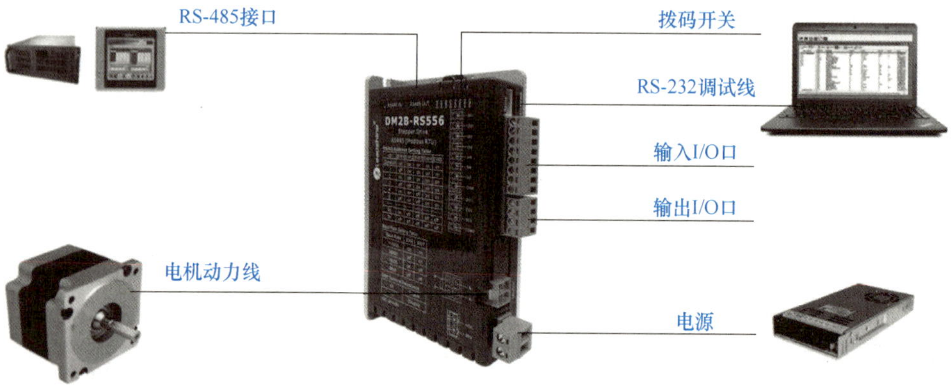

图 4-56 DM2B 系列驱控一体型闭环步进驱动器外部接口

（1）电源端子。电源端子见表 4-15。

表 4-15 DM2B 系列驱控一体型闭环步进驱动器电源端子

接口	图示	端子号	信号	名 称
CN1	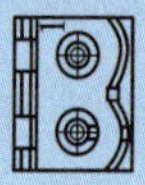	1	VDC	电源正输入端
		1	GND	电源负端

（2）电机绕组端子。电机绕组端子见表 4-16。

表 4-16　DM2B 系列驱控一体型闭环步进驱动器电机绕组端子

接口	图示	端子号	信号	名　称
CN2	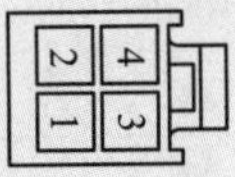	4	A+	电机绕组 A 相正端
		3	B+	电机绕组 B 相正端
		2	A−	电机绕组 A 相负端
		1	B−	电机绕组 B 相负端

（3）控制信号端子。控制信号端子见表 4-17。

表 4-17　DM2B 系列驱控一体型闭环步进驱动器控制信号端子

接口	图示	端子号	信号	输入/输出	名　称
CN4	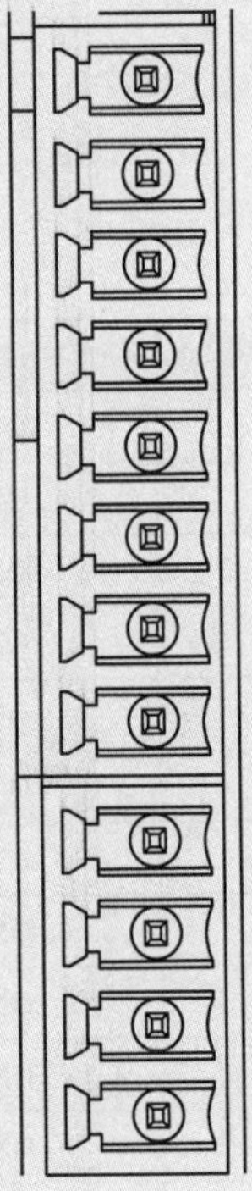	1	DI1	输入	单端输入 DI1，12~24 V，功能可配置，默认使能
		2	DI2	输入	单端输入 DI2，12~24 V，功能可配置，默认自定义
		3	DI3	输入	单端输入 DI3，12~24 V，功能可配置，默认自定义
		4	DI4	输入	单端输入 DI4，12~24 V，功能可配置，默认自定义
		5	DI5	输入	单端输入 DI5，12~24 V，功能可配置，默认自定义
		6	DI6	输入	单端输入 DI6，12~24 V，功能可配置，默认自定义
		7	DI7	输入	单端输入 DI7，12~24 V，功能可配置，默认自定义
		8	COMI	输入	输入信号公共端
		9	DO1	输出	单端输出 DO1，最大输出电流 100 mA，输出功能可配置，默认通用输出功能
		10	DO2	输出	单端输出 DO2，最大输出电流 100 mA，输出功能可配置，默认通用输出功能
		11	DO3	输出	单端输出 DO3，最大输出电流 100mA，输出功能可配置，默认通用输出功能
		12	COMO	输出	输出信号公共端

（4）RS-485 总线接口端子。RS-485 总线接口端子见表 4-18。

表 4-18　DM2B 系列驱控一体型闭环步进驱动器 RS-485 总线接口端子

接口	图　示	引脚号	信号	名　称
CN4	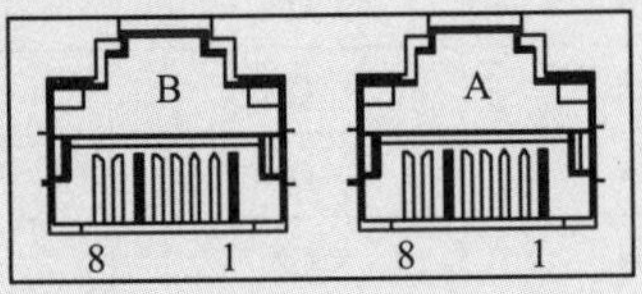	A-1	RS-485+	RS-485 总线数据正端
		A-2	RS-485−	RS-485 总线数据负端
		A-5	GND	电源地
		A-6	GND	电源地
		B-1	RS-485+	RS-485 总线数据正端

续表 4-18

接口	图 示	引脚号	信号	名 称
CN4	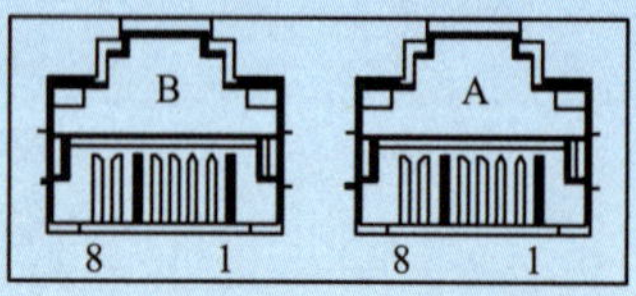	B-2	RS-485-	RS-485 总线数据负端
		B-5	GND	电源地
		B-6	GND	电源地
		其他引脚	NC	保留

4.6.2.2 拨码开关

驱动器采用八位拨码开关设定细分精度、动态电流、静止半流以及实现电机参数和内部调节参数的自整定。具体功能分布如图 4-57 所示，通信地址设置见表 4-19。

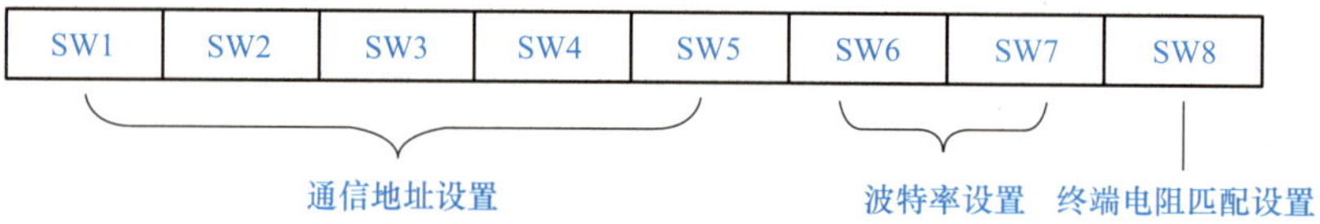

图 4-57 拨码开关功能分布示意图

表 4-19 通信地址设置

通信地址	SW1	SW2	SW3	SW4	SW5
1（缺省）	ON	ON	ON	ON	ON
1	OFF	ON	ON	ON	ON
2	ON	OFF	ON	ON	ON
3	OFF	OFF	ON	ON	ON
4	ON	ON	OFF	ON	ON
5	OFF	ON	OFF	ON	ON
6	ON	OFF	OFF	ON	ON
7	OFF	OFF	OFF	ON	ON
8	ON	ON	ON	OFF	ON
9	OFF	ON	ON	OFF	ON
10	ON	OFF	ON	OFF	ON
11	OFF	OFF	ON	OFF	ON
12	ON	ON	OFF	OFF	ON
13	OFF	ON	OFF	OFF	ON
14	ON	OFF	OFF	OFF	ON
15	OFF	OFF	OFF	OFF	ON
16	ON	ON	ON	ON	OFF
17	OFF	ON	ON	ON	OFF
18	ON	OFF	ON	ON	OFF
19	OFF	OFF	ON	ON	OFF

续表 4-19

通信地址	SW1	SW2	SW3	SW4	SW5
20	ON	ON	OFF	ON	OFF
21	OFF	ON	OFF	ON	OFF
22	ON	OFF	OFF	ON	OFF
23	OFF	OFF	OFF	ON	OFF
24	ON	ON	ON	OFF	OFF
25	OFF	ON	ON	OFF	OFF
26	ON	OFF	ON	OFF	OFF
27	OFF	OFF	ON	OFF	OFF
28	ON	ON	OFF	OFF	OFF
29	OFF	ON	OFF	OFF	OFF
30	ON	OFF	OFF	OFF	OFF
31	OFF	OFF	OFF	OFF	OFF

ID 为 00 的报文为广播报文，用来批量修改驱动器参数，驱动器无报文返回。拨码拨到默认状态时，通过修改 pr5. 23 可设定驱动器 ID。如果从站数量小于 32 个，则可通过拨码直接设置；如果从站数量超过 32 个，则可通过纯软件设定节点地址，最高可达 127。

波特率设置见表 4-20。

表 4-20 波特率设置

波特率	SW6	SW7
115200	ON	ON
38400	OFF	ON
19200	ON	OFF
9600	OFF	OFF

SW6~SW7 全为 off 时，可通过上位机或者 RS-485 通信设置波特率。SW8=ON，终端电阻有效；SW8=OFF，终端电阻无效（缺省）。

4.6.2.3 典型接线

DM2B 系列驱控一体型步进驱动器总接线示意图如图 4-58 所示，输入 DI1~DI7 为双向单端输入，可作共阳接法，也可作共阴接法。输出 DO 为单端输出，共阴极接法。如果连接小电流电机，务必在使能之前修改驱动器输出电流，以防电流过大烧毁电机。

4.6.3 驱控一体型步进驱动器主要参数

4.6.3.1 MODBUS RTU 通信规格

DM2B 系列驱控一体型步进驱动器 MODBUS RTU 通信规格见表 4-21。

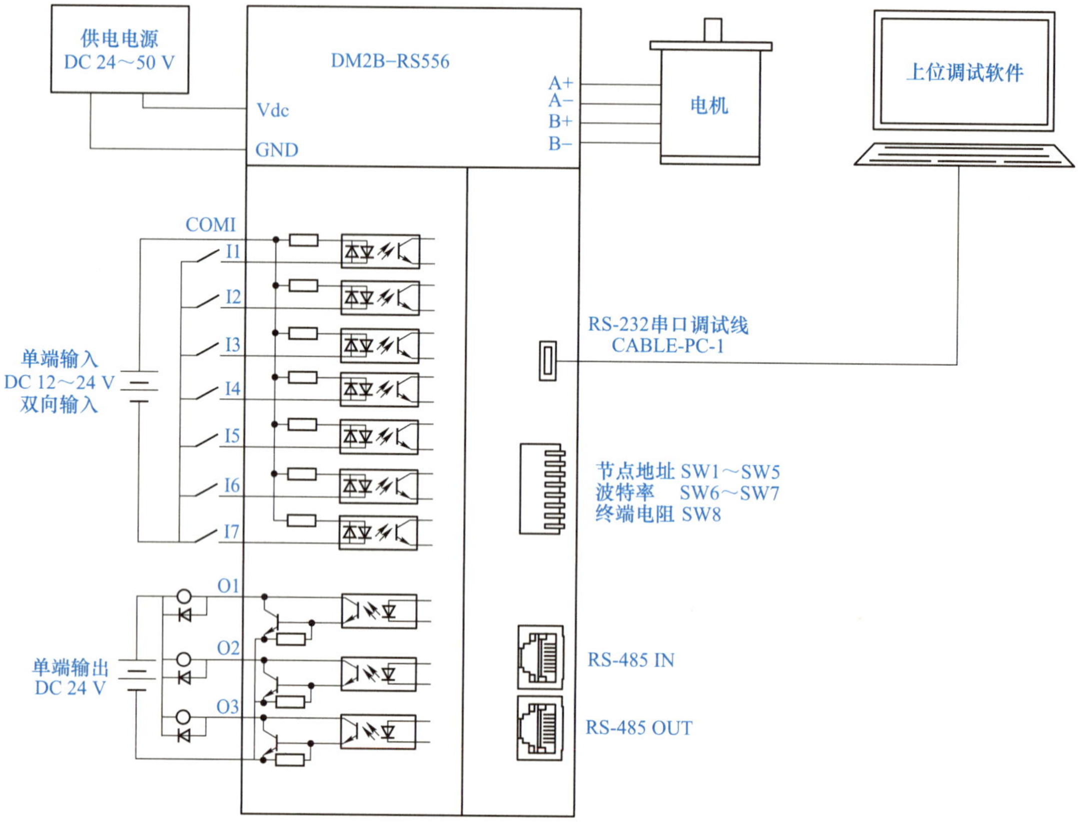

图 4-58 总线步进配线图

表 4-21 MODBUS RTU 通信规格

项目		规格	备注
通信	电气连接	RS-485	支持 RS-232 及 RS-485
	通信速度	9600/19200/38400/115200[bit/s]	参数设定
	同步方式	启停同步	
	通信方式	半双工、主从模式	从/从间禁止通信
	字符构成	起始位：1 bit 数据长度：8 bit 校验位：偶/奇/无 停止位：0/1/2	参数设定
协议	通信协议	MODBUS RTU	不支持 ASCII
	通信模式	RS-232/RS-485	
	设备号	0：广播 1~31：有效子设备数	参数设定

续表 4-21

项目		规格	备注
协议	功能码	功能码（FC）：功能 0x03：读单个或者多个数据 0x06：写单个数据 0x10：写多个数据	
	校验方式	CRC-16	低位在前，高位在后
	信息长度	可变，最大 100byte	

连续多轴发送报文时，报文间会有一个 PLC 处理等待时间，该值因主站和波特率而不同。

4.6.3.2 DM2B 驱动器参数

雷赛 RS-485 参数数据类型为 32 位数据，一个参数包含高 16 位和低 16 位两个寄存器，实际中用到的只有低 16 位。在对多个参数进行连续读写时，需要将该参数的高 16 位作为起始。部分参数的寄存器地址、功能等见表 4-22，表中“0x”表示 16 进制。

表 4-22 DM2B 驱动器参数

寄存器地址	参数	含义	说明	范围	默认值
0x0007	Pr0. 03	电机转向	0：正方向；1：负方向	0~1	0
0x00F	Pr0. 07	强制使能	1：强制使能，优先级高于 IO	0~1	0
0x01BD	Pr5. 22	485 波特率	0：2400；1：4800；2：9600 3：19200；4：38400；5：57600 6：115200（9600 下才可在线修改波特率）	0~6	4
0x01BF	Pr5. 23	485 ID		0~127	1
0x01C1	Pr5. 24	485 数据类型选择	0：8 位数据，偶校验，2 个停止位 1：8 位数据，奇校验，2 个停止位 2：8 位数据，偶校验，1 个停止位 3：8 位数据，奇校验，1 个停止位 4：8 位数据，无校验，1 个停止位 5：8 位数据，无校验，2 个停止位	0~11	4
0x01E1	Pr6. 00	JOG 速度	单位 r/min	0~5000	60
0x01E3	Pr6. 01	JOG 等待间隔	单位 ms	0~10000	100
0x01E5	Pr6. 02	JOG 循环次数		0~30000	1
0x01E7	Pr6. 03	JOG 加减速时间		0~10000	200
0x6200	Pr9. 00	控制模式	0：无动作；1：位置定位；2：速度运行； 3：回零		

续表 4-22

<table>
<tr><th>寄存器地址</th><th>参数</th><th>含义</th><th>说　　明</th><th>范围</th><th>默认值</th></tr>
<tr><td>0x6002</td><td>Pr8. 02</td><td>触发寄存器</td><td>写入 0x01P：P 段定位，（P 为路径号 0~15）；
例：0x010：触发运行；
写入 0x020：回零（边沿触发）；
写入 0x021：当前位置手动设零；
写入 0x040：急停</td><td></td><td></td></tr>
<tr><td>0x1003</td><td></td><td>运行状态</td><td><table><tr><th>代码</th><th>运行状态</th></tr><tr><td>Bit0</td><td>故障</td></tr><tr><td>Bit1</td><td>使能</td></tr><tr><td>Bit2</td><td>运行</td></tr><tr><td>Bit3</td><td>无效</td></tr><tr><td>Bit4</td><td>指令完成</td></tr><tr><td>Bit5</td><td>路径完成</td></tr><tr><td>Bit6</td><td>回零完成</td></tr></table></td><td></td><td></td></tr>
<tr><td>0x1801</td><td></td><td>控制字</td><td><table><tr><th>控制字</th><th>辅助功能</th></tr><tr><td>0x1111</td><td>复位当前报警</td></tr><tr><td>0x1122</td><td>复位历史报警</td></tr><tr><td>0x2211</td><td>保存所有参数到 EEPROM</td></tr><tr><td>0x2222</td><td>参数初始化（不含电机参数）</td></tr><tr><td>0x2233</td><td>所有参数恢复到出厂设置</td></tr><tr><td>0x2244</td><td>保持所有映射参数 EEPROM</td></tr><tr><td>0x4001</td><td>JOG 左（50 ms 发一次）</td></tr><tr><td>0x4002</td><td>JOG 右（50 ms 发一次）</td></tr></table></td><td></td><td></td></tr>
<tr><td>0x6201</td><td>Pr9. 01</td><td>写位置高位</td><td>Pr9. 01 为高 16 位，单位脉冲</td><td>0~65535</td><td></td></tr>
<tr><td>0x6202</td><td>Pr9. 02</td><td>写位置低位</td><td>Pr9. 01 为低 16 位，单位脉冲</td><td>0~65535</td><td></td></tr>
<tr><td>0x6203</td><td>Pr9. 03</td><td>PR 速度</td><td>运行速度，r/min</td><td></td><td></td></tr>
<tr><td>0x6204</td><td>Pr9. 04</td><td>加速时间</td><td>ms/1000 r/min</td><td></td><td></td></tr>
<tr><td>0x6205</td><td>Pr9. 05</td><td>减速时间</td><td>ms/1000 r/min</td><td></td><td></td></tr>
<tr><td>0x602C</td><td>Pr8. 44</td><td>读当前高位置</td><td>电机运行位置高位</td><td>0~65535</td><td></td></tr>
<tr><td>0x602D</td><td>Pr8. 45</td><td>读当前低位置</td><td>电机运行位置低位</td><td>0~65535</td><td></td></tr>
</table>

4. 6. 4 S7-1200 PLC 寄存器地址与 DM2B 寄存器地址换算

PLC 程序中 MODBUS RTU 主站寄存器地址（十进制）等于 S7-1200 PLC 寄存器初始地址值（十进制 40001 或 400001）加上 DM2B-RS556 寄存器地址（十进制）。本项目需要的 MODBUS RTU 主站寄存器地址见表 4-23，表“10#表示十进制”。

表 4-23 S7-1200 PLC MODBUS RTU 主站寄存器地址

驱动器寄存器地址（16#）	MODBUS RTU 主站寄存器地址（10#）	含 义
0x0191(10#401)	40402(40001+401)	电流
0x6200	425089(400001+25088)	控制模式
0x0007	400008	电流
0x1801	406146	辅助功能控制字
0x6201	425090	写电机位置高位
0x6202	425091	写电机位置低位
0x6203	425092	PR 速度
0x602C	424621	读电机位置高位
0x602CD	424622	读电机位置低位

4.6.5 驱控一体型闭环步进驱动器调试软件

DM2B 系列驱控一体型步进驱动器可通过上位机软件 MS（Motion Studio）进行基本参数的设置和 PR 模式参数的修改。Motion Studio 可在雷赛官网进行下载，应用前需要将其安装在计算机上，并将计算机通过雷赛专用调试线 CABLE-PC-1 和 USB 转串口连接头进行连接，专用调试线 CABLE-PC-1 如图 4-59 所示，USB 转串口连接头如图 4-60 所示。

图 4-59 专用调试线 CABLE-PC-1 实物图

图 4-60 USB 转串口连接头实物图

4.6.5.1 软件基本操作

（1）安装 USB 转 232 驱动。

（2）查看连接 COM 口，如图 4-61 所示，此时通信口为 COM3。

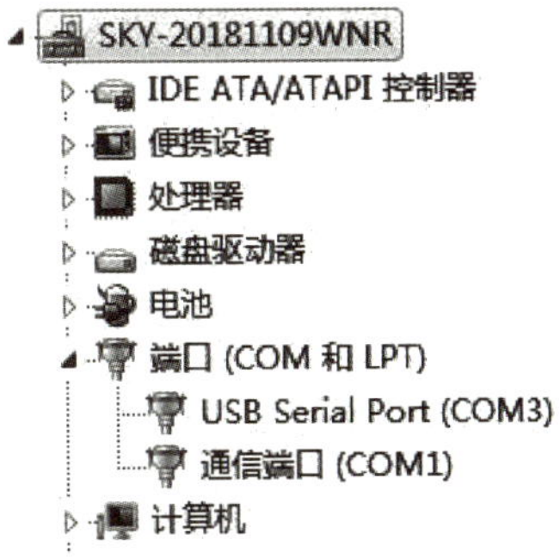

图 4-61 连接端口

（3）连接上位机，选择通信口 COM3，点击连接（RS-232 通信无需选择波特率和设备号，使用默认设置即可）。点击连接后会显示驱动器型号、端口数量等信息，并且下角色块变成绿色，表示已经连接成功。通信连接对话框如图 4-62 所示。

（4）基本参数设置。在“系统配置”中点击“参数总表”，弹出参数管理对话框，如图 4-63 所示。

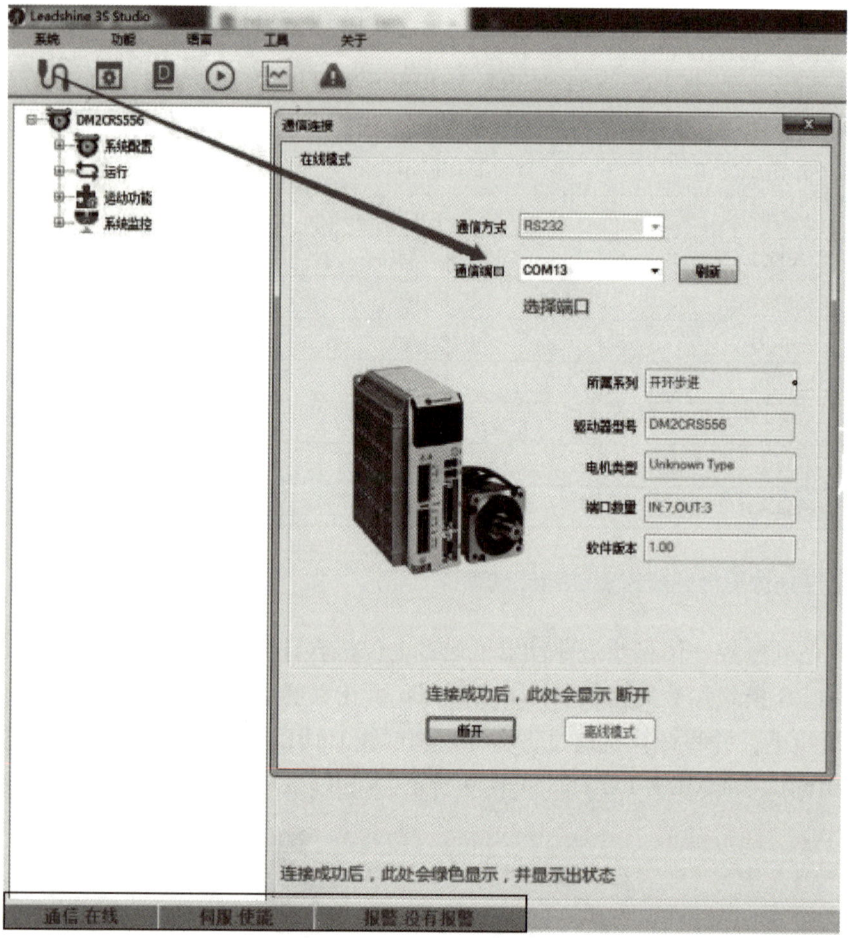

图 4-62 通信连接对话框

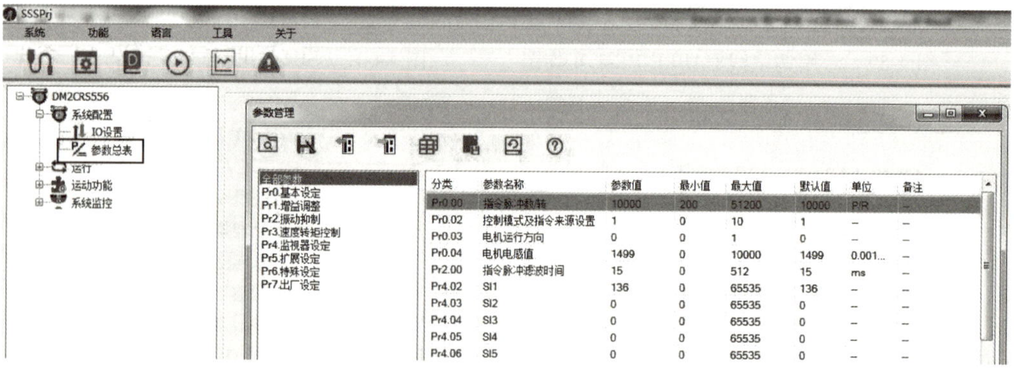

图 4-63 参数管理对话框

（5）输入输出功能设定。在“系统配置”中点击“IO 设置”，弹出 IO 设定对话框，如图 4-64 所示。

通信设置完后，点击“确定”按钮。然后，在参数总表中，点击“保存”按钮，可以防止驱动器上电后参数丢失。

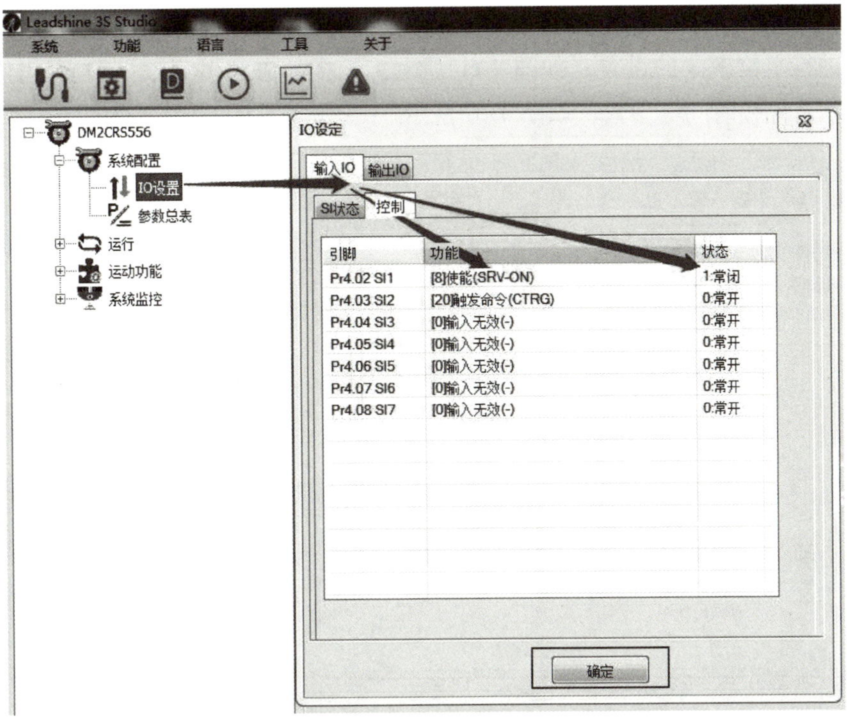

图 4-64　IO 设定对话框

4.6.5.2　PR 功能软件操作

在“运动功能”中点击“Pr PTP”按钮，弹出 Pr 模式对话框如图 4-65 所示。在该对话框内可以实现控制参数、路径参数、手动操作、参数管理的设置及参数的保存、上传、下发等。

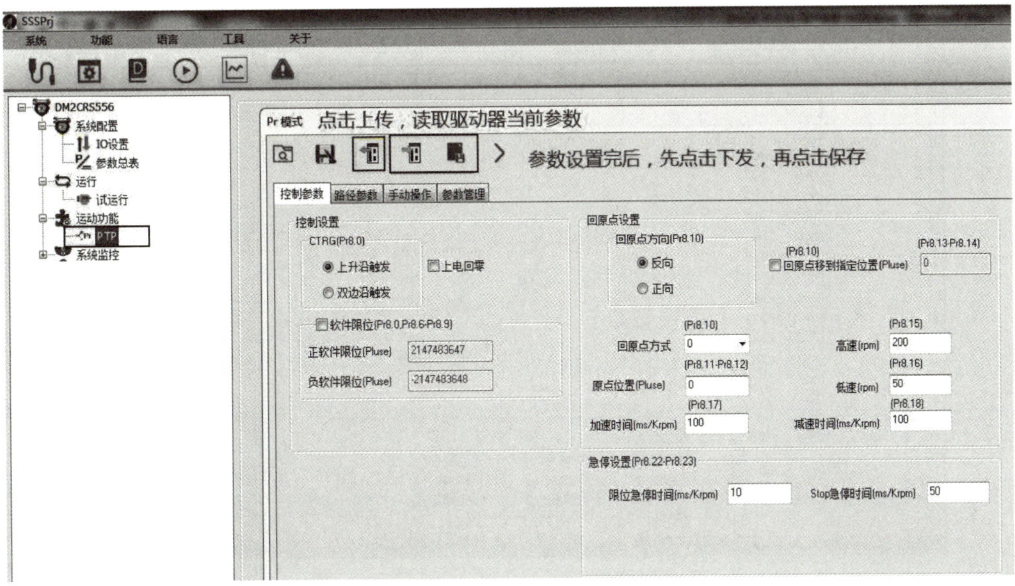

图 4-65　Pr 模式对话框

（1）定位模式、位置、速度、加减速度和停顿时间设置。选择相应路径在定位模式列双击即可进行定位模式的设置，如图 4-66 所示。同样的方法可以设置位置、速度、加速度、减速度及停顿时间等参数，如图 4-67 所示。

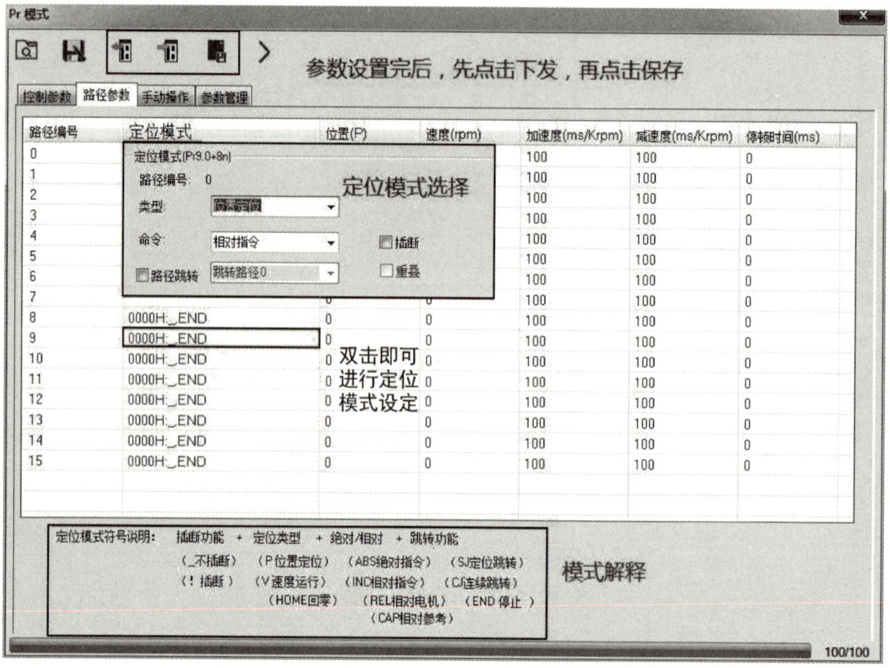

图 4-66 定位模式设置示意图

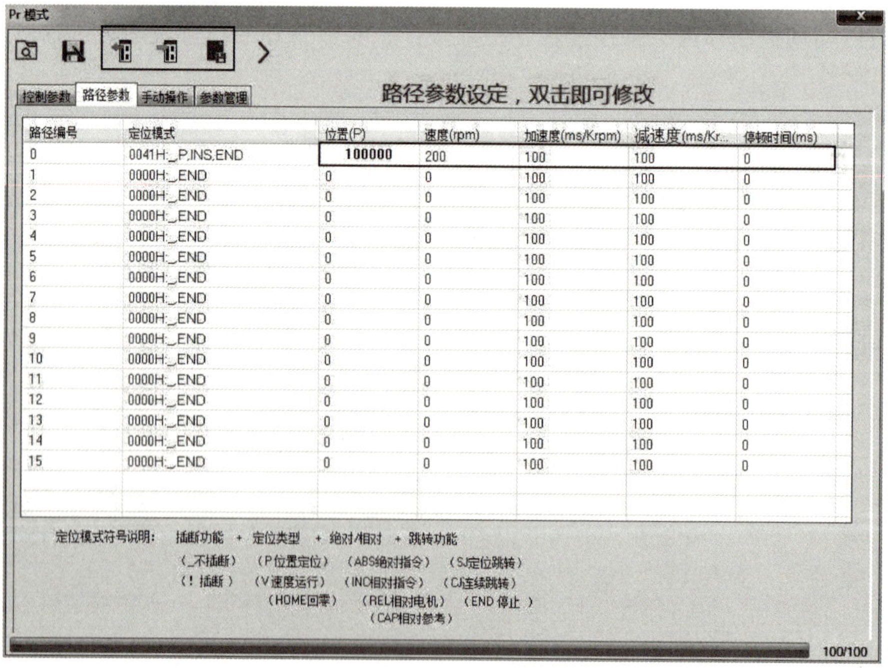

图 4-67 位置、速度、加减速度和停顿时间设置示意图

（2）手动试运行设定。手动操作设置界面如图 4-68 所示。在此界面可进行手动试运行运动操作、定位模式、回零、触发 PR 的设置操作。

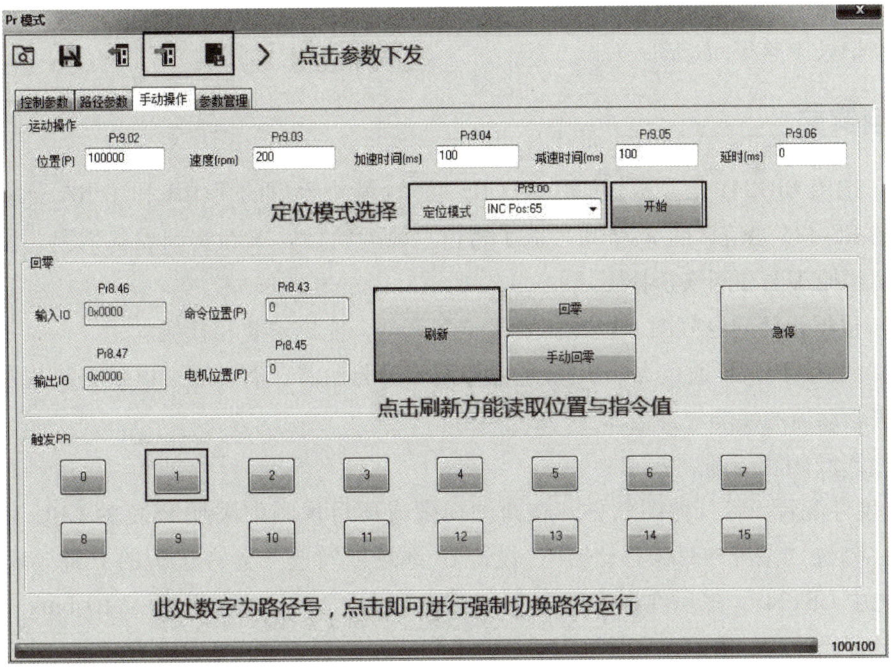

图 4-68　手动操作设置界面

（3）试运行操作界面如图 4-69 所示。点动速度和加减速时间设置完成后，需要点击

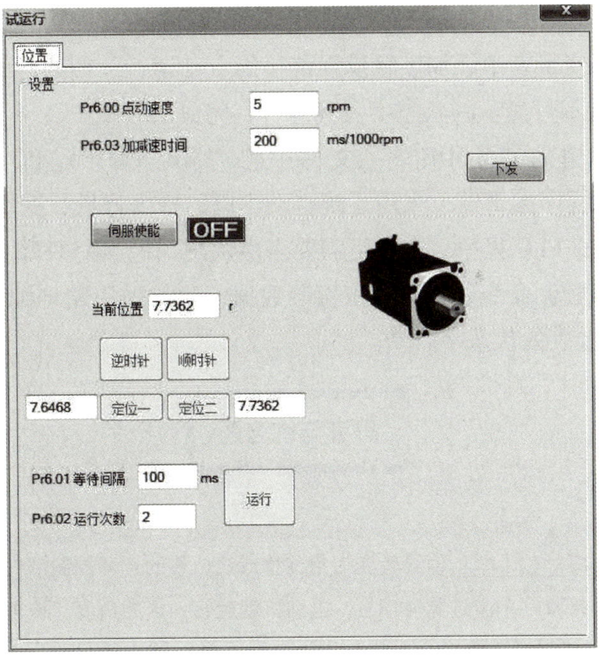

图 4-69　试运行界面

“下发”按钮，然后参数才生效。点击“逆时针”“顺时针”按钮可让电机实现点动运转。“定位一”“定位二”可用作示教功能。比如逆时针运转到目标位置一，点击定位一记录下，然后，顺时针运转到目标位置二，点击定位二记录下，最后，点击“运行”按钮，电机即可在记录下路径间运动。

项目实施

（1）选用 CB1241 信号板，CM1241（RS-485）模块串口的 T/RB 和 T/RA 分别与步进驱动器的 RS-485 通信口的 A 和 B 号端子相连。根据项目要求和实训设备情况，设计本项目电气接线原理图和网络拓扑图。

（2）根据设计的电气图，选择需要的电气元件，完成安装和接线。

（3）S7-1200 PLC 通过 MODBUS 通信控制步进驱动器，需要通过电脑安装的专用软件设置步进驱动器的使能等参数。

（4）PLC 编程与调试。

1）硬件配置。打开博图软件，在博图视图或项目视图中添加 PLC 的 CPU 和通信板 CB1241。勾选“系统和时钟存储器”，设置 IP 地址，勾选“允许远程的 PUT/GET”通信访问。选中 CB1241，然后在详细视图中，查看“属性”—“常规”—“IO-Link”通信的波特率、奇偶校验、数据位和停止位。“编译”后，查看“硬件标识符”。

2）添加数据块和变量。在 PLC 程序块中，添加一个 DB 块，鼠标右键点击 DB 块，选择属性，在“常规”中修改块的名称为，去掉“优化的块访问”的勾选。在 DB 块中，新增用于通信轮训的 Bool 型数组：DONE、ERROR、上升沿、步和步进驱动器运行数据：控制字、状态字等。

3）在 PLC 默认变量表中添加供触摸屏链接的点动运行、回原点、启动、停止等按钮关联的变量，用于指示灯显示的状态字及其运行、完成、故障位。

4）从右侧指令树的“MODBUS”文件中将“MB_COMM_LOAD”指令和“MB_MASTER”指令拖入程序编辑器，采用系统自动生成的指令背景数据块。

5）编写本项目的 PLC 程序。本项目需要多次调用 MB_MASTER 指令读取步进驱动器的状态等数据，写入控制命令、转速和位置等数据，建议采用轮训编程，将 DB 块中状态字 MOVE 到 PLC 变量表的状态字。

思考与练习题

4-1 填空题

（1）步进电动机是将__________信号转变为角位移或线位移的开环控制部件。

（2）步进电动机每接收一个步进脉冲信号，电动机就旋转一定的角度，该角度称为__________。

（3）有一个三相六极转子上有 40 齿的步进电动机，采用单三拍供电，则步进电动机步距角为__________。

(4) S7-1200 PLC 运动控制方式有__________、__________、__________三种方式。

(5) 步进电机控制系统主要由__________、__________和__________组成。

(6) 步进驱动器有 3 种输入信号，分别为__________、__________和__________。

4-2 选择题

(1) 一般情况下，步进电动机驱动细分设置为 5000 步/转，在程序设计时输出（　　）个脉冲电动机旋转一周。

A. 5000　　B. 2500　　C. 10000　　D. 500

(2) 步进电动机拖动丝扛系统中，步进电动机每旋转 1 圈，丝扛系统位移为 1 mm，已知驱动器细分设置为 1000 步/圈，拟行走 2 cm，需要（　　）个脉冲。

A. 200000　　B. 20000　　C. 100000　　D. 10000

4-3 简答题

(1) 绝对位置和相对位置的区别是什么?

(2) 如何设置 MC_MoveRelative 的方向?

(3) 什么时候需要执行回原点指令?

项目 5 转盘的伺服运动控制

项目概述

项目导入与分析

生产实践中常常需要对于机械运动的位置、速度和扭矩进行控制，如轧钢、数控、机器人等。变频器配合编码器能够实现精度较低的位置控制，高精度的运动控制更多的需要伺服驱动器和伺服电机。伺服控制是指在控制指令的指挥下，控制驱动执行机构，使机械系统的运动部件按照指令要求进行运动。实现执行机构对给定指令的准确跟踪，即实现输出变量的某种状态能够自动、连续、精确地浮现输入指令信号的变化规律。机电设备和自动化生产线安装与调试、运行与维修、改造与升级等岗位种需要进行伺服系统的设计、配线、程序编写以及调试等工作，这就需要掌握伺服系统的相关知识，具备伺服系统设计、选型、配线、程序编写及调试技能。

某自动化生产线装配单元采用转盘料台作为装配零件的上下料机构，如图 5-1 所示。该转盘料台由一台伺服电动机拖动，料台上设置四个装配台，用于零件放置；两个光电式接近开关，分别用于原点检测和进料检测。根据自动化生产线工艺流程要求，系统上电后，转盘料台自动搜索原点，料台转动到原点传感器位置。按下启动按钮，当进料检测传感器检测到有物料时，转盘料台顺时针转动 180°，装配台恰好到达供料料仓下方，经过 4 s 装配时间后，转盘料台继续顺时针转动 180°，回到初始位置；按下停止按钮，停止运动；按下复位按钮系统回到初始原点。

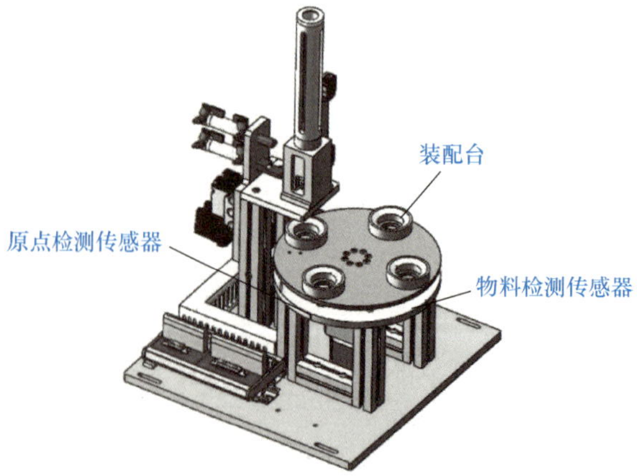

图 5-1　装盘料台结构示意图

学习导航

主要内容	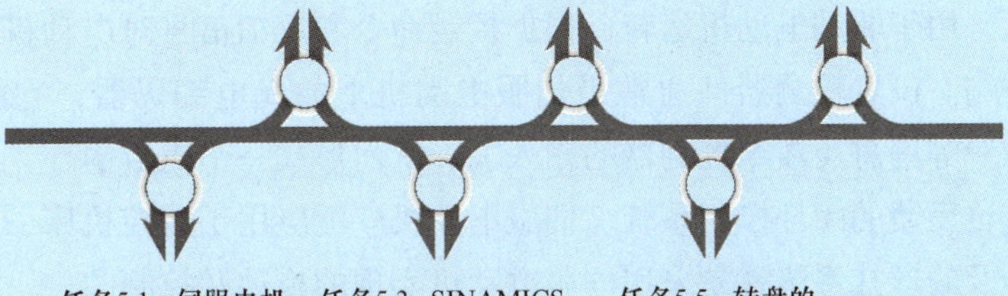
学习目标	（1）了解伺服电动机和伺服电动机驱动器的结构和工作原理； （2）能进行伺服电动机及伺服电动机驱动器的选型； （3）能进行伺服电动机和伺服电动机驱动器的电气接线及参数设置； （4）会使用 PLC 控制伺服电动机运行； （5）培养学生精益求精的工匠精神。
重点	（1）伺服电动机控制系统电路组装、调试； （2）伺服电动机控制系统程序设计、调试。
难点	伺服电动机控制系统 PLC 程序设计。
推荐教学方法	任务驱动教学法、小组教学法、现场演示教学法。
建议学时	10~12 学时。
推荐学习方法	动手伺服步进电机运动控制系统组装、调试，加深对伺服电机特点和驱动器结构理解；PLC 程序设计方法建议：理解例程，修改例程，动手编程。
主要训练设备、工具	西门子 CPU 1200 PLC 1 台、SINAMICS V90 PN 伺服驱动器 1 台、SINAMICS V90 PTI 伺服驱动器 1 台、SIMOTICS S-1FL6 伺服电列机 1 台、MOTION-CONNECT 300 伺服电动机的动力电缆 1 根、MOTION-CONNECT 300 编码器信号电缆 1 根、X8 控制/设定值电缆 1 根、网线 1 根、PNP 输出型传感器和按钮若干、通用电工工具 1 套。
参考手册或者标准	《SINAMICS V90 PROFINET（PN）接口操作说明》、《SINAMICS V90（脉冲，USS/MODBUS 接口）操作说明》、《交流伺服系统通用技术条件》（GB/T 16439—2009）。

任务 5.1　伺服电机系统认知

任务导入

伺服控制系统一般由伺服电动机、控制器、伺服驱动器、被控对象和位置检测 5 个部分组成，如图 5-2 所示。伺服电动机将输入的电压信号转换成电动机轴上的角位移或角速度输出，以驱动被控对象，改变控制电压可以改变伺服电动机的转向和转速。在自动控制系统中，伺服电动机用作执行部件，主要特点是，当信号电压为零时无自转现象，转速随着转矩的增加而匀速下降。它的控制速度、位置精度非常准确。控制系统按照系统的给定信号（即目标信号，例如位置、速度等）和反馈信号的偏差调节控制量，使步进电动机或伺服电动机按照给定信号的要求完成位移或者定位。控制器可以是单片机、工业控制计算机及 PLC 等，其中 PLC 应用最为广泛。伺服驱动器的作用是把控制器送来的信号进行功率放大，用于驱动电动机运转，根据控制命令和反馈信号对电动机进行连续位置、速度或转矩控制。位置检测器件通常是伺服电动机上的光电编码器，它能够将工作台运动的速度、位置等信息反馈至控制器的输入端，从而形成一个闭合的环，因此伺服控制系统也称为具有负反馈的闭环控制系统。伺服电动机广泛应用于数控机床、机器人等众多领域。本项目涉及的丝扛系统就是采用伺服电动机实现的拖动及控制的。

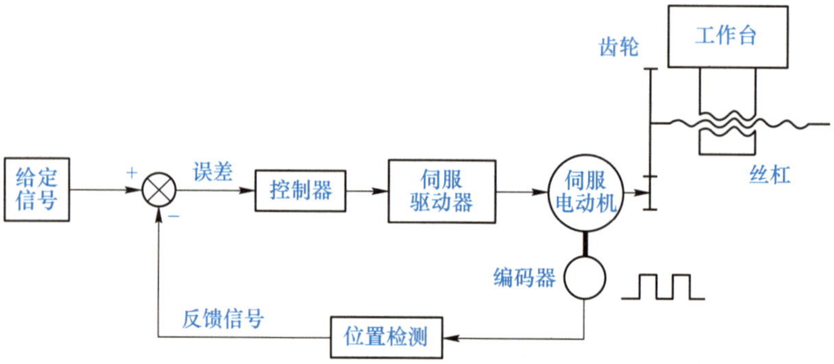

图 5-2 伺服控制系统组成原理图

任务分析

为了实现项目要求，首先要了解伺服电机和伺服驱动器的结构、原理、结构铭牌参数，然后才能根据实际情况，进行伺服电机和驱动器的选型，进而设计电路、组装及调试。

知识链接

5.1.1 伺服电机的结构和原理

伺服电机可分为直流伺服电机和交流伺服电机两大类。直流伺服电机分为有刷直流电机和无刷直流电机两种。交流伺服电机也是无刷电机，按其工作原理可分为交流永磁同步电机和交流感应异步电机。与交流永磁同步电机相比，交流感应异步电机的功率范围更大，从几千瓦到几百千瓦。交流永磁同步电机以其过载能力强和转动惯量低等优点，使其成为运动控制中的主流产品。西门子 SIMOTICS S-1FL6 伺服电机是交流永磁同步电机。它分为低惯量伺服电机（200 V）和高惯量伺服电机（400 V）两种类型。图 5-3 左图所示伺服电机供电

伺服电动机系统认知

的动力电缆、制动的抱闸电缆和编码电缆通过直连插头连接，右图通过直角航空插头接线的伺服电机。

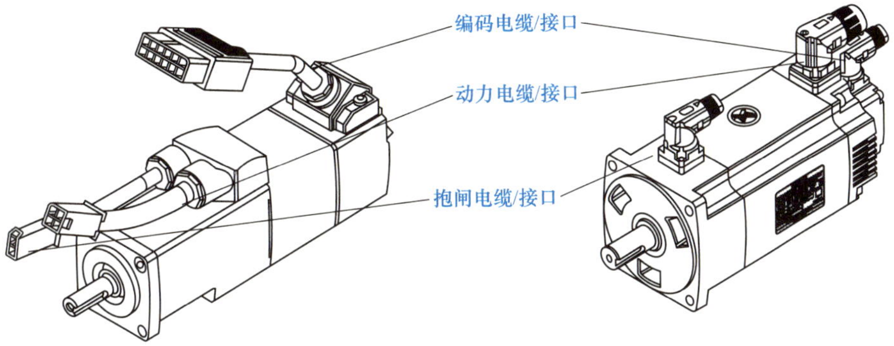

图 5-3　伺服电动机外部结构

交流伺服电机的内部结构主要分为定子、转子、编码器和其他辅助结构，交流永磁同步电机结构示意图，如图 5-4 所示。

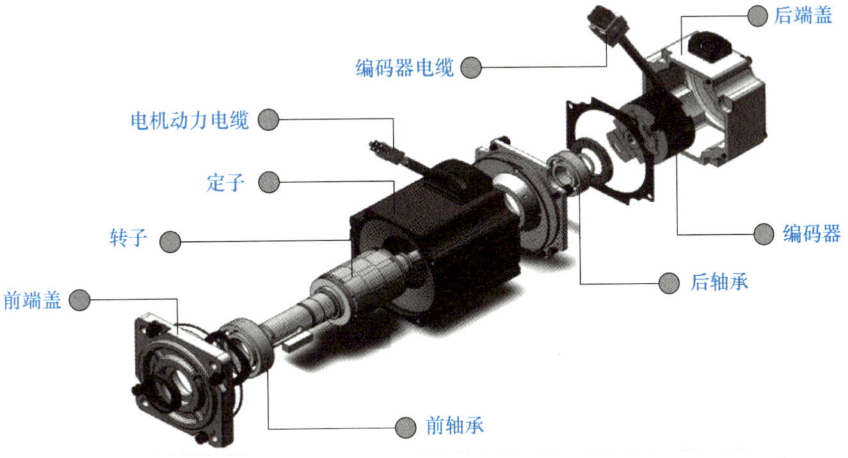

图 5-4　内部结构示意图

编码器套在电机转子的转轴上，当转子转动时，编码器的码盘也跟着旋转，输出反馈脉冲到驱动器。SIMOTICS S-1FL6 伺服电机的编码器有增量式和绝对式两种，增量式光电编码器是通过与转轴一起转动时，对产生的序列方波脉冲计数来检测转轴的旋转角度，它不具有断电保持功能，每次驱动器上电后都需要重新回原点。绝对式编码器由轴的机械位置转换成相应编码，掉电可保持位置（无需电池），只需要进行一次编码器校准即可，以后断电再上电时不需要重新回原点。

实践经验

伺服电机编码的分辨率，是影响伺服电机控制精度的重要因素之一。对增量式编码器的分辨率即电机转轴旋转1周编码器发出的脉冲数，与码盘上的线数有关，因此分辨率也简称线数。对脉冲控制的伺服驱动器，当伺服驱动器的电子齿轮比设为1∶1时，控制器发出与分辨率相等的脉冲数，伺服电机转轴恰好旋转1周。

交流永磁同步伺服电机的工作原理与直流电动机类似，交流永磁同步伺服电机的永磁体在转子上，而绕组在定子上，这正好和传统的直流电动机相反。伺服驱动器给伺服电动机提供三相交流电，同时通过编码器检测电动机转子的位置以及电动机的速度和位置信息，使得电动机在运行过程中，转子永磁体和定子绕组产生的磁场在空间上始终垂直，从而获得最大的扭矩。

拓展阅读

电动机转子强度是影响转速的核心瓶颈：转子转速越高，产生的离心力就越大，这对转子强度提出了更高要求。如果无视转子强度继续提升转速，永磁体会在铁芯最薄弱的磁桥处产生巨大应力，当它超过材料自身的屈服强度时，就会导致转子形变、解体甚至炸裂。转速一直很难突破18500 r/min，问题也在于此。

小米公司在AI领域的长期积累，发挥了关键作用。借助小米AI实验室的力量，用先进的AI仿真技术模拟出20余万种转子拓扑结构，又联合联电、汇川两家全球顶级的电机生产商，用了8个月的时间反复打样、测试、改良，最终成功找到结构最优解，将转子铁芯磁桥处的应力优化到材料屈服强度极限值之下，在不改变材料的前提下带来转速突破。结构优化还使得转子形变减少，定转子间给形变留出的余量也可以做到更小，气隙（转子外壁和定子内壁的间隙）随之降低到惊人的1.3 mm，带来更强的电磁性能和更小的空气阻力，让效率进一步提升。

基于这一技术突破，小米成功推出两款小米超级电机——V6和V6 s，转速均高达21000 r/min，功率分别达到了220 kW和275 kW，相当于燃油车V6和大V6发动机的性能。达到世界一流水平。

5.1.2 伺服电机的铭牌

伺服电机的铭牌主要包括型号、订货号、额定电压、额定电流等参数，如图5-5所示。

图5-5中：①电机类型；②订货号；③序列号；④额定扭矩；⑤静止扭矩；⑥额定电压；⑦额定功率；⑧编码器类型与分辨率；⑨防热等级；⑩防护等级；⑪电机运行模式；⑫静止电流；⑬额定电流；⑭抱闸；⑮电机ID；⑯重量；⑰最大速度；⑱额定速度。

拓展阅读

“二十大报告”指出“（三）加快实施创新驱动发展战略。坚持面向世界科技前沿、面向经济主战场、面向国家重大需求、面向人民生命健康，加快实现高水平科技自立自强。以国家战略需求为导向，集聚力量进行原创性引领性科技攻关，坚决打赢关键核心技术攻

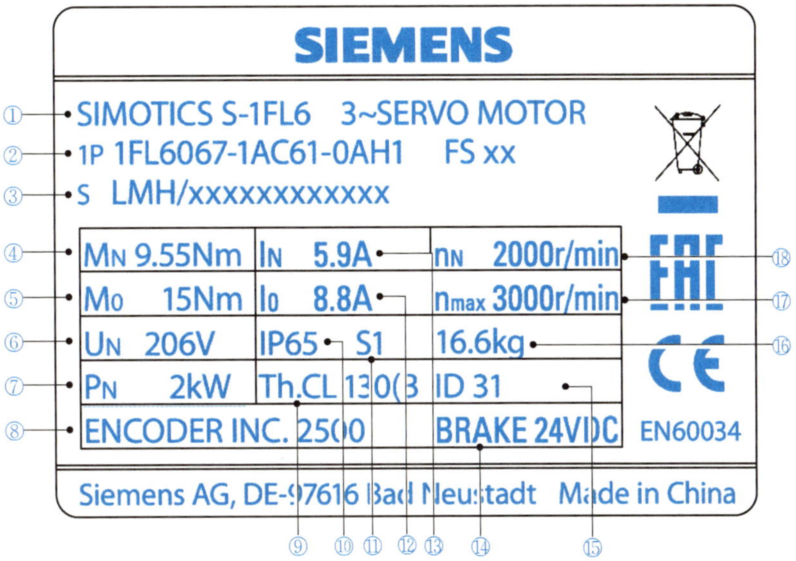

图 5-5 伺服电机铭牌

坚战。”伺服产品在我国是高科技产品，得到了广泛的应用，其主要应用领域有：机床、包装、纺织和电子设备制造，其使用量超过了整个市场的一半，特别在机床和机器人行业应用最多。

我国伺服技术发展迅速，市场潜力巨大，应用十分广泛。市场上以日系品牌为主，原因在于日系品牌较早进入中国，性价比相对较高，而且日系伺服比较符合中国人的一些使用习惯。欧美伺服产品性能最好，价格最高，占有量居第二位，且其占有率不断开高，特别是在高端应用场合更为常见。国产的伺服与欧美和日本相比，其风格大多与日系品牌相似，进步很大，中等功率产品性价比较高，市场占有率稳步提升，在小功率和大功率产品性能差距还较大。

国内外一些常用的伺服产品品牌如下。

日系：安川、三菱、发那科、松下、三洋、富士和日立；

欧系：西门子、Lenze、AMK、KEB 和 Rexroth；

美系：Danaher、Baldor、Parker 和 Rockwel；

国产：台达、汇川、东元、和利时、埃斯顿、时光、雷赛、步进科技、星辰数控、华中数控、广州数控、大森数控和凯奇数控。

5.1.3 伺服电动机选型

在选择伺服电机时，需要注意以下几个方面。

5.1.3.1 确定负载类型

在选型伺服电机之前，需要明确所驱动的负载类型，常见的负载类型有恒扭矩负载、抗扰负载和慢变负载。

5.1.3.2 计算惯量比

运动惯量会影响伺服电机的响应速度和控制精度，因此需要计算负载的惯量比。惯量比越小，系统的响应速度和控制精度越高。

5.1.3.3 选择合适的功率和转矩

根据负载的工作要求，选取合适的功率和转矩。通常情况下，伺服电机的额定转矩要略大于负载的最大转矩，同时还需要考虑加速度和减速度。

5.1.3.4 计算负载惯量与电机惯量

需要将伺服电机的惯量与负载的惯量加起来，得到系统的总惯量，再计算最大加速度和减速度，来确定电机的选型参数。

5.1.3.5 选择合适的转速

有时候需要通过伺服电机来控制负载的转速，在这种情况下需要选择合适的电机转速。通常情况下，伺服电机的稳定转速要略大于负载的最高工作转速。

5.1.3.6 配合控制器

最后还需要配合相应的控制器，实现对伺服电机的精细控制。在这个过程中需要考虑控制器的性能和控制方式等因素。

除上述几个方面外，还要考虑编码器类型、轴的类型等。

任务实施

本项目选用 SIMOTICS S-1FL6 型伺服电动机。请同学们对照 SIMOTICS S-1FL6 型伺服电动机实物铭牌，完成表 5-1。

表 5-1 SIMOTICS S-1FL6 型伺服电动机技术参数

参 数	大小（范围）
额定转矩	
额定电压	
额定功率	
编码器类型与分辨率	
电动机运行模式	
额定电流	
额定速度	

任务 5.2 SINAMICS V90 伺服驱动器认知

任务导入

伺服驱动器（Servo Drives）又称为伺服放大器，其作用是将工频交流电源转换成幅度和频率均可变的交流电源提供给伺服电动机，并根据控制命令和反馈信号对电动机进行连续位置、速度或扭矩控制。

SINAMICS V90 型伺服驱动器是西门子公司为适应小型运动控制需求推出的一款小型高性能伺服驱动器，它可以和 SIMOTICS S-1FL6 伺服电动机组成性能优化、易于使用的伺服驱动系统，并与 S7-1500T/S7-1500/S7-1200 进行完美配合，实现丰富的运动控制功能。SINAMICS V90 型伺服驱动器外形结构如图 5-6 所示。

图 5-6　SINAMICS V90 型伺服驱动器外观

任务分析

在本项目中，在选定伺服电动机后，需要为其选择合适的伺服电动机驱动器，同时为下一步进行电路设计、组装及调试，这就需要了解伺服电动机驱动器的外部端子、接线及细分设置。

知识链接

5.2.1 伺服驱动器的控制模式

伺服驱动器主要有位置控制、速度控制和扭矩控制 3 种控制模式，闭环控制系统原理如图 5-7 所示。

伺服驱动器认知

5.2.1.1　位置控制

位置控制是指工件或工具等以合适的速度向目标位置移动，并高精度

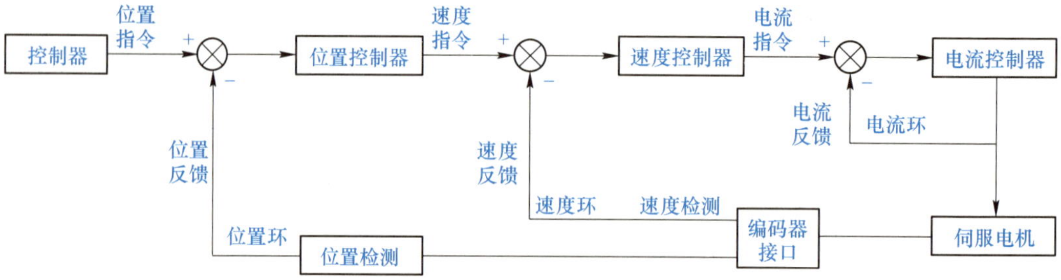

图 5-7 伺服系统控制原理图

地停止在目标位置。位置控制在伺服系统中应用最多，其控制精度可以达到微米以内，还能进行频繁的启停。

在图 5-7 中，位置控制通过最外环的位置环实现，伺服驱动器的位置检测环节检测编码器输出脉冲，计算转轴旋转角度，与输入的位置指令进行比较，比较的偏差送入位置控制器。通过位置控制器的 PID（比例、积分、微分，根据实际需要也有选用其中两种如 PI)，达到精确控制位置的目的。

5.2.1.2 速度控制

速度控制通过控制输出电源的频率来对伺服电机进行调速，此时类似于变频器。与变频器不同的是引入了负反馈 PI 调节速度，伺服驱动器速度环检测伺服电机编码器的信号计算电机转轴转速，与输入速度指令比较，比较的偏差送入速度控制器。通过速度控制器的 PI 调节，不但能调节电动机的速度，还能让电机转速保持稳定。

5.2.1.3 扭矩控制

扭矩控制通过最内部的电流环实现，通过检测伺服驱动器给伺服电机各相的输出电流，与输入电流指令进行 PD 调节，从而使输出电流等于或接近设定电流。在扭矩控制方式下，伺服驱动器无需计算变频器信号，运算量最小，动态响应最快。

5.2.2 伺服驱动器的内部结构和工作原理

伺服驱动器内部电路按原理功能，主要包括主电路和控制电路，如图 5-8 所示。与变频器内部电路相似，不同的是伺服驱动器增加了动态制动电路和编码器负反馈等，具有位置控制功能，速度和扭矩控制精度更高。

5.2.2.1 主电路

伺服驱动器主电路包括整流电路、浪涌保护电路、滤波电路、再生制动电路、逆变电路和动态制动电路。交流电通过整流电路变为脉动直流电，经电容滤波，生成平稳无脉动的直流电。逆变电路再将直流电逆变成电压和频率均可调的三相交流电来驱动交流伺服电动机。伺服驱动器的主电路和变频器的主电路基本相同，主要区别是伺服驱动器的主电路配有动态制动电路，当逆变电路的 IGBT 基极断路时，投入适当的电阻消耗动能，可使电动机迅速停转。电流检测器用于检测伺服驱动器输出电流大小，并通过电流检测电路反馈

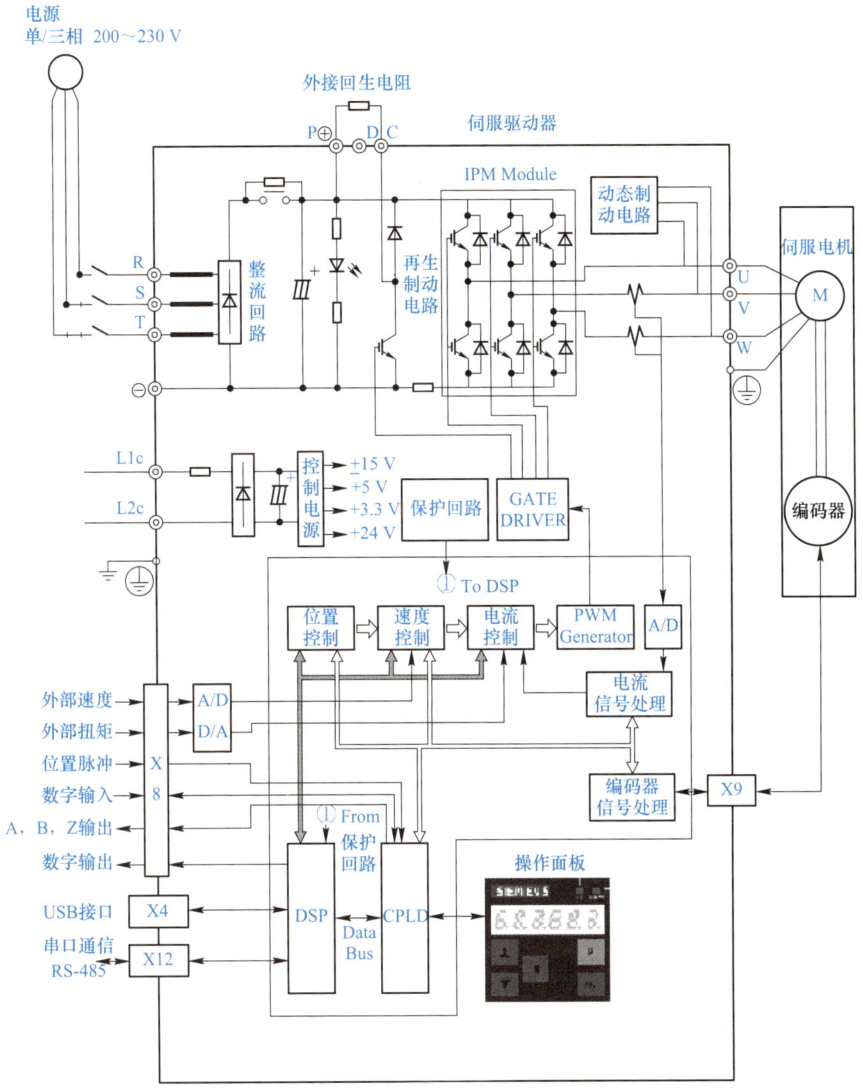

图 5-8 内部电路原理图

给控制系统，以便控制系统随时了解输出电流的情况进而做出相应控制。有些伺服电动机除了带有编码器，还带有电磁制动器，在制动器线圈未通电时，伺服电动机转轴被抱闸，线圈通电后抱闸松开，电动机可正常运行。

逆变电路的功率器件普遍采用以智能功率模块（IPM）为核心设计的驱动电路，IPM 内部集成了驱动电路，同时具有过电压、过电流、过热和欠电压等故障检测保护电路，在主电路中还加入了软启动电路，以减小启动过程对驱动器的冲击。

5.2.2.2 控制电路

控制电路包括运算电路、PWM 生成电路、检测信号处理电路、输入/输出电路、保护电路和驱动电路等，其主要作用是完成对主电路的控制和实现各种保护。目前主流伺服驱动器的控制芯片采用数字信号处理器（DSP）和现场可编程门阵列（CPLD 或 FPGA），DSP 主要负责运算，CPLD 或 FPGA 主要负责控制。

控制电路通过相应的算法输出 SPWM（正弦脉宽调制）信号控制逆变电路中的 IGBT 导通和关断，从而输出电压和频率均可调的交流电，以达到控制交流永磁同步电机的目的。

驱动电路根据控制信号对功率半导体开关器件进行驱动，并为交流伺服电机及其控制器件提供保护，主要包括开关器件的前级驱动电路和辅助开关电源电路等。

伺服驱动器的控制电路通过一些接口电路（如隔离保护等）与外接接口（如 X4、X8、X9 和 X12）连接，以便接收外部设备送来的指令，也能将驱动器的运行信息输出给外部设备。

5.2.3 V90 伺服驱动器的外部结构

西门子 SINAMICS V90（以下简称 V90）系列伺服驱动器的结构基本相同，整体外形为半封闭式。V90 系列伺服驱动器根据不同的应用分为脉冲序列版本（简称 V90 PTI）和 PROFINET 通信版本（简称 V90 PN）两个版本，其外形如图 5-6 所示，左侧伺服驱动器为 V90 PTI，右侧伺服驱动器为 V90 PN。

V90 PTI 集成了外部脉冲位置控制、内部设定值位置控制、速度控制及扭矩控制等模式，可使用标准的 5 V 差分信号和 24 V 单端脉冲作为外部脉冲位置控制信号来源；其 X8 端口连接功能较多，该端口有 50 针，且只有 RS-485 接口，可使用 MODBUS RTU/USS 通信。

V90 PN 集成了 PROFINET 接口，可以通过 PROFIdrive 协议与上位控制器如西门子 S7-200 SMART PLC、S7-1200 PLC 等进行通信，不能接收控制器发来的高速脉冲信号，也不能进行 USS 和 MODBUS 通信。

V90 伺服驱动器前面板如图 5-9 所示，具体部件名称及说明已在图中标注，在此不做赘述。

从供电范围分类，可分为单相 200 V 供电和三相 400 V 供电两大类，前者用于小功率场合，后者用于相对大功率场合。200 V 系列有四种外形尺寸可供选择：FSA、FSB、FSC 和 FSD。其中，FSA、FSB 和 FSC 既可在单相电网中使用，也可在三相电网中使用，FSD 仅可在三相电网中使用。400 V 系列有四种外形尺寸可供选择：FSAA、FSA、FSB 和 FSC，该系列产品的所有型号仅可在三相电网中使用。

任务实施

V90 PTI 的结构复杂，不方便操作，而 V90 PN 控制的结构简单，更方便控制。本项目选用 SINAMICS V90 PN 系列伺服驱动器，请对照实训室实物和数据手册，认识驱动器的前面板结构组成及功能。

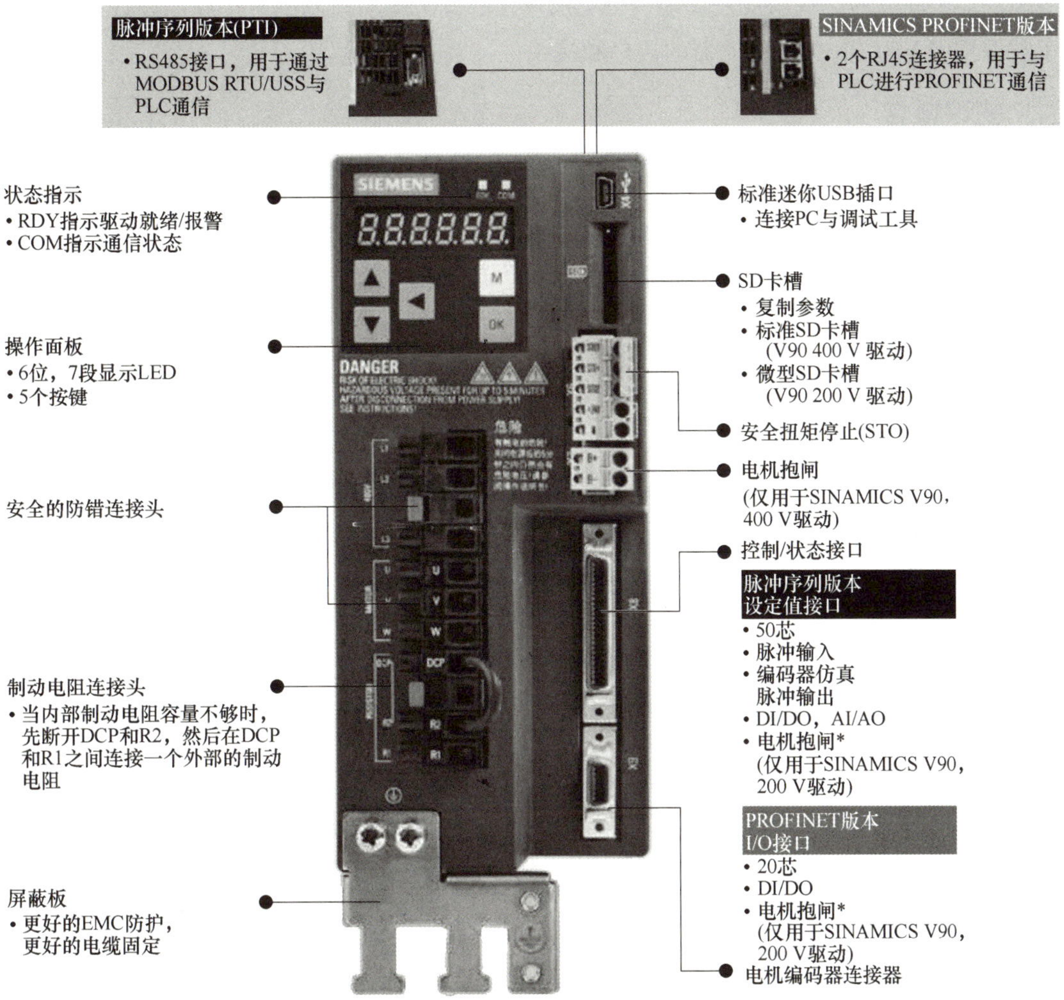

图 5-9　V90 伺服驱动器的前面板

任务 5.3　SINAMICS V90 PN 伺服系统电路设计与安装

任务导入

掌握伺服电动机和伺服电动机驱动器的基础知识和技能，为项目的顺利开展打下了坚实的基础。PLC、嵌入式芯片、专用控制器等都可以实现伺服电动机速度、位置及转矩控制。本项目采用 S7-1200 PLC 作为丝扛的伺服运动控制系统的控制器，本任务主要完成 PLC 与伺服电机系统及其他外围电路设计与安装。

任务分析

通过前面的学习和训练，我们掌握了 SIMOTICS S-1FL6 型伺服电动机的性能参数和伺服驱动器的前面板结构组成及功能。为完成丝扛的伺服运动控制系统电路的设计，关键在于掌握伺服 V90 PN 伺服驱动器的接口和接线。

知识链接

伺服驱动器工作时需要连接伺服电机、编码器、伺服控制器和电源等设备。图 5-10 所示为 SINAMICS V90 PN 伺服系统接线图。其接线主要包括外围电路接线、主电路接线、控制电路接线、编码器接线、抱闸电路接线等。

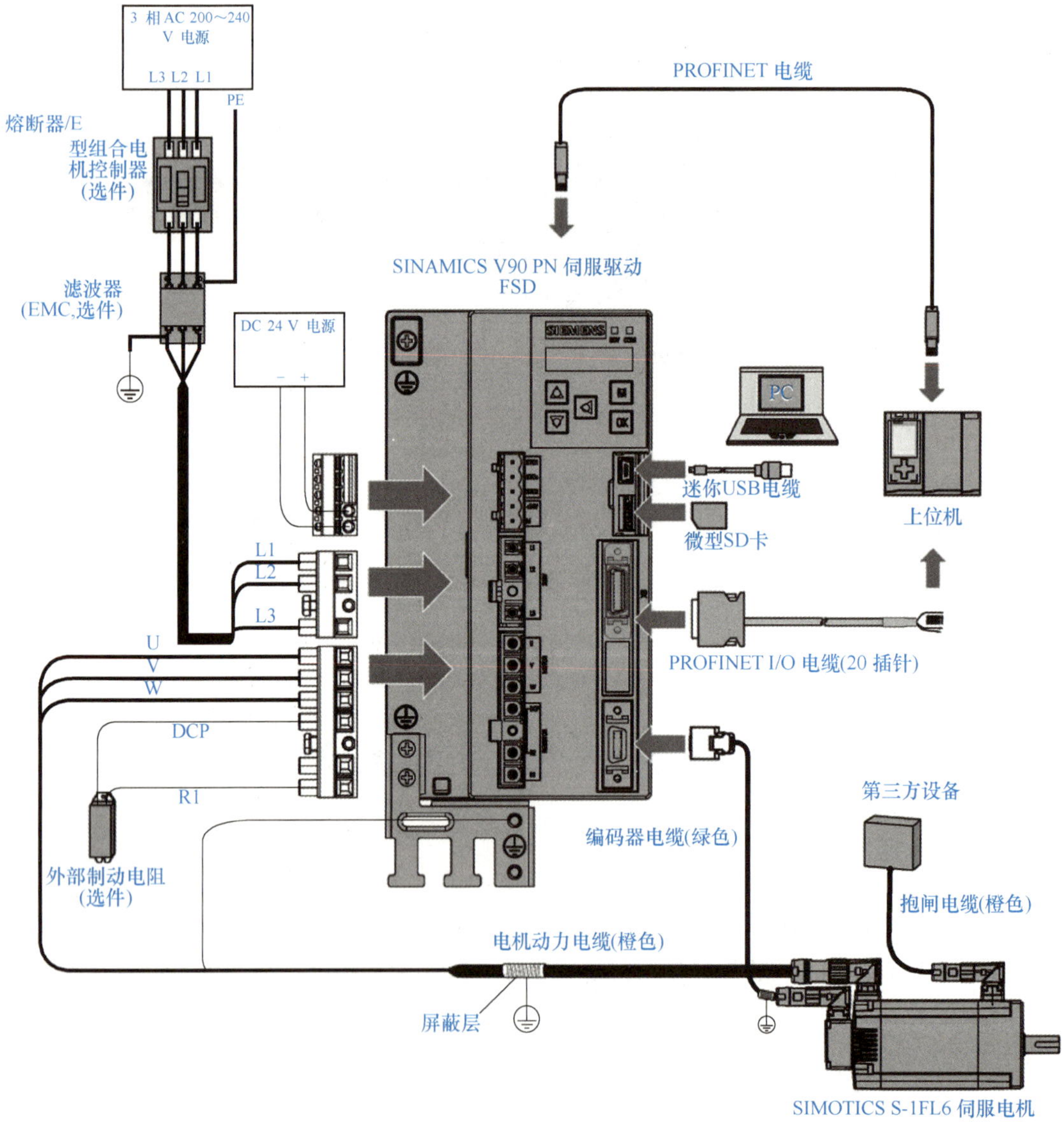

图 5-10 SINAMICS V90 PN 伺服系统接线图

5.3.1 主电路接线

SINAMICS V90 PN 伺服系统的主电路的接线比较简单，但接错线的危险较大。左边部分主要为主电路接线，单相或三相 200~240 V 交流电的断路器输出，经过熔断器、滤波器接伺服驱动器进线接线端子 L1、L2 和 L3，当输入电源是单相时两根输入电源线 L、N 接伺服驱动器 L1、L2 和 L3 中的任意两个都可以；伺服驱动器主电路输出 U、V 和 W 接伺服电机的 U、V 和 W。PE 为保护接地端。伺服电机与伺服驱动器连线如图 5-11 所示。

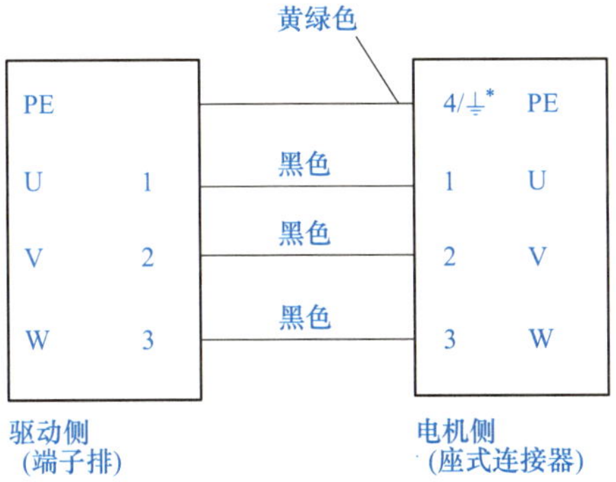

图 5-11 SINAMICS V90 PN 伺服系统接线图

5.3.2 控制回路接线

控制回路的接线较为复杂，接线正确仅仅是基础，也要认真理解各个端子的默认定义功能以及各个端子对应参数修改后的功能，否则将不能正确使用此系统。

5.3.2.1 控制状态接口 X8 接线

PN 版本伺服驱动器的 X8 接口是 20 针，具体定义见表 5-2。X8 端子只用了 12 个，其余端子未定义。

表 5-2 SINAMICS V90 PN 伺服驱动器 X8 的端子定义

端 子	数字量输入/输出	参 数	默认值/信号
1	DI1	p29301	2（RESET）
2	DI2	p29302	11（TLIM）
3	DI3	p29303	0
4	DI4	p29304	0
6	DI_COM	—	数字量输入公共端
7	DI_COM	—	数字量输入公共端
11	DO1+	p29330	2（FAULT）
12	DO1-	—	
13	DO2+	p29331	9（OLL）

续表 5-2

端　子	数字量输入/输出	参　数	默认值/信号
14	DO2-	—	
17	BK+	—	抱闸信号+
18	BK-	—	抱闸信号-

A　输入信号

SINAMICS V90 PN 伺服驱动可使用七个内部数字量输入信号。这些信号的详细信息，见表 5-3。

表 5-3　SINAMICS V90 PN 伺服驱动器可使用内部数字量输入信号

名　称	类　型	描　　述
RESET	边沿 0→1	复位报警 • 0→1：复位告警
TLIM	电平	选择扭矩限制 共两个内部扭矩限制源可通过数字量输入信号 TLIM 选择。 • 0：内部扭矩限制 1 • 1：内部扭矩限制 2
SLIM	电平	选择速度限制 共两个内部速度限制源可通过数字量输入信号 SLIM 选择。 • 0：内部速度限制 1 • 1：内部速度限制 2
EMGS	电平	快速停止 • 0：快速停止 • 1：伺服驱动准备就绪
REF	边沿 0→1	通过数字量输入或参考点挡块输入设置回参考点方式下的零点 • 0→1：参考点输入
CWL	边沿 1→0	顺时针超行程限制（正限位） • 1：运行条件 • 1→0：快速停止（OFF3）
CCWL	边沿 1→0	逆时针超行程限制（负限位） • 1：运行条件 • 1→0：快速停止（OFF3）

数字量输入支持 PNP 和 NPN 两种接线方式，如图 5-12 所示。

B　数字量输出

最多可分配 10 个内部数字量输出信号至 SINAMICS V90 PN 伺服驱动，这些信号的详细信息见表 5-4。

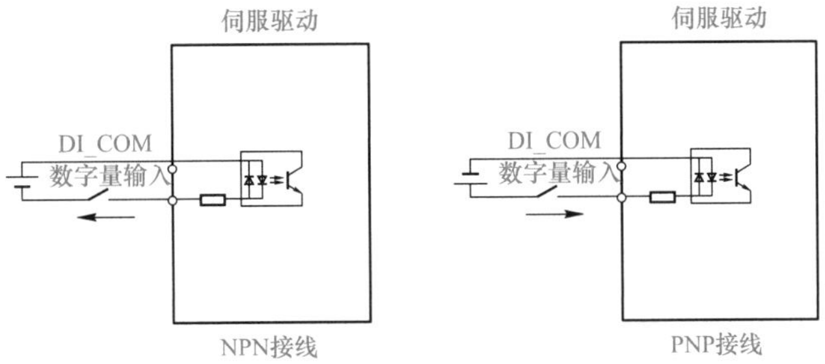

图 5-12　数字量输入接线方式

表 5-4　SINAMICS V90 PN 伺服驱动器可使用内部数字量输出信号

名称	描　　述
RDY	伺服准备就绪 • 1：驱动已就绪 • 0：驱动未就绪（存在故障或使能信号丢失）
FAULT	故障 • 1：处于故障状态 • 0：无故障
ZSP	零速检测 • 1：电机速度 ≤ 零速（可通过参数 p2161 设置零速） • 0：电机速度 > 零速 + 磁滞（10 r/min）
TLR	达到扭矩限制 • 1：产生的扭矩已几乎（内部磁滞）达到正向扭矩限制、负向扭矩限制的扭矩值 • 0：产生的扭矩尚未达到任何限制
MBR	电机抱闸 • 1：电机抱闸关闭 • 0：电机停机抱闸打开 说明：MBR 仅为状态信号，因为电机停机抱闸的控制与供电均通过特定的端子实现
OLL	达到过载水平 • 1：电机已达到设定的输出过载水平（p29080 以额定扭矩的 % 表示；默认值：100%；最大值：300%） • 0：电机尚未达到过载水平
RDY_ON	准备伺服开启就绪 • 1：驱动准备伺服开启就绪 • 0：驱动准备伺服开启未就绪（存在故障，主电源无供电或 STW1.1 和 STW1.2 未被置为 1） 说明：当驱动处于“伺服开启”状态后，该信号会一直保持为高电平（1）状态除非出现上述异常情况
INP	位置到达信号 • 1：剩余脉冲数在预设的就位取值范围内（参数 p2544） • 0：剩余脉冲数超出预设的位置到达范围
REFOK	回参考点 • 1：已回参考点 • 0：未回参考点

续表 5-4

名称	描　述
STO_EP STO	激活 • 1：使能信号丢失，表示 STO 功能激活 • 0：使能信号可用，表示 STO 功能无效 说明：STO_EP 仅用作 STO 输入端子的状态指示信号，而并非 Safety Integrated 功能的安全 DO 信号

数字量输出支持 PNP 和 NPN 两种接线方式，如图 5-13 所示。

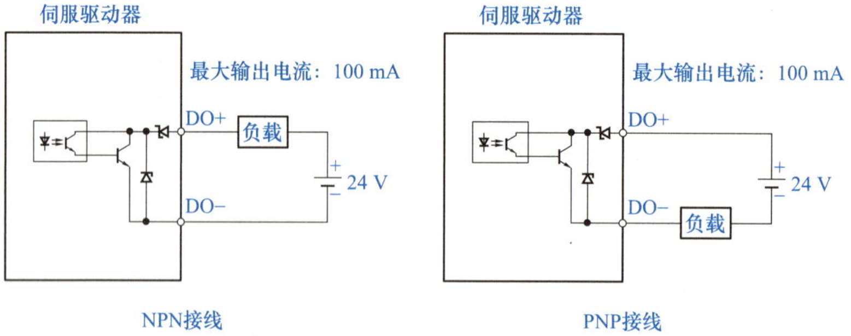

图 5-13　数字量输出接线方式

5.3.2.2　标准应用接线（出厂设置）

标准应用接线示例如图 5-14 和图 5-15 所示。

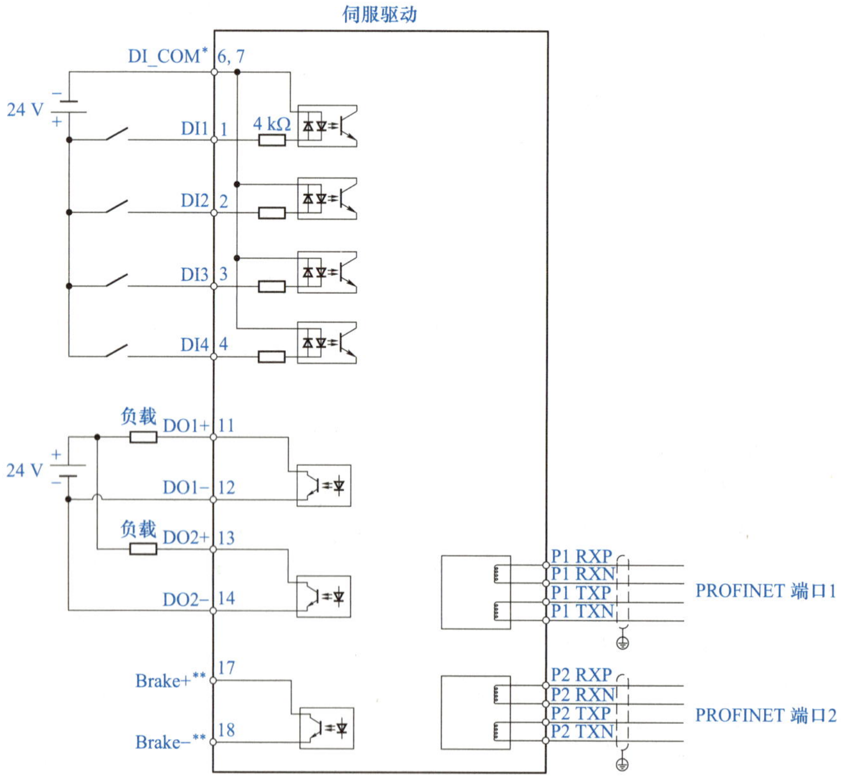

图 5-14　标准应用接线示例 1

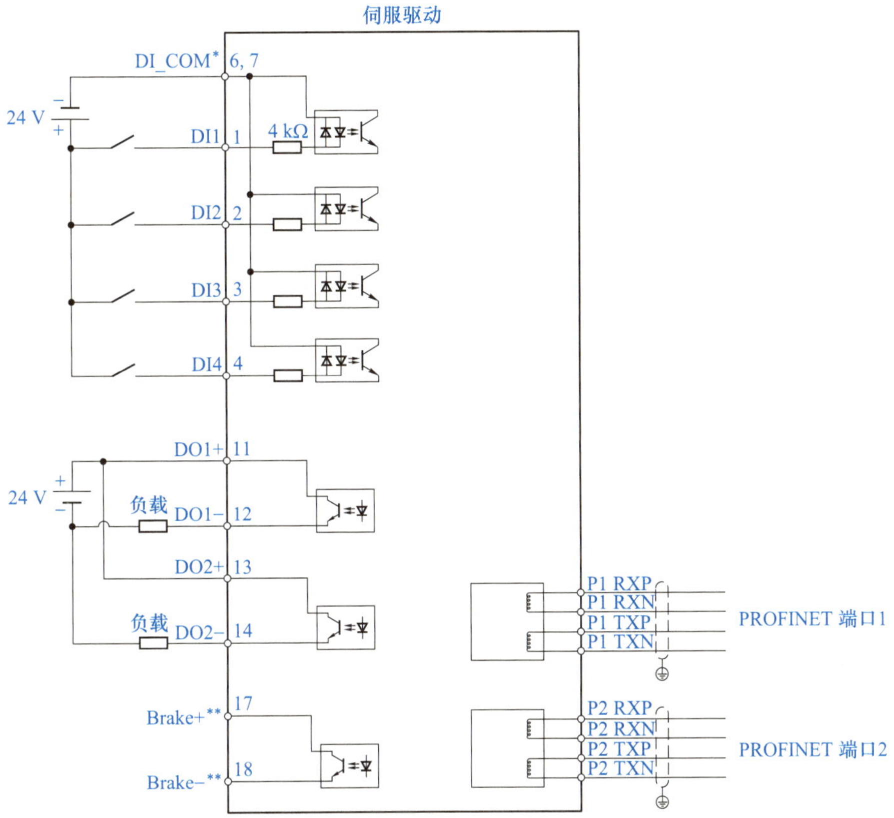

图 5-15 标准应用接线示例 2

5.3.2.3 X8 接口与 PLC 连接

S7-1200 PLC 与 V90 PN 输入输出接线如图 5-16 所示。

5.3.3 24 V 电源/STO（安全扭矩）端子的接线

“24 V 电源/STO” 是 5 个针脚的 24 V 电源和安全扭矩的接口见表 5-5。

表 5-5 24 V 电源和安全扭矩接口

接口	信号名称	描 述	备 注
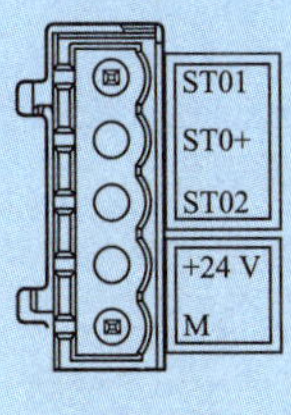	STO 1	安全扭矩停止通道 1	
	STO +	安全扭矩停止的电源	
	STO 2	安全扭矩停止通道 2	
	+24 V	供电电源，DC 24 V 正极	电压范围：不带抱闸时 −15%～+20% 带抱闸时 −10%～+10% 最大电流：1.6 A（不带抱闸电源） 3.6 A（带抱闸电源）
	M	供电电源，DC 24 V 负极	
	最大导线截面积：1.5 mm^2		

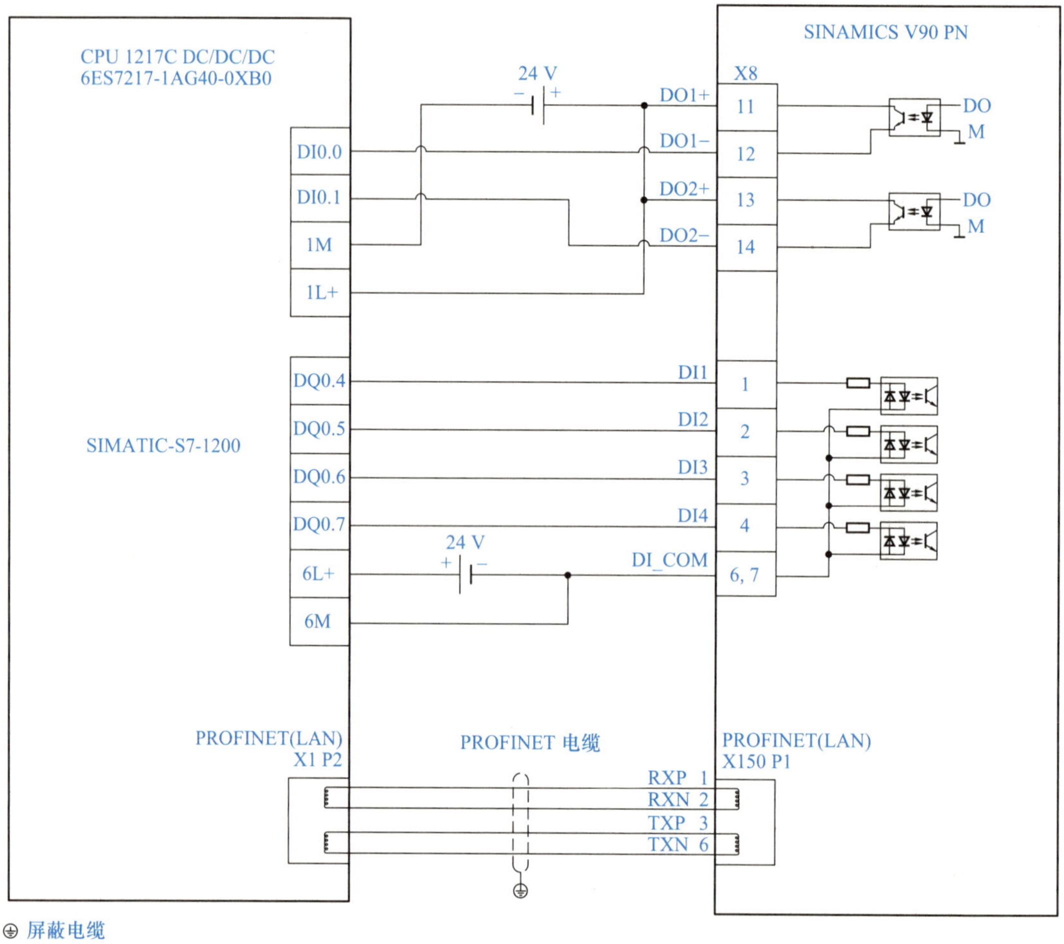

图 5-16 S7-1200 PLC 与 V90 PN 输入输出接线示例

安全扭矩停止（STO）功能是指防止意外启动的安全功能。可以将限位、急停等保护装置的常闭触点分别接在 STO1、STO2 和 STO+ 上，等发生越程等故障时，常闭触点断开，伺服电机停止（封锁）扭矩输出；只有在故障排除，常闭触点接通后伺服才能启动运行。端子状态和伺服驱动器伺服电机的动作见表 5-6。

表 5-6 STO 端子状态和伺服驱动器伺服电机的动作

端 子		状态	动 作
STO1	STO2		
高电平（接通）	高电平（接通）	安全	伺服驱动上电后伺服电机可正常运行
低电平（断开）	低电平（断开）	安全	伺服驱动可以正常启动，但伺服电机不能正常运行
高电平（接通）	低电平（断开）	不安全	产生报警 F1611，伺服电机自由停车（OFF2）
低电平（断开）	高电平（接通）	不安全	产生报警 F1611，伺服电机自由停车（OFF2）

STO1、STO+ 和 STO2 在出厂时是默认短接的。当需要使用 STO 功能时，连接 STO 接

口前必须拔下接口上的短接片。如果不再使用该功能，必须重新插入短接片，否则电机无法运行，如图 5-17 所示。

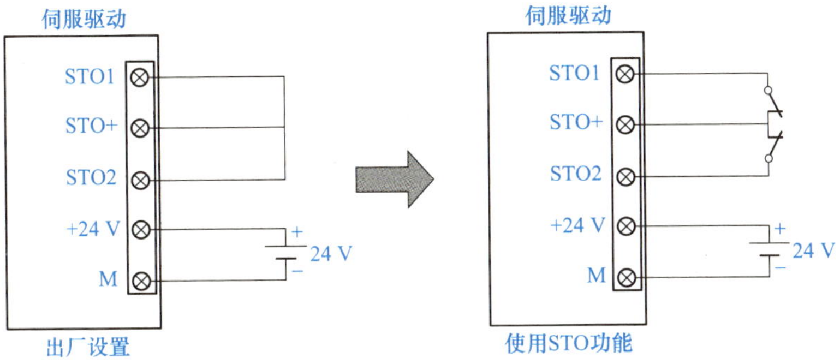

图 5-17　24 V 电源和安全扭矩的接线

当伺服系统用作悬挂轴时，如果 24 V 电源的正负极接反，轴将会掉落。这可能会导致人身伤害和设备损坏，使用 STO 功能时不允许使用悬挂轴。

5.3.4　外部制动电阻的接线

V90 配有内部制动电阻，以吸收电机的再生能量。当内部制动电阻不能满足制动要求（产生 A52901 报警）时，可以连接外部制动电阻，制动电阻的选型请参考手册。注意：连接外部制动电阻到 DCP 和 R1 端子前，必须拔下连接器上的短接棒，否则会导致驱动损坏。

5.3.5　编码器接口 X9 的接线

V90 200 V 系列驱动仅支持增量编码器，400 V 系列驱动支持增量编码器和绝对编码器。V90 伺服驱动器和伺服电机增量编码器接口的针脚信号主要有 A、B、Z 相的正负和 5 V 电源的正负，绝对式编码器接口的针脚信号主要有正向和负向数据信号、正向和负向时钟信号。如果制作编码器的通信线，请参考手册，注意：如果屏蔽线与编码器连接器上未使用的针脚短接将造成驱动器损坏！

5.3.6　抱闸电路接线

电机抱闸用于在伺服系统未激活（伺服系统断电）时，停止运动负载的非预期运动（在重力作用下的掉落）。伺服电机在断电后可能因为其自身重量或者受到外力而发生意外移动。

带抱闸版本的伺服电机中内置了抱闸。对于 400 V 系列伺服驱动，电机抱闸接口（X7）集成在前面板。将其与带抱闸的伺服电机连接即可使用电机抱闸功能。即 X7 接口的 B+与电动机的抱闸线的正信号（1 号端子）连接，B-与电动机的抱闸线的负信号（2 号端子）连接即可。当抱闸工作时各接口和元件的状态见表 5-7。

表 5-7 400 V 系列伺服驱动抱闸工作时各接口和元件的状态

状　态	MBR（DO）	抱闸控制(B+,B-)	电机抱闸功能	电机轴
抱闸闭合	高电平（1）	0 V	打开	无法运转
抱闸打开	低电平（0）	24 V	关闭	可以运转

对于 200 V 系列伺服驱动，没有集成单独的抱闸接口。为使用抱闸功能，需要通过控制/状态接口（X8）将驱动连接至第三方设备。200 V 系列伺服驱动抱闸电路接线如图 5-18 所示。当抱闸工作时各接口和元件的状态见表 5-8。

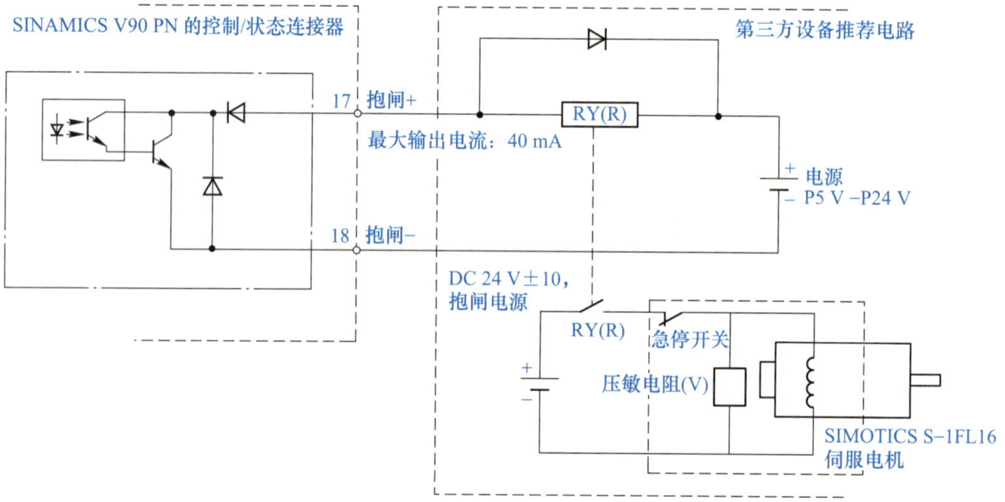

图 5-18　V90 PN 伺服驱动抱闸电路接线

表 5-8 200 V 系列伺服驱动抱闸工作时各接口和元件的状态

状　态	MBR（DO）	抱闸控制（Brake）	继电器	电机抱闸功能	电机轴
抱闸闭合	高电平（1）	抱闸关闭	无电流	打开	无法运转
抱闸打开	低电平（0）	抱闸打开	有电流	关闭	可以运转

任务实施

5.3.7 转盘的伺服控制系统电路设计

5.3.7.1 I/O 分配表

丝杠控制系统 I/O 分配表见表 5-9。

表 5-9 丝杠控制系统 I/O 分配表

输　入			输　出		
输入继电器	输入元件	作用	输出继电器	输出元件	作用
I0.0	SB1	转盘料台旋转	HL1	Q0.2	运行指示灯

续表 5-9

输　入			输　出		
输入继电器	输入元件	作用	输出继电器	输出元件	作用
I0. 1	SB2	转盘料台回原点	HL2	Q0. 3	停止指示灯
I0. 2	SB3	转盘料台停止旋转			
I0. 3	SQ1	原点检测传感器			
I0. 4	SQ2	物料检测传感器			

5. 3. 7. 2 接线图设计

参考图 5-17 设计丝杠运动控制系统接线图，参考接线图如图 5-19 所示。

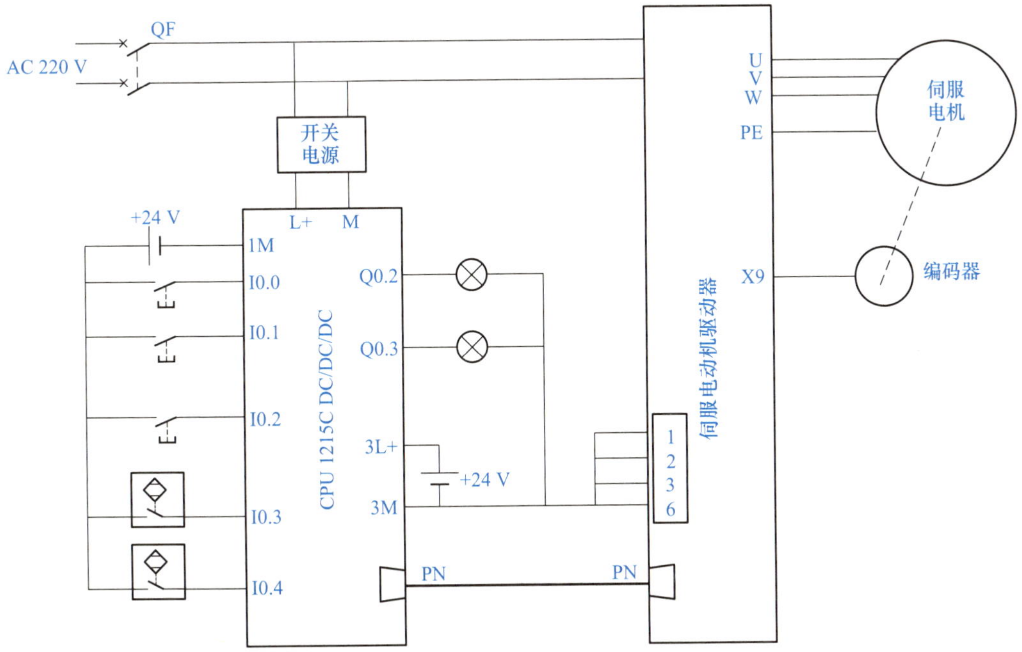

图 5-19 丝杠运动控制系统接线图

5. 3. 8 转盘的伺服控制系统电路安装

V90 伺服驱动器通过螺丝固定在控制箱柜的底板上，200 V 系列 400 W 及 750 W 型号的伺服驱动器可以垂直安装和水平安装，其他型号的伺服驱动器仅支持垂直安装。200 V 系列 FSA 和 FSB 通过弹簧端子连接导线，连接或拆卸导线时，先用螺丝刀压下，再将导线插入或拔出插孔，如图 5-20 左图所示；FSC 和 FSD 通过 M2. 5 的螺丝连接导线，连接导线时，先用螺丝刀逆时针松开螺丝，再将导线插入插孔，然后用螺丝刀顺时针用 0. 5 Nm 的力矩拧紧螺丝，如图 5-20 右图所示，按照相反的步骤拆卸导线。

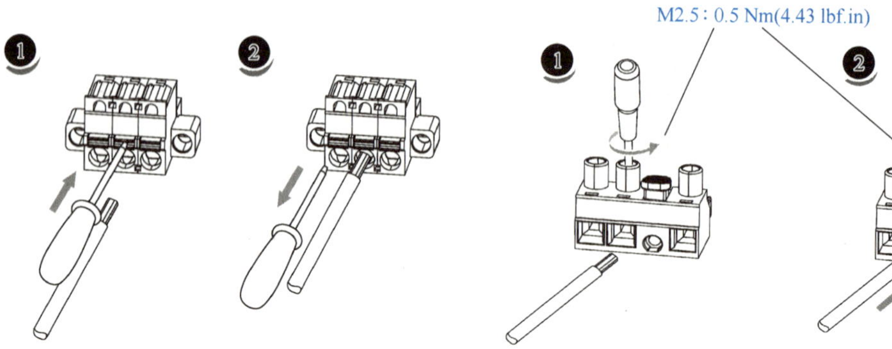

图 5-20 导线连接示意图

实践经验

FSC 和 FSD 螺钉端子连接器不方便接线时，例如伺服驱动器安装在空间狭窄的控制柜中，可以将整个连接器拆下来，接好导线后再装上。

5.3.9 伺服控制系统电路调试

当伺服驱动器首次上电时，可以通过 BOP 或工程工具 SINAMICS V-ASSISTANT 进行试运行，以检查主电源是否已正确连接，DC 24 V 电源是否已正确连接，伺服驱动与伺服电机之间的电缆（电机动力电缆、编码器电路、抱闸电缆）是否已正确连接，电机速度和转动方向是否正确。这里介绍以下应用 BOP 面板调试运行。

5.3.9.1 V90 伺服驱动器的操作面板

V90 伺服驱动器内置一块基本操作面板（BOP），主要由 LED 状态指示灯、6 位 7 段液晶显示屏和按键组成，如图 5-21 所示。

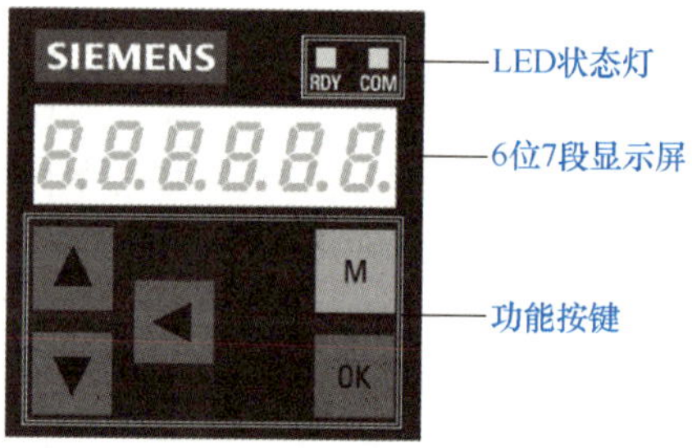

图 5-21 V90 伺服驱动器基本操作面板

两个 LED 状态指示灯 RDY 和 COM 可用来显示伺服驱动器的状态，有绿色、红色两种颜色，有关状态显示的详细信息，见表 5-10。

表 5-10 V90 伺服驱动器内置基本操作指示灯颜色及其指示状态

状态指示灯	颜色	状　态	描　　述
RDY	—	熄灭	控制板无 24 V 直流输入
	绿色	常亮	驱动处于“伺服开启”状态
	红色	常亮	驱动处于“伺服关闭”状态或启动状态
		以 1 Hz 频率闪烁	存在报警或故障

续表 5-10

状态指示灯	颜色	状 态	描 述
COM	—	熄灭	未启动与电脑通信
	绿色	以 0.5 Hz 频率闪烁	用电脑软件调试伺服时，启动与电脑通信
	红色	以 2 Hz 频率闪烁	微型 SD 卡/SD 卡正在工作（读取或写入）
		常亮	与电脑通信故障

通过操作面板可以设置伺服驱动器的参数，监控伺服驱动器参数状态，可以进行独立调试、诊断、参数查看、参数设置、微型 SD 卡、驱动重启等常规操作。操作面板按键功能见表 5-11。

表 5-11 V90 伺服驱动器内置基本操作面板按键及显示

按键	描述	功 能
M	M 键	退出当前菜单； 在主菜单中进行操作模式的切换
OK	OK 键	短按：确认选择或输入；进入子菜单；清除报警。 长按：激活辅助功能；点动 JOG；保存驱动中的参数集（RAM 至 ROM）；恢复参数集的出厂设置；传输数据（驱动至微型 SD 卡/SD 卡）；传输数据（微型 SD 卡/SD 卡至驱动）；更新固件
▲	向上键	翻至下一菜单项；增加参数值； 顺时针方向点动 JOG
▼	向下键	翻至上一菜单项；减小参数值； 逆时针方向点动 JOG
◀	移位键	将光标从位移动到位进行独立的位编辑，包括正向负向标记的位 说明：当编辑该位时，"“表示正，“”表示负
OK + M		长按组合键四秒重启驱动
▲ + ◀		当右上角显示「 时，向左移动当前显示页，如 00.000「
▼ + ◀		当右下角显示 」时，向右移动当前显示页，如 0010」

5.3.9.2 V90 伺服驱动器参数

A SINAMICS V90 PN 参数概述

（1）参数号。

带有“r”前缀的参数号表示此参数为只读参数；带有“p”前缀的参数号表示此参数为可编辑更改参数。

（2）生效。

设置的参数生效有两种。

IM（Immediately，立即）：参数值更改后立即生效。

RE（Reset，重启）：需要将伺服驱动器断电重启后参数才生效。

（3）可更改。

更改参数时有两种状态。

U（运行）：处于“伺服开启”状态时，在“运行”状态下可更改。“RDY”指示灯亮绿。

T（准备运行）：当驱动器处于“伺服关闭”，在“准备”状态下可更改。“RDY”指示灯亮红。

可以通过“RDY”指示灯判断驱动的状态，保证没有故障和报警。

（4）参数的数据类型。

参数的数据类型见表5-12。

表5-12 参数的数据类型

数据类型	缩写	描述
Integer16	I16	16位整数
Integer32	I32	32位整数
Unsigned8	U8	8位无符号整数
Unsigned16	U16	16位无符号整数
Unsigned32	U32	32位无符号整数
FloatingPoint32	Float	32位浮点数

（5）参数组。

V90伺服参数分组见表5-13，BOP用6位7段数码管显示，需要仔细分辨参数组。

表5-13 V90伺服参数分组

参数组	可用参数	BOP上显示的参数组
基本参数	p290××	P 0A
增益调整参数	p291××	P 0b
速度控制参数	p10××至p14××、p21××	P 0C
扭矩控制参数	p15××至p16××	P 0d
位置控制参数	p25××至p26××、p292××	P 0E
I/O参数	p293××	P 0F
状态监控参数	所有只读参数	dAtA

B 参数结构

BOP 面板的总体参数结构如图 5-22 所示。

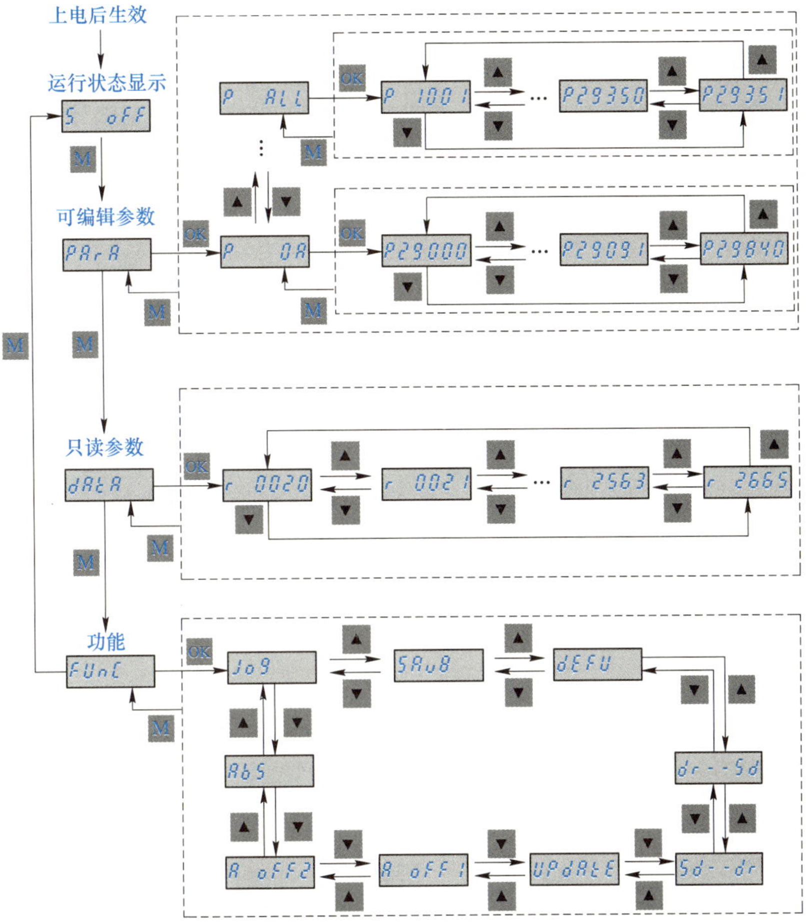

图 5-22 BOP 面板的总参数结构

5.3.9.3 V90 伺服驱动器 BOP 面板设置、保存与初始化参数

（1）通过 BOP 面板有以下两种方法设置参数。

1）直接通过向上或向下键更改参数值如图 5-23 所示。

2）通过移位键移动光标至相应的位数，然后通过向上或向下键更改参数值，如图 5-24 所示。

参数 p1414 和 p1656 不可以通过移位键来更改。

（2）保存参数（RAM 至 ROM）。将伺服驱动器 RAM 中的参数集保存至 ROM，如图 5-25 所示。

（3）参数初始化。参数初始化为出厂默认值后，必须保存参数；否则，默认值不会被保存至 ROM 中。面板参数初始化方法的方法如图 5-26 所示。

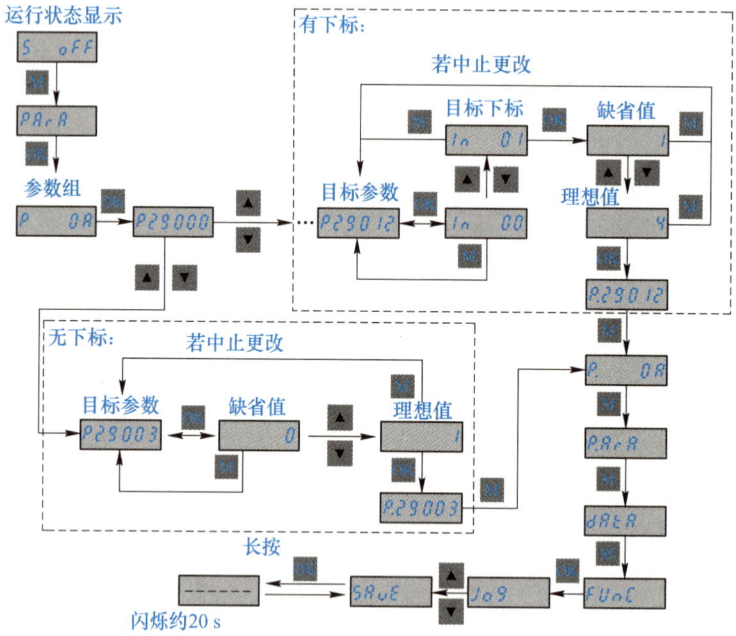

图 5-23 向上或向下键更改参数值

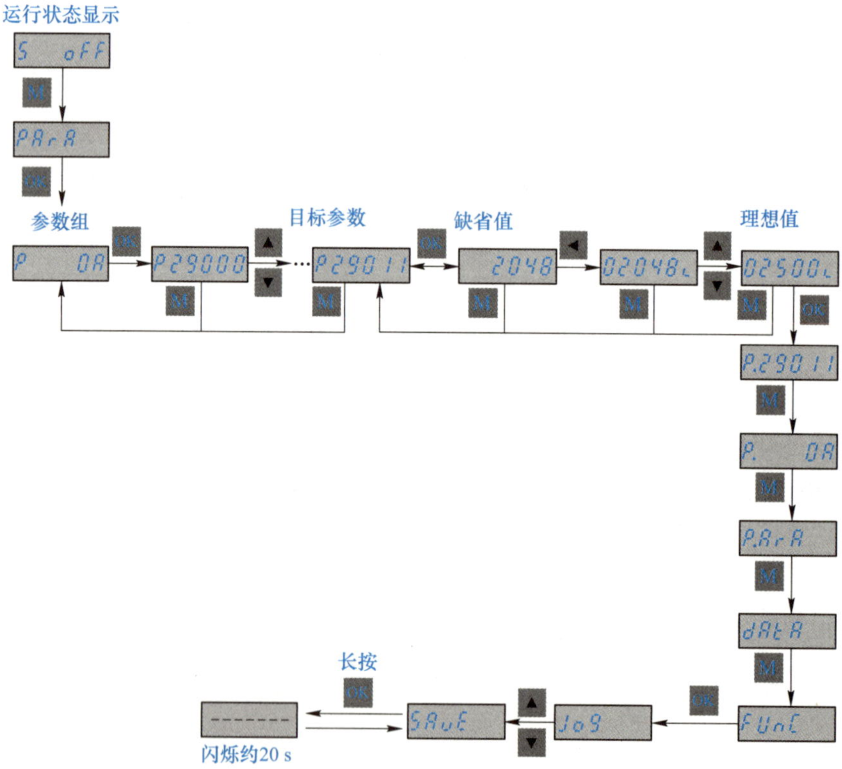

图 5-24 通过移位键和向上或向下键更改参数值

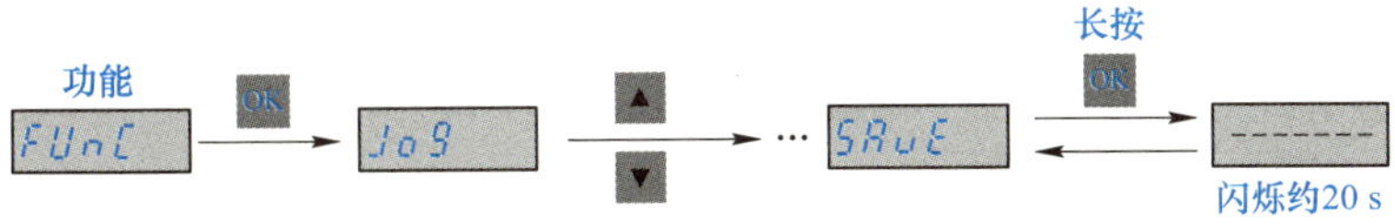

图 5-25　保存参数

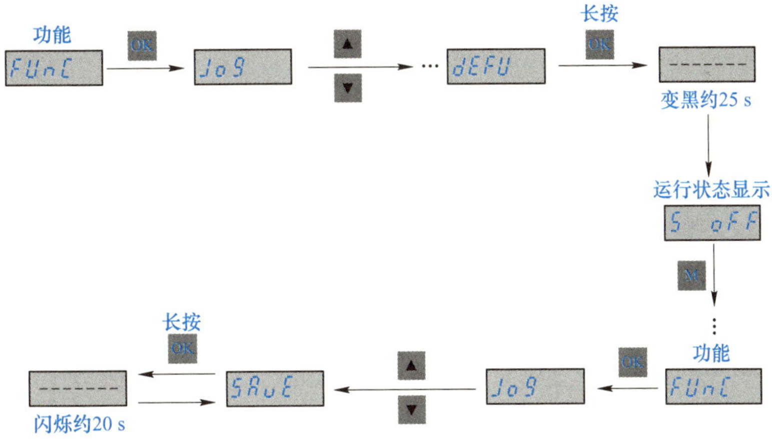

图 5-26　参数初始化

5.3.9.4　在 JOG 模式下进行调试

在 JOG 模式下进行调试需要确保伺服驱动连接至空载电机，并且伺服驱动未处于伺服开启状态。为使能 JOG 功能，必须将参数 p29108 的位 0 置为 1，而后保存参数设置并重启驱动；否则，该功能的相关参数 p1058 被禁止访问。如已分配数字量信号 EMGS，为确保正常运行，必须将其保持在高电平。

具体调试步骤如下。

（1）检查接线。首先必须完成电机动力电缆、编码器电缆、抱闸电缆、主电源电缆、DC 24 V 电缆的连接，其次还需做如下检查：

1）设备或电缆是否有损坏；

2）连接的电缆是否受到较大的压力、负载或拉力；

3）连接的电缆是否紧靠锋利的边缘；

4）电源输入是否在允许的范围内；

5）所有的端子是否均已正确连接并固定；

6）所有已连接的系统组件是否已良好接地。

（2）打开 DC 24 V 电源。

（3）检查伺服电机类型。如果伺服电机带有增量式编码器，请输入电机 ID（p29000）。如果伺服电机带有绝对值编码器，伺服驱动可以自动识别伺服电机。如未识别到伺服电机，则会发生故障 F52984。电机 ID 可参见电机铭牌。

参数 p29000 的设置方法是：在 BOP 面板运行状态显示 S oFF 下，点击 M 键 M 进入可编辑参数组 Para PArA，点击“OK”键 OK 进入基本参数组 P 0A（通过上下键可以在不同参数组中切换），点击“OK”键 OK 进入参数 p2900 P29000，点击“OK”键 OK 进入参数出厂设置默认值 0，按上键 ▲ 设置为电机铭牌上的 ID 号，点击“OK”键设置成功，自动显示下一个参数 p29001，按 M 键返回基本参数组。

（4）检查电机旋转方向。默认运行方向为 CW（顺时针）。如有必要，可通过设置参数 p29001 更改运行方向。设为 0：面向电机转轴，顺时针旋转方向为正向，逆时针旋转方向为负向；设为 1：换向。修改了 p29001 之后，参考点会丢失，A7461 将提醒用户重新回参考点。

（5）检查 JOG 速度。默认 JOG 速度为 100 r/min。可通过设置参数 p1058 更改显示。为使能 JOG 功能，必须将参数 p29108 的位 0 置为 1，而后保存参数设置并重启驱动；否则，该功能的相关参数 p1058 被禁止访问。

（6）通过 BOP 保存参数。

（7）打开主电源。

（8）清除故障和报警。

（9）使用 BOP，进入 JOG 菜单功能，按向上或向下键运行伺服电机。如果 p29001＝0，面向伺服电机轴，顺时针旋转；按向下键，伺服电机负方向指令运行，如图 5-27 所示。

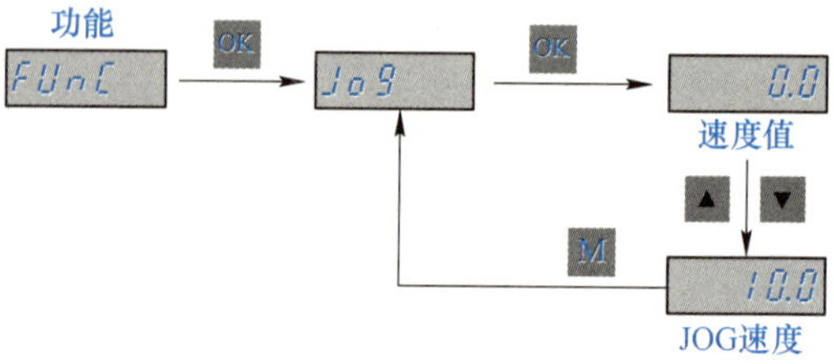

图 5-27 通过转速 JOG 调试

实践经验

可以先打开 DC 24 V 电源，再打开主电源；也可以将 DC 24 V 电源和主电源同时打开。但是，不可以先打开主电源，再打开 DC 24 V 电源，否则会报错。

设置完参数后要保存设置的参数，如果忘记不存伺服驱动器不能正常运行。

任务 5.4 V90 伺服驱动器常用报文与伺服驱动器参数设计

任务导入

在完成丝扛运动控制系统电路设计与装调后，下一步就要进一步了解 S7-1200 PLC 与 V90 PN 之间 PROFINET IO 通信、V90 PN 伺服驱动器参数设计及设置。本任务将介绍 V90 PN 伺服驱动器的常用报文及其数据格式、V-ASSISTANT 软件设置 V90 PN 伺服驱动器参数设置方法等知识和技能。

任务分析

PROFINET 是基于工业以太网，遵循 TCP/IP 和 IT 标准，可以无缝集成现场总线，是实时以太网，主要用于模块化、分布式控制，通过以太网直接连接现场设备，是目前使用最为广泛的工业以太网之一。PROFIdrive 是西门子 PROFIBUS 与 PROFINET 两种通信方式，针对驱动与自动化控制应用的一种协议框架，PROFIdrive 使得用户更快捷方便地实现对驱动的控制。V90 伺服驱动器参数可以通过 TIA Portal 软件和 V-ASSISTANT 工具实现参数设置。V-ASSISTANT 工具可在装有 Windows 操作系统的个人电脑上运行，利用图形用户界面与用户交互，并能通过 USB 电缆与 SINAMICS V90 通信。还可用于修改 SINAMICS V90 驱动的参数并监控其状态。适用于调试和诊断 SINAMICS V90 PN 伺服驱动系统。

知识链接

5.4.1 V90 PN 伺服驱动器的控制模式

V90 PN 伺服驱动器具有速度控制（S）和基本定位器控制 EPOS 两种控制模式。V90 PN 连接 PLC 运动控制有两种不同的形式，分别是中央控制和分布控制，如图 5-28 所示。

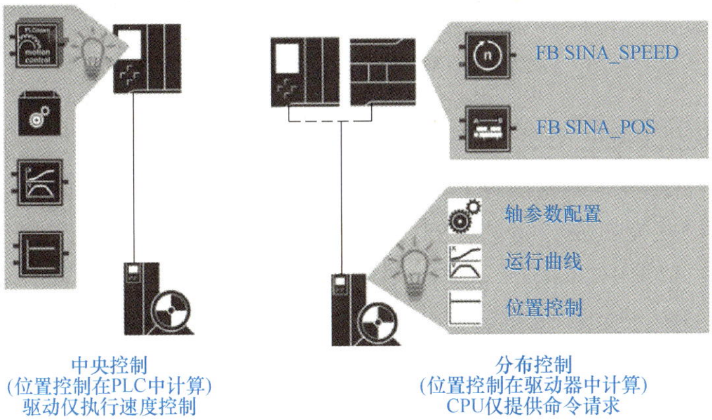

图 5-28 V90 PN 伺服驱动器的控制方式示意图

中央控制是指位置控制在 PLC 中计算，V90 PN 驱动器仅执行速度控制任务，这种方式依赖于 PLC 工艺对象 TO，运动相关参数在 PLC 工艺对象中组态完成，比如搭配使用 S7-1200 PLC 可以实现速度和位置控制。分布控制与中央控制不同，位置计算在 V90 PN 驱动器侧实现，PLC 仅提供相关运动控制指令，比如 SINA_POS 模块。

5.4.2 V90 PN 伺服驱动器的常用报文

带有 PROFINET 接口的 V90 PN 伺服驱动器可以通过该接口与 S7-1200/1500 PLC 的 PROFINET 接口进行连接，通过 PROFIdrive 报文实现 PLC 对 V90 PN 的闭环控制。如图 5-29 所示，通过 PROFIdrive 报文，SIMATIC（PLC）可向 SINAMICS（驱动器）发送控制字、设定值等命令。同时 SINAMICS 将驱动的状态字和实际值等信息传送到 SIMATIC，这种控制方式可以实现闭环控制。

V90 PN伺服驱动器常用报文及报文解析

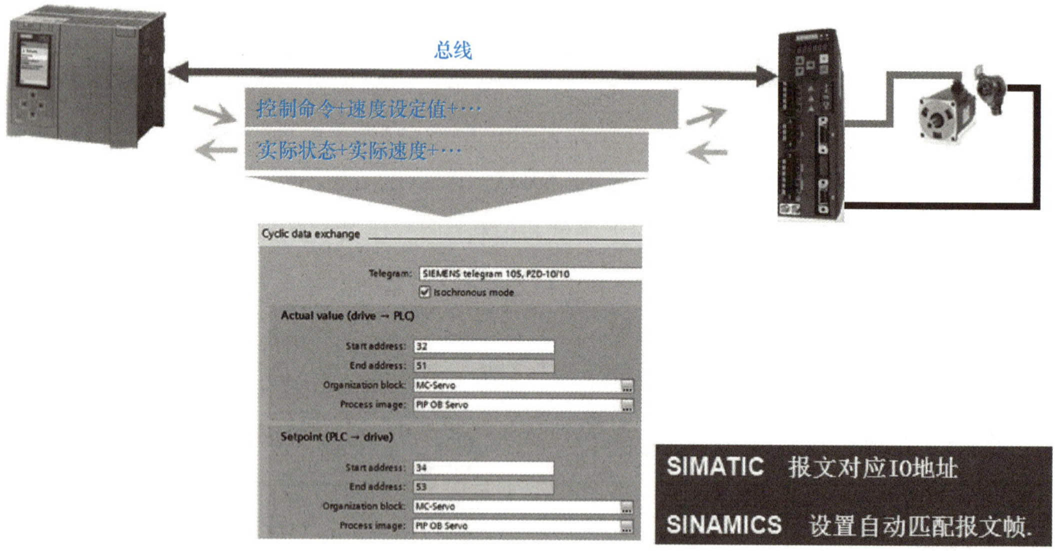

图 5-29 PLC 与驱动器的通信示意图

PROFINET 提供 PROFINET IO RT（实时）和 PROFINET IO IRT（等时实时）两种实时通信方式。西门子 PLC 可以通过 PROFINET IO RT 或 IRT 通信控制 V90 PN，当使用 IRT 时最短通信循环周期为 2 ms。目前，S7-1200 PLC 只支持 RT 通信，主要用于通用运动控制；S7-1500 PLC 支持 IRT 通信，主要用于高动态响应运动控制。

PLC 控制器和驱动装置/编码器之间通过各种 PROFIdrive 报文进行通信，每一个报文都有一个标准的 PZD 结构，可根据具体应用，在 V-ASSISTANT 调试软件的任务导航栏中的“选择报文”窗口选择相应的报文，如图 5-30 所示，报文的 PZD 结构及数值等详情可以在该窗口的“接收方向”和“传输方向”下面的下拉三角中查看。

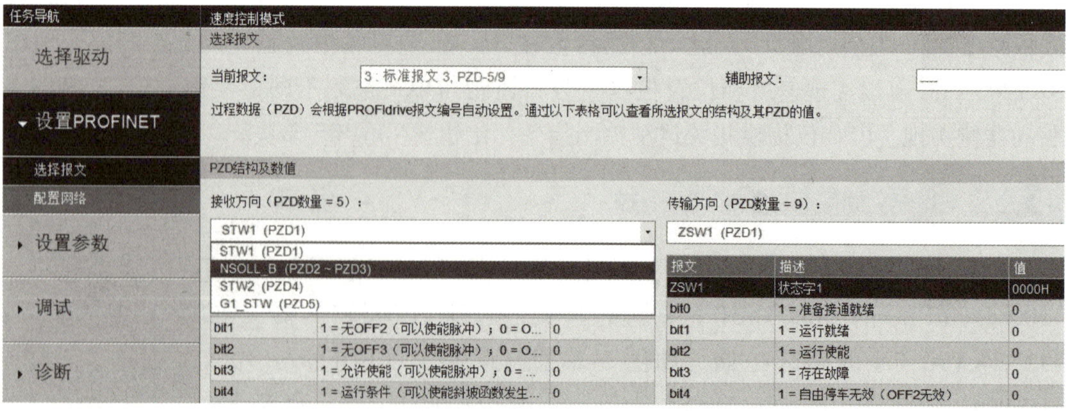

图 5-30 查看报文结构及数值示意图

V90 PN 在速度控制模式和基本定位器控制模式下支持标准报文以及西门子报文，见表 5-14。从驱动设备的角度看，接收到的过程数据是接收字，待发送的过程数据是发送字。

表 5-14 V90 PN 支持的报文

控制模式	报 文	PZD 最大数		对应参数	功 能
		接收字	发送字		
速度控制	标准报文 1：转速设定值 16 位	2	2	p0922=1	速度控制
	标准报文 1：转速设定值 32 位	4	4	p0922=2	速度控制
	标准报文 3：转速设定值 32 位，1 个位置编码器	5	9	p0922=3	速度/位置控制（S7-1200 配置 TO 时使用）
	标准报文 5（DSC）：转速设定值 32 位，1 个位置编码器和动态伺服控制	9	9	p0922=5	速度/位置控制（仅在 S7-1500/1500T 配置 TO 时使用）
	西门子报文 102：转速设定值 32 位，1 个位置编码器和转矩降低	6	10	p0922=102	速度/位置控制
	西门子报文 105（DSC）：转速设定值 32 位，1 个位置编码器、转矩降低和动态伺服控制	10	10	p0922=105	速度/位置控制
基本定位控制 EPOS	标准报文 7：基本定位器，含运行程序段选择	2	2	p0922=7	S7-1200/S7-1500 通过 SINA_POS（FB284）控制 V90 EPOS 定位
	标准报文 9：基本定位器，含设定值直接给定（MDI）	10	5	p0922=9	
	西门子报文 110：基本定位器，含设定值直接给定（MDI）、倍率和位置实际值	12	7	p0922=110	
	西门子报文 111（EPOS）：基本定位器，含设定值直接给定（MDI）、倍率、位置实际值和转速实际值	12	12	p0922=111	

5.4.3 SINAMICS 通信报文解析

5.4.3.1 报文结构

对于 SIMOTION 和 SINAMICS 系列产品，其报文有标准报文和制造商报文。标准报文根据 PROFIdrive 协议构建，过程数据的驱动内部互联根据设置的报文编号在 Starter 中自动进行。制造商报文根据公司内部定义创建，过程数据的驱动内部互联根据设置的报文编号在 Starter 中自动进行。常用的标准报文有标准报文 1、2、3、5 等，常用的制造商报文有制造商报文 105、111 等。常用标准报文结构见表 5-15，常用制造商报文结构见表 5-16。

表 5-15 常用的标准报文结构

报文		PZD1	PZD2	PZD3	PZD4	PZD5	PZD6	PZD7	PZD8	PZD9
1	16 位转速设定值	STW1	NSOLL	→把报文发送到总线						
		ZSW1	NIST	←接收来自总线的报文						
2	32 位转速设定值	STW1	NSOLL		STW2					
		ZSW1	NIST		ZSW2					
3	32 位转速设定值，一位编码器	STW1	NSOLL		STW2	G1_STW				
		ZSW1	NIST		ZSW2	G1_ZSW	G1_XIST1		G1_XIST2	
5	32 位转速设定值，一位编码器和 DSC	STW1	NSOLL		STW2	G1_STW	XERR		KPC	
		ZSW1	NIST		ZSW2	G1_ZSW	G1_XIST1		G1_XIST2	

表中关键字的含义

STW1：控制字 1　STW2：控制字 2　ZSW1：状态字 1　ZSW2：状态字 2

G1_STW：编码器控制字　G1_ZSW：编码器状态字　NIST：实际速度　NSOLL：速度设定值

G1_XIST1：编码器实际值 1　G1_XIST2：编码器实际值 1　XERR：位置差　KPC：位置闭环增益

表 5-16 常用的制造商报文结构

报文		PZD1	PZD2	PZD3	PZD4	PZD5	PZD6	PZD7	PZD8	PZD9	PZD10	PZD11	PZD12
105	32 位速度设定值，一个位置编码器、转矩降低和 DSC	STW1	NSOLL		STW2	MOMRED	G1_STW	XERR		KPC			
		ZSW1	NIST		ZSW2	MELDW	G1_ZSW	G1_XIST1		G1_XIST2			
111	MDI 运行方式中的基本定位器	STW1	POS_STW1	POS_STW2	STW2	OVERRIDE	MDI_TARPOS		MDI_VELOCITY		MDI_ACC	MDI_DEC	USER
		ZSW1	POS_ZSW1	POS_ZSW2	ZSW2	MELDW	XIST_A		NIST_B		FAULT_CODE	WARN_CODE	USER

表中关键字的含义

STW1：控制字 1　STW2：控制字 2　ZSW1：状态字 1　ZSW2：状态字 2

G1_STW：编码器控制字　G1_ZSW：编码器状态字　NIST：实际速度　NSOLL：速度设定值

G1_XIST1：编码器实际值 1　G1_XIST2：编码器实际值 1　XERR：位置差　KPC：位置闭环增益

POS_STW1：位置控制字　POS_ZSW1：位置状态字　MOMRED：转矩降低

XIST_A：MDI 位置实际值　MDI_TARPOS：MDI 位置设定值　MELDW：消息字

MDI_VELOCITY：MDI 速度设定值　MDI_ACC：MDI 加速度倍率

MDI_DEC：MDI 减速度倍率　FAULT_CODE：故障代码

WARN_CODE：报警代码　OVERRIDE：速度倍率

5.4.3.2 标准报文 3 解析

A 控制字

标准报文 3 具有 2 个控制字、1 个编码器控制字以及 1 个 32 位的速度设定值（2 个 PZD），可以通过发送报文进行相应控制字和速度进行设置，具体定义见表 5-17~表 5-19。

表 5-17 标准报文 3 的控制字（STW1）的各位含义

信 号	描 述
STW1.0	上升沿=ON（可以使能脉冲） 0=OFF1（通过斜坡函数发生器制动，消除脉冲，准备接通就绪）
STW1.1	1=无 OFF2（允许使能） 0=OFF2（立即消除脉冲并禁止接通）
STW1.2	1=无 OFF3（允许使能） 0=OFF3（通过 OFF3 斜坡 p1135 制动，消除脉冲并禁止接通）
STW1.3	1=允许运行（可以使能脉冲） 0=禁止运行（取消脉冲）
STW1.4	1=运行条件（可以使能斜坡函数发生器） 0=禁用斜坡函数发生器（设置斜坡函数发生器的输出为零）
STW1.5	1=继续斜坡函数发生器 0=冻结斜坡函数发生器（冻结斜坡函数发生器的输出）
STW1.6	1=使能设定值 0=禁止设定值（设置斜坡函数发生器的输入为零）
STW1.7	上升沿=1。应答故障
STW1.8~STW1.9	保留
STW1.10	1=通过 PLC 控制
STW1.11	1=设定值取反
STW1.12~STW1.15	保留

表 5-18 标准报文 3 的控制字（STW2）的各位含义

信 号	描 述
STW2.0~STW2.7	保留
STW2.8	1=运行至固定挡块
STW2.9~STW2.11	保留
STW2.12	主站生命符号，位 0
STW2.13	主站生命符号，位 1
STW2.14	主站生命符号，位 2
STW2.15	主站生命符号，位 3

表 5-19　标准报文 3 的编码器控制字（G1_STW）的各位含义

<table>
<tr><th>信　号</th><th>描　　述</th></tr>
<tr><td>G1_STW. 0</td><td rowspan="4">选择需要激活的功能（通过设置该位值=1）
<table><tr><th>功能编号</th><th>位 7=0 时功能
（搜索参考点）</th><th>位 7=1 时功能
（实时运行）</th></tr><tr><td>1</td><td>参考点 1</td><td>上升沿测量指针 1</td></tr><tr><td>2</td><td>参考点 2</td><td>上升沿测量指针 2</td></tr><tr><td>3</td><td>参考点 3</td><td>上升沿测量指针 3</td></tr><tr><td>4</td><td>参考点 4</td><td>上升沿测量指针 4</td></tr></table></td></tr>
<tr><td>G1_STW. 1</td></tr>
<tr><td>G1_STW. 2</td></tr>
<tr><td>G1_STW. 3</td></tr>
<tr><td>G1_STW. 4</td><td rowspan="3">当 G1_STW. 4=1，G1_STW. 5=0，G1_STW. 6=0 时，激活已选择功能
当 G1_STW. 4=0，G1_STW. 5=1，G1_STW. 6=0 时，读取额定值
当 G1_STW. 4=1，G1_STW. 5=1，G1_STW. 6=0 时，中断功能</td></tr>
<tr><td>G1_STW. 5</td></tr>
<tr><td>G1_STW. 6</td></tr>
<tr><td>G1_STW. 7</td><td>需要激活功能的模式
1=飞速测量
0=搜索参考点挡块</td></tr>
<tr><td>G1_STW. 8~G1_STW. 12</td><td>保留</td></tr>
<tr><td>G1_STW. 13</td><td>1=请求对 Gn_XIST2 中的绝对位置值进行周期传输</td></tr>
<tr><td>G1_STW. 14</td><td>1=请求驻留轴编码器</td></tr>
<tr><td>G1_STW. 15</td><td>上升沿=应答编码器故障</td></tr>
</table>

B　状态字

标准报文 3 有 2 个状态字、1 个编码器状态字、1 个 32 位的实际速度值（2 个 PZD）以及两个 32 位的编码器实际值（2 个 PZD），可以通过读报文获取相应状态字、当前速度值和编码器值，具体定义见表 5-20~表 5-22。

表 5-20　标准报文 3 的控制字（ZSW1）的各位含义

信　号	描　　述
ZSW1. 0	1=伺服开启准备就绪
ZSW1. 1	1=运行就绪
ZSW1. 2	1=运行使能
ZSW1. 3	1=存在故障
ZSW1. 4	1=自由停车无效（OFF2 无效）
ZSW1. 5	1=快速停车无效（OFF3 无效）
ZSW1. 6	1=禁止接通生效
ZSW1. 7	1=存在报警
ZSW1. 8	1=速度设定值与实际值的偏差在 t_off（关闭时间）公差内
ZSW1. 9	1=控制请求

续表 5-20

信　号	描　述
ZSW1.10	1=达到或超出 f 或 n 的比较值
ZSW1.11	0=达到 I、M 或 P 的限值
ZSW1.12	1=打开抱闸
ZSW1.13	1=无电机过温报警
ZSW1.14	1=电机正向旋转（n_act ≥0） 0=电机反向旋转（n_act <0）
ZSW1.15	1=功率单元无热过载报警

表 5-21　标准报文 3 的控制字（ZSW2）的各位含义

信　号	描　述
ZSW2.0~ZSW2.4	保留
ZSW2.5	1=报警级位 0
ZSW2.6	1=报警级位 1
ZSW2.7	保留
ZSW2.8	1=运行至固定挡块
ZSW2.9	保留
ZSW2.10	1=脉冲使能
ZSW2.11	保留
ZSW2.12	主站生命符号，位 0
ZSW2.13	主站生命符号，位 1
ZSW2.14	主站生命符号，位 2
ZSW2.15	主站生命符号，位 3

表 5-22　标准报文 3 的编码器控制字（G1_ZSW）的各位含义

<table>
<tr><th>信　号</th><th>描　述</th></tr>
<tr><td>G1_ZSW.0</td><td rowspan="4">激活功能的反馈信号（1=功能激活）<table><tr><th>功能编号</th><th>用于参考点编号和实时测量</th></tr><tr><td>1</td><td>参考点挡块 1/测量指针 1 上升沿</td></tr><tr><td>2</td><td>参考点挡块 2/测量指针 2 上升沿</td></tr><tr><td>3</td><td>参考点挡块 3/测量指针 3 上升沿</td></tr><tr><td>4</td><td>参考点挡块 3/测量指针 4 上升沿</td></tr></table></td></tr>
<tr><td>G1_ZSW.1</td></tr>
<tr><td>G1_ZSW.2</td></tr>
<tr><td>G1_ZSW.3</td></tr>
</table>

续表 5-22

信 号	描 述	
G1_ZSW.4	1=功能 1 的位置实际值	Gn_XIST2 中的额定值（可读）
G1_ZSW.5	1=功能 2 的位置实际值	
G1_ZSW.6	1=功能 3 的位置实际值	
G1_ZSW.7	1=功能 4 的位置实际值	
G1_ZSW.8~G1_ZSW.10	保留	
G1_ZSW.11	1=应答编码器故障激活	
G1_ZSW.12	保留（用于参考点偏移量）	
G1_ZSW.13	1=请求对 Gn_XIST2 中的绝对位置值进行周期传输	
G1_STW.14	1=请求驻留轴编码器	
G1_STW.15	上升沿=应答编码器故障	

控制字、设定值、状态字或实际值等这些参数可以直接用通信报文读写参数，也可以使用通信指令快，比如 MC_WriteParam（写参数）和 MC_ReadParam（都参数）或者库函数块 FB286/FB287 读写参数。

5.4.4 S7-1200 对 V90 PN 进行位置控制的 3 种方法

S7-1200 系列 PLC 通过 PROFINET 与 V90 PN 伺服驱动器搭配进行位置控制，实现的方法主要有以下 3 种。

（1）通过工艺对象 TO。PLC 通过工艺对象 TO 控制 V90 PN 伺服驱动器实现定位控制，可通过 GSD 文件选择标准报文 3 创建 TO_Positioning Axis，同时将 V90 PN 控制模式选择为“速度控制（S），通过 PLC Open 标准程序块进行编程，这种控制方式它属于中央控制方式，最多控制 8 台 V90 PN 伺服驱动器。

（2）通过 FB284（SINA_POS）功能块。V90 PN 控制模式选择为“基本定位器控制 EPOS”并使用西门子报文 111，PLC 通过西门子公司提供驱动库中的功能块 FB284 可实现 V90 的基本定位控制，这种控制属于分布控制方式，通过 FB284 最多控制 16 台 V90 PN 伺服驱动器。

（3）通过 FB38002（Easy_SINA_Pos）功能块。V90 PN 使用西门子报文 111，此功能块是 FB284 功能块的简化版，功能比 FB284 少一些，但是使用更加简便。

任务实施

5.4.5 PLC 侧的硬件配置及工艺对象 TO 的组态

5.4.5.1 PLC 侧的硬件配置

（1）添加 S7-1200 PLC 并组态设备名称和分配 IP 地址。

（2）在网络视图中添加 V90 PN 设备（使用 GSD 文件）。

在项目树中选择“设备和网络”选项，单击“设备和网络”工作窗口中的“网络视图”标签，在右侧的硬件目录中找到“其他现场设备”→“PROFINET IO”→“Drivers”→“SIEMENSAG”→“SINAMICS”→“SINAMICS V90 PN V1.0”模块，并将它拖拽到“网络视图”空白处，如图 5-31 所示。

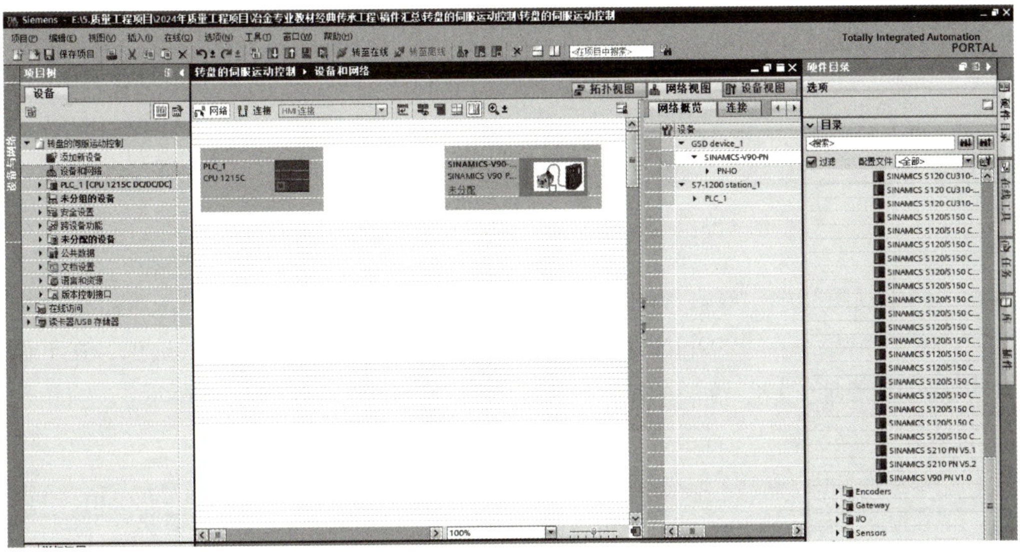

图 5-31 添加 V90 PN 伺服驱动器

若在“SINAMICS”选项下无法找到“SINAMICS V90 PN V1.0”模块，说明未安装 V90 PN 伺服驱动器的 GSD 文件。需要安装 TIA Portal Startdrive 驱动软件或者单击 TIA Portal 软件菜单栏中的“选项”菜单，选择“管理通用站描述文件（GSD）”选项，在弹出的对话框中导入下载好的 GSD 文件，安装完成后即可进行网络配置。

V90 PN 的 GSD 文件可到西门子公司官网下载。

（3）建立 V90 PN 与 PLC 的 PN 网络，并设置 V90 PN 的 IP 地址及设备名称。

在“网络视图”中，单击 V90 PN 伺服驱动器的蓝色提示“未分配”图标，选择 IO 控制器“PLC_1. PROFINET 接口_1”，完成 V90 PN 与 PLC 的网络连接，如图 5-32 和图 5-33 所示。

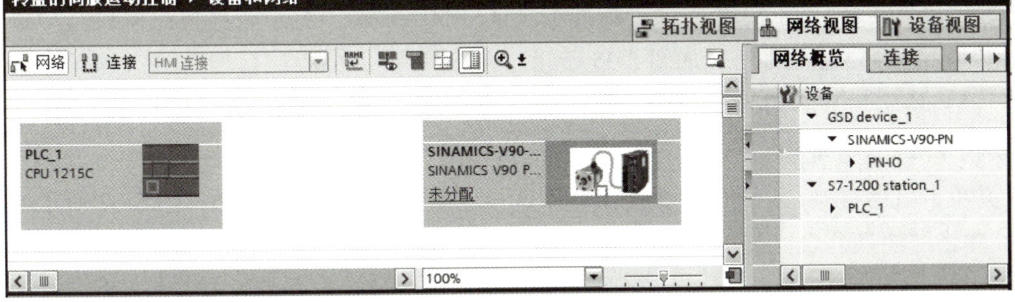

图 5-32 未组态 V90 PN 与 PLC 的 PROFINET 网络前

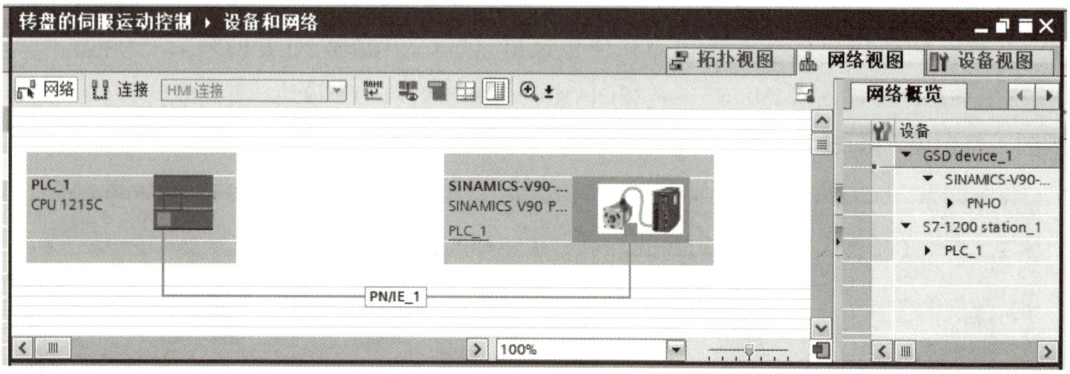

图 5-33　组态 V90 PN 与 PLC 的 PROFINET 网络后

在“网络视图”中，双击 V90 PN 伺服驱动器，进入“设备视图”，然后依次单击“属性”→“常规”→“PROFINET 接口［X150］”→“以太网地址”选项，在下面的界面中输入 IP 地址“192.168.0.20”和设备名称“v90-pn”，如图 5-34 所示。

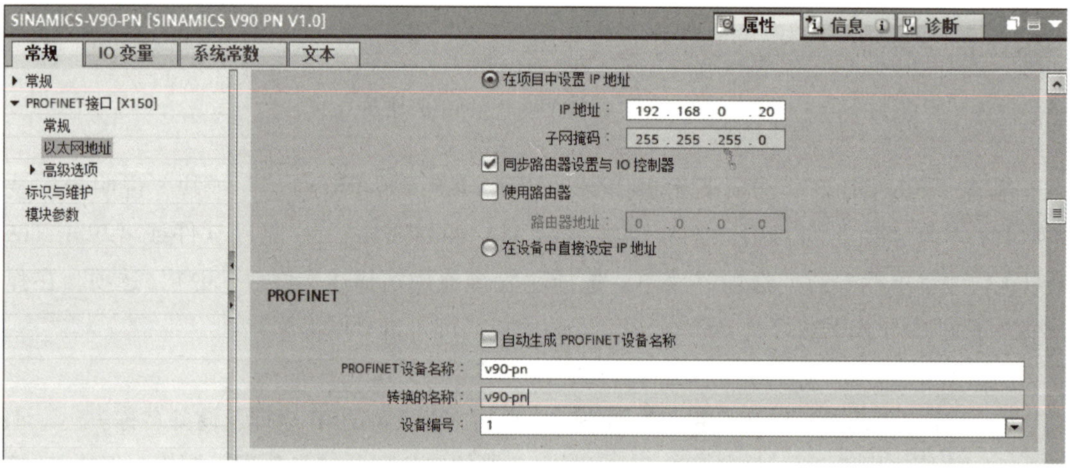

图 5-34　设置 V90 PN 的 IP 地址和设备名称

（4）在设备视图中为 V90 PN 配置标准报文 3。进入 V90 PN 的“设备概览”视图。在硬件目录中找到“子模块”→“标准报文 3，PZD-5/9”，双击或拖拽此模块至“设备概览”视图的 13 插槽即可，如图 5-35 所示。

（5）给实物 V90 PN 分配设备名称。将配置好的 PLC 硬件组态下载到 PLC 后，还要为实物 V90 PN 分配设备名称。第 1 种方法：如图 5-36 所示，在设备视图中，选中 V90 PN 并单击鼠标右键，在弹出的快捷菜单中选中“分配设备名称”，弹出图 5-37 所示的窗口，单击“更新列表”按钮，在图 5-37 中的“网络中的可访问节点”区域中选中需要使用的 V90 PN 设备，单击“分配名称”按钮即可。第 2 种方法：在图 5-38 所示的项目树中选中“分布式 IO”→“PROFINET IO-System”→“SINAMICS-V90-PN”并单击鼠标右键，在弹出的快捷菜单中选择“在线和诊断”，就可以将硬件组态好的设备名称“v90-pn”分配给 V90 PN。

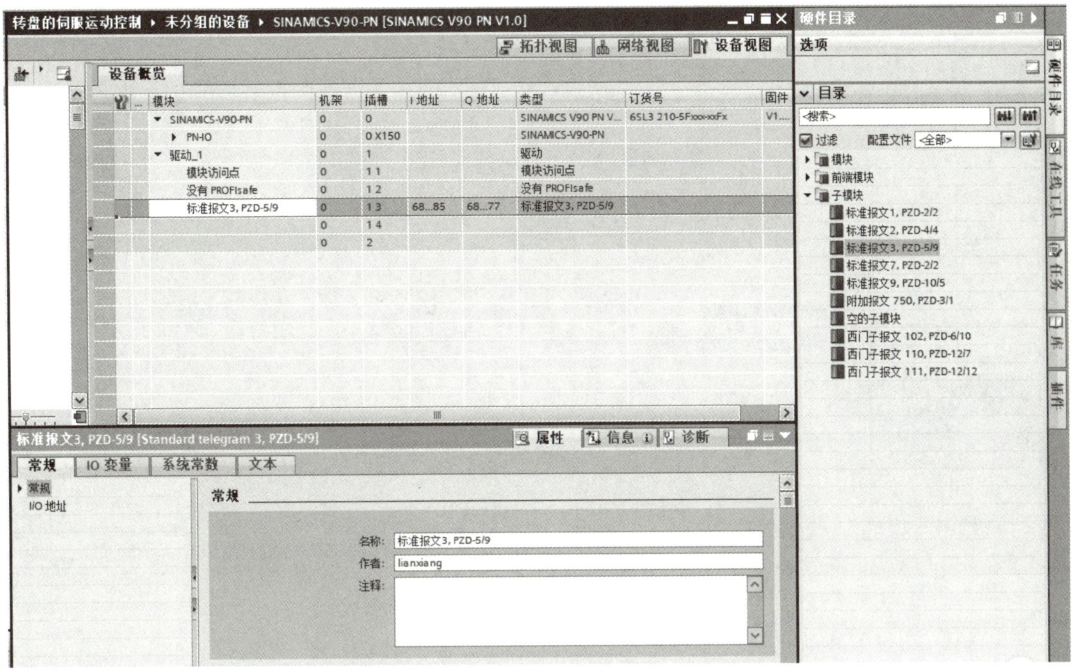

图 5-35　配置 V90 PN 伺服驱动器的报文

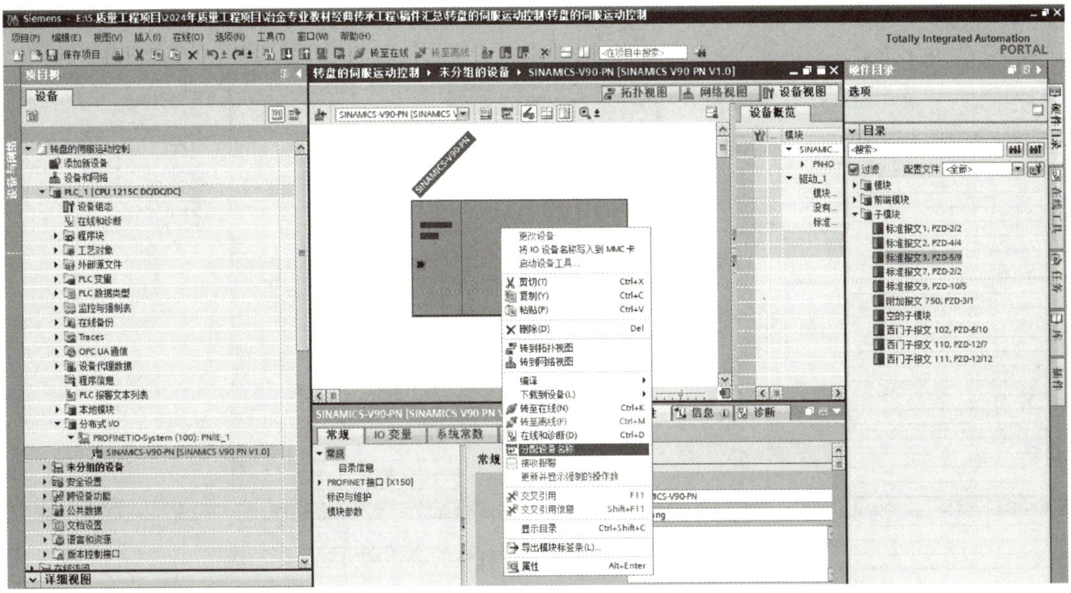

图 5-36　V90 PN 分配设备名称的第 1 种方法

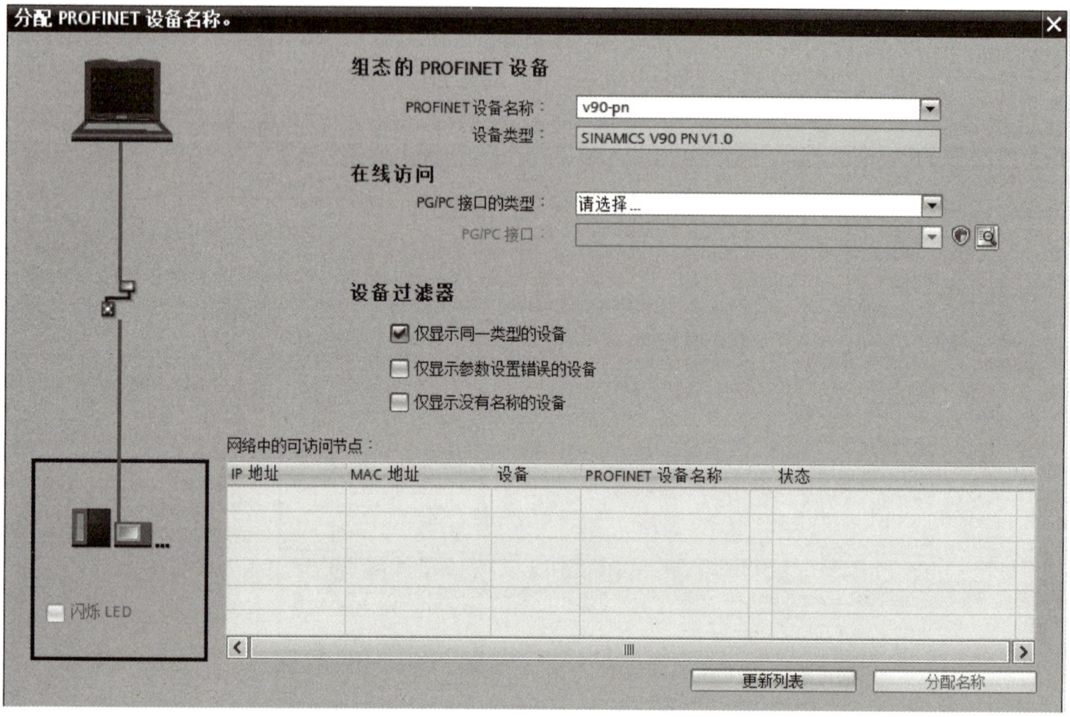

图 5-37 V90 PN 分配设备名称的窗口

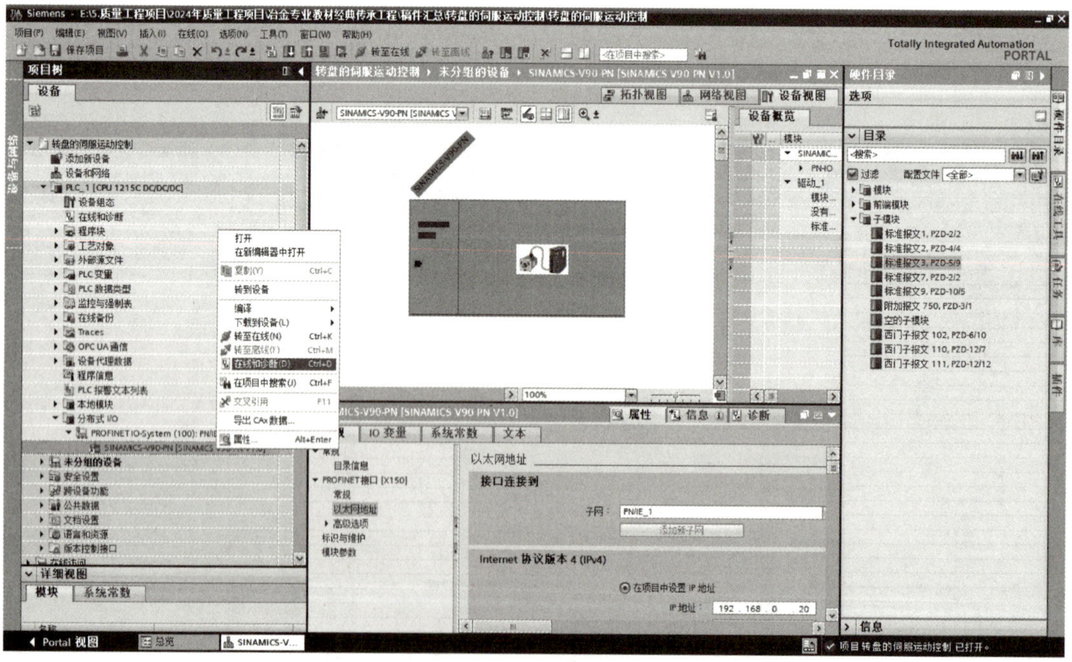

图 5-38 V90 PN 分配设备名称的第 2 种方法

5.4.5.2　组态运动轴工艺对象 TO

（1）新增一个工艺对象。

（2）在“常规”参数设置中，本例选择的驱动器控制模式为“PROFIdrive”，测量单位为（°），不使用仿真，如图 5-39 所示。

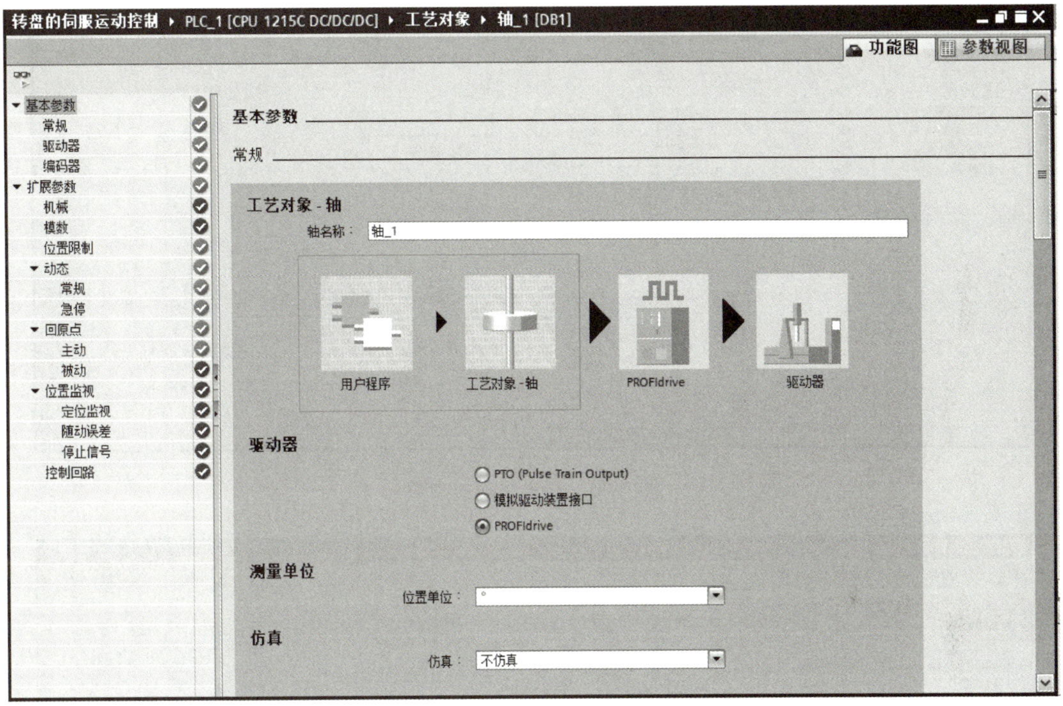

图 5-39　选择控制方式

（3）配置“驱动器”参数。在“驱动器”的参数配置中，需要对“选择 PROFIdrive 驱动装置”和“与驱动器进行数据交换”两项内容进行配置。

1）“选择 PROFIdrive 驱动装置”：数据连接选择“驱动器”，驱动器需要选择网络视图中连接到 PROFINET 总线上的 V90 PN，如图 5-40 所示。

2）“与驱动器进行数据交换”：在驱动器报文选项中，系统会根据前面所选择的驱动器自动选择相应的驱动器报文，该报文必须与驱动器的组态一致，选择“标准报文 3”。另外，选中“运行时自动应用驱动值”复选项，如图 5-40 所示。也可以手动设置参考转速及最大转速。

（4）配置编码器参数。本例使用的是增量式编码器，其具体参数配置如图 5-41 所示。

（5）配置扩展参数中的机械数据：包括编码器的安装位置及丝扛螺距，如图 5-42 所示。

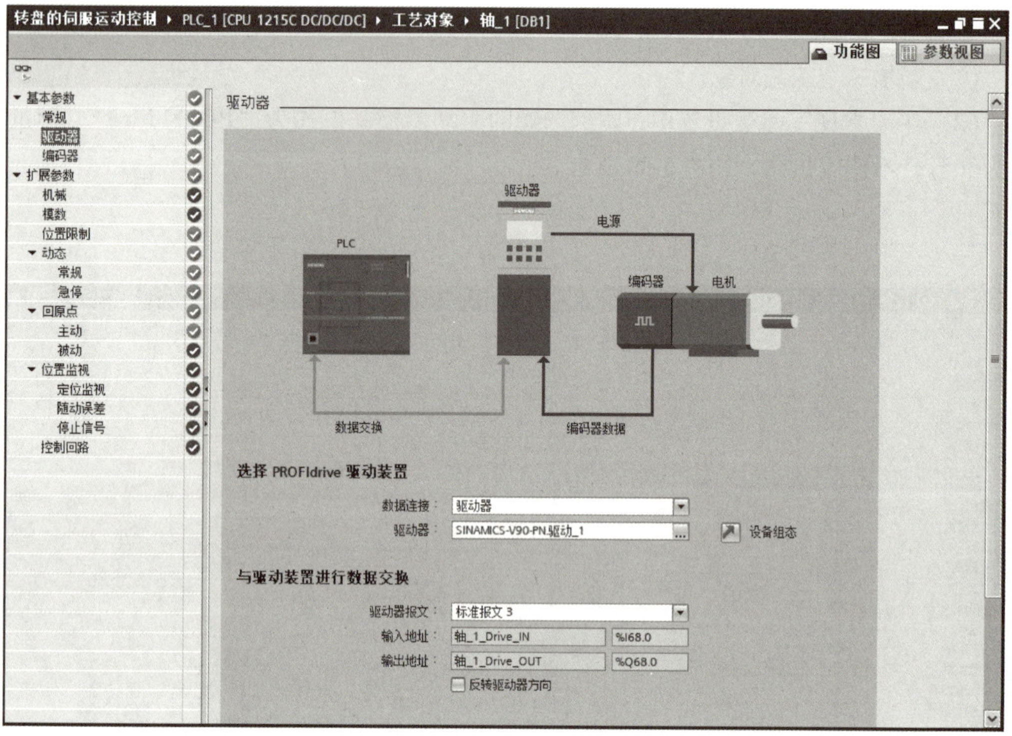

图 5-40 配置驱动器参数

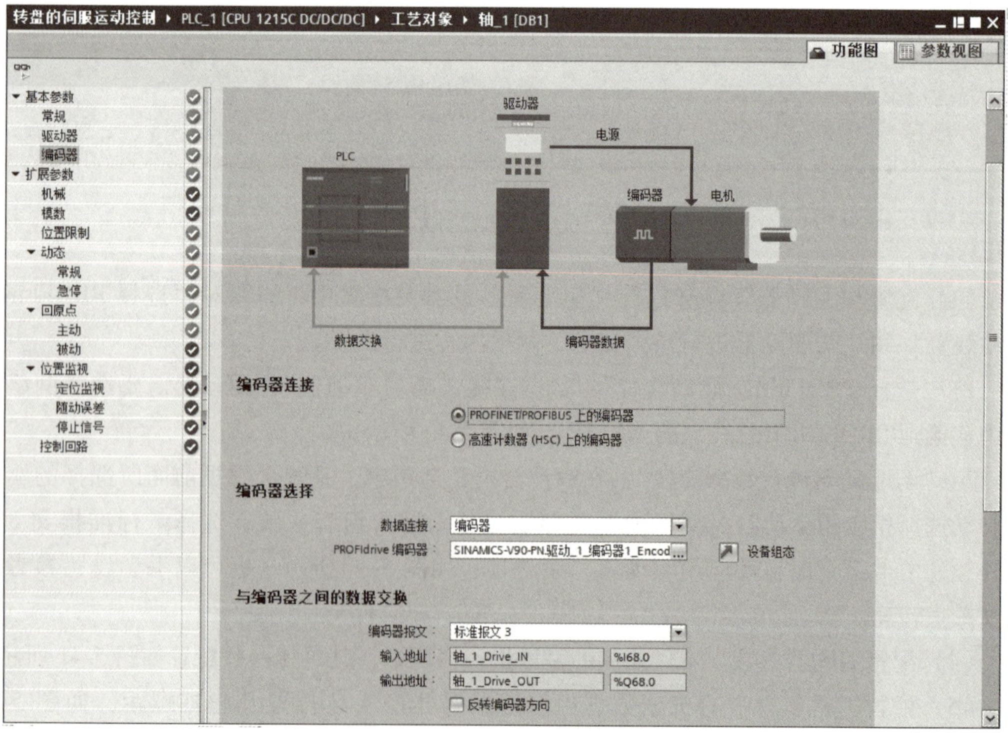

图 5-41 配置编码器参数

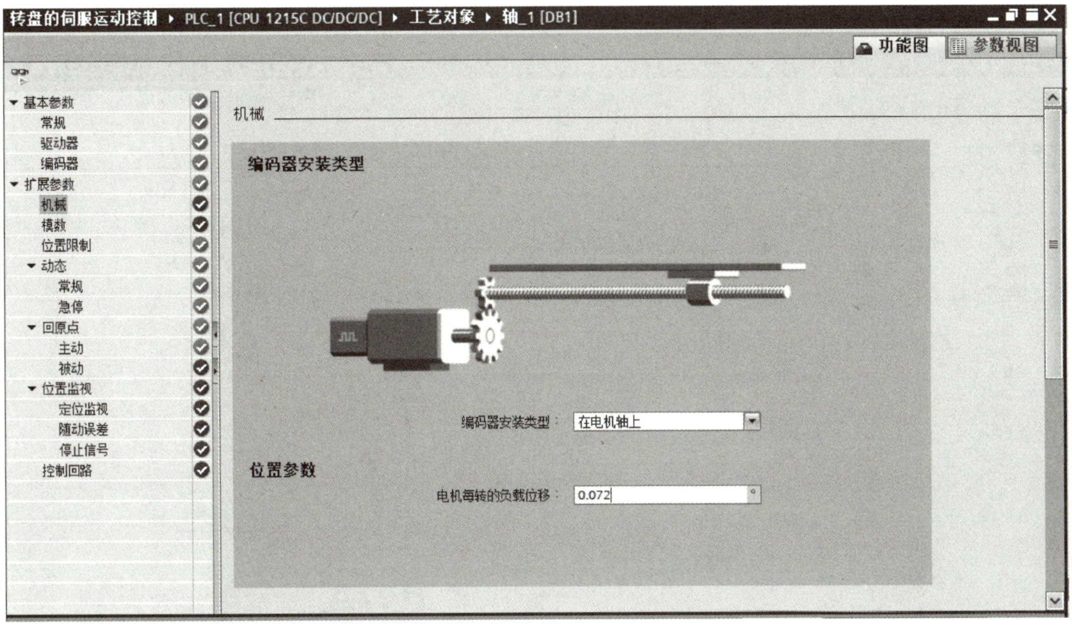

图 5-42　配置机械参数

（6）配置扩展参数中的位置限制，左限位 I0.4，右限位 I0.5，如图 5-43 所示。如无左右限位，无需勾选“启用硬限位开关”。

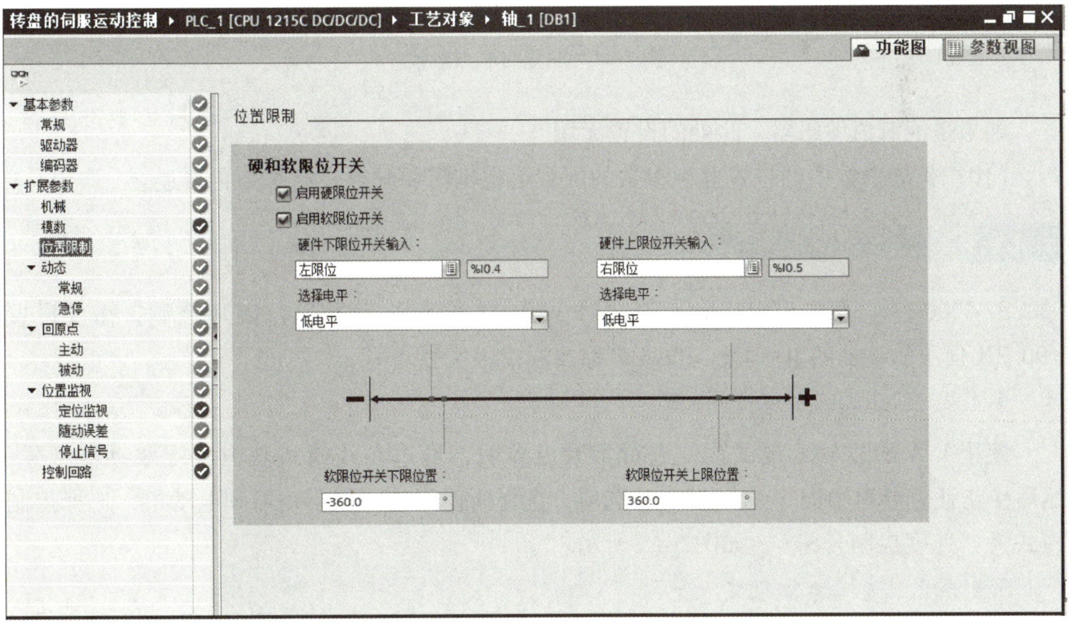

图 5-43　配置位置限制参数

（7）设置动态常规参数，按照项目 4 的图 4-17 设置。

（8）设置动态中的急停参数，按照项目 4 的图 4-24 设置。

（9）本例使用主动回原点，需要设置主动回原点方式，如图5-44所示。

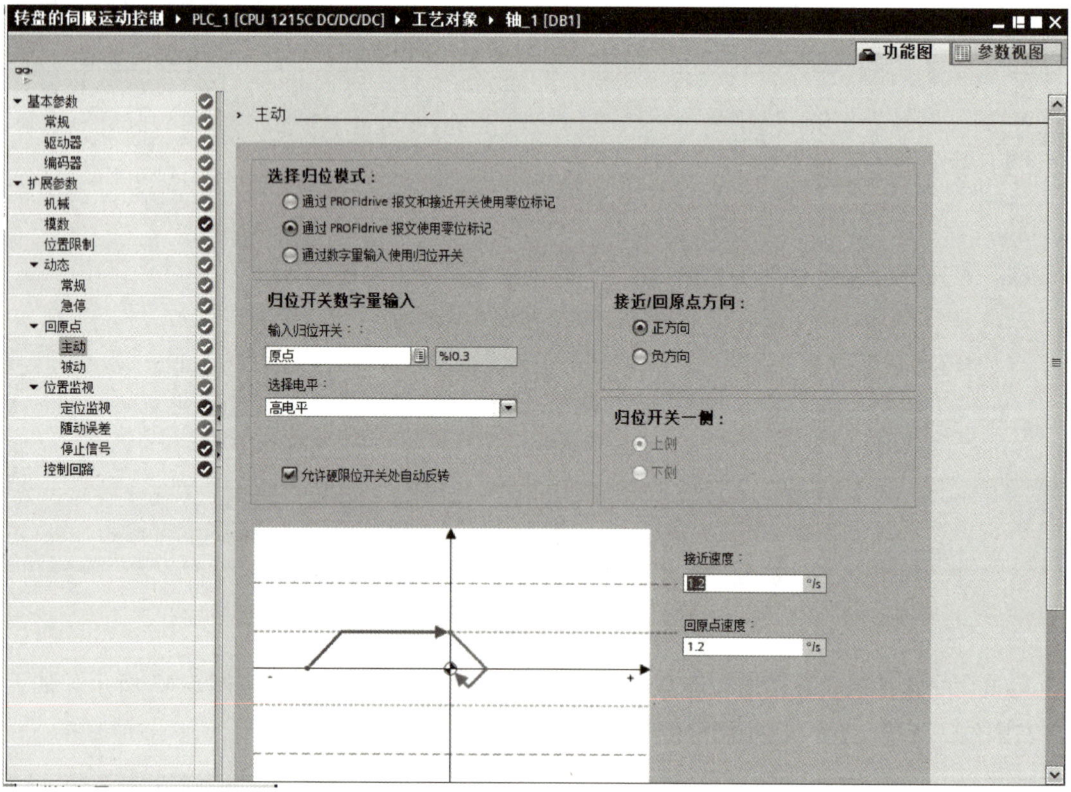

图5-44 配置回原点参数

如果是绝对值编码器，此处的设置无用。

（10）扩展参数中的位置监视参数的配置可根据需要配置，这里不再赘述。

5.4.6 V90 PN驱动器参数的设置

S7-1200 PLC通过PROFIdrive报文对V90 PN伺服驱动器进行闭环控制，需要设置V90 PN伺服驱动器的IP地址、设备名称及通信报文。

5.4.6.1 选择驱动和控制模式

使用V-ASSISTANT调试软件进行参数设置时，通过在线模式获取实际驱动器型号，然后单击任务导航中的“选择驱动”选项，选择所使用的伺服驱动器和电动机，选择控制模式为“速度控制（S）”，如图5-45所示。

5.4.6.2 选择通信报文

单击“设置PROFINET”下拉按钮，选择“选择报文”选项，选择的报文为“3：标准报文3，PZD-5/9”，如图5-46所示。

5.4.6.3 网络配置

单击“设置PROFINET”下拉按钮，在“配置网络”参数选项中配置V90 PN的站名

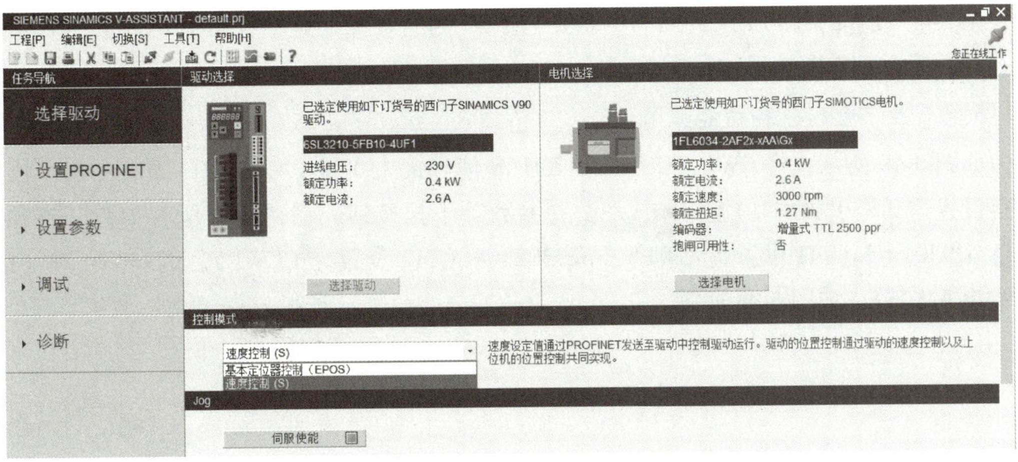

图 5-45　V90 PN 伺服驱动器型号及控制模式配置

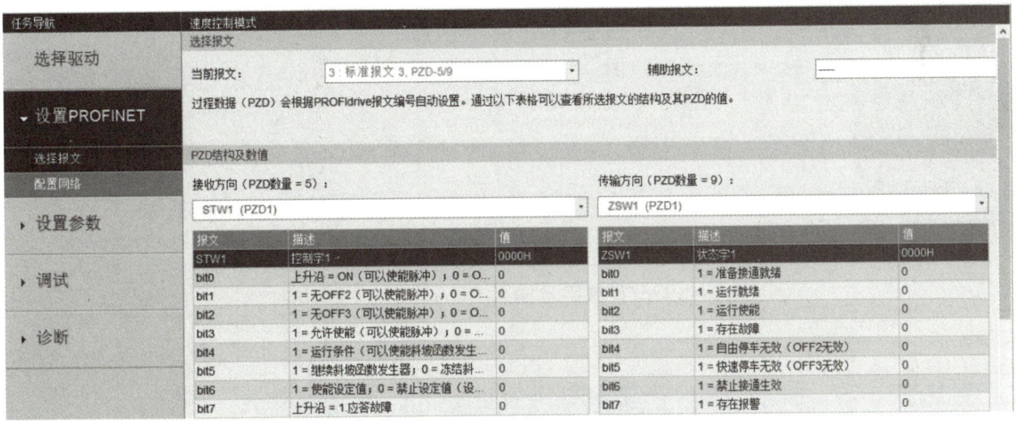

图 5-46　V90 PN 伺服驱动器通信报文配置

和 IP 地址，本例把 V90 PN 的站名饰名为“v90-p”，IP 地址设置为“192.168.0.25”，然后单击“保存并激活”按钮，如图 5-47 所示。

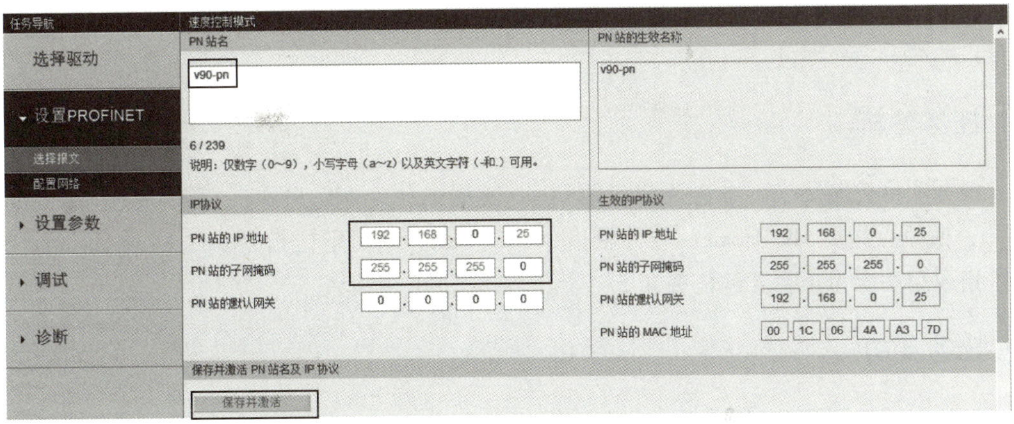

图 5-47　配置 V90 PN 设备的站名和 IP 地址

图5-47设置的V90 PN的站名一定要与PLC侧的硬件配置中V90 PN设备名称相同。保存参数后需重启驱动器才能生效。

5.4.6.4 输入引脚功能设置

如图5-19所示，将CWL、CCWL和EMGS信号接入V90 PN的DI1~DI3引脚，因此需要设置这3个引脚的功能。单击“设置参数”下拉按钮，在“查看所有参数”选项中设置p29301=3（DI1设置为CWL）、p29302=4（DI2设置为CCWL）、p29303=29（DI3设置为EMGS），如图5-48所示。

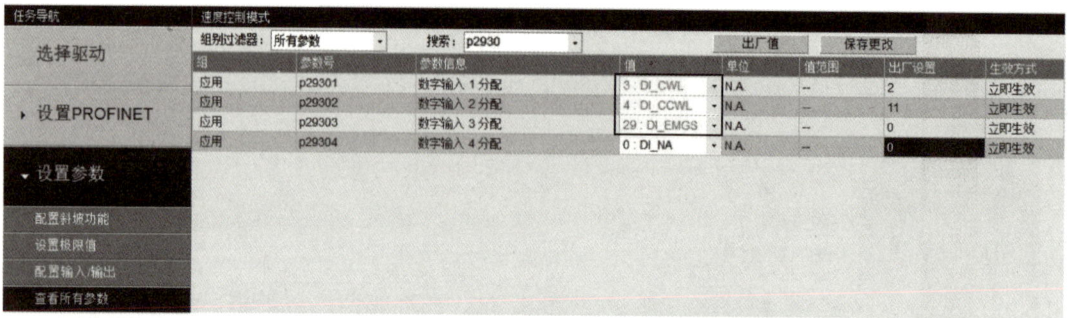

图5-48 设置数字量输入DI1~DI3的引脚功能

任务5.5 转盘的伺服运动控制程序设计与调试

任务导入

通过任务5.4实施，在TIA Portal V17中完成了系统硬件组态、工艺对象“轴”配置及伺服驱动器参数配置，下一步需要应用S7-1200 PLC运动控制指令完成程序设计。

任务分析

根据项目控制要求，本任务将应用启动/禁用轴命令MC_Power、确认故障指令MC_Reset、回原点指令MC_Home、暂停轴指令MC_Halt、绝对定位指令MC_MoveAbsolute等，具体指令用法参考项目4的任务4.5。

任务实施

参考程序如图5-49所示。

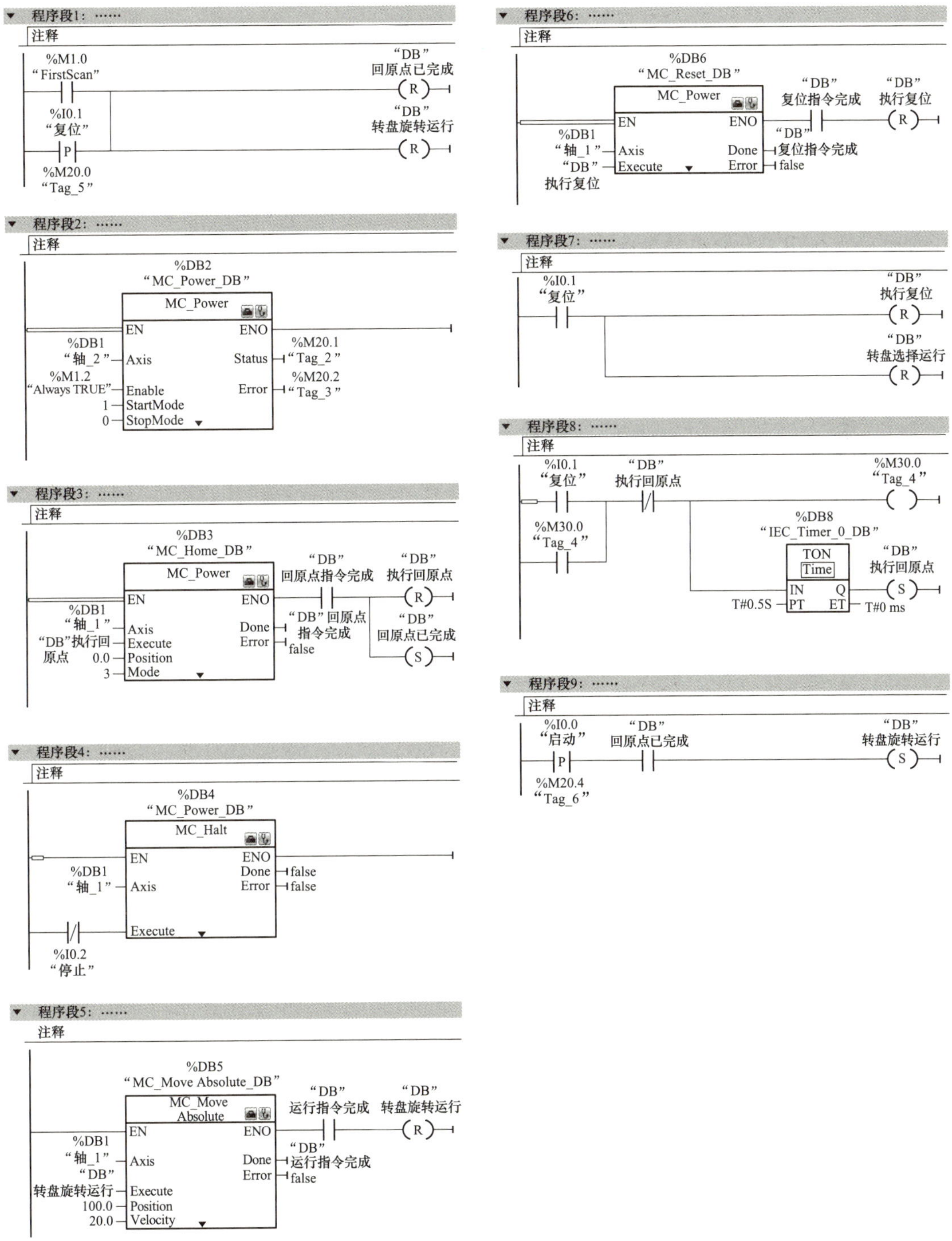

图 5-49 转盘的伺服运动控制参考程序

拓展训练 5.6 传送带的伺服电机速度控制

任务导入

某设备传送带选用西门子伺服电机拖动，采用速度控制模式。按下启动按钮，传送带先以 1000 r/min 的速度运行 10 s，接着以 500 r/min 的速度运行 20 s，再以 1500 r/min 的速度运行 25 s，然后反向以 1000 r/min 的速度运行 30 s，重复上述运行过程。在运行过程中按下停止按钮，伺服电动机停止运行。

请设计传送带伺服电机速度控制系统电气原理图，选用必要的电器元件，完成系统接线及伺服驱动器的参数，编写 PLC 程序并调试，实现传送带速度控制要求。

任务分析

本系统要求具备启停、多段速、正反转功能，采用 V90 PTI 伺服驱动系统更为方便，这就需要首先了解 V90 PTI 伺服驱动器的接口配置、接线及参数设计。V90 PTI 伺服驱动器与 V90 PN 伺服驱动器的主要差异在于它们的通信方式和控制方式不同。V90 PTI 伺服驱动器主要采用脉冲序列控制方式，而 V90 PN 伺服驱动器主要通过 PROFINET 协议使用 PROFIdrive 行规对伺服电机进行控制，体现在外部接口上主要是伺服驱动器控制/状态接口 X8 上。本项目主要学习 V90 PTI 伺服驱动器控制/状态 X8 接口及参数设计，其他内容大家可以查阅手册自学。

知识链接

5.6.1 V90 PTI 伺服驱动器控制/状态接口 X8 及其接线

图 5-50 所示为 V90 PTI 伺服驱动器接线示意图。主电路、24 V 电源/STO 接线在前面已经介绍，在此不再详述，主要讲解控制/状态 X8 接口。

拓展项目：V90 PTI伺服驱动器控制状态接口X8及其接线

5.6.1.1 V90 PTI 伺服驱动器控制/状态接口 X8

V90 PTI 伺服驱动器的控制/状态接口 X8 是 50 引脚的连接器插座，其正视图和各个引脚的排列如图 5-51 所示。

连接器引脚信号类型、引脚序号、引脚连接的信号、连接器电缆散线端各引脚连接芯线绝缘的颜色、引脚的信号功能描述见表 5-23。V9（PTI）伺服驱动器有外部脉冲位置控制（PTI）、内部设定值位置控制（IPos）、速度控制（S）、扭矩控制（T）和复合控制（前述两种控制模式的组合，通过控制模式切换引脚的通断来切换）5 种控制模式 X8 连接器针对不同的控制模式，各引脚的接线和功能有所不同。

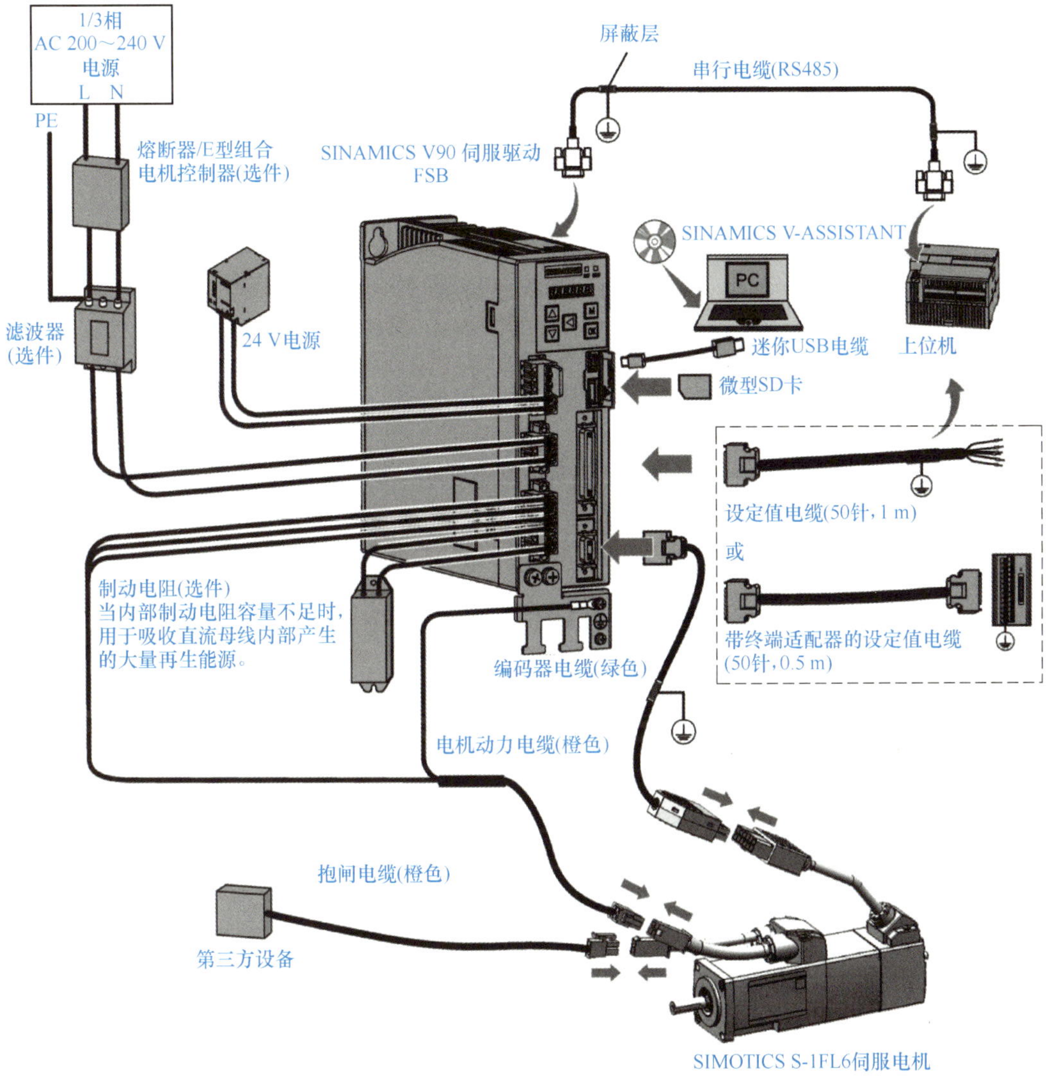

图 5-50　V90 PTI 伺服驱动器接线示意图

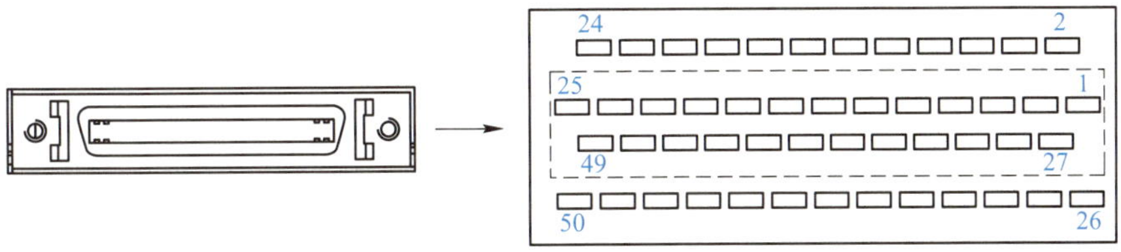

图 5-51　X8 连接器 50 引脚插座

表 5-23 X8 连接器的引脚信号说明

信号类型	引脚脚号	信号	芯线颜色	描　述	引脚脚号	信号	芯线颜色	描　述
脉冲输入（PTI）	1	PTIA_D+	灰粉	A 相 5 V 高速差分脉冲输入（+）	36	PTIA_24P	绿蓝	A 相 24 V 脉冲输入（+）
	2	PTIA_D-	红蓝	A 相 5 V 高速差分脉冲输入（-）	37	PTIA_24M	黄蓝	A 相 24 V 脉冲输入（-）
	26	PTIB_D+	白黑	B 相 5 V 高速差分脉冲输入（+）	38	PTIB_24P	绿黑	A 相 24 V 脉冲输入（+）
	27	PTIB_D-	棕黑	B 相 5 V 高速差分脉冲输入（-）	39	PTIB_24M	黄黑	A 相 24 V 脉冲输入（-）
					24*	M	棕红	PTI 和 PTI_D 参考地
编码器脉冲输出（PTO）	15	PTOA+	白黄	A 相 5 V 差分脉冲输出（+）	42	PTOZ+	灰红	Z 相 5 V 差分脉冲输出（+）
	16	PTOA-	黄棕	A 相 5 V 差分脉冲输出（-）	43	PTOZ-	粉红	Z 相 5 V 差分脉冲输出（-）
	40	PTOB+	灰蓝	B 相 5 V 差分脉冲输出（+）	17	PTOZ（OC）	白灰	Z 相脉冲输出信号（集电极开路输出）
	41	PTOB-	粉蓝	B 相 5 V 差分脉冲输出（-）	25*	PTOZ_M（OC）	灰绿	Z 相脉冲输出信号地（集电极开路输出）
数字量输入/输出	3	DI_COM	绿色	数字量输入信号公共端	28	P24 V_DO	黄灰	数字量输出外部 24 V 电源
	4	DI_COM	黄色	数字量输入信号公共端	29*	DO4+	绿色	数字量输出 4+
	5	DI1	灰色	数字量输入 1	30	DO1	黄色	数字量输出 1
	6	DI2	粉色	数字量输入 2	31	DO2	灰色	数字量输出 2
	7	DI3	蓝色	数字量输入 3	32	DO3	粉色	数字量输出 3
	8	DI4	红色	数字量输入 4	33*	DO4-	粉绿	数字量输出 4-
	9	DI5	黑色	数字量输入 5	34*	DO5+	黄粉	数字量输出 5+
	10	DI6	紫色	数字量输入 6	35*	DO5-	绿红	数字量输出 5-
	11	DI7	白色	数字量输入 7	44*	DO6+	黄红	数字量输出 6+
	12	DI8	棕色	数字量输入 8	49*	DO6-	白色	数字量输出 6-
	13	DI9	白绿	数字量输入 9	23	Brake	白红	电机抱闸控制信号（仅用于 V90 200 V）
	14	DI10	棕绿	数字量输入 10	50	MEXT_DO	棕色	数字量输出外部 24 V 接地

续表 5-23

信号类型	引脚脚号	信号	芯线颜色	描 述	引脚脚号	信号	芯线颜色	描 述
模拟量输入/输出	18	P12AI	灰棕	模拟量输入的12 V 电源输出	45	AO_M	灰黑	输出接地
	19	AI1+	白粉	输入通道 1（+）	46	AO1	粉黑	输出通道 1
	20	AI1-	粉棕	输入通道 1（-）	47	AO_M	蓝黑	输出接地
	21	AI2+	白蓝	输入通道 2（+）	48	AO2	红黑	输出通道 1
	22	AI2-	棕蓝	输入通道 2（-）				

注：带有星号（*）的引脚为新版本产品信号定义，其中 DO4（+/-）至 DO6（+/-）用于同时支持 NPN 和 PNP 接线方式的伺服驱动。

5.6.1.2 V90 PTI 伺服驱动器数字量输入/输出（DI/DO）信号

V90 PTI 伺服驱动器集成 10 个数字量输入（DI1～DI10）和 6 个数字量输出（DO1～DO6）的引脚，其中 DI9 的功能固定为 EMGS（急停），DI10 的功能固定 C-MODE（控制模式切换），其他输入、输出可以根据所选的控制模式，通过设置参数将信号分配：DI1～DI8 通过参数 p29301～p29308 分配；DO1～DO6 通过参数 p29330～p29335 分配。各数字量输入、输出参数出厂默认设置见表 5-24，PTI 为外部脉冲位置控制模式，IPos 为内部设定值位置控制模式，S 为速度控制模式，T 为扭矩控制模式。由于有多种控制模式，每个数字量输入引脚功能参数分别用下标 0、1、2 和 3 表示。

表 5-24 数字量输入、输出参数出厂设置

引脚	DI/DO	参数	默认信号/值				
			下标 0(PTI)	下标 1(IPos)	下标 2(S)	下标 3(T)	下标（Fast PTI）
5	DI1	p29301	1(SON)	1(SON)	1(SON)	1(SON)	1(SON)
6	DI2	p29302	2(RESET)	2(RESET)	2(RESET)	2(RESET)	2(RESET)
7	DI3	p29303	3(CWL)	3(CWL)	3(CWL)	3(CWL)	8(EGEAR1)
8	DI4	p29304	4(CCWL)	4(CCWL)	4(CCWL)	4(CCWL)	9(EGEAR2)
9	DI5	p29305	5(G-CHANGE)	5(G-CHANGE)	12（CWE）	12（CWE）	5(G-CHANGE)
10	DI6	p29306	6(P-TRG)	6(P-TRG)	13(CCWE)	13(CCWE)	19（SLIM1）
11	DI7	p29307	7（CLR）	21（POS1）	15（SPD1）	18（TSET）	7（CLR）
12	DI8	p29308	10（TLIM1）	22（POS2）	16（SPD2）	19(SLIM1)	10（TLM1）
30	DO1	p29330	1（RDY）				
31	DO2	p29331	2（FAULT）				
32	DO3	p29332	3（INP）				
29/33	DO4	p29333	5（SPDR）				
34/44	DO5	p29334	6（TLR）				
35/49	DO6	p29335	8(MBR)				

V90 PTI 伺服驱动总共可分配 28 个信号功能到数字量输入引脚，先阐述本任务需要使用的引脚及功能，见表 5-25。其他信号的详细信息在后面任务应用时再阐述。

表 5-25 数字量输入信号功能

参数值	名称	类型	描述	控制模式				
				PTI	IPos	S	T	Fast PTI
1	SON	边沿 0→1 1→0	伺服开启 • 0→1：接通电源电路，使伺服驱动准备就绪 • 1→0：在 PTI、Fast PTI、IPos 和 S 模式下，电机减速停车（OFF1）；在 T 模式下，电机自由停车（OFF2）	√	√	√	√	√
2	RESET	边沿 0→1	复位报警 • 0→1：复位报警	√	√	√	√	√
3	CWL	边沿 1→0	顺时针超行程限制（正限位） • 1=运行条件 • 1→0：快速停止（OFF3）	√	√	√	√	√
4	CCWL	边沿 1→0	逆时针超行程限制（负限位） • 1=运行条件 • 1→0：快速停止（OFF3）	√	√	√	√	√
12	CWE	电平	使能顺时针旋转。 • 1：使能顺时针旋转，斜坡上升 • 0：禁止顺时针旋转，斜坡下降	×	×	√	√	×
13	CCWE	电平	使能逆时针旋转。 • 1：使能逆时针旋转，斜坡上升 • 0：禁止逆时针旋转，斜坡下降	×	×	√	√	×
14	ZSCL AMP	电平	零速钳位。 • 1=当电机速度设定值为模拟量信号且小于阈值（p29075）时，电机停止并抱闸 • 0=无动作	×	×	√	×	×

续表 5-25

<table>
<tr><th rowspan="2">参数值</th><th rowspan="2">名称</th><th rowspan="2">类型</th><th rowspan="2">描　述</th><th colspan="5">控 制 模 式</th></tr>
<tr><th>PTI</th><th>IPos</th><th>S</th><th>T</th><th>Fast PTI</th></tr>
<tr><td>15</td><td>SPD1</td><td>电平</td><td rowspan="3">速度模式：内部速度设定值。
通过 SPD1、SPD2 和 SPD3 信号组合可以选择八个速度设定值/限制指令源（一个外部速度设定值/限制，七个内部速度设定值/限制）。
<table>
<tr><th>SPD3</th><th>SPD2</th><th>SPD1</th><th>速度源</th></tr>
<tr><td>0</td><td>0</td><td>0</td><td>外部模拟量</td></tr>
<tr><td>0</td><td>0</td><td>1</td><td>设定值 1（p1001）</td></tr>
<tr><td>0</td><td>1</td><td>0</td><td>设定值 2（p1002）</td></tr>
<tr><td>0</td><td>1</td><td>1</td><td>设定值 3（p1003）</td></tr>
<tr><td>1</td><td>0</td><td>0</td><td>设定值 4（p1004）</td></tr>
<tr><td>1</td><td>0</td><td>1</td><td>设定值 5（p1005）</td></tr>
<tr><td>1</td><td>1</td><td>0</td><td>设定值 6（p1006）</td></tr>
<tr><td>1</td><td>1</td><td>1</td><td>设定值 7（p1007）</td></tr>
</table></td><td rowspan="3">×</td><td rowspan="3">×</td><td rowspan="3">√</td><td rowspan="3">×</td><td rowspan="3">×</td></tr>
<tr><td>16</td><td>SPD2</td><td>电平</td></tr>
<tr><td>17</td><td>SPD3</td><td>电平</td></tr>
</table>

实践经验

V90 PTI 伺服驱动器速度控制模式，与 V20 变频器的连接宏 Cn005-模拟量输入与固定频率相似：SPD1、SPD2 和 SPD3 采用 8421BCD 编码方式组合给定速度信号，全部断开十进制为 0 时，模拟量给定速度；信号组合的十进制 1～7，内部速度设定值 1～7，用参数 p1001～p1007 设定。

实践中伺服驱动器首次上电时，常出现 F7491（到达负限位）、F7492（到达正限位）和 A52902（急停丢失）错误。原因是正向行程限制信号（CWL）、负向行程限位（CCWL）和急停（EMGS）这 3 个信号分别为 OFF。这 3 个信号必须为 ON，伺服驱动器才可以运行。如果实际使用时无需用到这些信号，可以通过参数 p29300 设置数字量输入信号的位为 1 强制为 ON。p29300 的参数值为 U32 数据，最小值为 0 最大值为 127 出厂值为 0。p29300 的参数值的位与对应信号的关系见表 5-26。

表 5-26　p29300 参数值的位对应信号

位	6	4	3	2	1	0
信号	EMGS	SPD1	TLIM1	CCWL	CWL	SON

驱动器以十六进制形式显示该值，如果要强制 CWL 和 CCWL，p29300＝2#0000 0110＝16#06。参数 p29300 的优先级高于 DI。p29300 的位 6 用于设置快速停止，当伺服驱动器

处于 SON 状态时，不允许改变状态。

V90 PTI 伺服驱动器总共可分配 15 个信号功能到数字量输出引脚，先阐述关本任务需要使用的引脚及功能，见表 5-27。其他信号的详细信息在后面任务应用时再阐述。

表 5-27　数字量输出信号功能

名称	描　述	控制模式				
		PTI	IPos	S	T	Fast PTI
RDY	伺服准备就绪 ● 1：驱动已就绪 ● 0：驱动未就绪（存在故障或使能信号丢失）	√	√	√	√	√
FAULT	故障 ● 1：处于故障状态 ● 0：无故障	√	√	√	√	√
SPDR	速度达到 ● 1：电机实际速度已几乎达到内部速度指令或模拟量速度指令的速度值。速度到达范围可通过参数 p29078 设置 ● 0：速度设定值与实际值之间的速度差值大于内部磁滞，未到达	×	×	√	×	×
TLR	达到扭矩限制 ● 1：产生的扭矩已几乎达到正向扭矩限制、负向扭矩限制或模拟量扭矩限制的扭矩值 ● 0：产生的扭矩尚未达到任何限制	×	×	√	×	×
MBR	电机抱闸 ● 1：电机抱闸关闭 ● 0：电机停机抱闸打开 说明：MBR 仅为状态信号，因为电机停机抱闸的控制与供电均通过特定的端子实现	√	√	√	√	√
OLL	达到过载水平 ● 1：电机已达到设定的输出过载水平（p29080 设定以额定扭矩的 % 表示；默认值：100%；最大值：300%）。 ● 0：电机尚未达到过载水平	√	√	√	√	√
WARNING1	达到警告 1 条件 ● 1：已达到设置的警告 1 的条件 ● 0：未达到设置的警告 1 的条件	√	√	√	√	√
WARNING2	达到警告 2 条件 ● 1：已达到设置的警告 2 的条件 ● 0：未达到设置的警告 2 的条件	√	√	√	√	√

续表 5-27

名称	描　述	控制模式				
		PTI	IPos	S	T	Fast PTI
RDY_ON	准备伺服开启就绪 • 1：驱动准备伺服开启就绪 • 0：驱动准备伺服开启未就绪（存在故障或主电源无供电） 说明：当驱动处于“SON”状态后，该信号会一直保持为高电平除非出现上述异常情况	√	√	√	√	√
STO_EP	STO 激活 • 1：使能信号丢失，表示 STO 功能激活 • 0：使能信号可用，表示 STO 功能无效 说明：STO_EP 仅用作 STO 端子的状态指示，而并非 Safety Integrated 功能的安全 DO 信号	√	√	√	√	√

可将两组警告信号 WARNING1 和 WARNING2 分别通过参数 p29340（第一组警告信号生效）和 p29341（第二组警告信号生效）分配至数字量输出，见表 5-28。

表 5-28　数字量输出信号功能

设置（p29340/p29341）	警告条件
1	过载保护：负载系数大于或等于电机利用率的 85%
2	抱闸功率过载报警：已达到阈值 p29005
3	风扇报警：风扇已停转 1 s 以上
4	编码器报警
5	电机过热：电机温度已达到允许的最大电机温度的 85%
6	使用寿命检测：电容或风扇的预期使用寿命小于指定时间

V90 PTI 伺服驱动器数字量输入/输出（DI/DO）接线与前面所述 V90 PTI 伺服驱动器数字量输入/输出（DI/DO）接线相同，在此不再赘述。

5.6.1.3　V90 PTI 伺服驱动器模拟量输入/输出（AI/AO）信号

V90 伺服驱动器支持两路模拟量输入，模拟量输入 1 在控制/状态接口 X8 连接器的引脚是 19 和 20（本书用 X8-19 和 X8-20 表示，后面采用这种简化表示方法）。在速度控制模式下，通过输入模拟量电压的高低控制转速高低，输入电压的范围是-10～+10 V；模拟量输入 2 的引脚是 X8-21 和 X8-22，在速度控制模式下，通过输入模拟量电压的高低控制扭矩极限值，输入电压的范围是 0～+10 V。

V90 伺服驱动器支持两路-10～+10 V 的模拟电压输出，模拟量输出 1（X8-46）通过参数 p29350，模拟量输出 2（X8-48）通过参数 p29351，选择模拟量输出监控的伺服驱动器的状态。参数 p29350 的出厂参数值为 0，参数 p29351 的出厂参数值值为 1，其他参数值及其信号功能见表 5-29。

表 5-29 模拟量输出信号功能

参数	参数值	信号功能
p29350/p29351	0	实际转速（参考值 p29060）
	1	实际扭矩（参考值 3 x r0333）
	2	转速设定值（参考值 p29060）
	3	扭矩设定值（参考值 3 x r0333）
	4	直流总线电压（参考值 1000 V）
	5	脉冲输入频率（参考值 1 k）
	6	脉冲输入频率（参考值 10 k）
	7	脉冲输入频率（参考值 100 k）
	8	脉冲输入频率（参考值 1000 k）
	9	冗余脉冲数（参考值 1 k）
	10	冗余脉冲数（参考值 10 k）
	11	冗余脉冲数（参考值 100 k）
	12	冗余脉冲数（参考值 1000 k）

5.6.1.4 V90 PTI 伺服驱动器速度控制 I/O 接线图

V90 PTI 伺服驱动器 I/O 信号连接器 X8 针对不同的控制模式，各引脚的接线和功能有所不同，速度控制模式下的 I/O 标准接线如图 5-52 所示。

图 5-52 中：

* 表示为 PTI 和 PTI_D 参考地，连接至上位机的参考地；

** 表示为数字量输入，支持 PNP 和 NPN 类型；

*** 表示为数字量输出，支持 PNP 和 NPN 接线类型。

连接图 5-52 中的 24 V 电源如下：

（1）为 V90 伺服驱动器供电的 24 V 电源。所有连接到控制器上的 PTO 信号必须与 V90 伺服驱动器使用同一个 24 V 电源。

（2）隔离的数字输入电源，可以是控制器的供电电源。

（3）隔离的数字输出电源，可以是控制器的供电电源。

注意：接到伺服驱动模拟量输入和模拟量输出端以及伺服驱动的 24 V 输入端必须接公共地（M）。

5.6.2 V90 PTI 伺服驱动器速度控制相关参数

拓展项目：V90 PTI伺服驱动器速度控制相关参数

5.6.2.1 伺服开启（SON）与停车方式

若使伺服电机旋转，必须先开启使能信号。伺服开启信号出厂设置由 X8-5(DI1) 控制，在 DI1 接通的上升沿开启伺服，伺服电机处于使能状

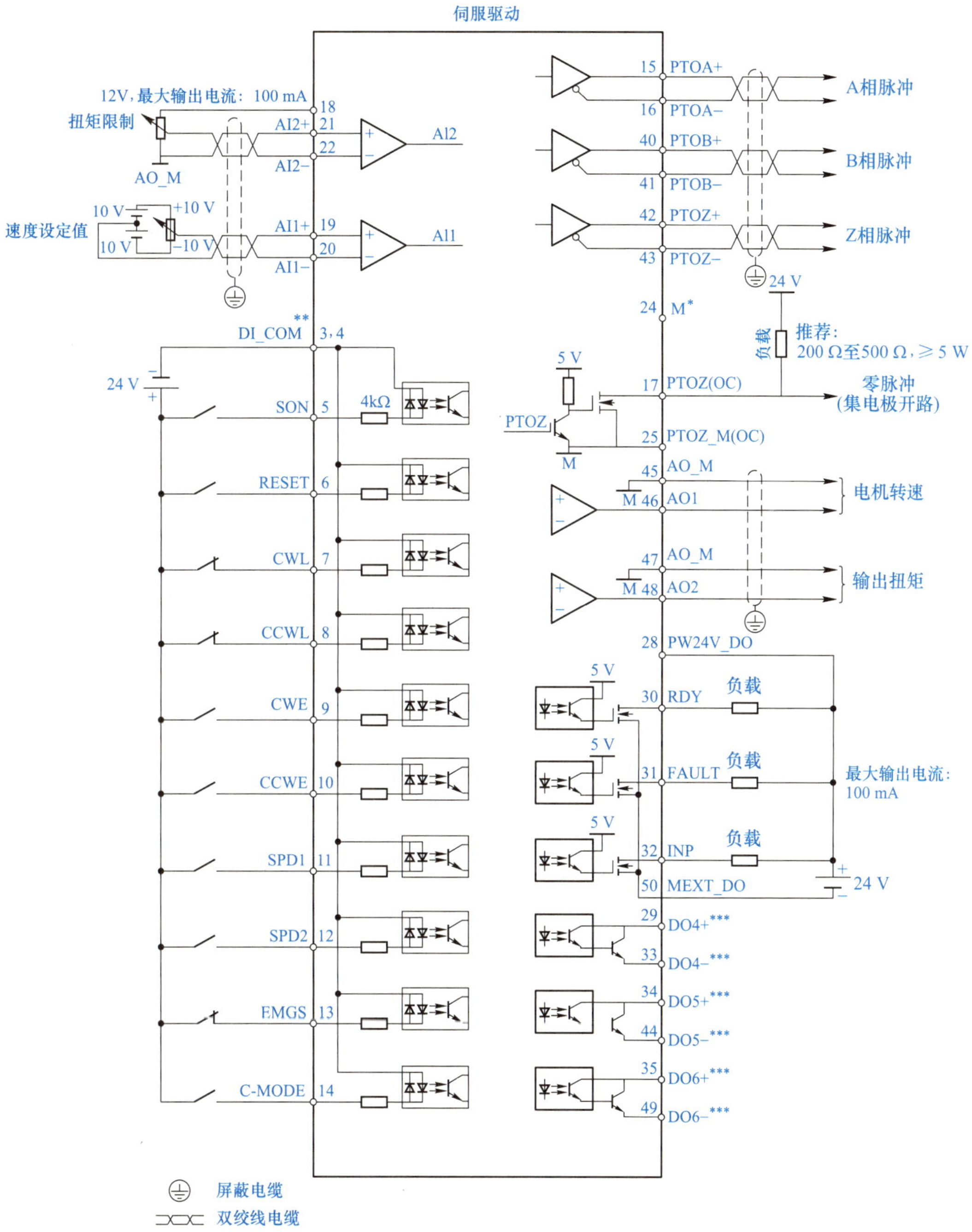

图 5-52 V90 PTI 伺服驱动器速度控制模式下的 I/O 标准接线

态，接收到控制信号伺服电机可以旋转。在 DI1 断开的下降沿，伺服处于“S OFF”状态，减速停车（OFF1）。伺服处于“S OFF”状态，即使接收到控制信号，伺服电机也不会旋转。X8-13 固定为数字量输入信号 EMGS（急停），当其断开时，快速停止（OFF3）。

控制伺服开启的参数有两个：参数 p29301 通过控制 X8-5(DI1) 的硬件接通或断开实

现；参数 p29300 是通过软件强制启动，具体设置见表 5-30。

表 5-30　伺服开启相关参数

参数	设定值	描　　述
p29301	1	信号 SON（编号：1）分配至数字量输入 1(DI1)
p29300	位 0=1	将信号 SON 强制置为高电平。在上电后，伺服自动进入“SON”状态；在应答故障后，伺服自动进入“SON”状态

5.6.2.2　电机旋转方向

无须更改速度、扭矩控制模拟量输入设定值的极性和位置控制脉冲输入设定值，通过设置参数 p29001 即可改变电机的运行方向。当电机反转时，诸如编码器脉冲输出（PTO）和模拟监控等输出信号的极性保持不变。参数 p29001 的参数值及其功能见表 5-31。

表 5-31　电机旋转方向参数

参数	参数值	描　述	设　定　值	
			正转指令	反转指令
p29001	0	CW（顺时针）为正向（出厂设置） 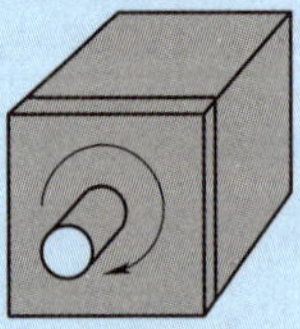	• 模拟监控： 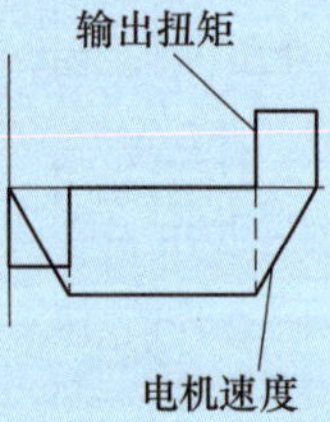 • PTO： 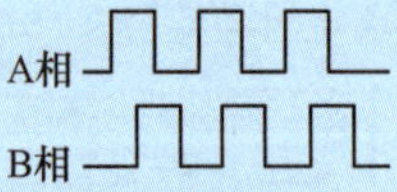	• 模拟监控： 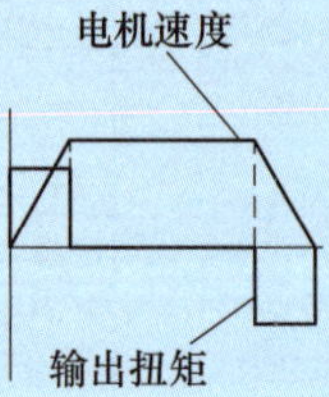 • PTO： 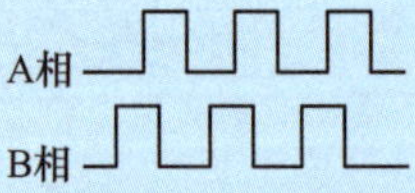
	1	CCW（逆时针）为正向 	• 模拟监控： 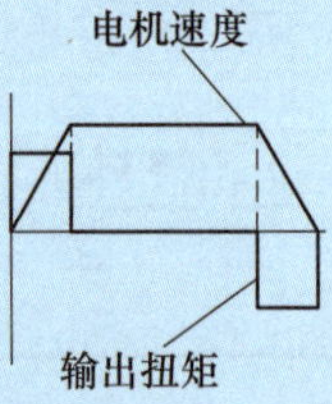 • PTO： 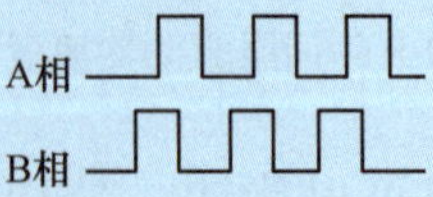	• 模拟监控： 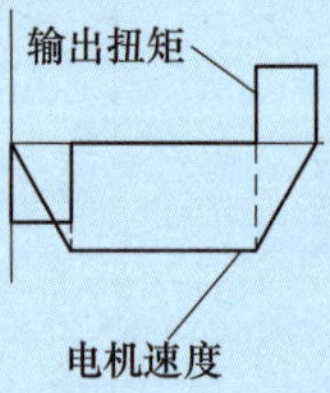 • PTO： 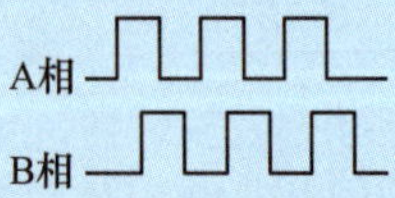

5.6.2.3　选择控制模式

通过设置参数 p29003 可选择控制模式，见表 5-32。

表 5-32　控制模式参数

参数	范围	默认值	单位	描　述
p29003	0 至 8	0	—	基本控制模式： 0：外部脉冲位置控制模式 1：内部设定值位置控制模式 2：速度控制模式 3：扭矩控制模式 9：快速外部脉冲位置控制模式 复合控制模式： 4：控制切换模式：PTI/S 5：控制切换模式：IPos/S 6：控制切换模式：PTI/T 7：控制切换模式：IPos/T 8：控制切换模式：S/T

5.6.2.4　超限位信号（CWL/CCWL）参数

当伺服电机运行到极限位时，限位开关动作，伺服电机应快速停止。信号 CWL 为顺时针行程限位，限位开关的常闭触点连接伺服驱动器出厂设置的 X8-7；信号 CCWL 为逆时针行程限位，限位开关的常闭触点连接伺服驱动器出厂设置的 X8-8。这两个信号均为电平和沿信号，即限位开关常闭触点由通到断的下降沿伺服电机快速停车，如图 5-53 所示。

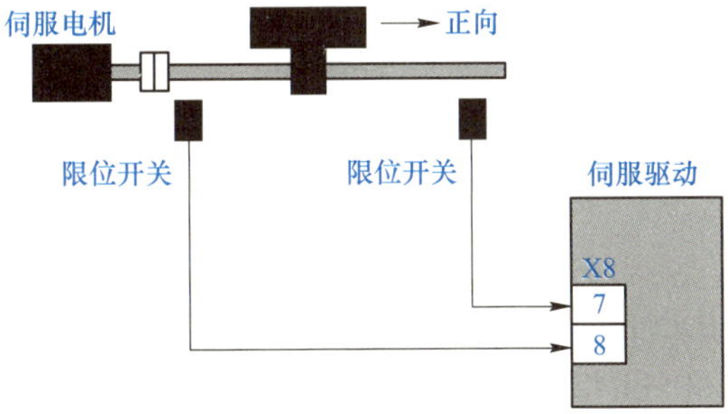

图 5-53　极限位信号示意图

有两种方式控制伺服限位：伺服驱动器 DI 连接限位开关；参数 p29300 是通过软件强制为高电平或上升沿，具体设置见表 5-33。

表 5-33　伺服限位相关参数

信号类型	信号名称	引脚分配	触发类型	参数	设定值	描　述
DI	CWL	X8-7（出厂设置）	下降沿（1→0）	p29303	3	信号 CWL 分配至 DI3。 伺服电机顺时针运行至最大限位后会快速停止

续表 5-33

信号类型	信号名称	引脚分配	触发类型	参数	设定值	描　述
DI	CCWL	X8-8（出厂设置）	下降沿（1→0）	p29304	4	信号 CCWL 分配至 DI4。伺服电机顺时针运行至最大限位后会快速停止
软件强制方式				p29300	位 1=1	将信号 CWL 强制置为高电平或上升沿
					位 2=1	将信号 CWL 强制置为高电平或上升沿

实践经验

当伺服驱动上电后，确保信号 CWL 与 CCWL 均处于高电平。

在速度、扭矩、外部脉冲位置控制或内部位置控制模式下，伺服电机到达限位如下操作之后，电机可正常运转。

（1）当在正向运行方向上到达限位从而触发 F7492 时，使用 RESET 信号应答故障，而后在负向运行方向上移动轴离开正向限位，从而使轴返回到有效运行范围内。

（2）当在负向运行方向上到达限位从而触发 F7491 时，使用 RESET 信号应答故障，而后在正向运行方向上移动轴离开负向限位，从而使轴返回到有效运行范围内。

在速度控制模式下，若仅应答故障而未将轴返回到有效运行范围内，同时信号 CWL 或 CCWL 保持在低电平，则电机无法运转且无报警产生；若仅应答故障而未将轴返回到有效运行范围内，同时信号 CWL 或 CCWL 从低电平（逻辑 0）变为高电平（逻辑 1），则伺服电机超行程运行，此时要注意人员和设备安全！

5.6.2.5 速度限制

共计四个信号源可用于速度限制，这四个信号源在所有控制模式下有效。可通过数字量输入信号组合 SLIM1 和 SLIM2 切换其一，见表 5-34。

表 5-34 速度限制切换

数字量输入		速度限制	参数	范围	默认值	单位
SLIM1	SLIM2					
0	0	内部速度限制 1（正向）	p29070［0］	0~210000	2100000	r/min
0	1	外部速度限制（模拟量输入 1，10 V）	p29060	6~210000	3000	r/min
1	0	内部速度限制 2（正向）	p29070［1］	0~210000	2100000	r/min
1	1	内部速度限制 3（正向）	p29070［2］	0~210000	2100000	r/min
0	1	内部速度限制 1（负向）	p29070［0］	-210000~0	-2100000	r/min
1	0	内部速度限制 2（负向）	p29070［1］	-210000~0	-2100000	r/min
1	1	内部速度限制 3（负向）	p29070［2］	-210000~0	-2100000	r/min

当实际转速超出正向速度限制与磁滞速度（p2162）之和或负向速度限制与磁滞速度（p2162）之差时，发生故障告警 F7901。

除这四个通道外，全局速度限制在所有控制模式下都可用。全局速度限制通过参数 p1083 和 p1086 设置，见表 5-35。

表 5-35　全局速度限制

参数	范围	默认值	单位	描　述
p1083	0~210000	2100000	r/min	正向全局速度限制
p1086	-210000~0	-2100000	r/min	负向全局速度限制

5.6.2.6　扭矩限制

共计四个信号源可用于扭矩限制，这四个信号源在 PTI 、IPos 和 S 模式下有效。可通过数字量输入信号组合 TLIM1 和 TLIM2 切换其一，见表 5-36。

表 5-36　扭矩限制切换

数字量输入		速度限制	参数	范围	默认值	单位
TLIM1	TLIM2					
—	—	内部扭矩设定值	p29043	-100~100	0	%
0	0	内部扭矩限制 1（正向）	p29050[0]	-150~300	300	%
0	1	外部扭矩限制 （模拟量输入 2 的 10 V）	p29041[1]	0~300	300	%
1	0	内部扭矩限制 2（正向）	p29050[1]	-150~300	300	%
1	1	内部扭矩限制 3（正向）	p29050[2]	-150~300	300	%
0	0	内部扭矩限制 1（负向）	p29050[0]	-300~150	-300	%
1	0	内部扭矩限制 2（负向）	p29050[1]	-300~150	-300	%
1	1	内部速度限制 3（负向）	p29050[2]	-300~150	-300	%

当电机扭矩超出扭矩限值时，发生故障告警 F52911/F52912。

除这四个通道外，全局扭矩限制在所有控制模式下都可用。全局扭矩限制通过参数 p1520 和 p1521 设置，见表 5-37。

表 5-37　全局扭矩限制

参数	范　围	默认值	单位	描　述
p1520	-1000000.00~20000000.00	0	Nm	正向全局扭矩限制
p1521	-20000000.00~1000000.00	0	Nm	负向全局扭矩限制

在此情况下，伺服驱动以最大扭矩抱闸。

5.6.2.7　速度设定参数

在表 4-16 数字量输入信号功能中，通过数字量输入信号 SPD1、SPD2 和 SPD3 可组合出共计 8 个速度，这个 8 个速度的设定值由参数 p1001～p1007 设定，参数值的范围为 -210000～210000，单位为 r/min，出厂默认值均为 0。

如果数字量输入信号 SPD1、SPD2 和 SPD3 都断开处于低电位（0），则速度设定值来自模拟量输入 1 的模拟量电压。模拟量电压 10 V 对应最大速度设定值（V_max）且该设定值可由参数 p29060 确定，默认速度值为额定电机速度。参数 p29060 的范围为 6～210000，出厂默认值 3000，单位为 r/min。模拟量电压和速度设定值之间的关系，如图 5-54 所示。

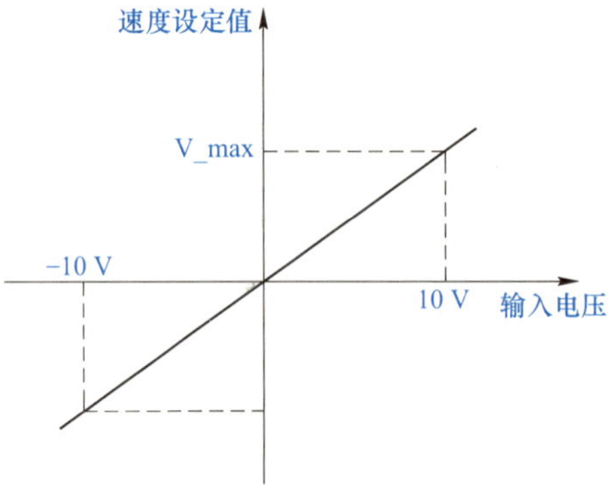

图 5-54 模拟量电压和速度设定值的关系

由于模拟量输入 1 的输入电压存在偏移量，会造成即使输入电压为 0 V，电机也会低速运行，如图 5-55 所示，可以通过两种方法调整偏移量。

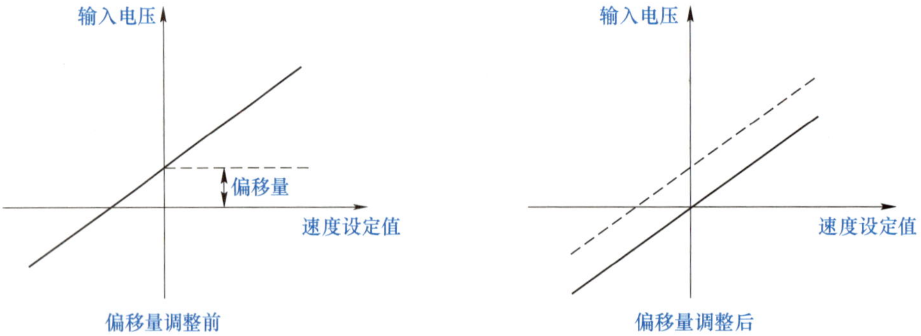

图 5-55 模拟量输入偏移及其调整

（1）BOP 面板自动调整，首先将 AI1 接地，通过 BOP 功能菜单“A OFF1”自动调整 AI 偏移量，如图 5-56 所示。

（2）偏移量手动输入调整参数 p29061，参数 p29061 设定值的范围为 -0.5000～0.5000，出厂值为 0.0000，单位为 V。

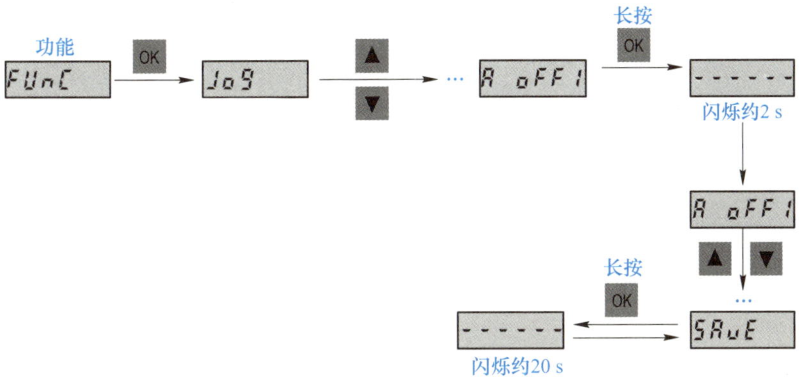

图 5-56 BOP 面板调整模拟量输入 1 偏移

实践经验

如果伺服器以外部模拟量速度设定值运行，则在 DC 24 V 电源因异常关闭又重新开启后，伺服系统继续自动运行。在此状况下，请勿触碰设备，注意安全！

当 AI 输入电压高于 10 V 时，转速不会限于 10 V 下的数值（p29060），而是基于 p29060 成比例增大。例如，当 p29060 = 3000 r/min 时，11 V 下的转速为 3300 r/min。因为，V90 伺服驱动器可在给定时间内以 300% 过载工作。

拓展阅读

电机输出功率的计算公式：

$$P = 扭矩 \times 转速 / 9550$$

显而易见，“扭矩”和“转速”是影响电机输出功率的两个主要变量。电机技术发展方向的选择，本质上是“大扭矩”和“高转速”的路线之争。对于电动车的电机而言，如果要提升扭矩，主要靠提升转子直径和增大电流两条路——但前者意味着电机体积要增大，并不适用于乘用车；后者会带来更大的热损耗，不利于提高效率，且综合成本高。因此，努力提高转速，已经成为行业共识。2024 年，小米汽车发布的首款 SU7 电动汽车，搭载了和联电、汇川一起联合开发的交流永磁同步电机 V6 和 V6s，铁损降低了 25%，电机效率整体提升了 0.3%，转速达成了 27200 r/min，这些参数处于世界一流水平，同时自研了刷新业内天花板的小米超级电机 V8s。

5.6.2.8 旋转方向和停止

在速度控制模式下，当伺服电机准备就绪时（SON），必须使用信号 CWE（顺时针方向使能）或 CCWE（逆时针方向使能）来启动伺服电机。可使用两个数字量输入信号控制电机旋转方向和运行/停止，在表 4-15 数字量输入、输出参数出厂设置中，速度控制模式下，连接器 X8-9（DI5），参数 p29305 下标 2 设为 12 为 CWE，连接器 X8-10（DI6），参数 p29306 下标 2 设为 13 为 CCWE。扭矩旋转方向的详细信息见表 5-38。

表 5-38 旋转方向信息

信号		内部扭矩设定值	模拟量扭矩设定值		
CCW E	CCW		+极性	-极性	0 V
0	0	0	0	0	0
0	1	CCW	CCW	CCW E	0
1	0	CCW E	CCW E	CCW	0
1	1	0	0	0	0

实践经验

伺服电机的旋转方向可以由 CWE 和 CCWE 控制，也可以通过将参数 p1001~p1007 的速度值设置为正值（正方向指令）和负值（正方向指令）控制。

5.6.2.9 零速钳位

零速钳位功能可在电机速度设定值低于已设定的阈值时用来停止和锁住伺服电机轴，该功能在模拟量输入 1 用作速度设定值时可用。该功能通过设置数字量输入引脚信号 ZSCLAMP 的参数值以激活，详见表 5-26 数字量输入信号功能。伺服电机速度设定值和实际速度都低于已设定阈值且信号 ZSCLAMP 为逻辑“1”时，电机锁定。伺服电机速度设定值高于阈值等级或信号 ZSCLAMP 为逻辑“0”时，驱动退出钳位状态。

零速钳位的阈值由参数 p29075 设定，参数 p29075 设定值的范围 0~200、默认值 200、单位为 r/min。

5.6.2.10 加减速时间和最大转速

加速时间 p1120 和减速时间 p1121 可分别用于设置加速度和减速度的坡度，设定值改变时允许平滑过渡。加速时间是 0 加速到最大速度 p1082 的时间，减速时间是最大速度 p1082 减速到 0 的时间，如图 5-57 所示。

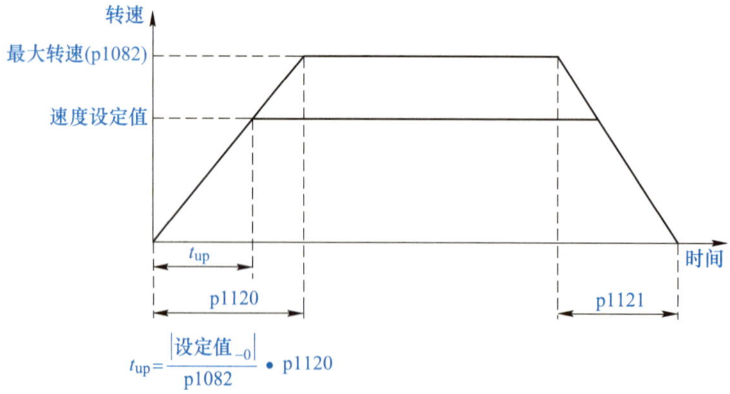

图 5-57 加减速时间与最大速度的关系

通过设置 p1115 为 1 可以使用 S-曲线减少对电机和机械设备的冲击。S-曲线通过下列参数实现：加速时间（p1120）和减速时间（p1121）的斜坡；初始圆弧段时间（p1130）和结束圆弧段时间（p1131）；S-曲线的特性如图 5-58 所示。

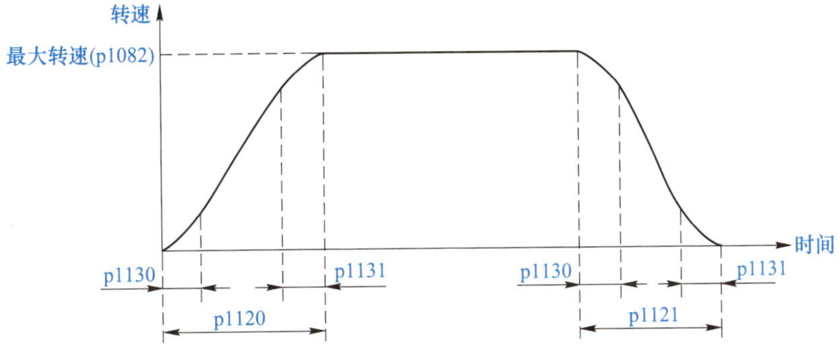

图 5-58　S-曲线特性

项目实施

（1）设备选型与电气原理图绘制。根据任务要求，参考图 5-22 V90 PTI 伺服驱动器速度控制模式下的 I/O 标准接线设计电气原理图，如图 5-59 所示。

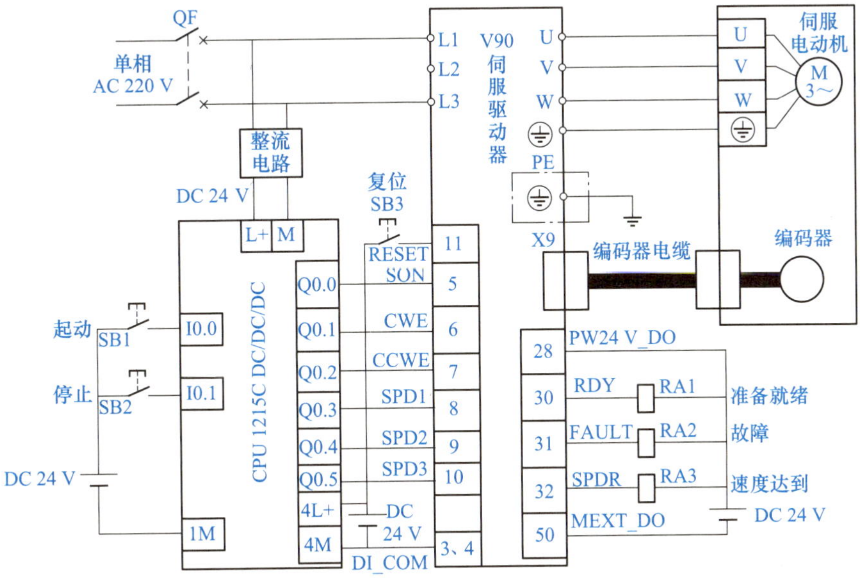

图 5-59　传送带速度控制电路图

（2）参数设置。传送带速度控制参数设计见表 5-39。

表 5-39　V90 PTI 伺服速度参数表

参数	名　称	出厂值	设定值	说　明
p29001	电机旋转方向	0	0	可改变电机的运行方向
p29003	控制模式	0	2	速度控制模式
p29300	数字量输入强制信号	0	46	CWL、CCWL、EMGS 内部置为 0
p29301[2]	分配数字量输入 1	1	1	把 X8-5 的功能分配为 SON
p29302[2]	分配数字量输入 2	2	12	把 X8-6 的功能分配为 CWE
p29303[2]	分配数字量输入 3	3	13	把 X8-7 的功能分配为 CCWE
p29304[2]	分配数字量输入 4	4	15	把 X8-8 的功能分配为 SPD1
p29305[2]	分配数字量输入 5	5	16	把 X8-9 的功能分配为 SPD2
p29306[2]	分配数字量输入 6	6	17	把 X8-10 的功能分配为 SPD3
p29307[2]	分配数字量输入 7	7	2	把 X8-11 的功能分配为 RESET
p29330	分配数字量输出 1	1	1	把 X8-30 的功能分配为 RDY
p29331	分配数字量输出 2	2	2	把 X8-31 的功能分配为 FAULT
p29332	分配数字量输出 3	3	5	把 X8-32 的功能分配为 SPDR
p1001	内部速度设定值 1	0.000	1000	设置内部速度设定值 1 的转速
p1002	内部速度设定值 2	0.000	500	设置内部速度设定值 2 的转速
p1003	内部速度设定值 3	0.000	1500	设置内部速度设定值 3 的转速
p1004	内部速度设定值 4	0.000	1000	设置内部速度设定值 4 的转速
p1082	最大速度	1500.000	3000.000	设置最大速度为 3000 r/min
p1120	加速时间	1	1	加速时间，单位 s
p1121	减速时间	1	1	减速时间，单位 s

（3）编写程序。该控制要求是典型的顺序控制，所以采用顺序功能图编写程序更加简单、易懂，由顺序功能图转换成的程序如图 5-60 所示。

（4）运行操作。

1）使用 V-ASSISTANT 调试软件将表 5-38 中的参数设置到伺服驱动器中。参数设置完毕断电再重新上电，刚才设置的参数才会生效。

2）将图 5-60 中的程序下载到 PLC 中。

3）按下启动按钮 SB1，伺服电动机开始以 1000 r/min 的速度正转运行，10 s 后，以 500 r/min 的速度继续正转运行 20 s，接着以 1500 r/min 的速度运行 25 s，然后以 1000 r/min 的速度反转运行 30 s 后回到 M2.0 的状态，继续下一个周期的运行。

按下停止按钮 SB2，伺服电动机停止。

在运行过程中，可以通过编程软件上的监控表功能监控 PLC 的运行状态。

▼ 程序段1：……

注释

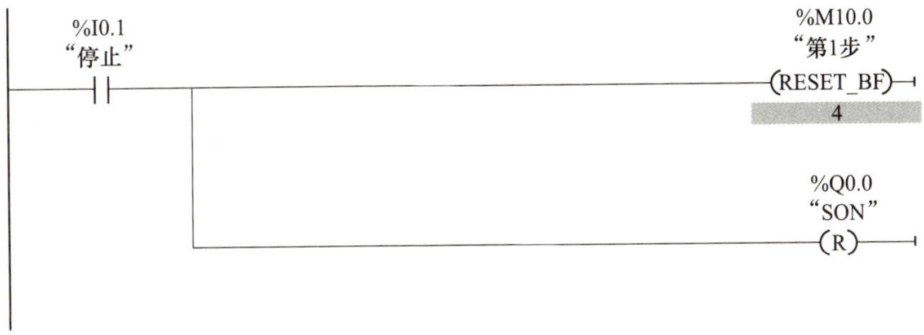

▼ 程序段2：……

注释

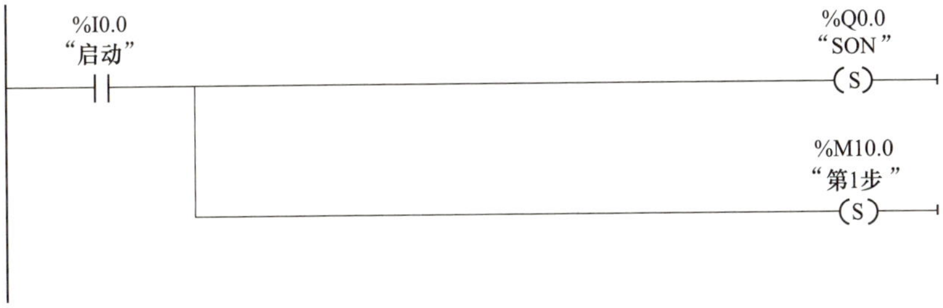

▼ 程序段3：……

注释

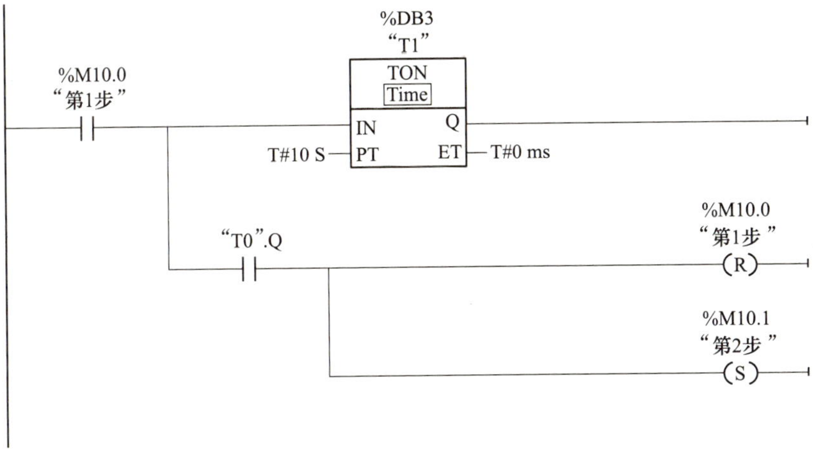

▼ 程序段4：……

注释

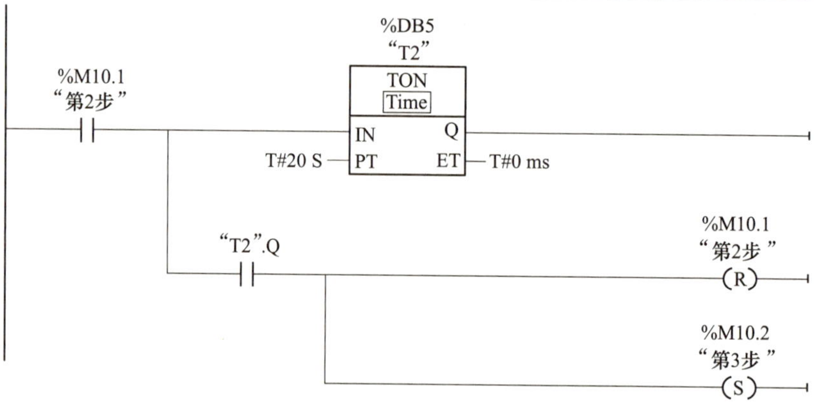

▼ 程序段5：……

注释

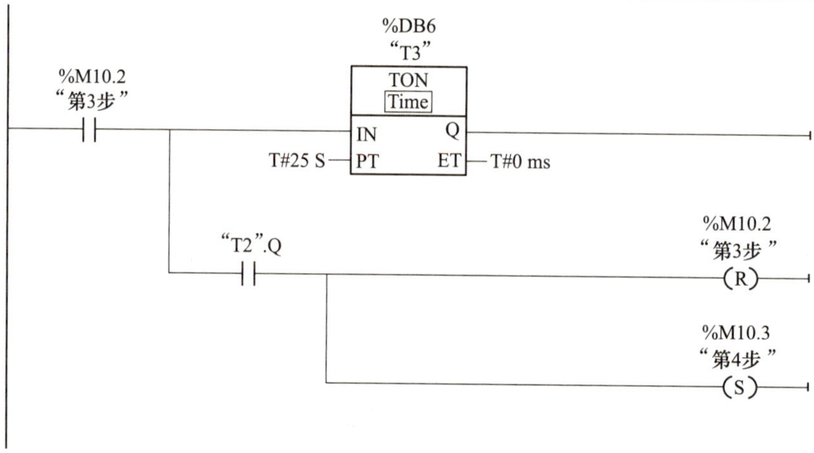

▼ 程序段6：……

注释

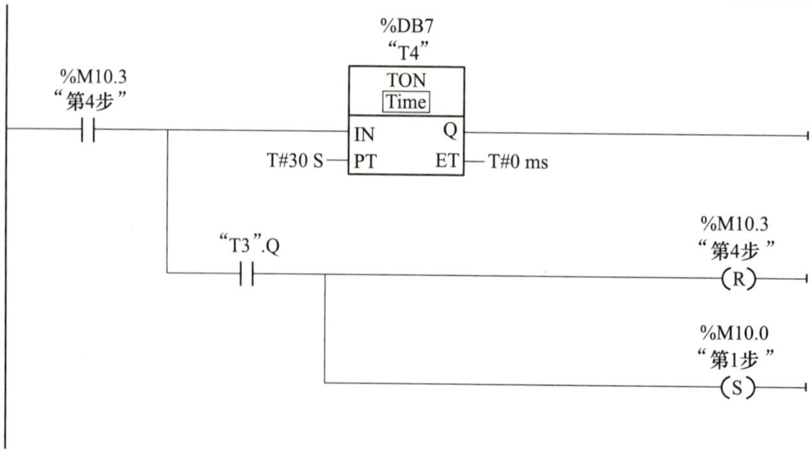

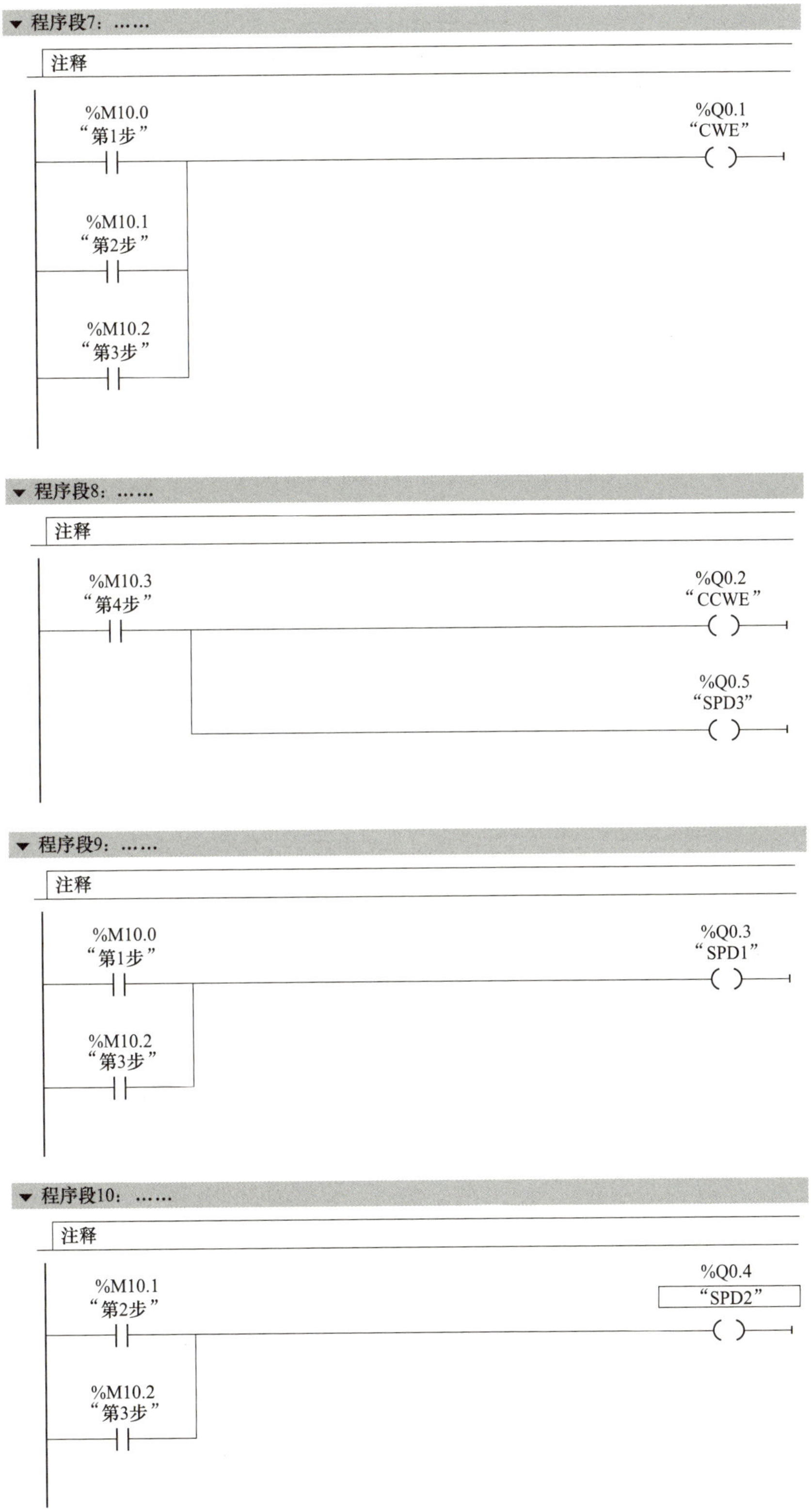

图 5-60　顺序功能图转换成的程序

思考与练习题

5-1 填空题

（1）伺服控制系统一般由________、________、________、________、________5个部分组成。

（2）位置检测元件通常是伺服电动机的________。

（3）伺服电动机将输入的电压信号转换成电动机轴上的________或________输出，以驱动被控对象。

（4）伺服驱动器主要有3种控制模式，分别是________、________、________。

（5）V90系列伺服驱动器根据不同的应用分为________和________两个版本。

（6）V90系列伺服驱动器数字量输入支持________和________两种接线方式。

（7）V90 PN伺服驱动器具有________和________两种控制模式。

（8）通过参数________可选择V90伺服驱动器的控制模式。

（9）V90系列伺服驱动器的数字量输入引脚________、________、________必须置于高电平，伺服驱动器才能运行。

（10）如果CWL、CCWL和EMGS不连接硬件开关，可以通过设置参数p29300=____将其强制置为高电平。

（11）V90 PN连接PLC运动控制有两种不同的形式，分别是________控制和________控制。

5-2 简答题

（1）简述V90伺服驱动器数字量输入和输出引脚如何分配信号功能。

（2）V90 PN伺服驱动器进行PROFINET通信时如何安装GSD文件？

5-3 分析题

（1）已知伺服系统的编码器的分辨率是2500 p/s，工作台螺距是10 mm。要求按下启动按钮，正向行走100 mm，停2 s，再正向行走到200 mm，停2 s，返回原点，设计此方案，并编写控制程序。

（2）已知控制器为S7-1500 PLC，伺服系统的驱动器是SINAMICSV90 PN，编码器的分辨率是2500 p/s，工作台螺距是10 mm。要求采用PROFINET通信实现定位，当按下按钮后行走50 mm，按下停止按钮停止运行，设计此方案并编写程序。

参考文献

[1] 郭艳萍. 变频调速与伺服驱动技术 [M]. 北京：机械工业出版社，2023.
[2] 向晓汉. 西门子 SINAMICS V90 伺服驱动系统从入门到精通 [M]. 北京：化学工业出版社，2021.
[3] 侍寿永，王玲. 西门子 PLC、变频器与触摸屏技术及综合应用 [M]. 北京：机械工业出版社，2023.
[4] 廖常初. S7-1200 PLC 编程及应用 [M]. 4 版. 北京：机械工业出版社，2021.